改訂版

［逐条解説］

食料・農業・農村基本法解説

【編著】食料・農業・農村基本政策研究会

大成出版社

はじめに

食料・農業・農村基本法は、昭和三十六年に制定された農業基本法を国民目線で見直し、食料・農業・農村施策の基本的な方向性を定める法律として平成十一年に制定され、「食料の安定供給の確保」、「多面的機能の発揮」、「農業の持続的な発展」、「農村の振興」を基本理念として位置付けました。

その後、世界の人口増加や気候変動等による食料需給のひっ迫、感染症の拡大による物流の混乱、ロシアのウクライナ侵略といった地政学的リスクの顕在化等による輸入リスクの高まりなど我が国の食料安全保障を脅かす状況変化が生じました。また、地球温暖化に伴う国際的な環境負荷低減への意識の高まりや、国内人口の減少に伴う農業者の減少や集落機能の低下など、基本法制定から四半世紀が経つ中で施策の方向性を見直す必要性が生じました。

これらの状況変化を踏まえ、令和六年に食料・農業・農村基本法が改正され、「食料安全保障の確保」や「環境と調和のとれた食料システムの確立」といった新たな基本理念が盛り込まれるとともに、基本的施策が大幅に拡充されました。本改正法が掲げる基本理念を実現するためにも、農業者、食品産業の事業者等の方々には、持続可能性との両立を図りつつ、より収益性の高い経営の実現を目指していただくとともに、消費者の方々には、こうした食料供給の背景について御理解いただき、食料の選択を通じて持続的な食料供給にも関わっていただくなど、食料システムの関係者それぞれが、これまでの経験にとらわれず、新たな情勢に対応した取組を行っていくことが必要となってきます。

本書は、基本法制定・改正の背景、経緯から各条項の趣旨とそれに基づき講じられる施策の基本方向までを体系的に解説するとともに、豊富な関連資料を添付した解説書です。本書が、都道府県、市町村、各団体・機関等の実務担当者や研究者はもとより、農業者、食品事業者、消費者の方々も含めた全ての関係者に広く利用され、新たな情勢に対応した取組を行っていくに当たっての一助となることを願います。

令和七年三月

食料・農業・農村基本政策研究会

改訂版〔逐条解説〕食料・農業・農村基本法解説　目次

第Ⅲ部　逐条解説

六 農業の持続的な発展に関する施策（第二章第三節関係）……83

第Ⅳ部　関連資料

第Ⅰ部　食料・農業・農村基本法制定の背景・経緯

一　新たな基本法制定の背景

農政分野についての基本法である農業基本法（昭和三十六年法律第百二十七号）の成立は昭和三十六年。当時の社会経済の動向や見通しを踏まえて、我が国の農業の向かうべき道すじを明らかにするものとして制定された。

しかし、その後の三十八年の経過の中で、急速な経済成長と国際化の著しい進展等により我が国経済社会は大きな変化を遂げ、農政をめぐる状況は大きく変わった。

その第一が食料自給率の低下である。農業基本法制定当時、我が国の食料自給率は約八割の水準にあった。食生活の高度化・多様化が進む中で、我が国の基幹的な作物である米の消費が減退し、畜産物、油脂のように大量の輸入農産物を必要とする食料の消費が増加したこと等により、食料自給率は一貫して低下してきた。（平成九年度の数値で供給熱量自給率四一パーセント（昭和三十五年度は同七九パーセント）、穀物自給率は二八パーセント（昭和三十五年度は同八二パーセント））

第二に挙げられるのは、農業者の高齢化とそれに伴う農地面積の減少である。食料自給率が低下する中で、食料供給を担う農業についてみると、農業者の高齢化とリタイアが進み、農地面積の減少、耕作放棄地の増加といった事態が進行していた。

第三は、農村の活力の低下である。農業生産の場であり、生活の場でもある農村の多くが、高齢化の進行と人口の減少により活力が低下し、地域社会の維持が困難な集落も相当数みられるような状況となっている。

このように農政をめぐる状況が変化する一方で、農業・農村に対する期待は高まっている。健康な生活の基礎となる良質な食料を合理的な価格で安定的に供給するという役割を果たし、国土や環境の保全、良好な景観の形成、文化の伝承などの多面的機能を十分に発揮するなど、くらしといのちの安全と安心の礎として大きな役割を果たすものとして、農業・農村の役割を見直す動きが着実に増大してきていた。

こうした農業・農村に対する期待に応え、早急に食料・農業・農村政策に関する基本理念を明確にし、政策の再構築を図る必要があった。このため、新たな政策体系を確立し、国民は安全と安心を、農業者は自信と誇りを得ることができ、生産者と消費者、都市と農村の共生を可能とする新たな基本法の制定を目指すこととしたものである。

二　検討経緯

㈠　新たな基本法の検討は、農業基本法の見直しに始まる。
平成三年二月、時の農林水産大臣、近藤元次大臣は、閣議後の記者会見において、農業基本法の制定後三十年が経過し、農業をめぐる情勢も大きく変化していることから、その見直しを含め事務当局における検討を示唆した。

㈡　その後、平成五年十二月に、ガット・ウルグアイ・ラウンド農業合意がなされた際、「ガット・ウルグアイ・ラウンド農業合意の実施に伴う農業施策に関する基本方針」が十二月十七日に閣議了解され、新たな国境措置の下での中長期的な視点に立った農業政策の展開方向について、農政審議会での検討が示唆された。
これを受けて農政審議会は、平成六年八月十二日、「新たな国際環境に対応した農政の展開方向」を報告。この報告は、農業基本法の制定時に比べ国際化の進展等の社会情勢が変化していることから、その改正の要否も含め、検討すべきとの見解を示した。あわせて、「食料」という視点の導入や、農業・農村の有する多面的機能の位置付けといった点に留意すべきことを示唆している。

㈢　また、ガット・ウルグアイ・ラウンド農業合意の際、内閣総理大臣を本部長とする緊急農業農村対策本部が設置され、翌年の平成六年十月二十五日には、「ウルグアイ・ラウンド農業合意関連対策大綱」が出されることとなった。この中で、農業基本法に代わる新たな基本法の制定に向けて検討に着手することが公式に表明されたのである。

㈣　平成七年九月二十八日、農林水産大臣主催の懇談会として農業基本法に関する研究会（座長：荏開津典生千葉経済大学経済学部教授）が設けられ、翌八年九月十日には「農業基本法に関する研究会報告」が取りまとめられた。

　この報告は、農業基本法の総括的評価と新たな基本法の制定にむけた検討の必要性を提示している。具体的には、農業基本法について、その目的の一つである農業従事者と他産業従事者との所得水準の均衡が図られていることや、国際化を含めた農政に対する新たな要請等、農業基本法の政策目標と現実との乖離、新たな政策課題への対応の必要性の両面からその位置付けが問われており、時代に対応した新たな基本法の制定に向けた検討が必要とされた。


㈤　この研究会の報告を受け、いよいよ新たな基本法の制定に向け、今後の食料・農業・農村に関する政策のあり方について、本格的な検討が開始されることとなったが、その場合、農村地域の発展等農林水産省の所管にとどまらず幅広い観点から政府全体として検討する必要があり、また、食料・農業・農村をめぐる問題については、生産者、実需者、消費者、都市住民、農村住民等立場によって利害や考え方の違いが大きいことから、国民各界各層による十分な議論を積み重ねて国民的なコンセンサスを形成していく必要があるとして、総理府に食料・農業・農村基本問題調査会（会長：木村尚三郎東京大学名誉教授）が設置されることとなった。

　平成九年四月四日に設置された同調査会は、四月十八日に内閣総理大臣からの諮問を受け、以降五十回を超える調査会・部会等の検討の場を経て、平成十年九月十七日に、内閣総理大臣に対して答申を行った。

　同答申においては、「総合食料安全保障政策の確立」、「我が国農業の発展可能性の追求」、「農業・農村の有する多面的機能の十分な発揮」といった今後の政策の具体的な方向が示されるとともに、「政府においては、答申に示した考え方を踏まえて、国民的な合意の形成を図りつつ、農業基本法に代わる新たな基本法の制定に取り組むとともに、その具体化のために必要な政策について検討し、早急にその実現を図るべき」と政府の取組についても言及されている。

㈥　この答申を踏まえて、政府・与党・関係団体間で、農政改革に向けた精力的な議論が行われ、関係者の政策合意として「農政改革大綱・農政改革プログラム」が平成十年十二月八日に農林水産省において省議決定されることとなった。

㈦　この後、各政策についての条文化の作業が進められ、内閣法制局における審査、各省協議を経て、平成十一年三月九日に、食料・農業・農村基本法案が閣議決定されることとなったのである。

三　国会審議経過

食料・農業・農村基本法案は、平成十一年三月九日に閣議決定され、同日閣法第六十八号として国会に提出された。

同法案については、五月七日衆議院本会議において趣旨説明及び質疑が行われた後、農林水産委員会において延べ七日の質疑（うち総理出席一日）と、中央公聴会及び地方公聴会（それぞれ一日ずつ）が行われた。質疑時間は、合計約三十六時間に及び、昭和三十六年に制定された農業基本法の衆議院における審議時間を超えることとなった。

衆議院農林水産委員会における審議においては、自由民主党、自由党、公明党改革クラブ、民主党及び社民党の共同提案による修正案と共産党単独の修正案が提出された。共産党案は否決され、共同提案が可決されたことにより、食料・農業・農村基本法案第二条第二項並びに第十五条第三項及び第六項は、それぞれ、「国内の農業生産の増大を図ることを基本とすること」、「食料自給率の目標は、その向上を図ることを旨とすること」及び「政府は、食料・農業・農村基本計画を定めたときには、遅滞なく、国会に報告するものとすること」という内容に修文されることとなった。

同法案は、六月三日に衆議院本会議で修正議決され、参議院に送付された。

参議院では、六月四日に本会議において趣旨説明及び質疑が行われ、同日、同院農林水産委員会で提案理由説明が行われた。農林水産委員会においては、延べ五日の質疑（うち総理出席一日）と、中央公聴会及び地方公聴会（それぞれ一日ずつ）が行われ、質疑時間は合計で約三十三時間半に及んだ。

参議院においては、食料・農業・農村基本法案の重要性に鑑み、本会議において決議を行うべきという議論が主流を占め、七月十二日の参議院本会議における本法案の議決とあわせて「食料・農業・農村基本政策に関する決議」がなされることとなった。また、同法案の成立を受け、小渕恵三内閣総理大臣及び中川昭一農林水産大臣から談話が発表されている。

同法案は、七月十三日の公布閣議を経て、七月十六日に食料・農業・農村基本法（平成十一年法律第百六号）として公布され、同日から施行されることとなった。

第Ⅱ部　令和六年基本法改正の背景・経緯

一　基本法改正の背景

基本法制定から四半世紀が経つ中で、食料・農業・農村をめぐる国内外の諸情勢は大きく変化してきた。

第一は、食料安全保障上のリスクの高まりである。世界の総人口は基本法制定時の約六十億人から二〇二二年には八十億人を突破し、食料需要も増加する一方、気候変動による異常気象の頻発化や、感染症による物流の停滞、ロシアによるウクライナへの侵略といった地政学的リスクの顕在化など、世界の食料供給は不安定化している。さらに中国やインド等の台頭により世界における我が国の相対的な経済的地位は低下し、必要な食料や生産資材を容易に輸入できる状況ではなくなりつつある。また、不採算地域からの小売・スーパーの撤退や高齢者を中心とした買い物の移動の不便さの増大、貧困・格差の拡大等により食品アクセス問題が顕在化しており、食料を総量として確保するだけでなく、国民一人一人が食料を適切に入手できることが課題になっている。

第二は、気候変動や生物多様性の保全等の国際的な環境問題への意識の高まりである。農業は自然環境との親和性が高い産業である一方、稲作、燃料燃焼、家畜排せつ物管理等により温室効果ガスが発生しているほか、化学農薬・化学肥料の不適切な使用を通じた環境への影響が懸念されており、農業・食品産業において環境への負荷の低減を図ることは世界的にも重要な政策課題となっている。

第三は、国内の人口の減少である。我が国の人口は二〇〇八年をピークに減少に転じ、生産年齢人口が今後減少するとともに、農業経営体の九割超を占める個人経営体である基幹的農業従事者については、六十歳以上の割合が約八割を占める年齢構成（令和四年）に鑑みれば、今後二十年で四分の一程度まで急減することも想定しておかなければならず、少ない人数でも食料供給を安定的に行える体制を整えることが喫緊の課題となっている。また、農村人口は都市部に先駆けて減少しており、集落機能の低下により、農地や農業用水路といった農業生産基盤が適切に保全されなくなることが農業の持続的な発展にとって大きな課題となっている。

こうした状況変化を踏まえ、基本法が今後とも施策の基本的な方向性を定める法律としてふさわしいものとなるよう、今般、基本法を改正することとしたものである。

二　検討経緯

㈠　令和四年二月のロシアのウクライナ侵略により食料安全保障上のリスクが顕在化する中、同年九月九日の第一回食料安定供給・農林水産業基盤強化本部（総理を本部長とする関係閣僚会議）において、岸田文雄内閣総理大臣から、食料安全保障の強化と農林水産業の持続可能な成長を推進していくという方針の下、農林水産政策を大きく転換していくべく、全ての農政の根幹である食料・農業・農村基本法について、制定後約二十年間で初めての法改正を見据え、関係閣僚連携の下、総合的な検証を行い、見直しを進めるよう総理指示が出された。

㈡　これを受け、令和四年九月二十九日、農林水産大臣から食料・農業・農村政策審議会に対し、食料、農業及び農村に係る基本的な政策の検証及び評価並びにこれらの政策の見直しに関する基本的事項に関することについて意見を求める旨の諮問が行われるとともに、同審議会の下に基本法検証部会が設置された。

その後、基本法検証部会においては、有識者ヒアリングを八回行いつつ、計十六回の議論を経て、令和五年五月二十九日に中間取りまとめが行われた。

㈢　令和四年十二月二十七日の第三回食料安定供給・農林水産業基盤強化本部において、令和五年度中に食料・農業・農村基本法改正案を国会に提出することを視野に、令和五年六月を目途に食料・農業・農村政策の新たな展開方向を取りまとめるよう総理指示が出された。

これを受け、令和五年六月二日の第四回同本部において、「食料・農業・農村政策の新たな展開方向」を本部決定し、①平時からの国民一人一人の食料安全保障の確立、②環境等に配慮した持続可能な農業・食品産業への転換、③人口減少下でも持続可能で強固な食料供給基盤の確立を柱に農政の転換を進めていくこととした。併せて、基本法の改正に向けて作業を加速するとともに、施策の具体化を進め、年度内を目途に、工程表を取りまとめるよう総理指示が出された。

㈣　㈡の審議会中間取りまとめについては、その後、全国十一ブロックの地方意見交換会や国民からの意見募集を経て、一部修正の上、同年九月十一日に食料・農業・農村政策審議会で了承され、最終答申が取りまとめられた。最終答申は、基本法制定後の情勢の変化や今後二十年程度を見据えた課題、これらを踏まえた基本理念や基本的な施策の見直しの方向性について取りまとめたものである。

㈤　「食料・農業・農村政策の新たな展開方向」に基づく施策の具体的な内容については、令和五年秋に与党において集中的に議論され、特に自民党においては、従来の基本法検証ＰＴに加え、基本政策（水田、環境等）、農地政策、食料産業についての分科会が設置され、精力的な議論がなされた。本議論の内容も踏まえ、令和五年十二月二十七日の第六回食料安定供給・農林水産業基盤強化本部において、「食料・農業・農村政策の新たな展開方向に基づく施策の工程表」及び「食料・農業・農村基本法の改正の方向性について」を決定し、①食料安全保障の抜本的な強化、②環境と調和のとれた産業への転換、③人口減少下における生産水準の維持・発展と地域コミュニティの維持の観点から基本法の見直しを行うこととされた。

㈥　本決定に基づき条文化の作業が進められ、各省協議や与党条文審査等を経て、令和六年二月二十七日に「食料・農業・農村基本法の一部を改正する法律案」が閣議決定、国会提出されることとなった。

【参考】食料・農業・農村基本法の検証・検討状況

食料安定供給・農林水産業基盤強化本部

令和4年
9月9日　**第1回　食料安定供給・農林水産業基盤強化本部**
○総理指示（抄）
　全ての農政の根幹である食料・農業・農村基本法について、制定後約20年間で初めての法改正を見据え、関係閣僚連携の下、**総合的な検証を行い、見直し**を進めてください。

12月27日　**第3回　食料安定供給・農林水産業基盤強化本部**
○総理指示（抄）
　世界的な食料情勢や気候変動、海外食市場の拡大など我が国の食料・農業を取り巻く課題の変化を踏まえ、野村農林水産大臣を中心に、関係閣僚の協力を得て、**来年度中に食料・農業・農村基本法改正案を国会に提出**することを視野に、**来年6月を目途に食料・農業・農村政策の新たな展開方向を取りまとめて**ください。

令和5年
6月2日　**第4回　食料安定供給・農林水産業基盤強化本部**
○**「食料・農業・農村政策の新たな展開方向」**を本部決定
○総理指示（抄）
　野村農林水産大臣を中心に、関係各位におかれては、**来年の通常国会への改正案提出**に向け、**食料・農業・農村基本法の改正に向けて作業を加速**してください。あわせて、**施策の具体化を進め、年度内を目途**に、**工程表を取りまとめ**てください。

12月27日　**第6回　食料安定供給・農林水産業基盤強化本部**
○**「食料・農業・農村政策の新たな展開方向に基づく施策の工程表」**を本部決定
○**「食料・農業・農村基本法の改正の方向性について」**を本部決定
○総理指示（抄）
　坂本農林水産大臣においては、**基本法改正案及び関連法案の来年の通常国会への提出**を目指し、**作業を加速**するとともに、関係大臣と協力して、**工程表に基づく各般の施策を着実に進めて**ください。

食料・農業・農村政策審議会基本法検証部会の開催実績

R4	9月29日	食料・農業・農村政策審議会に諮問 食料・農業・農村政策審議会 基本法検証部会の設置		
	10月18日	第1回 有識者ヒアリング（**食料の輸入リスク**）	寺川 彰 平澤 明彦	丸紅株式会社　代表取締役副社長　執行役員 株式会社農林中金総合研究所　執行役員基礎研究部長
	11月2日	第2回 有識者ヒアリング （**国内市場の将来展望と輸出の役割**）	吉田 直樹 松元 和博 國分 晃	株式会社パン・パシフィック・インターナショナルホールディングス 代表取締役社長CEO 株式会社パン・パシフィック・インターナショナルホールディングス 海外事業統括責任者　兼　北米事業責任者 国分グループ本社株式会社　代表取締役社長執行役員
	11月11日	第3回 有識者ヒアリング （**国際的な食料安全保障に関する考え方**）	清原 昭子 米山 廣明	福山市立大学都市経営学部　教授 一般社団法人全国フードバンク推進協議会　代表理事
	11月25日	第4回 有識者ヒアリング （**人口減少下における担い手の確保**）	江川 章 丸田 洋	中央大学経済学部　准教授 株式会社穂海耕研　代表取締役
	12月9日	第5回 有識者ヒアリング （**需要に応じた生産**）	関根 久子 冨士 聡子	農研機構中日本農業研究センター 転換畑研究領域畑輪作システムグループ　上級研究員 オイシックス・ラ・大地株式会社　執行役員　Oisix商品本部長
	12月23日	第6回 有識者ヒアリング （**食料安定供給のための生産性向上・技術開発**）	地主 建志 成勢 卓裕	株式会社水稲生産技術研究所　代表取締役社長 株式会社レグミン　代表取締役
R5	1月13日	第7回 有識者ヒアリング （**持続可能な農業の確立**）	三好 智子 信達 等	国際有機農業運動連盟（IFOAM）　世界理事 不二製油グループ本社株式会社　執行役員 油脂事業部門長　兼　SCMグループリーダー
	1月27日	第8回 有識者ヒアリング（**農村の振興**）	山中 大介 渡部 雅俊	ヤマガタデザイン株式会社　代表取締役社長 なかあらい大地を育む会活動組織　代表
	2月10日	第9回 食料・農業・農村をめぐる情勢の変化（**備蓄、食品安全・食品表示、知的財産**）		
	2月24日	第10回 今後の展開方向（**基本理念**）		
	3月14日	第11回 今後の施策の方向（**食料**）		
	3月27日	第12回 今後の施策の方向（**農業**）		
	4月14日	第13回 今後の施策の方向（**農村・環境**）		
	4月28日	第14回 今後の施策の方向（**基本計画等**）		
	5月19日	第15回 中間取りまとめ（案）		
	5月29日	第16回 中間取りまとめ		
	6月～	国民からの意見・要望の募集（1,179件）、地方意見交換会（11ブロック）		
	9月11日	第17回 最終取りまとめ 食料・農業・農村政策審議会から答申		

三　国会審議経過

食料・農業・農村基本法の一部を改正する法律案は、令和六年二月二十七日に閣議決定され、同日に閣法第二十六号として国会に提出された。

同法案については、第二百十三回国会の重要広範議案の一つ（政府全体で四件）として取り扱われ、三月二十六日に衆議院本会議において趣旨説明及び総理出席の質疑が行われた後、農林水産委員会において七日の政府質疑（うち総理出席一日）と、参考人質疑、現地視察（宮城・福島）及び地方公聴会（北海道・鹿児島）がそれぞれ一日ずつ行われた。衆議院農林水産委員会での対政府質疑時間は二十三時間にのぼった。（参考一参照）

衆議院農林水産委員会では、自由民主党、公明党及び日本維新の会の共同提案による修正案、立憲民主党による修正案、国民民主党による修正案及び共産党による修正案の計四本の修正案が提出された。共同提案による修正案は可決され、その他の修正案は全て否決されたことにより、改正法案第三十条は、「省力化又は多収化等に資する新品種の育成及び導入の促進」という内容に修文されることとなった。（参考二参照）また、十二項目の附帯決議が付されることとなった。

改正法案は、四月十九日に衆議院本会議で討論を経て修正議決され、参議院に送付された。

参議院では、四月二十六日に本会議において趣旨説明及び質疑が行われた後、農林水産委員会において四日の政府質疑（うち総理出席一日）と、参考人質疑、現地視察（栃木）及び地方公聴会（岩手）がそれぞれ一日ずつ行われた。参議院農林水産委員会での対政府質疑時間は二十四時間四十五分にのぼった。

参議院農林水産委員会では、立憲民主党及び国民民主党の共同提案による修正案が提出されたが否決され、衆議院から送付された案（政府原案＋衆議院修正）が可決された。また、十三項目の附帯決議が付されることとなった。

改正法案は五月二十九日に参議院本会議で討論を経て可決され、成立した。その後、五月三十一日の公布閣議を経て、六月五日に公布・施行されることとなった。また、基本法改正案及び基本法関連法案の成立を受け、六月十四日に坂本哲志農林水産大臣から談話が発表されている。（参考二参照）

（参考一）食料・農業・農村基本法の一部を改正する法律国会審議経過

二月二十七日(火)
・食料・農業・農村基本法改正案閣議決定・提出

【衆議院】

三月二十六日(火)
・衆議院本会議趣旨説明・質疑　一三：〇〇～一五：三〇（一五〇分）
・衆議院農林水産委員会提案理由説明・質疑(一)　一五：四〇～一六：四〇（六〇分）

四月二日(火)
・衆議院農林水産委員会質疑(二)　九：〇〇～一一：五五　一五：二〇～一六：二五（二四〇分）

四月三日(水)
・衆議院農林水産委員会質疑(三)　九：〇〇～一一：五五　一三：〇〇～一六：〇五（三六〇分）

四月四日(木)
・衆議院農林水産委員会参考人質疑　八：五〇～一二：〇五（一九五分）

四月九日(火)
・衆議院農林水産委員会質疑(四)　九：〇〇～一二：〇〇　一五：〇五～一六：〇五（二四〇分）

四月十日(水)
・衆議院農林水産委員会　現地視察（宮城・福島）

四月十一日(木)

・衆議院農林水産委員会質疑㈤　九：〇〇〜一一：五五　一四：一五〜一五：二〇（二四〇分）

四月十五日㈪

・衆議院農林水産委員会　地方公聴会（北海道・鹿児島）

四月十七日㈬

・衆議院農林水産委員会質疑㈥　九：〇五〜一一：〇五　一三：〇〇〜一四：〇〇（総理出席）（一八〇分）

四月十八日㈭

・衆議院農林水産委員会質疑㈦・採決　九：〇〇〜一〇：〇〇（原案及び修正案）（六〇分）

四月十九日㈮

・衆議院本会議修正議決　一三：〇〇　（本会議二時間三〇分　委員会二三時間〇〇分）

※参考人質疑を除く

【参議院】

四月二十六日㈮

・参議院本会議趣旨説明・質疑　一〇：〇〇〜一二：〇五（一二五分）

五月七日㈫

・参議院農林水産委員会提案理由説明（農林水産大臣）

衆議院修正部分説明（修正案提案者：池畑浩太朗委員（維教））

現地視察（栃木）

五月九日㈭

・参議院農林水産委員会質疑㈠　一〇：〇〇〜一二：三〇　一三：三〇〜一七：〇〇（三六〇分）

五月十四日㈫

・参議院農林水産委員会参考人質疑　一〇：〇〇〜一二：四五（一六五分）

五月十六日㈭

・参議院農林水産委員会質疑(二)　一〇：〇〇～一二：三〇　一三：三〇～一七：〇〇（三六〇分）

五月二十一日(火)

・参議院農林水産委員会　地方公聴会（岩手）

五月二十三日(木)

・参議院農林水産委員会質疑(三)　一〇：〇〇～一二：三〇　一三：三〇～一七：〇〇（三六〇分）

五月二十八日(火)

・参議院農林水産委員会質疑(四)・採決　一〇：〇〇～一一：〇〇（総理出席）
一一：〇〇～一二：二五　一三：三〇～一七：〇五
一七：一〇～一七：五五（原案及び修正案）（四〇五分）

五月二十九日(水)

・参議院本会議議決一〇：〇〇（本会議二時間五分　委員会二四時間四五分）
※参考人質疑を除く

五月三十一日(金)

・公布閣議

六月五日(水)

・公布・施行

（参考二）　食料・農業・農村基本法案修正議決対照表　令和六年四月十八日　衆議院

（傍線部分は改正部分）

修正後	政府案
（先端的な技術等を活用した生産性の向上）	（先端的な技術等を活用した生産性の向上）

第三十条　国は、農業の生産性の向上に資するため、情報通信技術その他の先端的な技術を活用した生産、加工又は流通の方式の導入の促進、省力化又は多収化等に資する新品種の育成及び導入の促進その他必要な施策を講ずるものとする。	第三十条　国は、農業の生産性の向上に資するため、情報通信技術その他の先端的な技術を活用した生産、加工又は流通の方式の導入の促進、省力化等に資する新品種の育成その他必要な施策を講ずるものとする。

（参考三）農林水産大臣談話

食料・農業・農村基本法改正法の成立に当たって

〔令和六年六月十四日
農林水産大臣談話〕

五月二十九日、食料・農業・農村基本法の改正法が成立いたしました。

本改正法は、世界及び我が国の食料をめぐる情勢が大きく変化していることを受け、令和四年九月以降、現行基本法の検証・見直しに向けた検討に着手し、関係者の精力的かつ集中的な御議論を経て成立に至ったものであります。関係各位の御尽力に対し、改めて、心から感謝と敬意を表するものであります。

本改正法は、現行基本法の制定から四半世紀が経過する中で、「食料安全保障の抜本的な強化」、「環境と調和のとれた産業への転換」、「人口減少下における農業生産の維持・発展と農村の地域コミュニティの維持」の実現を目指し、基本理念の見直しと、関連する基本的施策等を定めております。

政府としては、本改正法に示された施策の方向に即して、今国会で、食料供給困難事態対策法、農振法等改正法、スマート農業技術活用促進法が成立するなど、既に新たな農政の実施に着手しておりますが、引き続き、本年度中に新たな基本法に基づく食料・農業・農村基本計画を策定し、施策の具体化を着実に進め、食料安全保障の強化等に向けて農業の構造転換を図るための施策を集中的に実施してまいります。

中でも、食料の合理的な価格の形成や農業用インフラの保全管理に関する法制度等については、食料システムや農業生産の持続性確保の観点から喫緊の課題でありますので、基本計画と併行して検討を進めてまいります。

今後、我が国の食料・農業・農村は、気候変動等による自然災害の多発や栽培適地の変化、国内人口の減少に伴う国内需要の減少や高齢者の引退による農業従事者の大幅な急減など、我々がこれまで経験したことのない課題に直面していくことになります。

現在、社会全体が急速に変化し、「変動性」「不確実性」「複雑性」が取り巻く時代の中で、情勢の変化に対応するための課題を解決していくためには、これまでの経験や既存の方法では対応するのが難しくなってきています。このような状況下でも、あらゆる事態を想定し、国民に食料を安定的に供給し続けられるよう環境整備を図るのが国の責務です。そのためにも、農業の生産性向上と持続可能性の両立や農村地域社会の維持という難しい社会課題を克服しなければならず、官民一体となって、英知を結集して取り組んでまいります。

また、今回の改正では、生産、加工、流通、小売、消費の各段階の関係者が連携する食料システムという概念を新たに規定し、合理的な価格の形成や環境負荷低減など、持続可能性を高める取組を進めるため、関係者が一体となって取り組んでいくことを強く打ち出したところです。

本改正法が掲げる理念を実現するためにも、農業者、食品産業の事業者等の方々には、持続可能性との両立を図りつつ、より収益性の高い経営の実現を目指していただくとともに、消費者の方々には、こうした食料供給の背景について御理解いただき、食料の選択を通じて持続的な食料供給にも関わっていただくなど、食料システムの関係者それぞれが、これまでの経験にとらわれず、新たな情勢に対応した取組を行っていくことが必要となってきます。

今回の改正を契機として、農業・農村がこれまで果たしてきた役割を引き続き適切に発揮するとともに、農業者のみならず食料の供給に関わる全ての関係者が、自信と誇りを持って、農業を始めとする自らの事業に取り組み、こうした取組が国民から応援される社会を実現していかなければなりません。

農業者等の関係者の真摯な、更なる取組に期待するとともに、国民各位の御理解と御協力を心からお願い申し上げます。

第Ⅲ部　逐条解説

一　題名

題名については、旧農業基本法において用いられていた「農業」の概念に「食料」、「農村」という概念が加わり、これらを並列して単に「及び」等で束ねるのではなく、「・」二つで結ぶという、法令の題名としては極めて珍しい構成をとっている。

本法は、国民全体の視点から政策を遂行することを重視し、「食料の安定供給の確保」（制定時）と「多面的機能の発揮」が農業・農村に期待される役割であることを明確にするとともに、その基盤をなす「農業の持続的な発展」と「農村の振興」を政策の基本理念として位置付けている。題名を「食料・農業・農村基本法」としたのは、密接な関係を有するこれらの基本理念の下に実施される食料政策、農業政策、農村政策は不可分であり、その一方で、「食料」「農業」「農村」の概念の範囲は相互に異なる部分があり、三者を並記しないと法律の内容を正確に表現することができないためであった。

なお、検討段階においては、簡潔で呼びやすくするとともに、「・」で三つの概念をつなぐといった法令形式上極めて異例な題名とすることを避けるため、旧農業基本法と同じく題名を「農業基本法」とするということも考えられたが、

① 「食料・農業・農村基本法」とした方が、旧農業基本法と異なり、食料政策、農村政策の分野にまで政策的視点を拡大し、政策を刷新したことが明確となること。

② 新基本法について検討してきた「食料・農業・農村基本問題調査会」の名称と同一の用法となり、その対応関係が明確となること。

③ 食料政策の対象には、水産物等農産物以外のものも含まれており、「農業」の概念範囲を超えること。

等の理由により、適当ではないとされたものである。

また、令和六年改正により、基本理念として「環境と調和のとれた食料システムの確立」が追加となったが、本基本理念は、食料システムの関係者が食料生産に当たって配慮すべき理念を明らかにしたものであり、あくまで食料政策や農業政策の一部であることから、題名の改正は行われなかった。

二　制定形式

(一)　法形式について

ア　基本法は、政策の基本を定めるものであって、理念や政策の方向性を明らかにすることを内容とするいわゆる宣言法とすることが通例（制定当時存在した十五の基本法中、災害対策基本法及び中央省庁等改革基本法を除いた十三法が宣言法）であり、対象とする分野について、他の法律に優越する性格を持ち、他の法律がこれに誘導されるという関係に立つものである。

(注)　本法の検討の段階では、教育基本法から中央省庁等改革基本法まで、農業基本法を含めて十五の基本法が存在していたが、政府提案で性格が似通った近年の環境基本法及び土地基本法を参考とすることが多く、形式については、これらの基本法に倣った面も多い。

イ　新基本法の検討過程においては、アメリカ農業法のように時限の実体法としてはどうかということも考えられたが、同法は大部分の予算の支出根拠となり、個別の財政措置について詳細に定めた技術的な法制であり、法制の異なる我が国において、そのまま参考にすることは出来ないと判断された。

ウ　なお、このような検討がなされた背景には、旧農業基本法においては、基本法と個別施策との間の具体的なつながりを担保する仕組みがなく、制定後の社会情勢の変化に伴い、実態を踏まえた政策推進の指針としての基本法の役割が徐々に低下していったという事情がある。このため、本法においては、食料自給率等の食料安全保障の確保に関する事項の目標をはじめとする政策推進のための重要事項を内容とする基本計画を定め、これを定期的に見直すことによって、基本法の政策推進指針としての性格を担保することとしたところである。

エ　基本法制定時は、国民全体の視点から政策を行うことを重視し、農業政策に加え、食料政策、農村政策まで対象を拡大したため、旧農業基本法の廃止・新法の制定という形式を取った。一方、令和六年改正は、気候変動による食料生産の不安定化などの食をめぐる情勢の変化に対応していくために改正を行ったものであり、食料・農業・農村政策の全てを対象として食料安全保障の確保等の実現を図っていくという点では、基本法の枠組みを変更するものではないことから、新法ではなく改正法の形式を取ったものである。

(二)　前文について

旧農業基本法は、前文を置いて、第一条を「国の農業に関する政策の目標」として規定しており、本法の検討及び国会審議に当たっては、前文を設けてはどうかという議論が繰り返された。

一般的に、前文には法案提出に至った事情と法の基本理念が記述されるのが通例であるが、環境基本法、土地基本法などの近年の政府提案の基本法は、前文を置かず、基本理念を条文化し、基本理念相互間の関係の明確化を図っていることから、本法もこれらにならい前文を置かないこととしたところである。

三　総則（第一章関係）

(一)　目的（第一条関係）

（目的）
第一条　この法律は、食料、農業及び農村に関する施策について、食料安全保障の確保等の基本理念及びその実現を図るのに基本となる事項を定め、並びに国及び地方公共団体の責務等を明らかにすることにより、食料、農業及び農村に関する施策を総合的かつ計画的に推進し、もって国民生活の安定向上及び国民経済の健全な発展を図ることを目的とする。

本法においては、食料、農業及び農村に関する施策について、①基本理念を定める、②その実現を図るのに基本となる事項として、基本計画の策定と、食料・農業・農村のそれぞれの分野について講ずべき施策を定める、③国及び地方公共団体の責務、農業者等の努力義務を明らかにするとともに、年次報告、審議会について定めることとしている。

すなわち、基本理念にのっとり、その実現を図るために、基本計画に従って各般の施策を講ずる構造となっており、これにより、食料、農業及び農村に関する施策の総合的かつ計画的な推進が可能となる。なお、「食料安全保障の確保」は、国民の立場から最も重要な基本理念であり、食料・農業・農村に関する施策のいずれもその実現に通ずるものであることから、基本理念の例示として位置付けたものである。

このような施策の推進により、

① 国民に対し、良質な食料を合理的な価格で安定的に供給し、かつ、国民一人一人がこれを入手できるようになるとともに、多面的機能が十分に発揮され、国民生活が守られることとなる。

② 農業の持続的な発展が図られ、産業としての農業及び食品産業の発展、及び地域社会の基盤である農村の振興にも資することとなる。

したがって、本法においては、「国民生活の安定向上」と「国民経済の健全な発展」を図ることを究極の目的としている。

なお、旧農業基本法においても前文において、農業が「国民経済の発展と国民生活の安定」に寄与してきたことを明らかにしており、究極目的に関して、本法と旧農業基本法は同一線上にあると認識される。

(二) 基本理念（第二条～第六条関係）

ア 食料安全保障の確保（第二条関係）

（食料安全保障の確保）

第二条 食料については、人間の生命の維持に欠くことができないものであり、かつ、健康で充実した生活の基礎として重要なものであることに鑑み、将来にわたって、食料安全保障（良質な食料が合理的な価格で安定的に供給され、かつ、国民一人一人がこれを入手できる状態をいう。以下同じ。）の確保が図られなければならない。

2 国民に対する食料の安定的な供給については、世界の食料の需給及び貿易が不安定な要素を有していることに鑑み、国内の農業生産の増大を図ることを基本とし、これと併せて安定的な輸入及び備蓄の確保を図ることにより行われなければならない。

3 食料の供給は、農業の生産性の向上を促進しつつ、農業と食品産業の健全な発展を総合的に図ることを通じ、高度化し、かつ、多様化する国民の需要に即して行われなければならない。
4　国民に対する食料の安定的な供給に当たっては、農業生産の基盤、食品産業の事業基盤等の食料の供給能力が確保されていることが重要であることに鑑み、国内の人口の減少に伴う国内の食料の需要の減少が見込まれる中においては、国内への食料の供給に加え、海外への輸出を図ることで、農業及び食品産業の発展を通じた食料の供給能力の維持が図られなければならない。
5　食料の合理的な価格の形成については、需給事情及び品質評価が適切に反映されつつ、食料の持続的な供給が行われるよう、農業者、食品産業の事業者、消費者その他の食料システム（食料の生産から消費に至る各段階の関係者が有機的に連携することにより、全体として機能を発揮する一連の活動の総体をいう。以下同じ。）の関係者によりその持続的な供給に要する合理的な費用が考慮されるようにしなければならない。
6　国民が最低限度必要とする食料は、凶作、輸入の途絶等の不測の要因により国内における需給が相当の期間著しくひっ迫し、又はひっ迫するおそれがある場合においても、国民生活の安定及び国民経済の円滑な運営に著しい支障を生じないよう、供給の確保が図られなければならない。

【第一項関係】

(ア)　食料は、人間の生命の維持に欠くことのできないものであり、人間の生存の基礎として最低限の水準の確保が常に要請されている。更に、現代においては、食料は必要最低限あれば足りるというものではなく、健康で充実した生活の基礎として、量、質の両面において一定の水準にあることが求められている。

しかしながら、我が国は、食料自給率が供給熱量ベースで三八パーセント（令和四年度）であり、食料生産に不可欠な肥料や飼料についてもその原料のほとんどを輸入しているなど、食料・資材について輸入への依存度が高い状況である。

(イ)　一方、世界の食料需給の事情をみると、次のように、極めて不安定な状況にあり、食料供給上のリスクが高まっている。

① 世界的な気候変動の進展により、二〇〇〇年以降、毎年のように高温、干ばつ、大規模洪水等の異常気象による不作が世界各地で局所的に発生しており、ＩＰＣＣ（気候変動に関する政府間パネル）が公表した評価報告書においても、気候変動により干ばつの頻度と強度が大きくなる旨、気候変動が主要作物の単収に与える影響はマイナス評価が大宗を占めている旨が示されている。

② 世界の人口は二〇〇〇年に約六〇億人であったが、二〇二二年には八十億人を超えるまでに増加し、世界の食料需要も増加している。この中で、世界の食料生産は増加している一方、農業生産自体、自然条件の制約を受けて変動しやすいことも相まって、世界では、生産過剰と生産不足が繰り返されるようになっている。生産過剰は、国際的な農産物価格の低下より生産者の経営不安定化につながり、生産不足のときには世界的な価格高騰につながる。このように、世界の食料需給は不安定化することが予想され、食料供給の相当部分を輸入に依存する我が国にとって、輸入農産物は安価で何時でも手に入れることができるものではなくなってきている。さらに、我が国は、一九九八年には世界一位の農林水産物の純輸入国であり、一人当たりＧＤＰが世界九位であったが、二〇二二年においては、中国に最大の純輸入国の座を譲っており、長期のデフレ下に置かれていた中で、一人当たりＧＤＰも十三位に低下している。このように、我が国は食料の輸入に当たっての購買力が低下しており、いつでも必要な量を安価に輸入できないリスクが高まっている。

(ウ) また、不採算地域からの小売・スーパーの撤退、高齢者を中心とした買い物の移動に不便を抱える者の増大、貧困・格差の拡大等により、食料の入手が困難となるいわゆる食料品アクセス問題が顕在化しており、食料を総量として確保するだけでなく、国民一人一人が食料を適切に入手できるようにすることが課題となっている。

(エ) なお、国際的に「食料安全保障」については、一九九六年に開催されたＦＡＯ（国連食糧農業機関）の食料サミットにおいて定義され、①適切な品質の食料を十分な量供給する（供給面）、②全ての国民が栄養ある食料を入手できる（入手面）、③安全で栄養価の高い食料を摂取できる（利用面）、④いつ何時でも適切な食料を入手できる安定性がある（安定面）ことが求められている。

(オ) 以上のような状況に鑑み、平時から、食料供給が不足する不測の事態に対応できる態勢を構築する観点から、

「食料安全保障」を基本理念の柱として位置付け、その定義を、ＦＡＯの定義も踏まえつつ、
①　安全で、国民が求める水準の品質を備えた食料（「良質な食料」）が、
②　国民の理解と納得が得られる価格（「合理的な価格」）で、
③　（総量として十分な量が）安定的に供給され、かつ、
④　国民一人一人がこれを入手できる
状態と規定するものである。なお、制定時の基本法においては、①〜③までを規定し、「食料の安定供給の確保」を基本理念として位置付けていたが、食料の総量の確保だけでなく、国民一人一人の入手の観点も重要となってきたことから、令和六年改正において④を追加し、食料安全保障として定義付けたものである。

「良質」とは、品物の性質として優れていることをいい、食料の場合、適切な品質であること、栄養素など有用な成分に富んでいること、性能がより高いこと等を指すこととなる。安全性については、人が摂取する「食料」としてその最も基本的な前提となる条件であり、「良質な食料」には、ＦＡＯの定義でいう「安全かつ栄養のある食料」の意味合いを含むものである。

「安定的に供給」とは、総量として十分な食料を供給するという趣旨であり、ＦＡＯの定義でいう「十分な量」の意味合いを含むものである。

【第二項関係】

(ア)　世界の食料需給事情及び貿易事情が極めて不安定な要因を抱えている状況にあっては、国民に対する食料の安定供給は、国内の農業生産の増大を図ることを基本として確保していく必要がある。特に、世界の食料需給が不安定化していく状況においては、過度に輸入に依存している品目（例：麦、大豆、飼料作物等）を国産転換し、国内生産を増大する取組が重要である。

(イ)　一方、国内の需要に見合う農業生産を全て国内で行おうとすれば、国内の農地の約三倍の面積が必要との試算もあり、現実的には輸入の果たす役割も大きく、輸入リスクが高まっている状況に鑑みれば、安定的な輸入も食料の安定供給において重要である。また、備蓄については、食料供給が大幅に不足する事態における初期の対応

策として重要である。

(ウ)　このため、国民に対する食料の安定的な供給について、国内の農業生産の増大を図ることを基本とし、これと併せて安定的な輸入及び備蓄の確保を図ることにより行う旨を規定するものである。

「世界の食料の需給が不安定な要素を有している」とは、

①　食料需給自体の不安定性
・自然条件の制約を強く受け、生産が変動しやすい等の農業生産自体の特質
・主要輸出国、大消費国の作柄変動等により国際相場は大きな影響

②　短期的な食料需給の不安定性の増大のおそれ
・輸出国が米国等の特定の国・地域へ集中する傾向
・世界的な在庫水準の低下
・気候変動による農業生産の変動の可能性の増大
・燃料用等の食料以外への用途との競合

③　中長期的な食料需給のひっ迫のおそれ
・人口の増加及び所得の増加による食料需要の増大、特に新興国の経済成長による食料需要の穀物類から畜産物などへの移行
・食料需要の増加等に伴う生産資材の需要増による価格の高騰
・農用地の面的拡大の制約、単収の伸びの鈍化、砂漠化の進行、環境問題の顕在化等により生産拡大が不透明

といった状況を指す。

また、「世界の食料の貿易が不安定な要素を有している」とは、

①　貿易構造の特殊性
・生産量のうち貿易にまわされるものの割合は概して低い
・少数の特定の国が主要農産物の輸出について大きな割合

②　輸出側における供給制限
・食料の輸出国による輸出を規制又は禁止措置の可能性
③　長距離輸送に伴うリスク
・港湾スト、船舶事故、感染症による物流の混乱等による物流コストの増加、通関障害の発生
といったことを指す。

　基本法制定時に、本項は、当初、政府原案において「国内の農業生産を基本とし」と規定していたところであるが、国内の農業生産の増大を図る方向をより明らかにするため、衆議院における審議において修正され、「国内の農業生産の増大を図ることを基本とし」とされたところである。（平成十一年六月二日農林水産委員会採決、同月三日本会議修正議決）

【第三項関係】

(ア)　食料の供給に当たっては、国民の納得が得られるよう、（やみくもに生産を増大するのではなく、）農業の生産性の向上を促進し、消費者の需要に即した農産物を合理的な価格で供給することが重要である。

(イ)　また、食品産業は、国内農産物の重要な仕向先であり、原料農産物の多くを国内農業に依存しており、国民に多様な食料を安定的に供給するという機能において、農業と並んで車の両輪にもたとえられる地位にある。

(ウ)　したがって、高度化、多様化している国民の食料需要に適確に対応していくためには、農業の生産性の向上を促進しつつ、国内の農業と食品産業とが総合的に発展していかなければならない旨を規定するものである。

「食品産業」とは、食品製造業、食品加工業、食品流通業及び外食業を指している。

　良質な食料を合理的な価格で安定的に供給していくためには、農業とともに食品産業を含めた食料供給構造全体の生産性の向上を図らなければならないところであるが、ここで、農業についてのみ「生産性の向上の促進」を規定しているのは、旧農業基本法に掲げていたように、農業はそれまで他産業との間の生産性格差の是正を目標に取り組んできており、生産性は大きく向上したものの、他産業との格差是正には至らず、今日においても生産性の向上が各方面から求められていることから、「生産性の向上」を特記しているものである。

【第四項関係】

（ア） 国民に食料を安定的に供給するためには、その需要を満たすための供給能力が確保されていることが重要である。一方、急速な人口減少が進む中で国内の食市場も縮小しており、我が国の農業や食品産業が、これまでのように国内市場のみを志向する産業のままでは、国内の人口減少に合わせて生産を縮小させてしまうことにつながる。このことは、長期的な食料供給の減少につながり、特に不測時において食料の安定供給が困難になりかねない事態となる。

（イ） そのため、食料の安定的な供給に当たっては、国内への供給に加えて海外への輸出を図ることで、食料の安定供給を確保できるだけの供給能力を維持することが必要である旨を規定するものである。

（「農業生産の基盤、食品産業の事業基盤等」とは、農地、農業の担い手、食品製造設備、技術力など、食料生産の基盤となるもの全般が想定される。
食料供給能力の「維持」としているのは、本項が、「輸出の拡大によって国内市場の縮小による需要の減少を補う」という考え方に焦点を当てた規定であるためである（したがって、国として食料の供給能力を向上させることと矛盾するものではない）。）

【第五項関係】

（ア） 食料の価格は、需給事情と品質評価が適切に反映され、取引関係者間で決まるものであるが、我が国が長くデフレ経済下にある中で、食料などの販売に当たって低価格で競争することが定着し、肥料や飼料といった資材費や、物流費、人件費等の食料システムの各段階のコストの増加が、価格形成過程で十分に考慮されていないことが、持続的な食料供給の大きな課題になっている。

（イ） そのため、食料システムの各段階の関係者の理解と納得の得られる価格である「合理的な価格」の形成のあり方をより明確にする観点から、食料システムの関係者により食料の持続的な供給に要する合理的な費用が考慮されるようにしなければならない旨を規定するものである。

（「合理的な費用」とは、食料システムの各段階の関係者の間で納得の得られる費用をいう。具体的には、農業資材費や人件費が長期的に上昇する中における恒常的なコスト増や、環境負荷低減を図るための取組にかかるコスト増などが想定される。

「食料の持続的な供給」とは、食料の供給が、将来にわたって、環境面・社会面・経済面において持続可能性に配慮した形で行われることをいう。具体的には、環境負荷の低減や人権への配慮、恒常的な費用の増加分の価格への考慮等が行われることなどが想定される。

「食料システム」との概念を用いたのは、食料の価格形成における費用の考慮は、食料供給の生産、加工、流通、消費の各段階の独立した取組では完結せず、各段階の関係者が共通の理解を醸成し、全ての段階において費用が考慮されるようにすることが必要であることから、食品の生産から消費に至る一連の流れをシステムとして捉え、システム全体のあり方を改善することとしたためである。このように、食料安全保障の確保のためには、生産から消費につながるフードチェーンが協力した取組が重要になっており、令和六年改正において導入された重要な概念として、各所に用いられている。

食料・農業・農村政策審議会の答申では「適正な価格形成」との文言が用いられていたが、これは、生産コストの増加が費用に考慮されない状況を踏まえ、生産者のみならず、加工・流通事業者、小売事業者、消費者など食料システムの関係者の話し合いを通じ、価格形成の理解の共通化を図ることにより持続可能な食料システムを構築することを目指したものであり、本項は、答申でいう「適正な価格形成」をまさに条文化したものである。条文化する際は、①「適正な価格」は統一的な価格水準を決めるように見えるが、生産者、食品事業者等の取引関係者ごとにその水準が異なり、価格を一義的に定められるものではないこと、②第一項において「国民の理解と納得が得られる価格」という意味で「合理的な価格」との用語が用いられており、答申の趣旨である関係者の理解と納得が得られる価格を指す用語は「合理的な価格」を用いることが整合的であること、を踏まえ、法律の用語としては「合理的な価格」の語を用いているものである。

【第六項関係】

(ア)　凶作や家畜伝染病・病害虫のまん延、感染症の拡大等による輸入の途絶等の不測の要因により、国内における食料需給が相当期間著しくひっ迫するような緊急時においても、国民生活や国民経済の混乱が生じないよう、国民が最低限度必要とする食料について確保することが求められている。

(イ)　そのため、国民が最低限度必要とする食料について、国民生活の安定及び国民経済の円滑な運営に著しい支障を生じないよう供給の確保が図られなければならない旨を規定するものである。

「国民が最低限度必要とする食料」とは、摂取熱量を維持できる水準の食料と解釈運用しており、一人一日当たりの供給熱量一九〇〇キロカロリーを満たす程度の水準の食料を一つの目安としている。

また、「凶作、輸入の途絶等の不測の要因」とは、

①　国内における未曾有の凶作や、

②　主要輸出国や主要生産国における連続不作や同時不作、家畜伝染病や植物病害虫の侵入・まん延、国際的紛争によって生じる世界の農業生産、貿易の著しい混乱による輸入の途絶や輸入量の大幅な減少、

③　石油等の供給が滞ることにより、国内農業生産に重大な支障を生ずる場合

等一般に想定する危機管理の状況を超えて食料の供給が著しく不足する事態を引き起こすような場合が考えられる。

「相当の期間」とは、通常年における供給サイクルで発生する、食料の不足期間を超えるような期間をいい、例えば、主要な農産物については、現在、二～三ヶ月分の備蓄をしていること、また、主要な農産物の輸入の手当も二～三ヶ月で可能と見込まれることから、これで対応できないような期間は「相当の期間」に該当するということとなる。

「国民生活の安定及び国民経済の円滑な運営に著しい支障を生じないよう」とは、

①　健康維持に必須の食料の不足により国民の健康で充実した生活の維持が困難となり、

②　同時にまた、食料の不足が招くパニックや企業活動への支障により国民の経済活動が阻害され、国全体としての生産・流通等の経済運営が立ち行かなくなるようなことがないようにすることである。

イ　環境と調和のとれた食料システムの確立（第三条関係）

（環境と調和のとれた食料システムの確立）
第三条　食料システムについては、食料の供給の各段階において環境に負荷を与える側面があることに鑑み、その負荷の低減が図られることにより、環境との調和が図られなければならない。

(ア)　地球温暖化や生物多様性など環境に対する国際的な関心が高まる中、農業と環境をめぐる国際的な議論も大きく進展してきた。国際的には、水源涵養、生物多様性や景観などは、生態系が本来有する機能であり、このような生態系の有する機能、いわゆる「生態系サービス」の発揮の程度は、人間の生態系への関与によって左右されるという考えが主流になっている。農業をはじめとする食料生産は、人間の生態系への関与の活動の一つであり、生態系サービスの低下につながるおそれもある。実際に、慣行的な農業では、稲作、燃料燃焼、家畜排せつ物管理等による温室効果ガスの発生、化学農薬・化学肥料の不適切な使用を通じた生物多様性への影響などが生じており、農業・食品産業において環境への負荷の低減を図ることは世界的にも重要な課題となっている。

(イ)　環境への負荷の低減は、食料の供給の各段階が個別に取り組むのではなく、全体で取り組むこと、すなわち食料システムとして取り組むことが重要であることから、本条は、食料システムが環境に負荷を与える側面があることを正面から捉えた上で、その負荷の低減が図られ、環境との調和が図られなければならない旨を規定するものである。

(ウ)　一方で、農業による生態系への関与の内容によっては、里地・里山など二次的な自然環境による独特の生態系の実現や、棚田による農村景観など、プラスの生態系サービスが発現することもある。
　このため、本条では環境への負荷低減を図る食料システムの重要性、第四条では特に農業による生態系サービスへの正の効果を増進することを規定し、環境負荷を低減する食料生産への転換を図ることを基本理念に位置付けるものである。

〔「環境への負荷」とは例えば稲作や畜産によるメタンの発生、食品製造過程等における二酸化炭素の発生な〕

どの地球温暖化への影響、化学農薬等の不適切な使用を通じた生物多様性への影響など、環境へのマイナス影響を指すものである。環境と調和のとれた食料供給を行うためには、これらの負荷の低減、すなわち、温室効果ガスの排出抑制や、化学農薬・化学肥料の使用低減などの取組が必要となる。

ウ　多面的機能の発揮（第四条関係）

（多面的機能の発揮）
第四条　国土の保全、水源の涵《かん》養、自然環境の保全、良好な景観の形成、文化の伝承等農村で農業生産活動が行われることにより生ずる食料その他の農産物の供給の機能以外の多面にわたる機能（以下「多面的機能」という。）については、国民生活及び国民経済の安定に果たす役割に鑑み、将来にわたって、環境への負荷の低減が図られつつ、適切かつ十分に発揮されなければならない。

(ア)　農業は、植物を栽培耕作し、又は動物を飼養することにより、人に有用な植物又は動物を得ることを本来の目的とする産業であり、農業の本来の機能は、こうした食料を中心とする農産物を生産し、供給する機能である。
　同時に、農業は、この農産物の供給機能以外にも、土地、水等を生産要素として、農村で継続的に農業生産活動が行われることにより、様々な効果を及ぼしている。これらの様々な効果のうち、農作物のように市場で評価されるものではないが、第三者に対し何らかの利益を与えるもの（外部経済効果）を生ずる機能を、本法では「多面的機能」と呼ぶ。

(イ)　第四条は、ゆとり、やすらぎといった精神的な価値を重視する気運の高まりの中で、市場で評価されない外部経済効果であるこれらの農業・農村の有する「多面的機能の発揮」に対する国民の期待が高まっていることから、「食料安全保障の確保」と並ぶ基本理念としてこれを明確に位置付け、食料、農業及び農村に関する施策を推進し、将来にわたり適切かつ十分な発揮を図ることにより、国民の安心で安全な生活の実現に寄与していこうとするものである。この点、農業生産活動における環境負荷というマイナスの面を最小限に抑えつつ、多面的機能というプラスの効果が最大限発揮されるよう、「環境への負荷の低減が図られつつ」と規定しているものである。

(ウ)　多面的機能の主なものとしては、以下のようなものがある。

①　国土の保全機能
水田や畑が水を一時的に貯留することで増水を緩和させ、畦畔の適切な管理・農地面の平坦化により土砂の流出を防備し、田の水張りにより地下水位を安定させ地滑り等の土砂崩壊を防ぐなど、大地を安全に保つ機能

②　水源涵養機能
潅漑水・雨水が、田畑から地下浸透し地下水源を涵養し、又は長時間をかけて河川に還元するなど、用水を供給する水源を徐々に養う機能

③　自然環境の保全機能
農業に伴う微生物活動によって土壌中の有機物や水中・大気中の汚染物資が分解されるとともに、光合成による酸素の放出により大気組成を安定させ、田畑・ため池等が多様な生物の生息地となるなど、自然環境を保全する機能

④　良好な景観の形成機能
農村で農業が営まれることによって、大地に植物が育つ姿と農家の母屋、その周辺の水辺や里山が一体となって醸し出す独特の雰囲気の景観が形成される機能

⑤　保健休養の場の提供機能
農村における農業により存在する澄んだ大気、きれいな水、美しい緑などが、訪れた者に安心を与え、気分を落ち着かせる場を提供する保健休養の場の提供機能

⑥　文化の伝承機能
農業の古来からの継続によって伝えられてきた、自然の恵みや災害の忌避等を祈念し、あるいは感謝して行われる芸能・祭り、様々な農業上の技術、地域独自の様々な知恵などの文化的なものが伝承される機能

⑦　情操涵養機能

農業により継続して動植物が養われていることの見聞きにより、生命の尊さ、自然に対する畏敬や感謝の念など複雑で高次な感情が接する者に養われる機能

(エ)　「公益的機能」と「多面的機能」の関係について

「多面的機能」のうち、前述①～⑤については、国土の保全、自然環境の保全等により、広く国民に対し利益をもたらすものであり、機能の性格としては森林の有する「公益的機能」と同一であると考えられる。

しかしながら、農業・農村の有する機能については、このような物理的な存在である農地そのものがもたらす機能にとどまらず、文化の伝承、情操涵養のように農業活動によってもたらされ、必ずしも「公益性」という概念に該当しないような機能も含まれることから、「公益的機能」ではなく、「多面的機能」と総称することとしたものである（中央省庁等改革基本法（平成十年法律第百三号）第二十三条第六号の例）。

したがって、法文上も、公益的機能にとどまらないことを示す必要があることから、「文化の伝承」を法律上例示しているところである。

エ　農業の持続的な発展（第五条関係）

（農業の持続的な発展）

第五条　農業については、その有する食料その他の農産物の供給の機能及び多面的機能の重要性に鑑み、人口の減少に伴う農業者の減少、気候の変動その他の農業をめぐる情勢の変化が生ずる状況においても、これらの機能が発揮されるよう、必要な農地、農業用水その他の農業資源及び農業の担い手が確保され、地域の特性に応じてこれらが効率的に組み合わされた望ましい農業構造が確立されるとともに、農業の生産性の向上及び農産物の付加価値の向上並びに農業生産活動における環境への負荷の低減が図られることにより、その持続的な発展が図られなければならない。

２　農業生産活動における環境への負荷の低減は、農業の自然循環機能（農業生産活動が自然界における生物を介在する物質の循環に依存し、かつ、これを促進する機能をいう。以下同じ。）の維持増進に配慮して図られなければならない。

(ア)　国民が農業・農村に期待する役割として、「食料安全保障の確保」と「多面的機能の発揮」を基本理念に掲げているが、この二つの役割が十分に発揮されるためには、農業そのものが将来にわたって持続的に発展をしていく必要がある。そのためには、農地、水等の農業資源と担い手の確保、その最適な組合せによる効率的な望ましい農業構造の確立が必要であり、併せて、農業の生産性の向上、農産物の付加価値の向上及び農業生産活動における環境への負荷の低減を実現していく必要がある旨を規定するものである。

(イ)　食料の安定供給は、国内の農業生産の増大を図ることを基本とすることとされており、また、国土保全等の多面的機能は、農業生産活動が行われることにより発揮される。このように、食料の安定供給機能及び多面的機能は、いずれも国内農業によって担われているものであり、人口の減少に伴う農業者の減少や気候変動など国内農業が様々な厳しい諸問題を抱えている中で、その力が衰退することなく将来にわたって発揮され、また、その力が増進していくようにしていく必要がある。

(ウ)　農業の持続的な発展を図っていくためには、まず何よりも国内で農業を営むための基盤が存在し、確保されていることが前提となる。

国内農業の基盤としては、土地（農地）、水（農業用水）、人（担い手）、その他の資源（生産資材等）があるが、これらについて量的に必要なものが確保されるようにすることが重要である。

特に、現状においては、農地、担い手といった農業生産の中核を成す要素が減少を続けているが、これらはいったん減少すると回復するのに長期の期間を要することからも、特にその確保に努める必要性が大きい。

「農地」とは、農地法で定義する農地に限らず、草地や採草放牧地を含めた意味である。宣言法である基本法においては、実体法のように制度の適用範囲を厳密に画する必要がないことから、一般的に広く用いられている「農地」を用いて規定しているものであり、旧農業基本法と同様の用法である。

「農業用水」とは、主としてかんがいの用に供する水であり、農業用水路の機能の維持のための用水等を含む広く農業の用に供する水という一般的な概念である。

「その他の農業資源」とは、は種用の種子、種畜などの多様な生物的資源、堆肥等に利用する家畜排せつ物、落ち葉等の資源、農業技術などを意味する。

(エ) 次に、このように確保された農業資源と担い手が、効率的に組み合わされ、産業としての効率性を高めていくことが必要である。農地、水、担い手が確保されていても、国内生産が非効率な組合せによってなされる場合には、高コスト構造となり、国民から支持と理解が得られず、ひいては輸入農産物が増加し、国内農業の衰退につながるからである。

(オ) さらに、持続的な発展のためには、農業者が創意工夫を生かした農業経営を展開し、収益性を上げていくことが必要であり、そのためには、スマート農業技術や省力化・多収化に資する品種の開発等による生産性の向上と、知的財産の保護・活用等による付加価値の向上が必要である。また、持続性の観点からは、前述のとおり環境への負荷の低減も必要である。

(カ) これらのことから、農業の持続的な発展のためには、
① 農地等の農業資源や担い手が確保されることを前提として、
② 地域の特性に応じて、これらが効率的に組み合わされること
③ 生産性の向上及び付加価値の向上並びに環境への負荷の低減が図られること
が必要である。

(キ) また、農業生産活動における環境への負荷の低減は、生物多様性等の観点からも、農業の自然循環機能の維持増進に配慮して行われる必要がある（例えば中干しの延長はメタンの発生を抑え、温室効果ガス削減の観点からは重要であるが、水田に水を張らないと水中に生息する生物が失われ、生物を介在した物質の循環である自然循環機能が損なわれるおそれがあるため、これに偏らない必要がある）ため、その旨を配慮事項として規定するも

のである。（第二項）

「人口の減少に伴う農業者の減少」とあえて規定したのは、国内人口が二〇〇八年をピークに減少局面に転じ、我が国全体で自然減による人口の減少が進む見込みになっている中で、農業経営体の九割超を占める個人経営体である基幹的農業従事者の年齢構成を見ると、六〇歳以上が約八割を占めており（二〇二一年）、高齢化によるリタイアは今後二十年で加速化することが予想される。このため、新規就農者の確保は国として当然進めていくものの、現実的には農業者が増加することは考えにくい状況にあるため、人口減少問題を正面から捉えて、農業者が減少する中にあっても農業の持続的な発展が図られなければならない旨を位置付けたものである。

「農業所得の向上」については、個々の農業者が事業活動を通じて目指すものであり、こうした農業者の取組により、国として目指す農業の持続的な発展の実現が図られるものであるため、「所得」自体は明記していない。農業が収益の上げられる産業にしていくことが重要であり、そのための環境整備を図ることが国の役割であることから、農業の持続的な発展の方向性として、生産性の向上や付加価値の向上を明記したものである。

注「持続的な発展」について

(1)　持続的な開発

ア　国連決議により活動を開始した賢人会議『環境と開発に関する世界委員会』は、一九八七年四月、「我ら共有の未来」という報告の中で、持続的開発について、「持続的な開発とは、『将来の世代の欲求を満たしつつ、現在の世代の欲求も満足させるような開発』をいう。」という定義を置いた。

イ　これは、世界の貧しい人々が基本的欲求を満たすためには、経済成長を必要としているが、その経済成長は、将来の世代の欲求を満たせるだけの環境の能力を保つことが必要であることを意味している。

ウ　つまり、ここでいう「持続的」とは、環境・社会面における様々な条件の中で、開発や発展のありようを将来の世代においても変わらないようにすることを意味するものである。

(2)　農業における持続可能な開発

ア　農業における持続可能な開発については、一九八九年のＦＡＯ世界農業白書が「持続可能な開発は、土地、水、植物及び動物の遺伝資源を保全し、環境的に天然資源を悪化させず、技術的に適切、経済的に実行可能、社会的に受け入れ可能なものである。」としている。

イ　農業が自然界の物質循環に依存している産業であることに鑑みれば、産業としての農業の発展には、農業をとりまく環境が少なくとも現状以上に悪化しないことが不可欠の前提となることから、ＦＡＯの規定する概念は「持続的な開発」を農業分野に適用したものということができる。

(3)　我が国が置かれている状況と農業の持続的な発展

ア　我が国の農業の状況について振り返ってみた場合、農業者や農地が減少し生産基盤が弱体化しており、今後、農業者の年齢構成に鑑みれば、個人経営体を中心に農業者が急減することが想定される。

イ　このような中で求められているのは、農業者が減少し、気候変動等により生産が不安定化する中にあっても、食料生産装置としての農業が将来の世代においても変わらぬようにあり続けることであり、環境・社会面における様々な条件の中で、農業が発展していった結果、将来の世代が今と変わらないように食料を得られ、便益を享受することができるようにすることである。

ウ　このため、本法においては、農業の発展の条件として、

①　農業生産の前提となる農地等の農業資源及び農業の担い手が確保されることを前提に、

②　これらの生産要素が効率的に組み合わされること（経済的な持続性）

③　生産性の向上や付加価値の向上が図られること（経済的な持続性）

④　環境負荷の低減が図られること（環境面の持続性）

を規定しており、このような農業の発展は、将来の世代にも現在の世代と同様の保証を与えるという意味で、単なる「健全な発展」ではなく、「持続的な発展」と規定している。

オ　農村の振興（第六条関係）

（農村の振興）
第六条　農村については、農業者を含めた地域住民の生活の場で農業が営まれていることにより、農業の持続的な発展の基盤たる役割を果たしていることに鑑み、農村の人口の減少その他の農村をめぐる情勢の変化が生ずる状況においても、地域社会が維持され、農業の有する食料その他の農産物の供給の機能及び多面的機能が適切かつ十分に発揮されるよう、農業の生産条件の整備及び生活環境の整備その他の福祉の向上により、その振興が図られなければならない。

(ア)　国民が農業・農村に期待する役割として、「食料安全保障の確保」と「多面的機能の発揮」を基本理念に掲げているが、この二つの役割が十分に発揮されるためには、農業そのものが将来にわたって持続的に発展をしていく必要がある。農村は、農業生産活動が行われる現場であり、同時に農業者をはじめ地域住民の生活基盤であることから、農業の発展の基盤たる役割を果たしており、その振興を図る必要がある。

(イ)　農村においては、急速に人口減少が進んでおり、生活や農業を成り立たせている共助の基盤である地域社会の維持が困難となっている集落が増加しており、今後、地域社会に依存してきた農地や農業用用排水施設の保全等の集落機能が著しく低下することが見込まれる。そのため、人口減少下における農村の振興の方向性としては、地域社会の維持の観点も重要である。

(ウ)　これらを踏まえ、農村は、農業の持続的な発展の基盤たる役割を果たしていることに鑑み、農村の人口減少等が生ずる状況においても、地域社会が維持され、食料供給機能と多面的機能が十分に発揮されるよう、農業の生産条件の整備及び生活環境の整備その他の福祉の向上により、その振興が図られなければならない旨を規定するものである。

(エ)　なお、実態上、農村では農業以外の産業も営まれ、一般的に農村振興という場合には、地域経済の振興の観点も含まれ得るものと考えられる。一方、本条は、食料・農業・農村基本法の中で農村施策を位置付ける規定であり、他の地域振興法のような観点ではなく、あくまで食料及び農業との関係の中で施策を講ずる所以を規定する条文である。そのため、農業以外の産業の振興を図る旨は直接的に位置付けていない。（あくまで地域社会の維持に資する施策の一つとして、第四十三条において位置付けている）

「農村」とは、行政区画を示すものではなく、また、地域の範囲を具体的に限定する概念として使っているものではない。一般的に、農業的な土地利用が相当の部分を占め、かつ、農業生産と生活が一体として営まれており、居住の密度が低く分散しているようなところを指している。

「基盤たる役割」とは、農村は、農業者が農業生産活動に取り組む現場であると同時に、住民として日常生活を営む生活基盤であるという両面において、農業者にとって極めて重要な役割を有しており、農業の持続的な発展を図っていくことができるか否かを左右する位置付けにあるということを表現しているものである。

「農業の生産条件の整備」とは、ほ場整備、農業用用排水施設の整備・維持管理など農業の生産基盤の整備、農業経営の規模拡大の促進、農業用施設の整備など農業の生産性の向上を図り、生産面における条件を良好にすることをいう。

「生活環境の整備その他の福祉の向上」とは、農業者を含めた地域住民の生活の場である農村につき、第四十三条第二項に規定している防災、交通、情報通信、衛生、教育、文化等の生活環境の整備に加え、高齢者、障害者等の社会福祉対策を含めた全体としての福祉の向上を意味するものである。

（参考）基本理念の関係について

第二条から第六条までの基本理念の関係は、次頁の図のように表すことができる。

「環境と調和のとれた食料システムの確立」は、①農業生産だけでなく加工・流通等の食品産業も含めて食料供給の各段階で環境負荷の低減を図る旨を規定していること、②農業が行われることにより生ずる多面的機能についても、農業の環境負荷低減を図るなど環境との調和が図られつつ発揮されることとしていることから、概念図として示すと網掛けのようになる。

改正食料・農業・農村基本法の基本理念の関係性（イメージ）

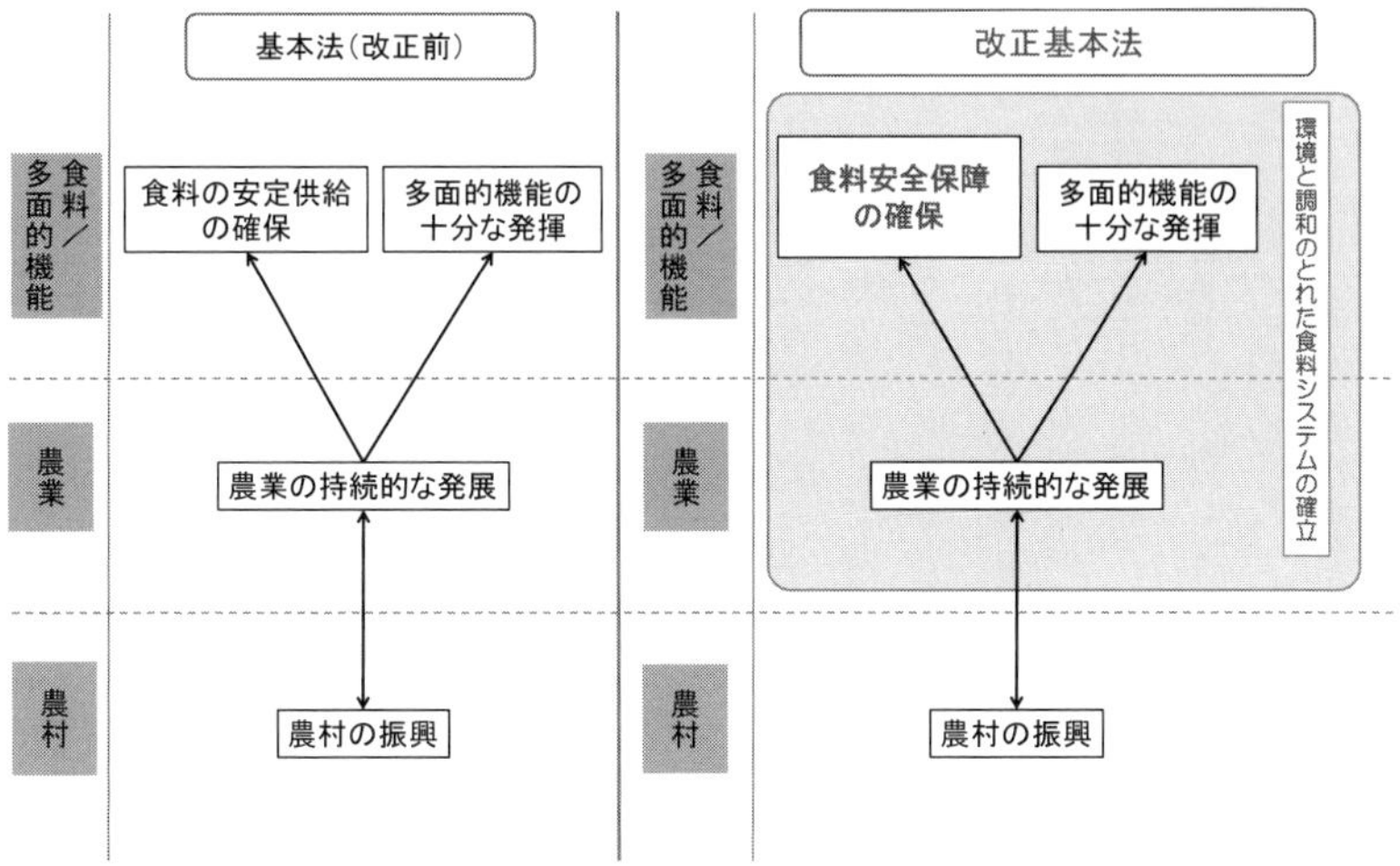

なお、農村の振興には網掛けがされていないが、これは基本法の条文構成上、環境との調和は農業や食品産業の事業活動を通じて図られることになっているためである。農村は農業が営まれる場であるため、農業分野で環境への負荷の低減が図られれば、農村においても環境との調和が図られるという関係となる。

㈢ 水産業及び林業への配慮（第七条関係）

（水産業及び林業への配慮）
第七条 食料、農業及び農村に関する施策を講ずるに当たっては、水産業及び林業との密接な関連性を有することに鑑み、その振興に必要な配慮がなされるものとする。

ア 本法は、国民が摂取する全ての食料の流通をその対象分野とする一方で、その生産については、国内の農業生産の増大を図ることを基本と位置付けている。このため、水産物を産出する水産業の本法における扱い、林業が農村における重要な産業の一つであることなど、いずれも本法の施策と密接な関係を有するため、本条は、その点を明示し、施策の実施に当たって配慮する旨を規定するものである。

イ 水産物は、良質な動物性タンパク質として、我が国の食料供給において重要な役割を果たしている。このため、水産業自体は本法の対象外であるが、食料として流通する水産物は、規定の対象となっている。

また、林業との関連については、森林を所有する世帯が農業を併せ営んでいることも多く、農業者に対する施策は、林業者にも少なからず影響を及ぼすことになる。さらに、農業・農村の有する多面的機能は、森林の公益的機能と相まってより国民に対し機能を発揮することとなる。（例えば、保水力のある森林によって蓄えられた水が水流となって時間をかけて水田に到達し蓄えられ、森林から直接地下に浸透した水とあわせて水田からも地下に水が浸透し、水資源が涵養される。）

このようなことから、本法に基づき施策を講ずるに当たっては、水産業や林業との関わり合いに留意しつつ、施策を展開していく必要があることを明記する必要があるものである。

㈣　国の責務（第八条関係）

（国の責務）
第八条　国は、第二条から第六条までに定める食料、農業及び農村に関する施策についての基本理念（以下「基本理念」という。）にのっとり、食料、農業及び農村に関する施策を総合的に策定し、及び実施する責務を有する。
2　国は、食料、農業及び農村に関する情報の提供等を通じて、基本理念に関する国民の理解を深めるよう努めなければならない。

ア　本条は、基本理念を達成するためには、国が必要な施策を総合的に策定し実施していくことが必要であり、また、情報提供等を通じて国民の理解を深めるよう努める必要がある旨を規定するものである。

イ　本法において、第八条をはじめ、「国」と規定されているのは、立法府、司法府、行政府を含めた国を表し、第十五条から第十七条までに規定する「政府」とは、そのうちの行政府のみを指している。

ウ　本法は、本条で、国の責務は「基本理念にのっとり」とする一方、第十条（農業者の努力）においては「基本理念の実現」と規定している。基本理念は国が施策を策定し実施していく際の依って立つ準則であるため、本条第一項は「基本理念にのっとり」と規定しているが、農業者にとっては、基本理念はその活動に当たって実現するように努めるべき目標であることから、第十条はそれに応じた規定ぶりとなっているところである。

エ　国が行う「食料、農業及び農村に関する情報の提供」に関しては、各種広報、新聞雑誌、インターネット、SNS等の多様な手法により、積極的な情報提供を図っていくこととなる。

(五) 地方公共団体の責務（第九条関係）

（地方公共団体の責務）
第九条 地方公共団体は、基本理念にのっとり、食料、農業及び農村に関し、国との適切な役割分担を踏まえて、その地方公共団体の区域の自然的経済的社会的諸条件に応じた施策を策定し、及び実施する責務を有する。

ア 農業は天候や地勢等の自然的条件に影響されることが多い産業であり、地域ごとに農業をめぐる事情も異なることから、食料、農業及び農村に関する施策については、地方公共団体の果たすべき役割は大きいと考えられる。
本条は、こうした観点から、地方公共団体が国と対等の立場で基本理念にのっとり施策を実施する責務を有する旨を明らかにしている。

イ 「国との適切な役割分担」とは、国と地方公共団体との具体的な役割分担について

(ア) 国の主体的な事務として実施することが適切な施策としては、

① 食料の安定供給に直接関わるものなど、国家存立の基盤を確保する上で国の直接実施が必要なもの（輸入の調整（第二十二条関係）、不測時の措置（第二十四条関係）等）

② 全国的規模・視点で行われるもので国の関与が必要不可欠なもの（農地の確保（第二十八条関係）、農災制度（第四十条関係）等）

③ 大規模な投資を必要とし、又はリスクが大きいなどのため、民間や地域の活動に委ねた場合、所期の目的の円滑な達成が期し難く、国の直接的・積極的な関与が求められるもの（大規模な農業基盤整備（第二十九条関係）、基礎的な研究開発（第三十八条関係）、国際協力（第二十五条関係）等）

等が考えられる。

(イ) 一方、こうした施策以外の分野で、「産業の育成」、「地域の振興」という側面が強く、民間や地域も受益する

施策については、国と地方公共団体が相協力して実施することが適切と考えられる。（食品産業の健全な発展（第二十条関係）、効率的かつ安定的な農業経営の育成（第二十六条関係）、人材の育成確保（第三十三条関係）、第三セクター等の活動の促進（第三十六条関係）、農村の振興（第四十三条関係）、中山間地域等の振興（第四十七条関係）等）

ウ　第十八条以下の基本的施策の規定においては、「国」が主語となっているが、これは、地方公共団体がそれらの施策を実施しないということを意味するのではなく、担い手の育成、農業生産対策、農村の振興等について、地方公共団体ごとの自主性と創意工夫を活かしながら、地域の特性に即し、国と相協力して、基本理念に即し施策を講じていくということである。

エ　「自然的経済的社会的諸条件に応じた施策を策定」とは、地方公共団体が位置する地域の天候や地勢等の自然的条件、都市からの距離、交通網の発達程度などの経済的条件、人口の高齢化の度合いや、社会資本の整備状況などの社会的条件を勘案して、その地域に合った施策をうち立てていくという意味である。

(六)　農業者の努力（第十条関係）

（農業者の努力）
第十条　農業者は、農業及びこれに関連する活動を行うに当たっては、基本理念の実現に主体的に取り組むよう努めるものとする。

ア　本条は、農業者が、何の前提もなく施策を享受する側にいるということではなく、需要に応じた農業生産や、生産性の向上、環境負荷低減などに政府と一体となって取り組み、基本理念の実現に努めるものとするという努力規定を定めるものである。

イ 「これに関連する活動」とは農業に付随して行われる加工・流通等およそ全ての活動全般を意味する。

ウ 農業者が「主体的に」取り組むよう努めるとは、本法の基本理念の実現のためには、国や地方公共団体の政策努力に加え、農業者が、消費者の需要に即した農業生産の取組をはじめ、これを自らの問題として受け止め、努力していくことが不可欠であり、単に、国や地方公共団体の施策を享受する側にいるということではないことを示したものである。

エ 「取り組むよう努めるものとする」とは農業者が、基本理念の実現のために自主的・主体的に行動するよう努力することを意味する。

(七) 事業者の努力（第十一条関係）

> （事業者の努力）
> **第十一条** 食品産業の事業者は、その事業活動を行うに当たっては、基本理念の実現に主体的に取り組むよう努めるものとする。

ア 食品産業は、国民が消費する飲食費の最終帰属額の約八割を占めるなど消費者に対する食料供給において重要な役割を担っている。また、環境への負荷の低減や、食料の持続的な供給に要する合理的な費用の考慮など、食品産業の事業者が食料システムの一員として期待される役割は大きくなっている。

イ これらのことに鑑み、食品産業の事業者は、事業活動を行うに当たり、基本理念の実現に主体的に取り組むよう努める旨を規定するものである。

本法における「食品産業」の範囲は、食品製造業、食品加工業、食品流通業及び外食産業である。

㈧　団体の努力（第十二条関係）

（団体の努力）
第十二条　食料、農業及び農村に関する団体は、その行う農業者、食品産業の事業者、地域住民又は消費者のための活動が、基本理念の実現に重要な役割を果たすものであることに鑑み、これらの活動に積極的に取り組むよう努めるものとする。

ア　本法の基本理念を実現するためには、①食料システム全体として取り組むべき合理的な費用が考慮された価格形成や環境負荷低減などの取組や、②輸出の拡大のために農産物の生産から販売までの各段階が一体となった取組、③農村における共同活動や鳥獣害の防止の取組などが重要となっている。

イ　一方、これらの取組は、個々の農業者や食品事業者、地域住民では対応が困難であることから、関係団体の役割が重要である。例えば、価格形成や環境との調和においては、食料システムの各段階の団体が協力して、合理的な費用や環境負荷低減の取組等についての理解醸成・明確化を図ることなどが挙げられる。

ウ　そのため、令和六年改正により、これまで農業に関する団体の役割のみを規定していたところ、新たに食料・農業・農村に関する団体の条を設け、食料・農業・農村に関する団体について、その活動が基本理念の実現に重要な役割を果たすことに鑑み、その活動に積極的に取り組むよう努める旨を団体の努力規定として規定するものである。

エ　「食料に関する団体」とは、例えば、食品産業センター、品目別の各種団体（製造）、食品等流通合理化促進機構や全国中央卸売市場協会（流通・卸売）、日本スーパーマーケット協会（小売）、日本フードサービス協会（外食）、日本フードバンク協会などを想定している。「農業に関する団体」としては、例えば、農協、農業委員会、土地改良区などを想定している。「農村に関する団体」とは、例えば、各地のまちづくり（地域振興）協議会、猟友会・ジビエ振興協会などを想定している。

㈨　農業者等の努力の支援（第十三条関係）

（農業者等の努力の支援）
第十三条　国及び地方公共団体は、食料、農業及び農村に関する施策を講ずるに当たっては、農業者及び食品産業の事業者並びに食料、農業及び農村に関する団体がする自主的な努力を支援することを旨とするものとする。

ア　本条は、国や地方公共団体が施策を講じていく上での基本的なあり方として、農業者や食品産業の事業者、食料・農業・農村に関する団体などが、本法の基本理念の実現に資するような自主的かつ積極的な取組を行うことに対し、生産条件の整備のための基盤整備、資本装備の高度化等のための助成、資金の融通や情報の提供等を行い、農業、食品産業等に安心して打ち込めるよう基礎的な条件整備について支援する旨を規定したものである。

イ　「自主的な努力」とは、制度的に強制されて課題に取り組むのではなく、基本理念の実現を自らの問題として自らの意志で自発的に課題に取り組むことを意味する。

ウ　本条は、第十条から第十二条までに規定する農業者等の努力に対し、行政が施策を講ずる上での基本姿勢としての考え方を示したものであり、旧農業基本法第五条「国及び地方公共団体は、第二条第一項又は第三条の施策を講ずるにあたっては、農業従事者又は農業に関する団体がする自主的な努力を助長することを旨とするものとする。」を引き継いだ規定となっている。

例えば、第二十七条に関連しては、経営意欲のある農業者が創意工夫を生かした農業経営を展開しうるよう、その経営発展に資する条件整備を行うなど、実際に汗をかいて努力している農業者等に対し、その努力が生かされるような環境を政府は整えていくという方向を示している。

(十)　消費者の役割（第十四条関係）

（消費者の役割）

第十四条　消費者は、食料、農業及び農村に関する理解を深めるとともに、食料の消費に際し、環境への負荷の低減に資する物その他の食料の持続的な供給に資する物の選択に努めることによって、食料の持続的な供給に寄与しつつ、食料の消費生活の向上に積極的な役割を果たすものとする。

ア　消費者は、食料システムの一員として、食料消費を通じ食料の生産、加工、流通等のあり方に大きな影響力を持つ。基本理念を実現するためには、農業者、食品事業者等の関係者がそれぞれ取組を重ねていくことが必要であるが、最終的には消費者の購買活動によってこうした取組が支えられることが必要である。

イ　そのため、消費者は、食料、農業及び農村について理解を深めるとともに、環境への負荷の低減など食料の持続的な供給に資する物の選択に努め、特に食生活、食料消費において積極的な役割を果たすことが期待される旨を規定するものである。

ウ　具体的には、消費者には、現在の生産現場の実態等もよく認識し、環境への負荷が低減されて生産された食料の選択や、持続的な食料供給のために必要となる価格についての理解の増進、食料自給率の目標を踏まえ、食べ残し、廃棄の削減や、栄養バランスのとれた食生活を送ることに努めることにより、食料の消費を望ましい方向に進めていくという積極的役割を果たすことが求められることとなる。

エ　現在の食生活をめぐっては、

①　大量の食品残さを出すなど資源の浪費や無駄が無視し得ない状況となっており、

②　また、脂肪摂取が過多の傾向になるなど栄養バランスの崩れ、生活習慣病の増加などが懸念される状況となっている。

このような食生活の変化は、具体的には、米の消費の減少、畜産物・油脂類の消費の増加という点に最も顕著に現れており、国土資源に制約のある我が国においては、食料自給率の低下の大きな要因ともなっていることから、自給率の向上という観点からも、このような食料の消費パターンを改善していくことが望まれている。

食生活は、基本的には、個人の嗜好によるものであり、本来行政が強制的・統制的手法をもって誘導するような分野ではないが、①食生活にはこのような問題があることを明確化し、消費者自身の意識を高めるとともに、②消費者が主体的に食生活の改善を図っていくことが期待される。

本条における「食料の消費生活の向上」とは、このように消費者が、食料・農業・農村を取り巻く状況を理解した上で、資源の浪費や無駄をなくし栄養バランスのとれた食生活を送ることを意味しているものである。

また、「食料の持続的な供給に資する物」とは、例えば、環境負荷低減に資する生産方式で生産された食料や、その消費自体が廃棄抑制に直結する食料（廃棄予定の規格外農産物等）、持続的供給が可能（生産者の再生産が可能等）となるよう配慮された価格の食料や、人権配慮が適切に行われて生産された食料等が想定される。

(十一) 法制上の措置等（第十五条関係）

（法制上の措置等）

第十五条 政府は、食料、農業及び農村に関する施策を実施するため必要な法制上、財政上及び金融上の措置を講じなければならない。

ア 本条は、本法に規定されている各施策が、確実に実施されるようその根拠となり、あるいは具体的な内容をなす法制面、財政面、金融面における措置が講じられる必要があることを明らかにしているものである。

イ 本法において、第十五条から第十七条までは「政府」と、他の規定は「国」と、規定し分けているが、「政府」

と規定しているこれら三条の規定は、実際に国の中でこれらの手続を行い、又は作成することとなるのが政府であるため、その旨を明記し、責任の所在を明らかにしたものである。

旧農業基本法においても、第四条の法制上及び財政上の措置等、第六条及び第七条の年次報告等、第八条の需要及び生産の長期見通しについては、手続の実施又は作成の主体として、「国」ではなく「政府」と規定していたところである。なお、環境基本法など他の基本法においても、法制上及び財政上の措置等、年次報告の作成、基本計画の策定の主体は「政府」としているのが通例である。

ウ　「法制上の措置」とは、法律案の作成、提出、政省令の制定であり、「財政上の措置」とは、施策の実施に必要な資金の予算への計上等の措置、「金融上の措置」とは、施策の実施に必要な資金の融資に係る措置として整理している。なお、税制施策の企画・立案については「財政上の措置」に、税法の制定改廃については「法制上の措置」にそれぞれ含まれるものと整理している。

㈩二　年次報告（第十六条関係）

（年次報告）

第十六条　政府は、毎年、国会に、食料、農業及び農村の動向並びに政府が食料、農業及び農村に関して講じた施策に関する報告を提出しなければならない。

ア　本条は、本法に規定する行政分野について、その動向及び講じた施策を国会に報告することにより、政府の講ずる施策が毎年適正に行われていくことを担保することを目的として規定されたものである。

イ　「食料、農業及び農村の動向」とは、我が国の食料、農業及び農村を取り巻く情勢（現状と課題）を意味し、具体的には、

① 食料については、国内外の食料需給、食料自給率、食品産業、輸出等
② 農業については、農業生産、人・農地、農業経営、農業技術、農業資材等
③ 農村については、農村地域の現状、生活環境、中山間地域、都市農村交流等

といったものの情勢がその内容となる。

ウ 旧農業基本法の年次報告の規定においては「所見」について規定していたところであるが、旧基本法後の他の基本法における年次報告の規定においては、政府の「所見」を記載する旨の規定はないため、本法においてはあえて規定しないこととした。ただし、実際には、基本計画の進捗状況について、食料・農業・農村の動向とともに年次報告において記載していくこととしており、その際、政府の所見についても併せて記載されることとなっている。（平成十一年七月八日参議院農林水産委員会における中川農林水産大臣答弁「去る六月二十九日の当委員会におきまして、村沢委員から、基本法に基づき毎年国会に提出される年次報告における基本計画の進捗状況についての政府の所見の取扱いについて御質問をいただきました。この御質問に対する答弁につきまして、十分でない点がございましたので、この場をお借りして、お答えさせていただきます。基本計画は、基本法に示された理念及び食料・農業・農村に関する基本的施策の具体化計画と位置付けられるものでありますので、その基本計画の進捗状況は、食料・農業・農村の動向とともに、年次報告において記載していく考えであり、その際、政府の所見についても併せて記載していくことを考えております。以上のとおりでございますので、よろしくお願いいたします。」）

エ なお、令和六年改正前までは、講じようとする施策を明らかにした文書について、食料・農業・農村政策審議会の意見を聴いた上で国会に提出することとされていた。しかしながら、講じようとする施策の内容は、実態上次年度の予算措置や税制措置であり、①これらは年次報告ではなく、当初予算や税法等で決定されるものであり、国会で議論されていること、②審議会で意見を聴取する時点では、国会で既に決定された予算措置等を審議会で再確認する状況となっており、事実上、審議会では動向や講じた施策の議論を行う場となっていたことを踏まえ、講じようとする施策について、国会報告及び審議会の意見聴取をなくすこととしたものである。

四　食料・農業・農村基本計画（第二章第一節関係）

第十七条　政府は、食料、農業及び農村に関する施策の総合的かつ計画的な推進を図るため、食料・農業・農村基本計画（以下「基本計画」という。）を定めなければならない。

2　基本計画は、次に掲げる事項について定めるものとする。

一　食料、農業及び農村に関する施策についての基本的な方針

二　食料安全保障の動向に関する事項

三　食料自給率その他の食料安全保障の確保に関する事項の目標

四　食料、農業及び農村に関し、政府が総合的かつ計画的に講ずべき施策

五　前各号に掲げるもののほか、食料、農業及び農村に関する施策を総合的かつ計画的に推進するために必要な事項

3　前項第三号の目標は、食料自給率の向上その他の食料安全保障の確保に関する事項の改善が図られるよう農業者その他の関係者が取り組むべき課題を明らかにして定めるものとする。

4　基本計画のうち農村に関する施策に係る部分については、国土の総合的な利用、整備及び保全に関する国の計画との調和が保たれたものでなければならない。

5　政府は、第一項の規定により基本計画を定めようとするときは、食料・農業・農村政策審議会の意見を聴かなければならない。

6　政府は、第一項の規定により基本計画を定めたときは、遅滞なく、これを国会に報告するとともに、公表しなければならない。

7　政府は、少なくとも毎年一回、第二項第三号の目標の達成状況を調査し、その結果をインターネットの利用その他適切な方法により公表しなければならない。
8　政府は、世界の食料需給の状況その他の食料、農業及び農村をめぐる情勢の変化を勘案し、並びに食料、農業及び農村に関する施策の効果に関する評価を踏まえ、おおむね五年ごとに、基本計画を変更するものとする。
9　第五項及び第六項の規定は、基本計画の変更について準用する。

(一)　基本計画の策定（第十七条第一項関係）

旧農業基本法が制定されてから三十八年が経過し、この間、我が国の経済社会情勢は大きく変わったが、それに併せた実質的な法律改正が行われていなかった。このため、旧農業基本法と実際に行われている施策の関連性が特に意識されておらず、旧農業基本法が政策や行政の基本たり得ていないという点が問題となっていた。

このような反省に基づき、本法の策定に当たっては、法に掲げる基本理念や方向性を実効性ある施策をもって担保できるようにすることが必要となっていたことから、近時の基本法の規定例にならい、基本計画を法律に規定し、政策の改革方向が実効性の高い施策によって担保されるようにすることとしたのである。

(二)　基本計画の規定事項（第十七条第二項関係）

ア　基本計画は、食料・農業・農村施策の総合的かつ計画的な推進を図るものであることから、これらの施策の基本的な方針や目標、具体的な施策を定める必要がある。また、世界の食料需給が不安定化している中、食料安全保障の確保は最重要の政策課題であり、これを実現するためには、平時から食料安全保障の状況を定期的に評価することが重要である。具体的には、①国内外の食料需給などの現状分析や課題の明確化をした上で、②食料自給率をはじめ課題に応じた目標を設定し、③適時に目標の達成状況を調査し、機動的にその結果を施策に反映できるようにすることが必要である。

イ　このため、基本計画の記載事項として、次のとおり規定するものである。

①　食料、農業及び農村に関する施策についての基本的な方針（第一号）

②　食料安全保障の動向に関する事項（第二号）

③　食料自給率その他の食料安全保障の確保に関する事項の目標（第三号）

④　食料、農業及び農村に関し、政府が総合的かつ計画的に講ずべき施策（第四号）

⑤　上記に掲げるもののほか、食料、農業及び農村に関する施策を総合的かつ計画的に推進するために必要な事項（第五号）

㈢　目標の性格（第十七条第三項関係）

食料自給率は、国内で生産される食料が国内消費をどの程度充足しているかを示す指標として、広く国民にも定着している代表的な指標である。令和六年改正前までは、基本計画の目標は食料自給率のみであったが、食料自給率だけは、肥料等の生産資材の安定供給の状況が反映されないなど、食料安全保障の確保の状況を表す上では課題があることから、食料自給率以外の指標についても課題に合わせて目標を設定することとし、これを包括する表現として、「食料自給率その他の食料安全保障の確保に関する事項の目標」としたものである。

また、これらの目標については、達成するために計画経済や統制経済的な手法はとることはできず、目標の達成に向け、その目標ごとに関係者が主体的に取り組むことが必要となることから、そうした目標の性格、目標を定めるに当たっての留意事項を第三項は規定しているものである。食料自給率は数値で表されるが、それ以外の目標には数値化できない定性的なものも含まれ得ることから、「食料自給率の向上その他の食料安全保障の確保に関する事項の改善」との規定としている。

なお、令和六年改正前は、食料自給率目標について「農業生産及び食料消費の指針」と規定されていたが、改正後は複数の指標で食料安全保障の状況を判断することになるため、（唯一の）「指針」との表現ではなく、端的に（複数の）「食料安全保障の確保に関する事項の改善が図られるよう」と規定したものである。

(四) 国土の総合的な利用、整備及び保全に関する計画との調和（第十七条第四項関係）

基本計画のうち、農村に関する施策に係る部分については、国土形成計画という国土の総合的な利用、整備及び保全に関する全国レベルの国の計画があり、これと農村に関する施策との調和が保たれたものとする必要があるため、本項を規定しているものである。

なお、この場合、上位法である基本法の基本計画が別法律の特定の計画との調和を保つとの規定ぶりは整合性を欠くこととなるほか、当該法律が改正されて計画名が変更されると基本法も改正せざるを得なくなるため、調和を保つ対象の計画の一般的な性格を規定し、「国土の総合的な利用、整備及び保全に関する国の計画」と規定されている。

(五) 食料・農業・農村政策審議会における審議（第十七条第五項関係）

基本計画については、農政分野における政策の基本的な方向を示すものであり、その重要性から、策定に当たっては食料・農業・農村政策審議会の意見を聴かなければならないこととしたものである。

(六) 国会報告及び公表（第十七条第六項関係）

基本計画は、当面の間の農政分野における政策の基本的な方向を示すものであり、政府のみならず、農業者・食品事業者・消費者等としてもその内容に重要な関連を有することとなることから、その策定後、遅滞なく公表することとしている。

また、基本計画は、政府が策定し、行政としてその実施に責任を持つ性格のものであるが、その重要性から国会としても関与を保つ必要があるとして、基本法制定時の衆議院審議において「国会に報告するとともに、」の文言が追加されている。（平成十一年六月二日農林水産委員会採決、同月三日本会議修正議決）

なお、基本法制定時の国会審議においては、国会承認とすべきではないか等の議論が行われたところであるが、「行政権は内閣に属する。」とする日本国憲法第六十五条等との関係から、行政側が作成する計画に対する国会の関与についての他の法令の規定例を参考として「国会に報告する」との規定に落ち着いたところである。

(七)　目標の達成状況の調査・公表（第十七条第七項関係）

食料安全保障の確保を図るためには、食料安全保障の状況を定期的に評価し、施策のＰＤＣＡをまわすことが重要であることから、目標の達成状況について少なくとも毎年一回調査し、これを公表することとしたものである。これにより、広く国民による監視機能が働き、機動的に施策の軌道修正を行うことが可能となるものである。

(八)　計画の改定・見直し時期（第十七条第八項関係）

計画の改定・見直し時期については、

① 農業は原則として一年一作であり、農業生産の動向は気象等に大きく左右されることを踏まえれば、三年程度の期間では施策実施による効果の十分な評価が困難であること。

② 昨今の諸情勢の変化は急速であり、十年程度の期間では施策の前提と実態がかい離するおそれがあること。

③ 農林水産分野に関する基本計画をはじめとして計画の改定・見直し時期が法令上定められているものには、五年としている例が多いこと。

から、おおむね五年とすることが適当と考えられ、行政の透明性の確保の観点から、こちらについては政府が当該期間内の見直しの責務を負っていることを明確にすることが適当と考えられることから、「おおむね五年ごとに基本計画を変更するものとする」と規定したところである。

なお、これはおおむね五年ごとに必ず行うということであり、必要であれば五年未満であっても、例えば、策定から三年目でも見直しを行い得るものである。

五　食料安全保障の確保に関する施策（第二章第二節関係）

第二章第二節から第四節までは、食料・農業・農村に関する基本的施策を規定している。基本法は、食料・農業・農村施策について、基本理念の実現を図るために基本となる事項（基本的施策）を規定するものであることから、基本的施策の章では、食料・農業・農村について、それぞれ節を立てる構成としている。

この点、基本理念においては「環境と調和のとれた食料システムの確立」及び「多面的機能の発揮」についても規定しているが、前者は食料システムの関係者が食料生産に当たって配慮すべき理念を明らかにするものであり、後者は農村で農業生産活動が行われることで実現するものであることから、食料施策、農業施策又は農村施策が講じられることにより実現されるものである。

また、食料施策、農業施策、農村施策の節の名称は、「食料安全保障の確保に関する施策」、「農業の持続的発展に関する施策」、「農村の振興に関する施策」として、基本理念を節の名称として規定する整理としている。この整理から、第二章第二節は「食料安全保障の確保に関する施策」との名称ではあるが、基本理念の章で述べたとおり、食料安全保障の確保のためには農業の持続的な発展が必要であり、農村は農業の持続的な発展の基盤との役割を有し、その振興が必要であることから、食料安全保障の確保のための施策としては、第二章第二節に規定する施策のみならず、第二章第三節や第四節に規定する施策も含まれる。

また、基本法は、施策の基本的な方向性を示す理念法であり、施策については包括的な規定ぶりとなっている。基本的施策の規定においては、「国は、・・（施策の例示）・・その他必要な施策を講ずるものとする」という規定ぶりが多いが、施策の例示として個別具体的な施策を細かに規定しすぎることは、かえって施策の方向性を狭めることとなり得るため、施策についてはある程度抽象化して規定しているものである。そのため、施策として具体的に例示されていないからといってその施策を講じないということではなく、国が講ずる施策については、基本計画の中で具体化されていくものである。

(一) 食料消費に関する施策の充実（第十八条関係）

（食料消費に関する施策の充実）
第十八条 国は、食料の安全性の確保及び品質の改善を図るとともに、消費者の合理的な選択に資するため、食品の製造過程の管理の高度化その他の食品の衛生管理及び品質管理の高度化、食品の表示の適正化その他必要な施策を講ずるものとする。
2 国は、食料消費の改善及び農業資源の有効利用に資するため、健全な食生活に関する指針の策定、食料の消費に関する知識の普及及び情報の提供その他必要な施策を講ずるものとする。

ア 食料の安全性の確保及び品質の改善（第一項関係）

(ア) 食生活の高度化・多様化に伴い、消費者は、食品の質への関心を高めており、安全性及び品質について十全の注意を払うとともに、消費者が自らの合理的な判断による選択ができるよう、食品の有する品質等に関する情報を適切かつ確実に消費者へ提供することが求められている。

本項は、こうした観点から、食料の安全性の確保及び品質の改善とともに、消費者の合理的な選択が図られる

① 食品の製造過程の管理の高度化その他の食品の衛生管理・品質管理の高度化

② 食品の表示の適正化

等の必要な施策を講じていくという施策の基本方向を示した規定である。

(イ) 「消費者の合理的な選択」とは、消費者が、供給側の思惑や不正確なあるいは誤った情報に左右されずに、食品の産地、原料、生産・加工方法等の品質の内容や価格等の適正かつ正確な情報を基にした自らの理性的な判断

により選択するという意味である。

選択をするのはあくまでも消費者であり、国は条件整備として、食品の表示の適正化等についての施策を講じていくこととなる。

(ウ)　「食品の衛生管理及び品質管理の高度化に必要な施策」は、生産、輸入、製造・流通、消費のそれぞれの段階で考えていく必要があるが、具体的には以下のような施策が該当すると考えられる。

①　生産段階

・農薬取締法、肥料の品質の確保等に関する法律等に基づく農薬、肥料等の製造、販売、使用の規制

・施設野菜、家畜等の生産段階における衛生管理の推進

②　輸入段階

・家畜伝染病予防法、植物検疫法に基づく動物・植物の検疫

③　製造・流通段階

・食品衛生法で義務化されたＨＡＣＣＰに基づく衛生管理・品質管理の高度化の促進

・品質管理の高度化のための製造・流通施設の整備の推進

④　消費段階

・食品の適切な取扱等の消費者への情報提供

(エ)　「食品の表示の適正化に必要な施策」とは、具体的には、食品表示法に基づく食品の表示ルールの整備とその遵守の確保などが想定される。

(オ)　なお、「食料安全保障の確保」の基本理念について規定する第二条第一項においては、「良質な食料」とし「安全性」の語を用いないで規定しているが、これは、人が摂取する「食料」としてその最も基本的な前提条件となる安全性の条件は満たしているという整理のためである。

一方で、本項は、良質な食料の供給の実現に至る過程における個別施策も含めた規定であるため、食料の安全性の確保を図ることを目的とする施策についても明示的に規定しているものである。

(カ)本法においては、基本的に「食料」と規定し、主食物のみならず、野菜・魚介類・畜産物なども含めた国民が消費する食べ物全般を対象とする概念として用いている。一般的に「食糧」という場合は、蓄えておいて食用とする食物を指し、主として主食物をいうこととなり、概念の範囲が狭いため、本法では用いていない。

また、本法においては、国民に供給される食べ物を総体として捉え、その安定供給の確保を基本理念としていることから、個々の食べ物の特性に着目し「品」を用いた「食料品」「食品」という語ではなく、「食料」として規定している。

このため、本法においては、原則として「食料」という語を用いているが、固有名詞として定着している「食品産業」、個々の商品性に着目した概念である「食品の衛生管理及び品質管理の高度化」「食品の表示の適正化」については、「食料」と標記することが不自然となるため、「食品」として用いている。

イ　食料消費に関する情報提供等（第二項関係）

(ア)世界に膨大な栄養不足人口が存在する中で、世界有数の農産物純輸入国である我が国において、大量の食品残さを出すなど資源の浪費や無駄が無視し得ない状況となっている。

一方で、食生活の変化に伴って脂質摂取過多の傾向となっており、栄養バランスの崩れ、生活習慣病の増加などが懸念されている。

このような食生活の変化は、具体的には、米の消費の減少、畜産物・油脂類の消費の増加という点に最も顕著に現れており、国土資源に制約のある我が国においては食料自給率の低下の大きな要因にもなっていることから、このような食料の消費のパターンを改善していくことが求められている。

本項は、こうした観点から、食料消費の改善及び農業資源の有効利用に資するよう、

① 健全な食生活に関する指針の策定
② 食料消費に関する知識の普及
③ 情報の提供

等の必要な施策を講じていくという施策の基本方向を示した規定である。

(イ)「食料消費の改善」とは、我が国においては、栄養バランスのとれた健康的で豊かな「日本型食生活」が営まれてきたが、最近では、食生活の変化に伴って脂質摂取過多の傾向となっており、栄養バランスのくずれ、生活習慣病の増加などが懸念される状況になっている。

また、食生活の変化は、食料自給率の低下の大きな要因ともなっており、このような状況を踏まえ、健康の確保等の観点から、現在の食生活についての見直し・改善を図るという意味である。

(ウ)「農業資源の有効利用」とは、食料消費について食べ残しや廃棄の削減、食品残さの飼料・たい肥等への利用を図るとともに、食生活の見直しにより国産農産物の消費が増進されることを通じて、結果的に我が国の農地が有効に利用されるようになるという意味である。

(エ)「健全な食生活」とは、栄養面でバランスがとれていること、無駄な食べ残しや廃棄をしないこと、規則正しく食事を摂ること、食卓を囲んで家族が一緒に食事することなどの望ましい姿の食生活を意味し、「健全な食生活に関する指針」とは、日本型食生活の優れた点など望ましい食料消費生活を送るために参考となる様々な情報を提供することを通じて、消費者が自ら判断しうるような指針となるものを指す。

なお、当然のことながら、この食生活の指針は、消費者の合理的な判断に訴えて、健全な食生活の実現を図っていくものであり、消費者等の行動を強制する性格のものではない。

(オ)「食料の消費に関する知識の普及及び情報の提供に必要な施策」とは、具体的には、各種メディア等を通じた、

① 健全な日本型食生活の内容
② 我が国における食料消費及び供給の現状
③ 調理や食材の保存
④ 地域や気候風土に根ざした食文化

等に関する情報の提供、望ましい食生活の普及・定着とそのための国民的な運動の展開などが想定される。

(二) 食料の円滑な入手の確保（第十九条関係）

（食料の円滑な入手の確保）
第十九条 国は、地方公共団体、食品産業の事業者その他の関係者と連携し、地理的な制約、経済的な状況その他の要因にかかわらず食料の円滑な入手が可能となるよう、食料の輸送手段の確保の促進、食料の寄附が円滑に行われるための環境整備その他必要な施策を講ずるものとする。

(ア) 令和六年改正前の基本法においては、必要な量の食料が供給されれば、民間の経済活動を通じ全ての国民の手にわたっていたことから、食料の入手可能性という問題意識はなく、そのための施策も規定されていなかった。しかしながら不採算地域からの小売・スーパーの撤退、高齢者を中心とした買い物の移動に不便を抱える者の増大、貧困・格差の拡大等により、食料の入手が困難となるいわゆる食料品アクセス問題が顕在化しており、食料を総量として確保するだけでなく、国民一人一人が食料を適切に入手できるようにすることが課題となっている。第二条第一項では、このような状況を踏まえ、食料を総量として確保するだけでなく、国民一人一人の入手の観点も含めて「食料安全保障の確保」を基本理念として位置付けている。

本条は、こうした観点から、食料の円滑な入手が可能となるよう、

① 食料の輸送手段の確保の促進
② 食料の寄附が円滑に行われるための環境整備

等の必要な施策を講じていくという施策の基本方向を示した規定である。

(イ) 「地理的な制約」とは、自動車の利用が困難であるにもかかわらず、食料品の店舗まで距離があるなど、物理的に食料の入手に支障がある状況を、「経済的な状況」とは、経済的に困窮し食料の入手に支障がある状況を念頭に置いている。

(ウ)「食料の輸送手段の確保の促進に必要な施策」とは、具体的には、産地から消費地までの物流における共同集出荷施設の整備や鉄道、船舶等へのモーダルシフト、消費地における移動販売車、無人型店舗の導入支援などが想定される。

(エ)「食料の寄附が円滑に行われるための環境整備に必要な施策」とは、寄附の受け手となるフードバンク等の立上げ支援や、マッチングなど寄附等の促進に向けた仕組みの構築（環境整備）などが想定される。

(オ)これらの取組がきめ細かく実施されるには、地域住民の福祉の増進を図る役割を果たす地方公共団体や、最終的に国民に食料を提供する食品事業者等が積極的な役割を果たすことが必要であることから、これらの関係者との連携の下、国は必要な施策を講ずることとしている。

(三)食品産業の健全な発展（第二十条関係）

（食品産業の健全な発展）

第二十条　国は、食品産業が食料の供給において果たす役割の重要性に鑑み、その健全な発展を図るため、環境への負荷の低減及び資源の有効利用の確保その他の食料の持続的な供給に資する事業活動の促進、事業基盤の強化、円滑な事業承継の促進、農業との連携の推進、流通の合理化、先端的な技術を活用した食品産業及びその関連産業に関する新たな事業の創出の促進、海外における事業の展開の促進その他必要な施策を講ずるものとする。

(ア)食品産業は、国民の飲食費支出の八割近くがこれに帰属する中で、

①消費者に直接相対峙し最終的に食料の供給を担い（食品販売業・外食産業）

②消費者と生産者の間を効率的に結びつけ（食品流通業）

③消費者の食生活の変化に応じてニーズにあった食品を生産する（食品製造・加工業）

ものとして、食料の安定供給に大きな役割を果たしており、今後ともその役割を十分に発揮していくことが求められている。

しかしながら、現状では、食品産業は中小企業比率が高い等の脆弱な産業構造の中で、技術開発・施設近代化の遅れ、後継者不足、海外原料調達・空洞化、高い流通コスト、多様な消費者ニーズへの対応、国内市場の縮小等が課題となっている。また、環境負荷低減や人権への配慮など、食品産業分野において、持続可能な事業活動が国際的にも重視されるようになっている。本条は、こうした食品産業の健全な発展が図られるよう、

① 廃棄物の排出抑制等の環境負荷低減やリサイクルの推進による資源の有効利用など食料の持続的な供給に資する事業活動の促進

② 技術力の向上、施設の高度化等の経営基盤の強化

③ 次世代への円滑な事業承継の促進

④ 農業サイドとの共同の製品開発等の連携の推進

⑤ 流通コストの削減、鮮度を保持できる流通システムの開発等の流通の合理化

⑥ フードテックなど先端的な技術を有する事業者の育成などによる新事業の創出の促進

⑦ 海外における生産・販売拠点の設置等の事業展開の促進

等の必要な施策を講じていくという施策の基本方向を示した規定である。

(イ) 「環境への負荷の低減」とは、製造・加工、流通、外食それぞれの過程における生ごみ等の有機性廃棄物の排出の抑制等により、食品産業の事業活動による環境への負荷を低減していくという意味である。

(ウ) 「資源の有効利用の確保」とは、製造・加工、流通、外食それぞれの過程における有機性廃棄物、容器包装等のリサイクルを促進すること等により、資源を有効利用していくという意味である。

(エ) 「食料の持続的な供給に資する事業活動の促進に必要な施策」とは、これらの取組に加え、原材料の調達先の人権配慮など持続可能性に資する取組が想定される。

(オ) 「事業基盤の強化に必要な施策」とは、具体的には、

①　先端技術開発の推進、産学官の連携強化による食品産業の技術力の向上、
②　経営体質強化のための金融・税制及び補助金制度の活用の促進
などが想定される。

(カ)「円滑な事業承継に必要な施策」とは、事業承継時の税制特例などが想定される。

(キ)「農業との連携の推進に必要な施策」とは、加工用原料農産物についての国内からの供給実現のための食品産業と農業の望ましい連携策の確立と推進などが想定される。

(ク)「流通の合理化に必要な施策」とは、生鮮食品等の取引のデジタル化、標準仕様パレットの導入、最適な集出荷・流通システムの構築などが想定される。

(ケ)「先端的な技術を活用した食品産業及びその関連産業に関する新たな事業の創出の促進に必要な施策」とは、フードテック等の活用によるビジネスモデルの実証や関係者が参画するプラットフォームの形成などが想定される。なお、「関連産業」とは、例えばシステム開発や家電、包装資材に関連する産業などが想定される。

(コ)「海外における事業の展開の促進に必要な施策」とは、海外展開に係るガイドラインの策定や普及啓発などが想定される。

(四) 農産物等の輸入に関する措置（第二十一条関係）

（農産物等の輸入に関する措置）
第二十一条 国は、国内生産では需要を満たすことができない農産物の安定的な輸入を確保するため、国と民間との連携による輸入の相手国の多様化、輸入の相手国への投資の促進その他必要な施策を講ずるものとする。
2 国は、農産物の輸入によってこれと競争関係にある農産物の生産に重大な支障を与え、又は与えるおそれがある場合において、緊急に必要があるときは、関税率の調整、輸入の制限その他必要な施策を講ずるものとする。
3 国は、肥料その他の農業資材の安定的な輸入を確保するため、国と民間との連携による輸入の相手国の多様化、輸入の相手国への投資の促進その他必要な施策を講ずるものとする。

ア 食料及び農業資材の安定輸入に関する措置（第一項及び第三項関係）

(ア) 国民に対する食料の安定供給は、第二条第二項で規定しているとおり、国内の農業生産の増大を図ることを基本として確保していく必要があるが、国内の需要に見合う農業生産を全て国内で行おうとすれば、国内の農地の約三倍の面積が必要との試算もあり、現実的には輸入の果たす役割も大きく、気候変動や世界人口の増加等により輸入が大幅に減少するリスクが高まっている状況に鑑みれば、安定的な輸入を確保する施策を講ずる必要がある。また、その原料を輸入に依存する肥料等の農業資材も、食料と同様に輸入の大幅な減少のリスクが高まっていることを踏まえ、同様の対応が必要である。

本項では、こうした観点から、国内生産では需要を満たすことができない農産物及び肥料その他の農業資材の安定的な輸入を確保するため、

① 国と民間との連携による輸入の相手国の多様化
② 輸入の相手国への投資の促進

等の必要な施策を講じていくという施策の基本方向を示した規定である。

(イ)「国内生産では需要を満たすことができない農産物」とは、価格・品質・数量等の面で国内農業生産では消費者や食品産業等の需要者のニーズに応えられないものをいう。

(ウ)「国と民間との連携による輸入の相手国の多様化に必要な施策」とは、政府間対話や民間事業者による輸入の相手国の多様化の取組の支援などが想定される。

(エ)「輸入の相手国への投資の促進に必要な施策」とは、輸入相手国における主要穀物等の集荷・船積み施設等に対する投資案件の形成の促進などが想定される。

イ　関税率の調整等に関する措置（第二項関係）

(ア) 世界の自由貿易体制が構築されている中、輸入が国内農業に対して及ぼす影響にも配慮する必要がある。

本項は、こうした観点から、輸入により競合関係にある国内農産物の生産に著しい支障を与える場合において、緊急の必要があるときはＷＴＯ協定等で認められた一定の輸入制限措置ができるという施策の基本方向を示した規定である。

(イ)「関税率の調整」「輸入の制限」とは、輸入が急増した場合の対応策として、ＷＴＯ協定やＥＰＡ協定において実施が認められているもので、関税定率法（明治四十三年法律第五十四号）、関税暫定措置法（昭和三十五年法律第三十六号）、外国為替及び外国貿易法（昭和二十四年法律第二百二十八号）等の規定による措置が該当する。

なお、本規定は、いわば緊急時、非常時における措置であり、平常時における措置については規定していないが、関税率の調整等の必要な措置は、我が国が主権国家である以上、基本法に位置付けないと講じることができないという性格のものではなく、ＷＴＯ協定等の国際規律に従って、当然講じることができるものである。本規定は、こうした平常時の措置に加えて、緊急に必要な場合が生じたときには、国は、ＷＴＯ協定等の国際規律に従い、一段高い上乗せ措置を講じていくという考え方を明らかにしているものである。

(五) 農産物の輸出の促進（第二十二条関係）

（農産物の輸出の促進）
第二十二条 国は、農業者及び食品産業の事業者の収益性の向上に資するよう海外の需要に応じた農産物の輸出を促進するため、輸出を行う産地の育成、農産物の生産から販売に至る各段階の関係者が組織する団体による輸出のための取組の促進等により農産物の競争力を強化するとともに、市場調査の充実、情報の提供、普及宣伝の強化等の輸出の相手国における需要の開拓を包括的に支援する体制の整備、輸出する農産物に係る知的財産権の保護、輸出の相手国とのその相手国が定める輸入についての動植物の検疫その他の事項についての条件に関する協議その他必要な施策を講ずるものとする。

(ア) 国内の人口は二〇〇八年をピークに減少局面に転じているが、人口減少に合わせて国内の生産基盤を縮小させてしまうと、特に不測時において食料の安定供給が困難になりかねない事態となる。そのため、第二条第四項では、食料の安定的な供給に当たっては、国内への供給に加えて海外への輸出を図ることで、食料の安定供給を確保できるだけの供給能力を維持することが必要である旨を規定しており、輸出を拡大することにより、農業及び食品産業の発展を図る必要がある。

本条は、こうした観点から、農業者及び食品産業の事業者の収益性の向上に資する「稼げる輸出」をマーケットインの観点から促進するため、

① 輸出を行う産地の育成
② 生産から販売に至る各段階の関係者が組織する団体（品目団体）による取組促進により農産物の競争力を強化するとともに、
③ 輸出の相手国における需要の開拓を包括的に支援する体制の整備

④　知的財産権の保護
⑤　輸出相手国が定める動植物検疫等の条件協議
等の必要な施策を講じていくという施策の基本方向を示した規定である。
(イ)　「輸出を行う産地の育成に必要な施策」とは、海外の規制・ニーズに対応して地域ぐるみで輸出向けの生産・流通体系へ転換する取組の支援などが想定される。
(ウ)　「農産物の生産から販売に至る各段階の関係者が組織する団体」とは、農林水産物及び食品の輸出の促進に関する法律（令和元年法律第五十七号）に規定する農林水産物・食品輸出促進団体（いわゆる品目団体）を念頭に置いている。品目団体について「食料システム」という用語を用いていないのは、品目団体の活動が、海外の消費者の嗜好に即した農産物・食品の生産・販売を行うことを目的とするものであり。国内の消費者及びその団体が含まれていないためである。
(エ)　「市場調査の充実、情報の提供、普及宣伝の強化等の輸出の相手国における需要の開拓を包括的に支援する体制の整備に必要な施策」とは、輸出先国・地域において、輸出事業者を規制情報の提供や商流構築等の面から包括的に支援する輸出支援プラットフォームの整備などが想定される。
(オ)　「輸出する農産物に係る知的財産権の保護に必要な施策」とは、海外での品種登録、侵害対応等への支援などが想定される。
(カ)　「輸出の相手国とのその相手国が定める輸入についての動植物の検疫その他の事項についての条件に関する協議」とは、動植物検疫、食品衛生等について相手国が定める輸入条件の規制緩和・撤廃のための協議を念頭に置いている。
(キ)　本条で「食料」ではなく「農産物」の語を用いているのは、本法において、「食料」は国民により消費されるものという観点が主である場合に用いられ、「農産物」は農業者により生産されるものという観点が主となる場合に用いられるためである。また、本条は、令和六年改正前は輸入と同じ条で規定されていたが、農産物の輸出の促進の重要性が高まっていることに鑑み、独立した条として規定されることとなった。その際、第二章第三節

（農業施策）として規定するのではなく、農業のみならず食品産業の発展にも通ずるものであること等から、第二章第二節（食料施策）として規定することとしたものである。

(六) 食料の持続的な供給に要する費用の考慮（第二十三条関係）

（食料の持続的な供給に要する費用の考慮）

第二十三条　国は、食料の価格の形成に当たり食料システムの関係者により食料の持続的な供給に要する合理的な費用が考慮されるよう、食料システムの関係者による食料の持続的な供給の必要性に対する理解の増進及びこれらの合理的な費用の明確化の促進その他必要な施策を講ずるものとする。

(ア)　食料の価格は、需給事情と品質評価が適切に反映され、取引関係者間で決まるものであるが、我が国が長くデフレ経済下にある中で、食料などの販売に当たって低価格で競争することが定着し、小売段階での食料価格が長く固定化されている。一方、近年、肥料や飼料といった資材費や、物流費、人件費等の食料システムの各段階のコストが増加しているにもかかわらず、最終価格が固定化されているため、フードチェーンの各段階における価格形成過程でコスト増をどう価格に反映していくかが十分に考慮されていないことが、持続的な食料供給の大きな課題になっている。そのため、第二条第五項では、食料の合理的な価格の形成について、食料システムの関係者によりその持続的な供給に要する合理的な費用が考慮されるようにしなければならない旨を規定している。

本条では、この基本理念を実現するため、食料システムの関係者による

① （費用が考慮される上での大前提としての）食料の持続的な供給の必要性に対する理解の増進

② （価格交渉において費用が考慮できるようにするための）食料の持続的な供給に要する合理的な費用の明確化の促進

等に必要な施策を講じていくという施策の基本方向を示した規定である。

(イ)「食料の持続的な供給に必要性に対する理解の増進に必要な施策」とは、例えば生産、加工、流通、小売、消費等の幅広い食料システムの関係者が一堂に集まる協議会の開催や、これらの者に対する食料の持続的な供給の重要性に関する普及啓発などが想定される。

(ウ)「食料の持続的な供給に要する合理的な費用の明確化の促進に必要な施策」とは、前述の協議会におけるコスト指標の検討や、これに必要な調査などが想定される。

(七)　不測時における措置（第二十四条関係）

（不測時における措置）

第二十四条　国は、凶作、輸入の減少等の不測の要因により国内の食料の供給が不足し国民生活の安定及び国民経済の円滑な運営に支障が生ずる事態の発生をできる限り回避し、又はこれらの事態が国民生活及び国民経済に及ぼす支障が最小となるようにするため、これらの事態が発生するおそれがあると認めたときから、関係行政機関相互間の連携の強化を図るとともに、備蓄する食料の供給、食料の輸入の拡大その他必要な施策を講ずるものとする。

2　国は、第二条第六項に規定する場合において、国民が最低限度必要とする食料の供給を確保するため必要があると認めるときは、食料の増産、流通の制限その他必要な施策を講ずるものとする。

ア　不測の事態が発生するおそれがある段階の措置（第一項関係）

(ア)　凶作や家畜伝染病・病害虫のまん延、感染症の拡大等による輸入の減少等の不測の要因により、国内における食料の供給が不足し、国民生活の安定及び国民経済の円滑な運営に支障が生ずる事態が発生するリスクが高まっている中、国としてまず行うべきことは、できるだけ早期にこうした不測の事態の兆候を把握し、供給確保対策を講ずることで、事態の発生をできる限り回避し、又はこれらの事態が国民生活及び国民経済に及ぼす支障を最小にすることである。

このため、本条第一項は、このような事態が発生するおそれがあると認めたときから、

① 関係行政機関相互間の連携の強化を図るとともに、

② 備蓄する食料の供給、食料の輸入の拡大

等に必要な施策を講じていくという施策の基本方向を示した規定であり、令和六年の基本法の改正と併せ、食料供給困難事態対策法（令和六年法律第六十一号）が制定された。

(イ) 「国民生活の安定及び国民経済の円滑な運営に支障が生ずる事態」とは、例えば平成五年のコメの大不作により、消費行動の混乱や関連業界に大きな影響が生じた事態が該当すると考えられる。

(ウ) 「関係行政機関相互間の連携の強化」及び「輸入の拡大」は、食料供給困難事態対策法に基づく政府対策本部の設置及び輸入事業者に対する輸入の促進の要請等を念頭に置いている。

イ　最低限度必要とする食料の供給を確保するための措置（第二項関係）

(ア) 不測の事態が発生するおそれがある段階から供給確保のための措置を講じたとしても、事態が悪化し、食料の需給が相当の期間著しくひっ迫し、国民が最低限度必要とする食料の供給が確保されないおそれがあるケースも想定しておく必要がある。

このため、本条第二項は、第二条第六項に規定する場合（＝凶作、輸入の途絶等の不測の要因により国内における食料の需給が相当の期間著しくひっ迫し、又はひっ迫するおそれがある場合）において、国民が最低限度必要とする食料の供給を確保するため必要があると認めるときは、食料の増産、流通の制限等に必要な施策を講じていくという施策の基本方向を示した規定である。

(イ) 「国民が最低限度必要とする食料」とは、摂取熱量を維持できる水準の食料と解釈運用されており、一人一日当たりの供給熱量一九〇〇キロカロリーを満たす程度の水準の食料を一つの目安としている。

(ウ) 「食料の増産」とは、食料供給困難事態対策法に基づく生産の指示や、より熱量を重視した品目への転換の指

示等が想定される。「流通の制限」とは、国民生活二法（国民生活安定緊急措置法（昭和四十八年法律第百二十一号）及び生活関連物資等の買占め及び売惜しみに対する緊急措置に関する法律（昭和四十八年法律第四十八号））、物価統制令（昭和二十一年勅令第百十八号）及び主要食糧の需給及び価格の安定に関する法律（平成六年法律第百十三号）による標準価格の決定、売渡の指示、配給などが想定される。

(エ)　なお、令和六年改正前は、本条の見出しは「不測時における食料安全保障」とされており、「食料安全保障」は、国民が最低限度必要とする食料を確保するための危機管理対応のみを指すものと整理されていた。令和六年改正時に、平時から、不測時において具体的に起こることを想定し、その状況に対応できる態勢を構築する観点から、「食料安全保障」の射程も平時に拡張し、基本理念の柱として第二条第一項に位置付けたものである。また、「不測時」についても、国民が最低限度必要とする食料を確保する必要がある事態のみならず、国民生活の安定及び国民経済の円滑な運営に支障が生ずる事態一般に広げ、令和六年改正によって第一項を新設し、不測時の兆候を捉えた段階から対策を講ずる旨を明確にしたものである。

(八)　国際協力の推進（第二十五条関係）

（国際協力の推進）
第二十五条　国は、世界の食料需給の将来にわたる安定並びにこれによる我が国への農産物及び農業資材の安定的な輸入の確保に資するため、開発途上地域における農業及び農村の振興に関する技術協力及び資金協力、これらの地域に対する食料援助その他の国際協力の推進に努めるものとする。

(ア)　現在、開発途上国を中心に世界で八億人以上の人々が飢餓・栄養不足に直視面している。一方で、世界の食料需給については、開発途上国を中心とする人口の大幅な増加や気候変動等により、今後、中長期的に不安定な局面が現れ、場合によってはひっ迫する可能性が生じている。

世界の食料需給の安定のためには、開発途上国における農業の生産性の向上や強靱性の確保を図る必要があり、我が国も経済力や国際的地位に応じた積極的かつ主体的な国際貢献を果たすことが求められてきている。

(イ) こうした国際貢献は、世界の食料需給の安定に資することとなり、我が国における食料安全保障の確保の上でも重要なものである。特に新型コロナウイルスの感染拡大等により、世界のどこで生じた食料危機であっても、我が国に供給される食料・農業資材のサプライチェーンに影響し、我が国の食料供給に影響をもたらし得るというリスクが顕在化したところである。

本条は、こうした観点から、世界の食料需給の将来にわたる安定並びにこれによる我が国への農産物及び農業資材の安定供給に資するよう、

① 開発途上地域における農業・農村振興に関する技術協力・資金協力

② 開発途上地域に対する食料援助

等の必要な措置を講じていくという施策の基本方向を示した規定である。

(ウ) 「世界の食料需給の将来にわたる安定に資するため」とは、多くの栄養不足人口が存在しているとともに、世界の人口の八割近くを占め、今後ともその割合の増大が見込まれる開発途上地域において、食料の生産能力を高めていくことは、今後ひっ迫も見込まれる世界の食料需給の緩和につながるという意味である。

(エ) 「資金協力」の中には、「食料援助」も含まれるが、本法においては、世界の飢餓・栄養不足人口の削減が重要な課題となっていることから、農業・農村振興に関する協力と、必ずしも農業・農村の範疇に収まらない食料援助とを分けて整理したところである。

(カ) 本条は、他条と異なり、その語尾を「必要な施策を講ずるものとする」ではなく「推進に努めるものとする」としている。これは、国際協力については、食料安全保障の確保等直接国民に対して講ずべき施策と異なり、その実施につき常時必須のものではなく、我が国の財政状況により対応が大きく左右される施策対象であることから、そうした観点から書き分けられているものである。

六　農業の持続的な発展に関する施策（第二章第三節関係）

(一)　望ましい農業構造の確立（第二十六条関係）

（望ましい農業構造の確立）
第二十六条　国は、効率的かつ安定的な農業経営を育成し、これらの農業経営が農業生産の相当部分を担う農業構造を確立するため、営農の類型及び地域の特性に応じ、農業生産の基盤の整備の推進、農業経営の規模の拡大その他農業経営基盤の強化の促進に必要な施策を講ずるものとする。
2　国は、望ましい農業構造の確立に当たっては、地域における協議に基づき、効率的かつ安定的な農業経営を営む者及びそれ以外の多様な農業者により農業生産活動が行われることで農業生産の基盤である農地の確保が図られるように配慮するものとする。

ア　望ましい農業構造の確立（第一項関係）

(ア)　「農業の持続的な発展」を図るためには、効率的な生産により高い生産性と収益性を確保し、所得を長期にわたって継続的に確保できる経営体が、農業生産の相当部分を担う農業構造を実現することが重要である。
本条第一項は、そうした農業構造を「望ましい農業構造」と位置付け、その実現に向け、生産基盤の整備の推進、農業経営の規模の拡大等を進めていくという施策の基本方向を示した規定である。

(イ)　「効率的かつ安定的な農業経営」は、いわゆる「担い手」と同義であり、「農業所得で生計を立てる経営（立てようとする経営を含む。）」を指すものである。その際、経営規模の大小や家族経営か法人経営かは問わず、あくまで生計を立てているか否かで判断される（なお「主たる従事者の年間労働時間が他産業並の水準で、主たる従事者の一人当たりの生涯所得が他産業従事者と遜色ない水準の経営」についてもこれに含まれる）。

(ウ) 本項は、基本的考え方として、効率的かつ安定的な農業経営が農業生産の大宗を占めるという目標を掲げたものであり、具体的に「効率的かつ安定的な農業経営」が農業生産の何割を担う農業構造を目指すかは、その時々の事情に応じ、具体的施策の中で決められるべきものである。

(エ) 「営農の類型及び地域の特性に応じ」とされているのは、高い生産性・収益性を安定的に確保できる経営のあり方は、全国画一的に定めることができるものではなく、営農類型（稲作、畑作、園芸、畜産等）や地勢的条件（平地地域、中山間地域等）・気候条件（温暖地・寒冷地等）等の地域の特性によって区々であって、その育成のための施策についても、そうした諸条件に応じて講じられるべきとの考えに立つものである。

(オ) 「農業生産の基盤の整備の推進、農業経営の規模の拡大その他農業経営基盤の強化の促進に必要な施策」は、農業生産基盤の整備のための施策（農地の区画の拡大や農業用用排水施設の整備等）や、農業経営の諸要素（土地・労働力・資本等）の規模拡大、農業に関する技術の開発・普及など、生産性・収益性の向上につながる施策を広く含むものであり、そのための具体的な施策は次条以降に明らかにされている。

(カ) なお、本法では、他に「育成すべき農業経営」（第三十九条及び第四十二条）、「経営意欲のある農業者」（第二十七条）という概念が使われている。

このうち、「育成すべき農業経営」は、「経営の規模拡大、資本装備の近代化等の経営改善をしていこうとする意思を有する者が経営し、効率的かつ安定的な農業経営に発展する可能性が高い農業経営」を指しており、「効率的かつ安定的な農業経営」はこれに含まれる。

一方、「経営意欲のある農業者」は、人に着目した概念であり、「規模拡大、資本装備の近代化等の経営改善をしていこうとする意思を有する者」のことであり、既に農業経営に生計を大きく依存している者以外にも、これから就農して農業経営で生計を立てていこうとする意志を明確にしている者も含まれる。すなわち、これら「経営意欲のある農業者」が存在する農業経営が「育成すべき農業経営」という関係となる。

イ　多様な農業者に関する配慮事項（第二項関係）

(ア)　我が国は二〇〇八年をピークに人口減少社会に突入し、農業経営体の九割超を占める個人経営体である基幹的農業従事者の八割以上が六〇歳以上という年齢構成に鑑みれば、農業者の急激な減少は不可避となっている。さらに、農業経営体の種類別の年齢構成を見ると、主業経営体に比べ、準主業経営体、副業経営体の高齢化の進行が著しく、稲作を中心に兼業農家が急速に減少することが予想される。令和六年改正前の基本法では、望ましい農業構造を確立するためには、効率的かつ安定的な農業経営（担い手）が農業生産の相当部分を担う農業構造を確立することが強調され、いわゆる兼業農家の役割に言及していなかった。しかしながら、令和六年基本法改正に向けた食料・農業・農村政策審議会においては、農業者が急速に減少する中で、農業生産活動を通じ農地を保全してきた担い手以外の農家、いわゆる多様な農業者の役割を認識すべきという意見が多く出された。

実際に、農業者が減少する中で、農地を円滑に集積するためには、多様な農業者が農地を適切に管理するとともに、世代交代が見込まれる者については、あらかじめ農地を引き継いでくれる者を決めておくことが重要である。

このような観点から、本項は、望ましい農業構造の確立に当たり、地域における協議に基づき、担い手及び担い手以外の多様な農業者により農業生産活動が行われることで農地の確保が図られるよう配慮するという基本方向を示した規定である。

(イ)　「地域における協議」とは、地域における営農活動が、担い手と担い手以外の多様な農業者が連携して行われるものであることに鑑み、農地の確保を図るに当たり、これらの者の役割分担を明確化する観点から位置付けたものであり、具体的には農業経営基盤強化促進法（昭和五十五年法律第六十五号）に基づく地域計画の策定に向けた協議などが想定される。

(ウ)　「（効率的かつ安定的な農業経営を営む者以外の）多様な農業者」とは、主に兼業農家、自給的農家などが想定される。

(エ)　本項は令和六年改正により新設されたものである。本改正により（担い手だけではカバーされない農地の保全管理を行う者として）担い手以外の多様な農業者が位置付けられることとなったが、望ましい農業構造は担い手が相当部分を担う農業構造であるという第一項の規定は堅持しており、従来からの構造政策と矛盾するものではなく、構造政策を何ら後退させるものでもない。

(二) 専ら農業を営む者等による農業経営の展開（第二十七条関係）

（専ら農業を営む者等による農業経営の展開）
第二十七条　国は、専ら農業を営む者その他経営意欲のある農業者が創意工夫を生かした農業経営を展開できるようにすることが重要であることに鑑み、経営管理の合理化その他の経営の発展及びその円滑な継承に資する条件を整備し、家族農業経営の活性化を図るとともに、農業経営の法人化を推進するために必要な施策を講ずるものとする。
2　国は、農業を営む法人の経営基盤の強化を図るため、その経営に従事する者の経営管理能力の向上、雇用の確保に資する労働環境の整備、自己資本の充実の促進その他必要な施策を講ずるものとする。

ア　専ら農業を営む者等による農業経営の展開（第一項関係）

(ア)　効率的かつ安定的な農業経営を育成するという第二十六条の目的を達成するには、農業者それぞれが、その創意工夫により経営手腕を存分に発揮し、自らの経営資源を効率的に活用していくことを通じて、経営の収益性を高めることができる環境を整備していくことが必要である。

本条は、こうした観点から、「専ら農業を営む者」や「経営意欲のある者」の経営の発展を国として重点的に支援するため、体系的な経営支援策を講じていくという施策の基本方向を示した規定である。

(イ)　「専ら農業を営む者」は、農業を職業とし、それで生計を立てている者のことを指している。「専ら農業を営む者」は、農業者個人に着目した概念であって、「家族」「世帯」にとらわれた概念ではないことから、いわゆる

「専業農家」が含まれることは当然であるが、家族の中で外に働きに出ている人がいるために兼業農家に分類される場合であっても、専ら農業を営む個人がいれば、その者は「専ら農業を営む者」として本条に基づく経営支援策の対象となることとなる。

(ウ)「経営意欲のある者」とは、規模拡大、機械導入等の経営改善をしていこうとする意思を有する者のことであり、既に農業経営に生計を大きく依存している者以外にも、これから就農して農業経営で生計を立てていこうとする意思を明確にしている者も含む概念である。

(エ)本条では、「専ら農業を営む者」及び「経営意欲のある者」の経営発展を支援するため、これらの者に対し、資本装備の充実、労働力の確保、経営管理能力・技術の向上等体系的な経営支援策を講じて、家族農業経営を活性化するとともに、農業経営の法人化を推進していくという施策の方向性が明らかにされている。

(オ)家族農業経営は、我が国農業がこれまで家族経営を中心に展開されてきていることから、本条前段では、以下の施策を通じて、その活性化を図っていくと規定されている。

①　経営管理の合理化等経営発展のための条件の整備

農業者の経営力強化のための支援措置（生産原価計算、販売強化等）、スーパーL資金等の低利融資、施設整備などが想定されている。

②　円滑な経営継承のための条件の整備

後継者不在により、それまで投資した農地・施設等の長期的な有効利用が阻害されないよう、離農した農業者の経営が就農を希望する者に円滑に継承できるようにするための農業経営・就農支援センターによる助言・指導などが想定されている。

(カ)他方、法人経営は、①家計と経営の分離等による経営管理能力の向上、②社会保険・労働保険の適用等による従事者の労働環境の改善、③幅広い人材の確保による経営の多角化、④経営継承の円滑化等の利点を有しており、農業経営の法人化は、意欲ある担い手の経営改善のための有効な一方策と考えられる。こうした観点から、本条後段は、農業経営の法人化の推進を図ることを明らかにしている。

なお、本条にいう「法人化」は、農地法に基づく農地所有適格法人制度による法人が想定されている。農地所有適格法人は、いわゆる耕作者主義に立脚した法人であり、家族経営が「法人成り」したケースも多く見られ、必ずしも家族農業経営と対立するものではないと考えられる。したがって、本条における「家族農業経営の活性化」と「農業経営の法人化の推進」の関係については、後者は前者の実現手法の一態様ともなるが、それのみにとどまらない異なる概念であることから、並列して規定されているところである。

(キ) 農業経営の法人化の推進のための具体的な施策としては、制度資金や、法人の設立を図るための啓発・普及、相談指導活動の展開等が想定されている。

イ　農業を営む法人の経営基盤の強化（第二項関係）

(ア) 我が国全体で人口が減少する中、農業経営体の九割超を占める個人経営体である基幹的農業従事者については、基本法制定以降、約二十年間で概ね半減している一方、法人等については増加し、農地面積の約四分の一、販売金額の約四割を担うまでになっている（令和二年）。また、四十代以下の新規就農者のうち、雇用就農者が四割強を占めるなど、雇用の受け皿としても農業法人が果たす役割は重要になっている。

一方、農業法人の多くは家族農業から法人化を図ったものであり、経営者としての経営管理能力は高くないのが実態である。実際、農業法人は他産業に比べて自己資本比率が低く、また、損益分岐点比率が非常に高いなど、コスト増に伴う赤字化リスクなどに対する耐性が低い経営構造である。法人の大規模化が進む中で、その経営の安定性を確保することは食料の安定供給の観点からも重要になっており、その経営基盤の強化が重要な課題となっている。

また、法人の規模拡大が進む中で雇用労働力を利用する法人が増えている一方、若年労働世代の減少に伴い、若い労働者は全産業の奪い合いになっている。今後、農業法人が安定的に雇用労働力を確保するためには、従業員の労働環境を改善することが急務になっている。

本項は、このような観点から、農業法人の経営基盤の強化を図るため、

① 経営者の経営管理能力の向上

② 雇用の確保に資する労働環境の整備

③ 自己資本の充実の促進

等に必要な施策を講じていくという施策の基本方向を示した規定である。

(イ)「法人の経営に従事する者の経営管理能力の向上に必要な施策」とは、経営者向けの研修や経営状況の財務分析に資するソフトの開発などが想定される。

(ウ)「雇用の確保に資する労働環境の整備に必要な施策」とは、労働時間や保険加入などの就労条件の改善の支援や繁閑期の異なる他産地・他産業との連携のための体制構築支援、外国人労働者を含めた人権にも配慮した労働環境の確保などが想定される。

(エ)「自己資本の充実の促進に必要な施策」とは、食品事業者の出資等を通じた農地所有適格法人の経営基盤強化のための議決権要件の緩和（特例措置）などが想定される。

(三) 農地の確保及び有効利用（第二十八条関係）

（農地の確保及び有効利用）

第二十八条　国は、国内の農業生産に必要な農地の確保及びその有効利用を図るため、農地として利用すべき土地の農業上の利用の確保、効率的かつ安定的な農業経営を営む者に対する農地の利用の集積及びこれらの農地の集団化、農地の適正かつ効率的な利用の促進その他必要な施策を講ずるものとする。

(ア) 農地は、農業生産にとって最も基礎的な資源であり、「農業の持続的な発展」を図るためには、農地を確保し、その有効利用を図っていくことが不可欠である。本条は、こうした観点から、計画的な土地利用の確保、担い手への農地の利用集積・集約化、耕作放棄の防止等の施策を講じていく必要があるという施策の基本方向を示した規定である。

(イ)「農地として利用すべき土地の農業上の利用の確保」とあるのは、我が国の限られた国土の中で、農地の確保・有効利用を図っていくためには、農地を量的に確保していくことはもちろん、農地のスプロール的開発を防止し、農地を面的に確保していくことが必要であるとの考え方に基づくものである。

具体的には、「農業振興地域の整備に関する法律」(農振法)に基づく農用地区域の設定等による計画的土地利用の確保や、農地法に基づく一筆ごとの転用規制による農地確保等の施策が念頭に置かれている。

(ウ) 他方、限られた資源である農地を有効に利用し、農業の持続的な発展を図っていく上では、農地を「効率的かつ安定的な農業経営」に集積し、さらにこれらの農地の有効利用を進めるために面的にも集団化していくことが必要であることから、本条では、「効率的かつ安定的な農業経営を営む者に対する農地の利用の集積及びこれらの農地の集団化」を講じていくことが規定されている。

具体的な施策としては、①農地中間管理機構を通じた農地の権利設定の円滑化、②農業経営基盤強化促進法に基づく地域計画の策定、③農地中間管理機構を活用した場合における農家負担を伴わない基盤整備や固定資産税の軽減措置などが想定される。

(エ)「農地の適正かつ効率的な利用の促進」を推進していくとされているのは、土地利用率の低下や耕作放棄の増加等が、農地の確保とその有効利用を阻害しているという考えに基づくものである。また、平成二十一年の農地法等の改正において、農地を利用する者の責務として「農地の農業上の適正かつ効率的な利用の確保」との考えが規定されている。

具体的施策としては、①遊休農地に関する措置や、②農地の権利移転に係る許可制などが想定される。

㈣　農業生産の基盤の整備及び保全（第二十九条関係）

（農業生産の基盤の整備及び保全）

第二十九条　国は、良好な営農条件を備えた農地及び農業用水を確保し、これらの有効利用を図ることにより農業の生産性の向上を促進するとともに、気候の変動その他の要因による災害の防止又は軽減を図ることにより農業生産活動が継続的に行われるようにするため、地域の特性に応じて、環境との調和及び先端的な技術を活用した生産方式との適合に配慮しつつ、農業生産の基盤の整備及び保全に係る最新の技術的な知見を踏まえた事業の効率的な実施を旨として、農地の区画の拡大、水田の汎用化及び畑地化、農業用用排水施設の機能の維持増進その他の農業生産の基盤の整備及び保全に必要な施策を講ずるものとする。

(ア)　本条は、必要な農地・農業用水その他の農業資源を確保し、その有効利用を図ることにより、生産性の向上を促進するとともに、防災・減災を図ることにより農業生産活動が継続的に行われるようにするため、地域の特性や環境との調和、スマート農業技術等を活用した生産方式との適合に配慮し、ＩＣＴの活用など最新の技術的知見を踏まえた事業の効率的な実施を図りつつ、農業生産基盤の整備及び保全を図るという施策の基本方向を示した規定である。

(イ)　「気候の変動その他の要因による災害の防止又は軽減を図ることにより」とあるのは、気候変動により自然災害が頻発化及び激甚化し、突発事故が増加している状況にあり、防災・減災を目的として農業用用排水施設等の機能を維持する観点から事業が行われる必要があるとの考えに基づくものである。

(ウ)　「地域の特性に応じて」とあるのは、我が国の農地が平坦なものから棚田、階段状のものまで区々であり、また、土壌条件も多様であることに加え、第二十六条にも規定されているように、農業の持続的な発展には各地域がその特性を活かし、特色ある農業生産を行っていくことが重要であることから、農地・農業用水等については、全国画一的な整備をするのではなく、地形・気象・土壌等地域ごとの特性を十分に踏まえなければならないという考えに基づくものである。

(エ)「環境との調和に配慮」とあるのは、農業生産基盤の整備が、農地の面的な整備や農業水利施設の建設など、自然環境に人為による作用を加えるものであって、常に当該事業に係る区域及び周囲の環境に対し一定の負荷を与える可能性があることから、事業実施に当たっては、実施区域及び周囲の環境に対する影響を極力抑え、環境に適合するように配慮する必要があるとの考えに基づくものである。

(オ)「先端的な技術を活用した生産方式との適合に配慮」とあるのは、スマート農業技術等の先端的な技術の活用が農業現場で求められる中、基盤整備事業においても、大型機械の自動運転等に対応した区画整備、通信機器を使用可能とするための基地整備等の先端的な技術を活用した生産方式の導入に配慮する必要があるとの考えに基づくものである。

(カ)「事業の効率的な実施」とあるのは、我が国の厳しい財政事情の中で、公共事業全体に対して、その効率的な実施が強く要請されていること等を背景とするものである。また、「農業生産の基盤の整備及び保全に係る最新の技術的な知見を踏まえた」とあるのは、農業者や土地改良区の組合員の減少に伴い施設の維持管理が困難となる中で、少人数で事業を実施できるよう、ドローンや無人カメラなどＩＣＴを活用した施設の管理を行う必要があるとの考えに基づくものである。

(キ)「農業生産の基盤の保全」とあるのは、農業水利施設等の老朽化が進み、突発事故の発生が増加していることに加え、農村人口の減少・高齢化により、施設の点検・操作等の共同活動が困難となる地域が増加する中、農業水利施設等の「保全」が重要であるとの考えに基づくものである。なお、「保全」とは、農業的利用が可能となるよう、農業生産基盤としての機能を保つことであり、施設の点検や修繕、運用に係る行為である「維持管理」も含む概念である。

(ク)本条では、農業生産基盤整備・保全のための具体的施策として、「農地の区画の拡大、水田の汎用化及び畑地化、農業用用排水施設の機能の維持増進」が特記されている。

①　「農地の区画の拡大」は、生産性の高い農地の確保を図る観点から記載されたものである。
②　「水田の汎用化及び畑地化」は、コメの需要が年々減少する中、農地の有効利用の観点からは、水稲以外の生産にも適した農地の確保を図る必要があるという考えに立って記載されたものであり、「汎用化」は水稲だけでなく畑作物の作付も可能とするものである一方、「畑地化」は水稲の栽培はできなくし、畑作物や園芸作物に転換するものである。具体的には、汎用化のための暗渠排水の整備や、畑地化のための畦畔の除去等を行うといった施策が念頭に置かれている。水田の汎用化と畑地化のどちらを推進するかについては地域の判断であり、国としては地域の判断を尊重しつつ必要な支援を行うものである。
③　「農業用用排水施設の機能の維持増進」が特記されているのは、我が国の水需要の三分の二を占める農業用水の適切な確保とその有効利用の重要性を踏まえたものであり、本規定の趣旨に沿って、かんがい排水施設の計画的・機動的な整備・更新、適切な公的管理の充実等が図られることとされている。

(五)　先端的な技術等を活用した生産性の向上（第三十条関係）

（先端的な技術等を活用した生産性の向上）
第三十条　国は、農業の生産性の向上に資するため、情報通信技術その他の先端的な技術を活用した生産、加工又は流通の方式の導入の促進、省力化又は多収化等に資する新品種の育成及び導入の促進その他必要な施策を講ずるものとする。

(ア)　農業者の急速な減少が見込まれる中で、少ない人数でも将来にわたって食料の安定供給の確保を図るためには、農業分野における生産性の向上が必要不可欠である。この点、生産現場では、農業機械の自動運転化といったスマート農業技術等の実証が進められてきており、こうした技術の活用や新品種の育成・導入が生産性の向上を図る上で重要である。

本条は、こうした観点から、農業の生産性の向上に資するため、

① 情報通信技術その他の先端的な技術を活用した生産、加工又は流通の方式の導入の促進、

② 省力化又は多収化等に資する新品種の育成及び導入の促進

等に必要な施策を講じていく必要があるという施策の基本方向を示した規定である。

(イ) 「情報通信技術その他の先端的な技術」とは、スマート農業技術や加工・流通の自動化システムなどの先端的な技術を指すものである。「生産、加工又は流通の方式の導入」とは、単に先端技術を活用した機械・機器を導入するだけではなく、栽培品種や周辺設備等を含めて生産・加工・流通方式全体を変革することを指すものである。具体的な施策としては、農業の生産性の向上のためのスマート農業技術の活用の促進に関する法律（令和六年法律第六十三号）に基づく計画認定や金融措置等、機械導入等の予算措置などが想定される。

(ウ) 「省力化又は多収化等に資する新品種」とは、労働時間の削減に資する機械収穫に適した品種や、単収が高い品種、高温耐性品種などが想定される。なお、令和六年改正において、政府提出の条文案では「省力化等に資する新品種の育成」のみが規定されていたが、生産性の向上のためには多収性品種についても育成し、これを現場に導入することが重要であるとの観点から、衆議院において条文修正が行われ、「省力化又は多収化等に資する新品種の育成及び導入の促進」との規定となった。

㈥　農産物の付加価値の向上等（第三十一条関係）

（農産物の付加価値の向上等）
第三十一条　国は、農産物の付加価値の向上及び創出を図るため、高い品質を有する品種の導入の促進及び農産物を活用した新たな事業の創出の促進、植物の新品種、家畜の遺伝資源、地理的表示（特定農林水産物等の名称の保護に関する法律（平成二十六年法律第八十四号）第二条第三項に規定する地理的表示をいう。）、農業生産に関する有用な技術及び営業上の情報その他の知的財産の保護及び活用の推進その他必要な施策を講ずるものとする。

㈠　農業者が減少する中で農業の持続的な発展を図るためには、個々の農業経営の収益性の向上が必要であり、特に、野菜・果樹等の労働集約型の作物の生産や、中山間地域等での生産など、規模拡大が困難な条件で農業生産を行う者にとっては、農産物の付加価値の向上を図ることが重要となる。

本条は、こうした観点から、農産物の付加価値の向上及び創出を図るため、

①　高い品質を有する品種の導入の促進
②　農産物を活用した新たな事業の創出の促進
③　植物新品種、家畜遺伝資源、地理的表示、農業技術に係る営業秘密等の知的財産の保護及び活用の推進

等に必要な施策を講じていく必要があるという施策の基本方向を示した規定である。

㈡　「付加価値の向上」とは、既に商品として価値を有するものについて更に価値を高めることを、「付加価値の創出」とは、制度を新たに創設することを含め付加価値を新たに定義付け、作り出すことを、それぞれ意味している。

㈢　「高い品質を有する品種」とは、加工適性の高い品種や良食味の品種等が念頭に置かれている。

㈣　「農産物を活用した新たな事業の創出」とは、いわゆる六次産業化など農業と他産業との連携や地域ブランド

の創出などが想定される。

(オ)「知的財産の保護及び活用の推進に必要な施策」とは、例示されている種苗法（平成十年法律第八十三号）、家畜遺伝資源に係る不正競争の防止に関する法律（令和二年法律第二十二号）、特定農林水産物等の名称の保護に関する法律（平成二十六年法律第八十四号）等に基づく制度運用や、知的財産に関する研修や専門人材の育成などが想定される。

(七) 環境への負荷の低減の促進（第三十二条関係）

（環境への負荷の低減の促進）
第三十二条 国は、農業生産活動における環境への負荷の低減を図るため、農業の自然循環機能の維持増進に配慮しつつ、農薬及び肥料の適正な使用の確保、家畜排せつ物等の有効利用による地力の増進、環境への負荷の低減に資する技術を活用した生産方式の導入の促進その他必要な施策を講ずるものとする。
2 国は、環境への負荷の低減に資する農産物の流通及び消費が広く行われるよう、これらの農産物の円滑な流通の確保、消費者への適切な情報の提供の推進、環境への負荷の低減の状況の把握及び評価の手法の開発その他必要な施策を講ずるものとする。

ア 農業生産活動における環境への負荷の低減（第一項関係）

(ア) 食料供給の各段階が環境に負荷を与えていることを踏まえ、環境と調和のとれた食料システムを確立するためには、農業生産活動において環境への負荷の低減を図ることが重要である。
本項は、こうした観点から、農業生産活動における環境への負荷の低減を図るため、農業の自然循環機能の維持増進に配慮しつつ、

① 農薬及び肥料の適正な使用の確保
② 家畜排せつ物等の有効利用による地力の増進
③ 環境への負荷の低減に資する技術を活用した生産方式の導入の促進
等に必要な施策を講じていく必要があるという施策の基本方向を示した規定である。

(イ) 「農業の自然循環機能」とは、農業生産活動が、本来、植物が光合成により生育し、それを動物が食べ、微生物がその排泄物を分解し、それがまた植物の栄養となるという自然界の物質循環に依存するという性格を持つと同時に、施肥等の肥培管理等を通じて、その循環サイクルの流れを促進するという機能を有することに着目した概念である。環境への負荷の低減は、自然循環機能の維持増進を図ることにより行われる必要がある。

(ウ) 「農薬及び肥料の適正な使用の確保に必要な施策」とは、農薬取締法や肥料の品質の確保等に関する法律に基づく適正使用などが想定される。

(エ) 「家畜排せつ物等の有効利用による地力の増進に必要な施策」とは、堆肥による土づくりの促進や、堆肥ペレットの広域流通の支援などが想定される。

(オ) 「環境への負荷の低減に資する技術を活用した生産方式」とは、有機農業やヒートポンプの導入、ドローンによるピンポイント施肥など、環境負荷低減に資する生産方式が幅広く含まれるものであり、「導入の促進に必要な施策」とは、環境と調和のとれた食料システムの確立のための環境負荷低減事業活動の促進等に関する法律（令和四年法律第三十七号）に基づく支援措置や、環境保全型農業直接支払交付金による支援などが想定される。

イ　環境への負荷の低減に資する農産物の流通および消費（第二項関係）

(ア) 環境と調和のとれた食料システムを確立するためには、環境への負荷を低減して生産された農産物が広く流通・消費される必要がある。

本項は、こうした観点から、
① 環境への負荷の低減に資する農産物の円滑な流通の確保
② 消費者への適切な情報の提供の推進

③　環境への負荷の低減の状況の把握及び評価の手法の開発等に必要な施策を講じていく必要があるという施策の基本方向を示した規定である。

(イ)　「環境への負荷の低減に資する農産物の円滑な流通の確保」とは、有機農産物を活用した商品開発・販売促進の支援や未利用食品の長期保存技術の開発などが想定される。

(ウ)　「消費者への適切な情報提供の推進」とは、環境に配慮した農産物の学校給食への導入やブランド化などによる消費者理解の醸成などが想定される。

(エ)　「環境への負荷の低減の状況の把握及び評価の手法の開発」とは、温室効果ガス削減等の取組をラベル表示する「見える化」の取組や、J―クレジット制度の活用などが想定される。

(八)　人材の育成及び確保（第三十三条関係）

（人材の育成及び確保）

第三十三条　国は、効率的かつ安定的な農業経営を担うべき人材の育成及び確保を図るため、農業者の農業の技術及び経営管理能力の向上、新たに就農しようとする者に対する農業の技術及び経営方法の習得の促進その他必要な施策を講ずるものとする。

2　国は、国民が農業に対する理解と関心を深めるよう、農業に関する教育の振興その他必要な施策を講ずるものとする。

ア　新規就農の促進等（第一項関係）

(ア)　効率的かつ安定的な農業経営が相当部分を担う農業構造を確立するには、担い手を量的に確保するとともに、その生産技術・経営手法の向上を図っていく必要がある。本項は、次代の農業を担い得る人材を育成・確保する観点から、①農業者の農業技術及び経営管理能力の向上、②新規就農者に対する農業の技術及び経営方法の習得の促進等を講じていくという施策の基本方向を示した規定である。

(イ)「農業者の農業技術及び経営管理能力の向上に必要な施策」とあるのは、農業技術の向上を通じた生産性の向上や経営管理能力の向上を通じた経営の発展を支援していくという趣旨である。

具体的な施策としては、農業技術の向上の観点からの施策としては、普及組織を通じた試験研究機関で開発された技術の普及等が、農業者の経営管理能力の向上の観点からの施策としては、農業経営・就農支援センター等による経営指導や研修の実施などが想定される。

(ウ)「新規就農者に対する農業の技術及び経営方法の習得の促進」とあるのは、担い手の育成・確保のため、新規就農の隘路となっている技術の習得等を解決するための施策を講じていくという趣旨である。具体的な施策としては、①農業大学校等における研修教育の実施、②農業経営・就農支援センター等を通じた情報提供・相談体制の充実、③技術習得等のための研修資金の融通などが想定される。

イ　農業教育の振興（第二項関係）

(ア)　第一項で規定する農業の担い手の確保を図るためには、国民の農業に対する理解や関心を醸成し、担い手となる可能性のある者を拡大していくことが重要である。また、食料・農業・農村政策を国民的な合意に基づいて推進していく上でも、国民の農業に対する理解・関心を醸成していくことは不可欠であると考えられる。本項は、こうした観点から、学校教育における農業教育を充実させていくという施策の基本方向を示した規定である。

(イ)　本項の趣旨を踏まえた施策としては、小中学校における農業に関する教育や体験学習の充実などが想定される。

(九) 女性の参画の促進（第三十四条関係）

（女性の参画の促進）
第三十四条 国は、男女が社会の対等な構成員としてあらゆる活動に参画する機会を確保することが重要であることに鑑み、女性の農業経営における役割を適正に評価するとともに、女性が自らの意思によって農業経営及びこれに関連する活動に参画する機会を確保するための環境整備を推進するものとする。

(ア) 近年、農業者の減少が続く中で、女性は、農業生産や地域における活動に非常に大きな役割を果たすようになってきており、農業の持続的な発展を確保する上で、女性が有する能力を十分に発揮できるようにすることは不可欠であるが、農業分野における女性の参画は未だ十分に進んでいないのが実情である。

本条は、こうした観点から、農業分野において、男女が対等な構成員として農業経営やこれに関連する活動に参画していくことができるよう、環境の整備を進めるという施策の基本方向を示した規定である。

(イ) 「女性の農業経営における役割を適正に評価する」とは、女性と男性とは対等な位置付けにあるべきであり、女性が農業活動に果たしている役割やその貢献度合いを労働時間等に基づいて適正に評価し、それに相応しい報酬を支払うとともに、経営方針の決定に際しては女性を参画させること等を指すものである。

(ウ) 「これに関連する活動」としては、農協等農業団体の役員としての社会活動のほか、農業に関連する自主的な起業活動などが想定される。

本条の趣旨を具体化するための施策としては、①地域のリーダーとなり得る女性農業経営者の育成、②女性が働きやすい環境の整備（更衣室、男女別トイレ等）、③女性農業者グループの活動支援などが想定される。

なお、本条は、他の条文と異なり、「必要な施策を講ずる」ではなく、「環境整備を推進する」と規定されているが、これは、女性も、第三十三条（人材の育成及び確保）で規定する「人材」であって、その育成・確保に必要な施策を講ずべきことは同条で規定されていると考えられるからである。すなわち、第三十四条は、国が、担い手一般の確保・育成のための施策に加えて、女性に特に配慮して、国がその能力の十分な発揮を可能とする環境の整備を行うことを規定しているものである。

(十) 高齢農業者の活動の促進（第三十五条関係）

（高齢農業者の活動の促進）
第三十五条　国は、地域の農業における高齢農業者の役割分担並びにその有する技術及び能力に応じて、生きがいを持って農業に関する活動を行うことができる環境整備を推進し、高齢農業者の福祉の向上を図るものとする。

(ア)　農村地域においては、都市地域に比べても高齢化が急速に進行しており、農業の持続的な発展を図るためには、高齢農業者が、生きがいを持って、長年の経験により培ってきた技術・知識を十分に発揮できるような環境整備を行っていくことが重要と考えられる。本条は、こうした観点から、高齢農業者がその技術と能力を十分に発揮できるよう環境を整備するとともに、特に、高齢農業者の福祉の向上を図るという施策の基本方向を示した規定である。

(イ)　「地域の農業における高齢農業者の役割分担並びにその有する技術及び能力に応じて」と規定された趣旨は、農業生産活動のリーダーとなったり、子供達に対する農業体験を指導したりといった、高齢農業者に期待される役割は、それぞれの地域ごとに異なると考えられることから、彼らが長年の経験により培ってきた技術・知識を活用して地域に貢献していくやり方は、地域の実情に応じて決められるべきであるというものである。

その意味では、本条の趣旨は、「効率的かつ安定的な農業経営」のみで効率的な農業生産が行い得ない等地域ごとの実情に応じて、高齢農業者の能力の活用を図っていくというものであり、「望ましい農業構造の確立」（第二十六条）の趣旨と対立するものではない。

(ウ)　「高齢農業者の福祉の向上」が特記されているのは、農村地域においては、農業生産活動・地域社会活動の両面で、高齢農業者が重要な役割を果たしている一方で、都市地域と比較して生活環境の整備が遅れており、また、民間の介護サービス等も不十分であることから、都市地域と比しても、福祉の向上の必要性が高いという趣旨である。

(エ)　本条の趣旨を具体化する施策としては、①市町村等による高齢者対策の基本方針の策定に対する支援、②高齢者に配慮した施設等の整備（バリアフリー化、ほ場へのアクセス改善等）などが想定される。

(オ)　なお、本条においても、「環境整備を推進」との規定振りとなっているが、これは、第三十四条と同様に、高齢農業者についても、必要となる施策は第三十三条で規定されており、第三十五条は、国が、担い手一般の確保・育成のための施策に加えて、高齢農業者に特に配慮して、国がその能力を十分発揮することを可能とする環境の整備を行うことを規定したものと解されることによるものである。

(十一)　農業生産組織の活動の促進（第三十六条関係）

（農業生産組織の活動の促進）

第三十六条　国は、地域の農業における効率的な農業生産の確保に資するため、集落を基礎とした農業者の組織その他の農業生産活動を共同して行う農業者の組織、委託を受けて農作業を行う組織等の活動の促進に必要な施策を講ずるものとする。

(ア)　「農業の持続的な発展を図っていくためには、効率的かつ安定的な農業経営が生産の相当部分を担う農業構造を確立することが必要であるが、他方、各地域においては、現に小規模な兼業農家等が多数存在しており、地域によっては、効率的かつ安定的な農業経営とそうした小規模農家等が補完し合いながら地域の農業生産活動を維持・発展させていくことが必要となることも事実である。

本条は、こうした点を踏まえ、地域の農業における効率的な農業生産活動を支える組織として、集落営農等の農業生産組織を明確に位置付け、その活動の促進に必要な施策を講じるという施策の基本方向を示した規定である。

(イ)　「地域の農業における効率的な農業生産の確保に資するため」とあるのは、地域によっては、家族単位の効率的かつ安定的な農業経営や法人経営だけによる営農の維持・発展が困難な場合があり、その場合には、集落営農や農作業受託組織等の活動を通じて、効率的かつ安定的な農業経営とそれ以外の小規模農家等が補助労働力の提供、地域資源の維持管理の面で役割分担を行い協力していく関係を構築していくことが必要となるとの考えに基づくものである。

(ウ)　「集落を基礎とした農業者の組織その他の農業生産活動を共同して行う農業者の組織」とは、具体的には、いわゆる「集落営農」と、集落を基礎として組織化されたものではないが、複数の農家が共同化・分業化して農業生産活動を行う農業生産組織であり、生産組合、営農集団、機械利用組合などと称される組織を指すものである。

(エ)　また、「委託を受けて農作業を行う組織等」は、農作業の委託を事業として行う営農集団、ヘルパー組織、農協や市町村等が参画した第三セクター、会社であるコントラクター等を指している。

(オ)　本条の趣旨を具体化する施策としては、集落営農組織による地域の状況に応じたビジョンの策定や、その具体化に向けた中核人材の確保、集落営農組織の法人化の推進などが想定される。

(十二) 農業経営の支援を行う事業者の事業活動の促進（第三十七条関係）

（農業経営の支援を行う事業者の事業活動の促進）
第三十七条 国は、農業者の経営の発展及び農業の生産性の向上に資するため、農作業の受託、農業機械の貸渡し、農作業を行う人材の派遣、農業経営に係る情報の分析及び助言その他の農業経営の支援を行う事業者の事業活動の促進に必要な施策を講ずるものとする。

(ア) 農業者が減少する中で農業経営は大規模化・高度化しており、農業経営体が業務の一部をアウトソーシングする必要性が高まっている。農業の持続的な発展のためには、農業者が全ての作業を行うのではなく、専門性の高い作業や短期的な作業などについて専門的に経営・技術等を受託する組織に発注することが効率的であり、そのためにも、農業支援サービス事業体の育成・確保が重要となっている。

本条は、こうした観点から、農作業の受託をはじめとする農業経営の支援を行う事業者の事業活動の促進に必要な施策を講じるという施策の基本方向を示した規定である。

(イ) 「農作業の受託」は、施肥・播種や収穫などの作業受託を行う専門作業受注サービス、「農業機械の貸渡し」は、共同利用する農業機械をレンタル提供する機械設備供給サービス、「農作業を行う人材の派遣」は、収穫作業など農繁期等に人材を派遣する人材供給サービス、「農業経営に係る情報の分析及び助言」は、営農データ等の分析結果に基づく経営助言を行うデータ分析サービスといった類型を念頭に置いたものである。

(ウ) 「事業活動の促進に必要な施策」とは、サービス事業体による新規事業の立上げに係るニーズ調査や人材育成、機械導入等の支援などが想定される。

(エ) なお、第三十六条においても「委託を受けて農作業を行う組織」が位置付けられているが、同条は、集落を基礎とした農業者の組織に関する規定であり、あくまで農業者のグループの中で作業受委託を行うのに対し、本条に規定するサービス事業体は、農業経営体ではなく、あくまで対価を受けてサービスとして各種作業を行う組織であり、その内容が異なることから、別条で規定するものである。

(十三) 技術の開発及び普及（第三十八条関係）

（技術の開発及び普及）
第三十八条　国は、農業並びに食品の加工及び流通に関する技術の研究開発及び普及の効果的な推進を図るため、これらの技術の研究開発の目標の明確化、国、独立行政法人、都道府県及び地方独立行政法人の試験研究機関、大学、民間等の連携の強化、地域の特性に応じた農業に関する技術の普及事業の推進、民間が行う情報通信技術その他の先端的な技術の研究開発及び普及の迅速化その他必要な施策を講ずるものとする。
2　国は、食料システムにおいて情報通信技術を用いて情報が効果的に活用されるよう、食料システムの関係者による情報の円滑な共有のための環境整備を推進するために必要な施策を講ずるものとする。

ア　技術の研究開発及び普及の効果的な推進（第一項関係）

(ア)　農業に関する技術は、農地・水等の限られた農業資源を効率的に利用し、生産性の向上を促進し、もって農業の持続的な発展を図るために不可欠なものである。本項は、そういった農業技術の研究開発及び普及の効果的な推進を図るため、①国全体の研究開発の目標の明確化、②国、独立行政法人、都道府県、地方独立行政法人の試験研究機関、大学・民間等の連携強化、③地域の特性に応じた農業技術の普及事業の推進、④民間が行う情報通信技術等の先端的な技術の研究開発及び普及の迅速化等を図るという施策の基本方向を示した規定である。

(イ)　「技術の研究開発目標の明確化」とあるのは、目標を明確化することにより、農業技術の研究開発活動の効率的・戦略的な推進を図るという趣旨であり、具体的施策としては、重要分野ごとに具体的達成目標を明確にした研究戦略の策定などが想定される。

(ウ)「国、独立行政法人、都道府県及び地方独立行政法人の試験研究機関、大学、民間等の連携の強化」とあるのは、従来国中心で行われてきた研究開発が都道府県の試験研究機関、大学、民間等でも活発に行われるようになっている状況を踏まえ、これら産学官の研究主体間の連携を強化し、重複を省き、効率的な研究開発とその普及を行うという趣旨である。具体的施策としては、関係する研究機関間における、①研究開発目標の共有化、②密接な情報交換、人事交流、共同研究の促進などが想定される。

(エ)「地域の特性に応じた農業に関する技術の普及事業の推進」とあるのは、気象、土壌、営農類型等の面で極めて多様な地域特性が存する我が国においては、技術の普及もそうした地域特性に応じて行われる必要があるとの考えに基づくものである。本項の趣旨に沿い、今後の普及事業の展開に当たっては、生産現場に密着し、担い手となる個々の農業者の経営実態等に即したきめ細かい普及活動を展開していくこととされている。

(オ)「民間が行う情報通信技術その他の先端的な技術の研究開発及び普及の迅速化」とあるのは、農業の生産性向上を図ることが急務となる中、先端的技術の分野の研究を担う民間事業者には、資金面や設備面で課題があることから、これに対応する必要があるという趣旨である。具体的施策としては、スマート農業技術活用促進法に基づく税制・金融の特例や農研機構の利用などが想定される。

イ　食料システムにおける情報の効果的な活用（第二項関係）

(ア)　農業・食品産業における生産性の向上や環境負荷低減等の社会課題の解決に当たっては、食料の生産から消費までの各段階における様々な情報（データ）を食料システム全体で共有し、これを効率的な農業経営や流通の合理化などに効果的に活用されるようにする（POSデータに基づく需要予測システムの活用や出荷予測に基づく物流の手配等）、いわゆる食料システム全体のデジタル化が重要である。

本項は、こうした観点から、食料システムにおいて情報通信技術を用いて情報が効果的に活用されるよう、食料システムの関係者による情報の円滑な共有のための環境整備を推進するために必要な施策を講じるという施策の基本方向を示した規定である。

(イ)「情報の円滑な共有のための環境整備を推進するために必要な施策」とは、生産から販売までの情報連携の基盤の整備やコンソーシアムの支援などが想定される。

(十四) 農産物の価格の形成と経営の安定（第三十九条関係）

（農産物の価格の形成と経営の安定）

第三十九条　国は、農産物の価格の形成について、第二十三条に規定する施策を講ずるほか、消費者の需要に即した農業生産を推進するため、需給事情及び品質評価が適切に反映されるよう、必要な施策を講ずるものとする。

2　国は、農産物の価格の著しい変動が育成すべき農業経営に及ぼす影響を緩和するために必要な施策を講ずるものとする。

ア　需給事情及び品質評価を反映した価格の形成（第一項関係）

(ア)　旧農業基本法下の価格政策は、農業所得の確保に強く配慮した運用がなされた結果、需給事情や消費者のニーズが農業者に的確に伝わらず、農業者の経営感覚の醸成を妨げるとともに、需給のミスマッチを招いた面があった。また、国際的な潮流も、農産物の価格形成に市場原理を活用し、市場歪曲性を低めていく方向となっている。

本項は、こうした観点から、農産物の価格が需給事情や品質の評価を適切に反映して形成されるよう、価格政策の見直しを行い、もって需要に即した農産物の供給を図るという施策の基本方向を示したものである。

(イ)「農産物の価格の形成について、需給事情及び品質評価が適切に反映される」とあるのは、農産物の価格が、需要と供給のバランス及び市場における品質評価を適切に反映して形成され、それらを生産現場に迅速かつ的確に伝達するシグナルとしての機能を十分に発揮できるようにするという趣旨である。農産物の価格がこのように形成されることを通じ、需要に即した国内の農業生産が行われ、国内農業生産の増大とそれを基本とした食料の安定供給が可能となることが期待されている。

(ウ)「第二十三条に規定する施策を講ずるほか」とあるのは、第二十三条において、国は、食料の価格形成に当たり食料システムの関係者により食料の持続的な供給に要する合理的な費用が考慮されるよう必要な施策を講ずる旨を規定しており、当然農産物の価格形成についても、第二十三条が適用されることを確認的に規定する趣旨である。

(エ)本項の趣旨に基づき、基本法制定後、需給事情等を適切に反映した価格形成の妨げとなっている価格政策を見直すとともに、市場環境を整備する等の施策を行っている。具体的施策としては、価格政策の見直しとして、①麦の民間流通への移行、②乳製品に係る安定指標価格及び加工原料乳に係る基準取引価格の廃止等が、市場環境の整備として、③自主流通米の価格形成における需給実勢の一層の反映、④生乳の入札等市場取引の導入や相対取引のルール化の検討・実施、⑤卸売市場の整備や取引ルールの改善等があげられる。

イ　経営安定対策の実施（第二項関係）

(ア)農産物は天候等の自然条件による作柄の変動が避けられず、農業者の創意工夫や経営努力だけでは如何ともしがたい価格の変動や収量の低下により農業者の収入減が生ずることが避けられない。したがって、今後の我が国農業の持続的な発展を支えていく「育成すべき農業経営」が、価格政策の見直しに伴う価格変動により影響を受けることが懸念される。

本項は、第一項に基づく価格政策の見直しに伴う価格の著しい変動が「育成すべき農業経営」に与える影響を緩和するための措置を講ずるという施策の基本方向を明らかにした規定である。

(イ)「価格の著しい変動」とは、作目が固有の特徴として有する通常の収量変動に起因する範囲の価格変動を超え、育成すべき農業経営の安定を損なうような価格変動を指すものである。

ただし、実際に経営安定のための対策を講じる上で、その水準は、品目によって、価格政策の手法、市場形成の程度、国境措置等が様々であることに加え、営農類型によって経営構造が大きく異なっており、価格変動の影響が一様でないことから、品目、営農類型等を考慮して判断すべきものと考えられる。

(ウ)　「育成すべき農業経営」とは、経営規模の拡大、資本装備の近代化等の経営改善をしていこうとする意思を有する者による経営を念頭に置いている。

ただし、実際に経営安定対策を講じる際に、対象となる「育成すべき農業経営」の具体的経営規模・経営内容等については、画一的に定められるものでなく、品目ごとの経営安定措置の実施の中で決められるべきものと考えられる。

(エ)　「必要な施策」としては、収入保険や野菜価格安定制度などが想定される。

(オ)　旧農業基本法は、「農業従事者の所得の向上」を政策目標の一つとして明記していた（第一条）。他方、本項は価格の著しい変動による経営への影響を緩和するための施策を規定したものと位置付けられるべきものであり、その意味では、新たな基本法には所得対策一般という切り口からは特段の規定が置かれていない。

しかしながら、本法は、①「効率的かつ安定的な農業経営」の育成・確保やこれらの者への農地の集積・集約化により競争力の高い農業を実現するといういわゆる構造政策を中心に据えつつ、②生産性向上や付加価値向上により収益性の向上を図り、③一方で輸入の自由化に合わせて直面する外国との生産条件の格差や中山間地域等の条件不利地の実情を考慮し、畑作物の直接支払交付金（ゲタ対策）（第二十六条）や中山間地域等直接支払交付金（第四十七条第二項）を措置し、④価格変動等により収入が減少した場合の米・畑作物の収入減少緩和交付金（ナラシ対策）（第二十六条）や収入保険制度（第三十九条第二項）などの施策を組み合わせることで、農業者の所得の確保を実現することとしている。

(十五) 農業災害による損失の補塡(第四十条関係)

(農業災害による損失の補塡)

第四十条 国は、災害によって農業の再生産が阻害されることを防止するとともに、農業経営の安定を図るため、災害による損失の合理的な補塡その他必要な施策を講ずるものとする。

(ア) 農業は、自然災害等により大きな被害が生じ、経営が深刻な影響を受けることが避けられないという性質を有することから、そのための対策を講じることが必要であり、旧農業基本法においても、生産政策の一環として、農業の再生産が阻害されることを防止し、農業経営の安定を図るため、災害による損失の合理的な補塡等の施策を講じることとされていた(第十条)。

(イ) 本条は、農業災害による経営への影響を緩和し、意欲ある農業者の経営安定を図ることが必要との認識に立って、経営施策の一環として、災害による損失の合理的な補塡等の施策を講じていくという施策の基本方向を明らかにした規定である。

(ウ) 本条に基づく施策の対象となる「災害」としては、台風等の自然災害はもとより、火災・病害等も含めた農業経営上の不慮の事故を想定している。

(エ) 「災害による損失の合理的な補塡」とは、主として、農業保険法に基づく農業共済制度や、その結果として生じる売上の減少を補塡する収入保険制度の適切な運用を通じた、災害による損失の補塡が念頭に置かれている。

(十六) 伝染性疾病等の発生予防等(第四十一条関係)

（伝染性疾病等の発生予防等）
第四十一条　国は、家畜の伝染性疾病及び植物に有害な動植物が国内で発生及びまん延をした場合には、農業に著しい損害を生ずるおそれがあることに鑑み、その発生の予防及びまん延の防止のために必要な施策を講ずるものとする。

(ア)　気候変動による媒介生物の分布域が拡大するとともに、国際化の進展による訪日観光客の増加や国際貿易の活発化等、国内外の人と物の移動が日常的に行われるようになる中において、家畜の伝染性疾病や植物に対する有害動植物の発生リスクが高まっている。これらの伝染性疾病等が発生・まん延した場合には、我が国の農業に著しい損害が生ずるため、これらの発生予防及びまん延防止措置が重要となる。

本条は、このような観点から、家畜の伝染性疾病及び植物に有害な動植物の発生及びまん延の防止に必要な施策を講じていくという施策の基本方向を示した規定である。

(イ)　「発生の予防及びまん延の防止のために必要な施策」とは、検疫体制の強化等の水際対策や、飼養衛生管理基準の遵守の指導や病害虫のまん延防止措置等の農場での発生予防対策などが想定される。

(十七)　農業資材の生産及び流通の確保と経営の安定（第四十二条関係）

（農業資材の生産及び流通の確保と経営の安定）
第四十二条　国は、農業資材の安定的な供給を確保するため、輸入に依存する農業資材及びその原料について、国内で生産できる良質な代替物への転換の推進、備蓄への支援その他必要な施策を講ずるものとする。
2　国は、農業経営における農業資材費の低減に資するため、農業資材の生産及び流通の合理化の促進その他必要な施策を講ずるものとする。
3　国は、農業資材の価格の著しい変動が育成すべき農業経営に及ぼす影響を緩和するために必要な施策を講ずるものとする。

ア　農業資材の安定供給の確保（第一項関係）

(ア)　肥料、飼料等の農業資材については、我が国において生産しない資源を原料としている等の要因で、その多くを輸入に依存せざるを得ない中、これらについては、食料と同様に輸入リスクが高まっており、実際に二〇二二年のウクライナ情勢の緊迫化に伴い、農業資材の価格の高騰が発生した。そのため、農業資材については、輸入依存からの脱却や備蓄が重要となっている。

本項は、このような観点から、農業資材の安定的な供給を確保するため、輸入に依存する農業資材及びその原料について、①国内で生産できる良質な代替物への転換の推進、②備蓄への支援等の施策を講じていくという施策の基本方向を示した規定である。

(イ)　「良質な代替物への転換の推進」とは、例えば化学肥料原料について、国内の堆肥や下水汚泥資源等を活用していくことなどが想定される。なお、「良質な」とあるのは、肥料としての機能が輸入品に代替できる程度の品質（臭いや形状）を有し、農業者が利用しやすいものとする必要があるという趣旨である。

(ウ)　「備蓄への支援」とは、経済施策を一体的に講ずることによる安全保障の確保の推進に関する法律（令和四年法律第四十三号）等に基づく民間事業者が行う備蓄への支援などが想定される。このほか食料供給困難事態対策法においても、特定資材に肥料、飼料が指定され、同法に基づく備蓄の方針に基づき適切な備蓄のための施策が行われる。

イ　農業資材の生産及び流通の合理化（第二項関係）

(ア)　肥料、農薬、農業機械等の農業生産資材費は、稲作では三割を超えるなど、農業生産コストに占めるウェイトが高く、農業経営への影響は極めて大きいものとなっており、基本理念である良質な食料を合理的な価格で安定的に供給するためには、農業資材の生産及び流通の合理化を促進し、農業の生産性の向上を図ることが必要である。

本条は、このような観点から、農業資材費の低減に資するため農業資材の生産及び流通の合理化の促進等を図るという施策の基本方向を示した規定である。

(イ)「農業資材の生産及び流通の合理化の促進に必要な施策」とは、具体的には、

① 低コストな農業資材の開発促進

② 農業競争力強化支援法（平成二十九年法律第三十五号）に基づく事業再編・事業参入の支援

③ 農業資材価格の「見える化」の促進

などが想定される。

ウ　経営安定対策の実施（第三項関係）

(ア) 前述のとおり、肥料、飼料等の農業資材については、輸入リスクが高まっており、実際にウクライナ情勢の緊迫化に伴い、農業資材の価格の高騰が発生し、農業経営への大きな影響が生じた。

本項は、こうした観点から、農業資材の価格の著しい変動が育成すべき農業経営に及ぼす影響を緩和するために必要な施策を講じていくという施策の基本方向を示した規定である。

(イ)「育成すべき農業経営」とは、第二十九条第二項の「育成すべき農業経営」と同じ概念であるが、実際に影響緩和対策の対象となる「育成すべき農業経営」の具体的経営規模・経営内容等については、画一的に定められるものでなく、措置の実施の中で決められるべきものと考えられる。

七　農村の振興に関する施策（第二章第四節関係）

(一)　農村の総合的な振興（第四十三条関係）

（農村の総合的な振興）
第四十三条　国は、農村における土地の農業上の利用と他の利用との調整に留意して、農業の振興その他農村の総合的な振興に関する施策を計画的に推進するものとする。
2　国は、地域の農業の健全な発展を図るとともに、景観が優れ、豊かで住みよい農村とするため、地域の特性に応じた農業生産の基盤の整備及び保全並びに農村との関わりを持つ者の増加に資する産業の振興と防災、交通、情報通信、衛生、教育、文化等の生活環境の整備その他の福祉の向上とを総合的に推進するよう、必要な施策を講ずるものとする。

ア　農村振興の計画的な推進（第一項関係）

(ア)　農村は、農業が持続的に発展し、農業の有する食料その他の農産物の供給の機能及び多面的機能が適切かつ十分に発揮されるための基盤である。国民の期待に応え、これらの機能の将来にわたる発揮を担保するためには農村の振興を図っていくことが必要である。

本項は、そうした農村振興に関する施策を講じるに当たっての基本的な考え方を示すものであり、農村が農業的な土地利用が相当な部分を占め、農業生産と地域住民の生活が複合的に営まれている地域であるという特質を踏まえ、土地の農業上の利用と他の利用との調整が円滑に実施され、農村振興のための施策が総合的・計画的に行われることが必要という施策の基本方向を示した規定である。

(イ)「農村における土地の農業上の利用と他の利用との調整に留意」するとは、農村の振興を図るに当たり、農業以外の産業振興や生活環境整備を実施する場合においては、農地のスプロール的開発が起こらないよう、農業上の土地利用との調整を行うよう留意することを意味する。

イ　農業生産の基盤の整備・保全及び産業振興と福祉の向上（第二項関係）

(ア)　本項は、第一項に加え、振興施策の内容の観点から基本的な考え方を示すものであり、農村の活力向上を図る観点から、農業の生産基盤の整備・保全や農村関係人口の増加に資する産業の振興の施策と防災、交通、情報通信、衛生、教育、文化等の生活環境の整備等福祉の向上の施策が総合的に行われる必要があるという基本方向を示した規定である。

(イ)「農村との関わりを持つ者」とは、いわゆる農村関係人口を指し、①農村に定住する者（定住人口）、②仕事で農村と都市を行き来する者、農村に親戚がいる等のルーツを有する者、過去に居住・滞在等していた者等の農村に関係を有する者（関係人口）及び③農村に観光や農業体験に単発的に訪問する者（交流人口）の全てを含む概念である。農村において農業者を始め地域住民が減少する中で、農地や農業用インフラの保全管理等が困難になってきていることから、農村関係人口を増やすための産業の振興を図る旨を明確化したものである。

(ウ)「防災、交通、情報通信、衛生、教育、文化等の生活環境の整備」における「等」には、医療、住宅などが含まれている。

(エ)「その他の福祉の向上」には、高齢者、障害者等の社会福祉施設の整備などの社会福祉対策を推進することを含む。

(エ)　防災、交通、情報通信、衛生、教育、文化等の生活環境の整備その他の福祉の向上に係る農村振興施策については、農林水産省の施策だけでなく各省庁の施策を含め、国全体として総合的に推進していくものであり、省庁間の連携を図りながら政府が一体となって関連施策を総合的かつ計画的に推進していくこととなる。

(二) 農地の保全に資する共同活動の促進（第四十四条関係）

（農地の保全に資する共同活動の促進）

第四十四条 国は、農業者その他の農村との関わりを持つ者による農地の保全に資する共同活動が、地域の農業生産活動の継続及びこれによる多面的機能の発揮に重要な役割を果たしていることに鑑み、これらの共同活動の促進に必要な施策を講ずるものとする。

(ア) 農村人口の減少に伴い、農村における集落機能が低下する中において、農業用用排水路の泥上げや畦の草刈りなど、農地を利用可能な状態に保全する取組が困難になるケースが増加している。これらの活動はこれまで地域住民による共同活動により担われてきており、その活動を通じ、地域の農業生産活動が継続され、農業生産活動に伴い多面的機能が発揮されてきたことを踏まえ、本条は、農村関係人口による共同活動の促進に必要な施策を講じていくという基本方向を示した規定である。

(イ) 「共同活動の促進に必要な施策」とは、農業の有する多面的機能の発揮の促進に関する法律（平成二十六年法律第七十八号）に基づく多面的機能支払などが想定される。

(三) 地域の資源を活用した事業活動の促進（第四十五条関係）

（地域の資源を活用した事業活動の促進）

第四十五条 国は、農業と農業以外の産業の連携による地域の資源を活用した事業活動を通じて農村との関わりを持つ者の増加を図るため、これらの事業活動の促進その他必要な施策を講ずるものとする。

(ア) 農村人口が減少する中、地域社会を維持し、農村の振興を図るためには、農村の地域住民に加え、定住・移住や仕事の関係などを通じて農村との関わりを持つ者を増やすことが重要となっている。

本条は、こうした観点から、農業と農業以外の産業の連携による地域の資源を活用した事業活動の促進等に必要な施策を講じていくという基本方向を示した規定である。

(イ) 「農業と農業以外の産業の連携による地域の資源を活用した事業活動」とは、観光業や製造・販売業等の他産業と農業が連携し、景観や伝統文化など農産物に限らない多様な地域資源を活用した事業活動を念頭に置いている。

(ウ) 「これらの事業活動の促進に必要な施策」とは、農山漁村に宿泊し、滞在中に地場産の農林水産物を活用した食事や棚田などの景観を楽しむ農泊の推進や、地域資源を活用した新商品・事業の開発の取組の支援などが想定される。

(四) 障害者等の農業に関する活動の環境整備（第四十六条関係）

（障害者等の農業に関する活動の環境整備）

第四十六条　国は、障害者その他の社会生活上支援を必要とする者の就業機会の増大を通じ、地域の農業の振興を図るため、これらの者がその有する能力に応じて農業に関する活動を行うことができる環境整備に必要な施策を講ずるものとする。

(ア) 近年、農業と福祉が連携し、障害者等が農業分野で活躍することを通じて、農業経営の発展とともに、障害者等の自信や生きがいを創出し、社会参画を実現する取組である農福連携が広がりを見せており、農村人口が減少する中で地域農業の振興を図る上でも重要な取組となっている。

本条は、こうした観点から、障害者等がその有する能力に応じて農業に関する活動を行うことができる環境整備に必要な施策を講じていくという基本方向を示した規定である。

(イ)「障害者その他の社会生活上支援を必要とする者」とは、障害者のほか、生活困窮者、ひきこもりの状態にある者等の就労・社会参画に支援を必要とする者が含まれる。

(ウ)「環境整備に必要な施策」とは、農業に関する技術習得や障害者等が働きやすい生産・加工施設等の整備などが想定される。

(エ) なお、本条については、農業法人・農業関係団体や社会福祉法人・社会福祉協議会など、農業者及びその組織とそれ以外の組織を含む農村地域の関係者が一体となって、障害者が農業へ参画し、継続するための環境整備を進めることが不可欠であり、いわば地域社会として障害者等を支えることが重要であることから、専ら農業関係者に向けた施策を規定する第二章第三節ではなく、同章第四節(農村施策)に位置付けているものである。

(五) 中山間地域等の振興(第四十七条関係)

(中山間地域等の振興)

第四十七条 国は、山間地及びその周辺の地域その他の地勢等の地理的条件が悪く、農業の生産条件が不利な地域(以下「中山間地域等」という。)において、その地域の特性に応じて、新規の作物の導入、地域特産物の生産及び販売等を通じた農業その他の産業の振興による就業機会の増大、生活環境の整備による定住の促進、地域社会の維持に資する生活の利便性の確保その他必要な施策を講ずるものとする。

2　国は、中山間地域等においては、適切な農業生産活動が継続的に行われるよう農業の生産条件に関する不利を補正するための支援を行うこと等により、多面的機能の確保を特に図るための施策を講ずるものとする。

ア　中山間地域等の振興施策の基本的考え方（第一項関係）

(ア)　平坦でまとまった耕地が少ない等農村の中でも農業の生産条件が悪い中山間地域等は、全国の農業生産の約四割を占め、食料供給や多面的機能の発揮の上で重要な役割を果たしている。他方、中山間地域等では過疎化・高齢化が進行し、地域活力や多面的機能の低下が懸念される状況にある。

本項は、こうした状況において、中山間地域等の振興を図るため、新規の作物の導入、地域特産物の生産及び販売等を通じた農業その他の産業の振興による就業機会の増大、生活環境の整備による定住の促進、地域社会の維持に資する生活の利便性の確保等を講じていくという施策の基本方向を示した規定である。

(イ)　農林統計上において中山間地域とは、統計上用いられている地域区分における都市的地域、平地農業地域、中間農業地域、山間農業地域の四つの地域のうち、中間農業地域と山間農業地域を指すものである。

この四つの地域区分の決定は、まず都市的地域が定まり、次いで山間農業地域、平地農業地域が定まり、それらの残りが中間農業地域とされているため、中山間農業地域を積極的に定義するためには極めて複雑な規定ぶりが必要となり、山間地（法令上は「山間地域」という用語はない。）とそれに加え、その周辺の平地以外の地域という規定ぶりとなったものである。

(ウ)　他方、農林統計上の区分とは異なり、諸条件が不利な地域である地域振興立法の対象となる地域についても農林統計上の中山間地域に加えて、条件不利に対する施策の対象としていく必要があり、これらの地域を条件不利地域として、特に農業を中心とした産業振興と定住促進を図るための施策を強化するとともに、耕作放棄地の発生を防止し、特に多面的機能の発揮を確保する施策を講じていくことが求められていた。

このため、「中山間地域等」の「等」には、「山間地及びその周辺の地域」には該当しないものの、「地勢等の地理的条件が悪く、農業の生産条件が不利な地域」、すなわち、地域振興立法（特定農山村法、山村振興法、過疎法、半島振興法、離島振興法等）の対象地域などが含まれている。

(エ) なお、規定については、地域振興立法指定地域をカバーする法令用語として「地勢等の地理的条件が悪く、農業の生産条件が不利な地域」との規定ぶりが他法令において確立していることから、「中山間地域等」の定義としては、「山間地及びその周辺の平地以外の地域その他の地勢等の地理的条件が悪く、農業の生産条件が不利な地域」としているところである。

(オ) 「農業その他の産業の振興による就業機会の増大に必要な施策」としては、具体的には、

① 新規作物の導入等を促進するための無利子資金の貸付け
② 地域特産物の生産及び販売を促進するための共同利用施設等の整備
③ その他産業の振興のための企業立地に対する資金の融通

などが想定される。

(カ) 本項に規定する「生活環境の整備」は、第四十三条第二項と同一の内容であるが、諸条件の不利性によって農村の中でも人口減少が著しい中山間地域等においては、定住の促進が特に重要であることから本規定を置いたものであり、具体的な施策としては、

① 農道の整備
② 情報通信基盤の整備
③ 農業集落排水施設の整備

などが想定される。

(キ) 「地域社会の維持に資する生活の利便性の確保に必要な施策」とは、複数の集落協定や自治会などが連携し、農用地の保全や買い物支援等を行う農村ＲＭＯ（農村型地域運営組織）の形成・活動促進などが想定される。

イ　生産条件に関する不利を補正するための支援（第二項関係）

(ア) 本項は、中山間地域等においては、その生産条件の不利性から適切な農業生産活動が継続して行われなくなる恐れが高く、そうした場合には多面的機能が損なわれることが予想されるため、多面的機能の確保を特に図るた

めの施策を講じていく必要があるといった施策の基本方向を示したものである。

(イ)　「適切な農業生産活動が継続的に行われるよう」とは、農業生産活動が短期間しか続かないようでは農業・農村の有する多面的機能の確保が図られないため、その確保が保たれるような適切な形態の耕作、水管理等の活動が一定期間以上連続して行われることを意味するものである。

(ウ)　「農業の生産条件に関する不利を補正するための支援」により、「多面的機能の確保を特に図るための施策」を講ずるとは、中山間地域等における農業の多面的機能の確保に資する農業者等に対し、平地地域と中山間地域等との生産条件の格差を補正するため、その不利性の範囲内での直接支払を行い、その農業者等が適切な農業生産活動を継続的に行うことができるようにすることなどを意味している。

(六)　鳥獣害の対策（第四十八条関係）

（鳥獣害の対策）
第四十八条　国は、鳥獣による農業及び農村の生活環境に係る被害の防止のため、鳥獣の農地への侵入の防止、捕獲した鳥獣の食品等としての利用の促進その他必要な施策を講ずるものとする。

(ア)　野生鳥獣による農作物への被害については、農業者の耕作放棄又は離農の要因となるほか、生活環境にも影響を与え、農作物の被害額に表れる以上に深刻な影響を及ぼすものであり、人口減少が進み、集落機能が低下している農村においては、ますます被害が深刻になることが懸念される。

本条は、こうした観点から、鳥獣による農業及び農村の生活環境に係る被害の防止のため、鳥獣の農地への侵入の防止、捕獲した鳥獣の食品等としての利用の促進等の施策を講じていくという施策の基本方向を示した規定である。

(イ) 「鳥獣の農地への侵入の防止に必要な施策」とは、侵入防止柵の整備などが想定される。
(ウ) 「捕獲した鳥獣の食品等としての利用の促進に必要な施策」とは、捕獲個体のジビエ処理施設への搬入促進やジビエの需要喚起などが想定される。

(七) 都市と農村の交流等(第四十九条関係)

(都市と農村の交流等)
第四十九条 国は、国民の農業及び農村に対する理解と関心を深めるとともに、健康的でゆとりのある生活に資するため、余暇を利用した農村への滞在の機会を提供する事業活動の促進その他の都市と農村との間の交流の促進、都市と農村との双方に居所を有する生活をすることのできる環境整備、市民農園の整備の推進その他必要な施策を講ずるものとする。
2 国は、都市及びその周辺における農業について、消費地に近い特性を生かし、都市住民の需要に即した農業生産の振興を図るために必要な施策を講ずるものとする。

ア 都市と農村の交流等(第一項関係)

都市と農村が互いの機能を補完し合いながら、相互にメリットを享受し合うことは、都市住民の余暇を利用した健康的でゆとりある生活の実現に寄与するとともに、都市住民の農業及び農村に対する理解と関心を深めるために効果的である。
(ア) 本項は、こうした観点から、余暇を利用した農村への滞在の機会を提供する事業活動(農泊)の促進等の都市と農村の交流の促進、都市と農村との双方に居所を有する生活(二地域居住)に必要な環境整備、市民農園の整備の推進等の施策を講じていくという基本方向を示した規定である。

(イ)「余暇を利用した農村への滞在の機会を提供する事業活動の促進に必要な施策」とは、農泊の推進に向けた滞在施設等の整備や人材確保の支援などが想定される。

(ウ)「都市と農村との双方に居所を有する生活をすることのできる環境整備に必要な施策」とは、ワーケーションの受入れに向けた環境整備や、定住・交流を促進するための施設整備の支援などが想定される。

イ　都市及びその周辺の農業の振興（第二項関係）

(ア)都市及び都市周辺部における農業は、都市生活者の近隣で農業が行われていることから、地元産の新鮮な農産物を供給する機能のみならず、都市における防災、良好な景観の形成並びに国土及び環境の保全等の多様な機能を有している。

本項は、こうした都市及び都市周辺部における農業の振興について、その施策の基本方向を示すものである。なお、都市農業については、これに特化した基本法として都市農業振興基本法（平成二十七年法律第十四号）が議員立法で制定されており、都市農業の機能や施策について具体的に規定されている。

(イ)「消費地に近い特性」とは、鮮度の高い農畜産物を消費者に対して直送・直売するなど、付加価値の高い農業経営が可能なことなどを指す。

(ウ)「都市住民の需要に即した農業生産の振興を図るために必要な施策」としては、都市農地の貸借の円滑化に関する法律（平成三十年法律第六十八号）に基づく措置や、都市農地の周辺環境対策、消費者との交流活動への支援などが想定される。

八　行政機関及び団体（第三章関係）

（一）行政組織の整備等（第五十条関係）

（行政組織の整備等）
第五十条　国及び地方公共団体は、食料、農業及び農村に関する施策を講ずるにつき、相協力するとともに、行政組織の整備並びに行政運営の効率化及び透明性の向上に努めるものとする。

ア　旧農業基本法に基づく戦後の農政を、新基本法に基づき新たな食料・農業・農村政策として再構築していくことに伴い、行政組織・行政運営も新たな政策体系に合わせたものとしていくことが必要である。

また、国と地方公共団体との関係では、施策の効果を維持するため、両者がそれぞれ連携しつつ施策を推進していく必要がある。

本条は、こうした観点から、国及び地方公共団体が食料、農業及び農村に関する施策を講ずるにつき、相協力するとともに、行政組織の整備並びに行政運営の効率化及び透明性の向上に努める旨を規定したものである。

イ　国及び地方公共団体が「相協力する」と規定されているのは、地方分権推進法（平成七年法律第九十六号）第二条において、「地方分権の推進は、国と地方公共団体とが共通の目的である国民福祉の増進に向かって相互に協力する関係にあることを踏まえつつ、」と規定されているように、それが地方分権の推進の前提とされていることから、本条の規定は、こうした地方分権の流れを踏まえたものとなっている。

ウ　国の「行政組織の整備」の具体的内容としては、中央省庁等改革基本法（平成十年法律第百三号）に基づく中央省庁等改革の一環として、今後の農政の改革方向を念頭に置いた組織改編が行われ、農林水産省設置法（平成十一年法律第九十八号）の制定という形で実現されている。

エ　国の「行政運営の効率化」の具体的内容としては、
①　各施策の実施に当たって、その効果の評価を行いつつ、必要と認められる場合には施策の見直しを行うこと。
②　財政措置について、効率的・重点的に運用すること。
等がこれに該当する。

オ　国の「透明性の向上」の具体的内容としては、施策の立案に当たっての透明性を確保するため、積極的に情報を公開するとともに、必要に応じ施策の案を提示して意見を聴取するなど、広く国民の意見を反映させることがこれに該当する。また、策定された施策については、国民の理解が深まるよう広報を行うこともこれに該当すると考えられる。

カ　なお、地方公共団体についても、国と同様、本法に示された農政改革の方向を踏まえ、食料政策、農業政策及び農村政策のそれぞれを効率的に推進する観点から、行政組織の整備、行政運営の効率化及び透明性の向上が期待されるところであり、本条の主語は「国及び地方公共団体」とされているところである。

(二)　団体の相互連携及び再編整備（第五十一条関係）

（団体の相互連携及び再編整備）

第五十一条　国は、基本理念の実現に資することができるよう、食料、農業及び農村に関する団体について、相互の連携を促進するとともに、効率的な再編整備につき必要な施策を講ずるものとする。

ア　農業協同組合系統、農業委員会系統、農業共済団体、土地改良区等の食料・農業・農村に関する団体については、農業・農村をめぐる諸情勢の変化に対応して、その機能・役割の効率的・効果的な発揮に向けた団体の位置付け・役割の明確化、組織の簡素合理化、事業運営の効率化を図ることが必要である。

また、令和六年改正により、食料の持続的供給のための価格形成や環境と調和のとれた食料システムの構築など、フードチェーン各団体の事業者が相互に連携することの重要性が新たに規定されており、また輸出の促進のためにはいわゆる品目団体といったフードチェーン相互の連携を進めることとしているが、このような連携を進めるためには、個々の農業者や事業者では対応が困難な面があり、生産、加工、流通といった団体が、業種間の垣根を越えて垂直的に連携することが必要である。さらに、農村人口が減少する中、地域の農地や農業水利施設の保全や事務の共同化など、地域課題の解決のためには同業種間の団体の連携（農協と土地改良区の連携等）が必要である。

本条は、こうした観点から、団体相互の連携を促進し、団体の再編整備につき必要な施策を講ずるという施策の方向性を示す規定である。

イ　「団体の効率的な再編整備につき必要な施策」とは、団体の位置付け・役割の明確化、組織の簡素合理化、事業運営の効率化を図るための施策であり、具体的には、農業協同組合系統や土地改良区等における組織の再編整備を促す組織法制の整備・運用などが想定される。

九　食料・農業・農村政策審議会（第四章（第五十二条～第五十六条）関係）

（設置）
第五十二条　農林水産省に、食料・農業・農村政策審議会（以下「審議会」という。）を置く。

（権限）
第五十三条　審議会は、この法律の規定によりその権限に属させられた事項を処理するほか、農林水産大臣又は関係各大臣の諮問に応じ、この法律の施行に関する重要事項を調査審議する。
2　審議会は、前項に規定する事項に関し農林水産大臣又は関係各大臣に意見を述べることができる。
3　審議会は、前二項に規定するもののほか、土地改良法（昭和二十四年法律第百九十五号）、家畜改良増殖法（昭和二十五年法律第二百九号）、家畜伝染病予防法（昭和二十六年法律第百六十六号）、飼料需給安定法（昭和二十七年法律第三百五十六号）、酪農及び肉用牛生産の振興に関する法律（昭和二十九年法律第百八十二号）、果樹農業振興特別措置法（昭和三十六年法律第十五号）、畜産経営の安定に関する法律（昭和三十六年法律第百八十三号）、宅地造成及び特定盛土等規制法（昭和三十六年法律第百九十一号）、砂糖及びでん粉の価格調整に関する法律（昭和四十年法律第百九号）、農業振興地域の整備に関する法律（昭和四十四年法律第五十八号）、卸売市場法（昭和四十六年法律第三十五号）、肉用子牛生産安定等特別措置法（昭和六十三年法律第九十八号）、食品等の流通の合理化及び取引の適正化に関する法律（平成三年法律第五十九号）、主要食糧の需給及び価格の安定に関する法律（平成六年法律第百十三号）、食品循環資源の再生利用等の促進に関する法律（平成十二年法律第百十六号）、農業の担い手に対する経営安定のための交付金の交付に関する法律（平成十八年法律第八十八号）、有機農業の推進に関する法律（平成十八年法律第百十二号）、中小企業者と農林漁業者との連携による事業活動の促進に関する法律（平成二十年法律第三十八号）、米穀の新用途への利用の促進に関する法律（平成二十一年法律第二十五号）、都市農業振興基本法（平成二十七年法律第十四号）、環境と調和のとれた食料システムの確立のための環境負荷低減事業活動の促進等に関する法律（令和四年法律第三十七号）及び農業の生産性の向上のためのスマート農業技術の活用の促進に関する法律（令和六年法律第六十三号）の規定によりその権限に属させられた事項を処理する。

（組織）

第五十四条　審議会は、委員三十人以内で組織する。

2　委員は、前条第一項に規定する事項に関し学識経験のある者のうちから、農林水産大臣が任命する。

3　委員は、非常勤とする。

4　第二項に定めるもののほか、審議会の職員で政令で定めるものは、農林水産大臣が任命する。

（資料の提出等の要求）

第五十五条　審議会は、その所掌事務を遂行するため必要があると認めるときは、関係行政機関の長に対し、資料の提出、意見の開陳、説明その他必要な協力を求めることができる。

（委任規定）

第五十六条　この法律に定めるもののほか、審議会の組織、所掌事務及び運営に関し必要な事項は、政令で定める。

本法に基づいて各般の施策を講ずるに当たっては、その実行の責任が政府にあることはいうまでもないが、そのうちには、事柄の重要性、専門的知識が必要なこと等の理由により政府だけの判断で進めるのではなく、学識経験者を含めた国民各界各層の意見を徴し、その調査審議の結果を取り入れて施策を講じていくことが必要なものも少なくない。このため、政府の諮問機関として審議会を設置することとし、第四章にこれに必要な規定を設けている。

審議会の名称については、

①　食料政策・農業政策・農村政策という各分野を網羅するものであり、特に食料・農業・農村基本計画について意見を述べることが重要な任務であること。

② 本法に基づき設置される審議会は、政策審議を主に行うものであること等から、「政」又は「政策」の文字がその名称に含まれていることが通例であること。

等の理由により、「食料・農業・農村政策審議会」とすることとしている。

また、審議会の調査審議事項には、農林水産省の所掌事務にとどまらず、他省庁の所掌事務にまたがるものがあることから、農林水産大臣又は関係各大臣が諮問する旨を規定しているが、調査審議事項の大宗は農林水産省の所掌に属するものであることから、農政審議会と同様に農林水産省に設置することが適当とされた。

(注) 農業基本法に基づく農政審議会については、同法に基づく施策が各省庁の所掌事務にまたがり、審議会の所掌事務も各省庁に関係することから、昭和三十六年の制定当初は、総理府に設置された。

しかしながら、昭和五十八年、総理府本府及び行政管理庁を統合再編するに当たり、第二次行政改革計画（昭和四十四年）の趣旨（所掌事務が複数の省庁に関連する審議会については、原則として、特に事務の関連が深い特定の省庁に移管するものとする。）及び総理府本府の組織を出来るだけ簡素にするという要請を踏まえ、農政審議会は農林水産省に移管されることとなった。

（参考）　総理府設置の審議会の関係省庁への移管基準（昭和五十八年）

・原則として、特に事務の関連が深い特定の省庁に設置するものとする。

・審議会を総理府に設置することができるのは以下の①～③の基準に適合する場合に限られている。

① 次のような点から内閣総理大臣に強い総合調整が期待されているもの

(ア) 内閣総理大臣にのみ諮問権が与えられているもの

(イ) 内閣総理大臣が会長又は議長となっているもの

(ウ) 当該審議会等の行政事務中「総合調整」の規定があるもの

(エ) 内閣総理大臣にのみ勧告するものとなっているもの又は内閣総理大臣を通じなければ関係行政機関の長に勧告できないこととなっているもの

(オ) 当該審議会等の決定又は意見について、内閣総理大臣のみに尊重義務規定があるもの
② 総理府本府の固有の事務に係るもの
③ その他特段の理由のあるもの（関係の深い省庁が特定できない場合など）

このような状況を踏まえ、食料・農業・農村政策審議会の設置については、
① 食料・農業・農村政策は、その所掌は各省庁にまたがるものの、特に農林水産省に関係が深いものであること。
② 昭和五十八年の農政審議会移管の経緯を踏まえると総理府（当時）に設置することは適当ではないこと。
から、農政審議会と同様、農林水産省に設置することが適当であるとされたものである。

十　附則

附　則〔抄〕

（施行期日）

第一条　この法律は、公布の日から施行する。

（農業基本法の廃止）

第二条　農業基本法（昭和三十六年法律第百二十七号）は、廃止する。

（経過措置）

第三条　〔略〕

㈠　施行期日（原始附則第一条関係等）

本法は、審議会に関する規定を除き宣言法であり、特に周知徹底期間を置く必要もなく、国民各層から一刻も早い施行が求められていたこともあり、公布の日から施行することとしたものである。なお、令和六年改正法においても同様の考え方から公布の日から施行することとしている。

㈡　農業基本法の廃止（原始附則第二条関係等）

ア　本法については、

① 農業基本法を廃止して、新法を制定する方式（廃止・制定）
② 農業基本法につき、法律名を含み全部を改正する方式（全部改正）
の二つが考えられたところである。
イ この二つのケースにおいて、法的効果の差異は生じないが、政策の対象分野、基本理念、政策手法などの点は、異なっていること。
① 農業基本法と本法は「基本法」という点で共通しているが、
② 農業基本法が制定されて三十八年が経過し、本法は農政が新たな理念の下に、大きく転換していくことを内外に表明する役割を果たす必要があること。
③ 農業基本法と本法で法的連続性を確保しなければならない特段の事由は存しないこと。
から、「廃止・制定」方式をとることが適当と考えられたものである。
ウ なお、環境基本法（平成五年法律第九十一号）についても、旧法である公害対策基本法を廃止して、新法として制定していたところである。

(三) 経過措置（原始附則第三条関係等）

ア 法案を提出した平成十一年三月九日の時点においては、平成十一年の農業白書は未だに提出されておらず、可能性としては、旧農業基本法に基づく農業白書の国会提出前に、根拠である農業基本法が本法附則第二条により廃止されてしまうことも想定され、また、農業白書と本法に基づく白書が、一年間のうちにあわせて二回にわたって出さざるを得ないような状況を法制的に明確に回避するため、本条の経過措置の規定を置いたものである。
イ （令和六年改正前の）第十四条の規定を厳密に解すると、政府は、法の成立後、一年以内に、食料、農業及び農村の動向並びに政府が食料、農業及び農村に関して講じた施策に関する報告及び同報告に係る食料、農業及び農村の動向を考慮して講じようとする施策を明らかにした文書（いわゆる食料・農業・農村白書）を国会に提出することが必要となる。

ウ　一方、旧農業基本法第六条の規定に基づく報告及び同法第七条の規定に基づく文書（いわゆる農業白書）においては、食料及び農村に係る部分も記載されているところであり、一年に白書の作成作業を二回行うことは合理的ではない。

エ　したがって、平成十一年においては、食料・農業・農村基本法の施行後であっても、旧農業基本法の規定に基づき農業白書を国会に提出する旨の規定（附則第三条第一項及び第三項）と、平成十一年の農業白書は平成十一年の食料・農業・農村白書とみなす規定（附則第三条第二項及び第四項）を設けたものである。

オ　なお、実際には、旧農業基本法に基づく農業白書は、本法の国会審議が始まる以前の四月十六日に国会に提出され、同白書の国会提出の根拠規定が失われるといった事態は、発生しなかった。

カ　令和六年改正法においても白書に係る経過措置が設けられ、令和六年改正法において廃止された「講じようとする施策を明らかにした文書」について、令和六年改正法の施行の際に国会に提出されていない場合には、当該文書の国会への提出については、なお従前の例によることとされている。これは、令和六年改正法の公布・施行後に当該文書が国会に提出される際の法的根拠を明確化する趣旨である。なお、実際には令和六年改正法の公布・施行前に当該文書は提出されたため、本経過措置が適用されることはなかった。

第Ⅳ部　関連資料

(一) 食料・農業・農村基本法制定関連

○農業基本法に関する研究会報告

（平成八年九月十日農業基本法に関する研究会）

農業基本法に関する研究会報告

Ⅰ　はじめに

農業基本法については、平成六年十月、内閣総理大臣を本部長とする緊急農業農村対策本部で決定された「ウルグァイ・ラウンド農業合意関連対策大綱」において、「農業基本法に代わる新たな基本法の制定に向けて検討に着手する」とされた。

その検討の一環として、本研究会は、農林水産大臣からの依頼を受け、現行農業基本法の政策目標等の今日的評価及び農業基本法をめぐる諸問題について、平成七年九月以降、関係団体等の意見を聴取しつつ議論を深めてきた。

この報告は、今後、食料・農業・農村に関する国民的な議論が展開される際の素材を提供するという観点に立って、研究会における議論の成果を取りまとめたものであるが、取りまとめに当たっての方針は、以下のとおりである。

①　農業基本法を評価する前提として、同法の制定の背景、ねらい・内容等を再確認すること。

②　農業基本法の政策目標及びそれを達成するための諸政策（生産政策、価格・流通政策、構造政策）の成果、今日的な意義等につき整理し、評価すること。

③　最後に、農業基本法の総括的評価を行うとともに、今後、新たな基本法の制定に向けた検討を行うに当たって考慮すべき視点等を整理すること。

Ⅱ　農業基本法の制定の背景とねらい・内容

1　農業基本法制定の背景

戦後の農政は、農地改革をはじめとする農村民主化と食糧増産を基調とし、その成果もあって、昭和二十年代後半には農業生産は戦前水準にまで回復した。しかし、昭和三十年代以降のめざましい経済成長の過程で、農業従事者の所得ないし生活水準が他産業従事者に比して低くなり、さらにはその格差が拡大していった。

こうした現象が生じることとなったのは、非農業部門の著しい成長に対して農業部門の成長が相対的に低かったこと、消費者所得の増加ほどには農産物需要が増加しなくなったこと、国際貿易の影響がますます強くなってきたこと等、我が国経済の成長発展の過程において農業が「曲がり角」にきているところに要因があり、さらにその根底には、零細農耕という我が国の農業構造の特質があると考えられた。

一方、著しい経済成長は、農業部門から他産業部門へ労働力を移動させ、また、農産物の需要構造を変化させる等、農業をめぐる環境条件をも大きく変化させていた。こうした変化は、いずれも従来の農業のあり方に大きな影響を与えるものであったが、同時にそれは、農業の近代化を推進するために必要な条件が成熟しつつあることであるとも考えられた。すなわち、労働力の移動は、零細農耕という農業構造の問題を解決する契機となり、また、農産物の需要構造の変化は、消費が増加する品目に生産を向けること等新たな生産展開の方向を示すものであったからである。このように、農業の曲がり角的現象を顕在化させた経済成長は、同時に曲がり角にある農業の新たな発展を可能ならしめる契機ととらえられたのである。

こうした状況の下で、農業基本法は、高度経済成長の過程で顕在化した農業と他産業との間の生産性及び所得ないし生活水準の格差を縮小させることを目標に、新しい農業・農政の方向付けを行うため、昭和三十六年に制定されたものである。

なお、当時西欧諸国においても農政は転換期にあったが、特に、昭和三十年の西ドイツの「農業法」の制定は、我が国において農業基本法の制定を求める動きの直接的な契機となったとされている。すなわち、西ドイツでは、「農業法」の制定によって農業予算が大幅に増加したが、このことは、厳しい財政事情の下で農業予算が縮減されていた我が国において、農業団体を中心に農業基本法の制定を求める声を強くすることとなった。

2　農業基本法のねらいと内容

(1)　政策目標

農業基本法は、その政策目標として、「他産業との生産性の格差が是正されるように農業の生産性が向上すること及び農業従事者が所得を増大して他産業従事者と均衡する生活を営むことを期することができること」を掲げ、これらによって「農業の発展と農業従事者の地位の向上」という究極的な理念を実現しようとしている。

「生産性の向上」と「生活水準の均衡」は、前者は産業の能率の視点から農業と他産業との格差が是正されるようにするとの目標であり、後者は福祉の視点から農業従事者が他産業従事者と均衡する生活を営むことができるようにするとの目標である。農業の生産性については、それまで労働の集中的な投下によって土地生産性を高めることに力が傾けられていたが、労働の価値を高めていくという観点から、労働生産性に着目してその向上を図っていくべきであると考えられた。また、農業従事者が他産業従事者と均衡する生活を営むためには、生活の源泉たる所得を増大させることがまず必要であり、併せて生活環境の整備、生活改善等を推進することが必要であると考えられた。

一般的には、生産性の向上によって、農業所得が増大し、生活水準も向上すると考えられる。生産性の向上によらない農業所得の増大は、例えば価格支持政策による農産物の価格の引上げ等を必要とすることになり、恒常的にこれに依存することは正常な姿とはいい難い。このため、まず生産性を高め、生産性の向上によって生活水準の向上が図られるようにする必要があると考えられた。しかしながら、当時の六〇〇万戸の農家すべての生活水準を、生産性の向上による農業所得の増大により均衡させていくことは不可能である。農家が、農業で自立する方向に進むもの、農業を縮小して兼業に比重を移していくもの、他産業に就業していくものと漸次分化していく動向に即して、六〇〇万戸の農家全体の生活水準の向上を図っていくことが必要であった。このため、農家の生活の源泉たる所得は、農業所得のみでなく、兼業所得も含めた農家所得全体で考えていく必要があると考えられた。

以上のようなことから、農業基本法は、「生産性の向上」と「生活水準の均衡」のいずれか一方だけを目標として掲げるとか、あるいは「生産性を向上し、もって生活水準を均衡させる」というように両者を目的と手段の関係におくようなことをせず、二つを並列的に目標としたのである。

なお、西欧諸国においても、戦後復興の後、農業と他産業との間の生産性及び所得ないし生活水準の格差が拡大するという事態に直面した。西ドイツの「農業法」、フランスの「農業の方向付けに関する法律」においても、こうした農工間格差の是正の方向が示されている。農工間格差の問題は、我が国に限らず、農業が経済の成長発展の過程で直面せざるを得ない不可避的な問題であったともいえよう。

(2)　政策目標を達成するための施策

「生産性の向上」と「生活水準の均衡」という政策目標を達成するためには、その前提として、農業固有の自然的経済的社会的制約により生じる他産業に比べて不利な条件を補正することが必要であると考えられた。そこで、農業基本法は、おおむねこの不利な条件の補正をねらいとし、生産政策、価格・流通政策及び構造政策の三本の柱により国の施策の方向付けを行っている。

ア　生産政策

農業基本法は、生産政策の方向として、「農業生産の選択的拡大を図ること」及び「農業の生産性の向上及び農業総生産の増大を図ること」を掲げている。

農業基本法制定当時、農産物の需要構造には大きな変化が生じていた。すなわち、消費者所得の増加ほどには農産物需要が増加しなくなるとともに、畜産物、果実等のように消費者所得が増加するにつれて需要が大きく増加してくる農産物と、逆に米、麦等のように需要が停滞又は減少してくる農産物とがはっきり分かれてきた。しかし、我が国の農業は伝統的に米、麦等の穀物生産が中心であり、必ずしもこのような需要の動向に十分に対応できないでいた。こうした中で、農産物の需要構造の変化に対応し、生産性の向上と総生産の増大を図りつつ、米、麦中心の農業生産から需要に適合した農業生産へと早急に変革していくことが強く要請されていたのである。

選択的拡大は、このような状況を踏まえ、農産物の需要構造の変化や国際的な影響の強まりに対応した生産のあり方を方向付けたものである。その内容は、「需要が増加する農産物の生産の増進」、「需要が減少する農産物の生産の転換」及び「外国産農産物と競争関係にある農産物の生産の合理化」であり、国際競争力の弱い農産物は生産性の向上によって競争力を強化したり生産転換を行い、需要の動向に応じて農業の生産構成を変え、増大する需要に生産を適合させていこうとするものである。また、その選択的な農業生産は、生産性の向上を伴って、かつ、総生産が増大するように行われる必要があるとされている。これは、生産性の向上を伴わない単なる生産の増大では、コスト高のために需要の拡大はおろか需要の減退を来すおそれもあり、外国産農産物との競争にも耐えられないと考えられる一方、生産の増大を伴わない生産性の向上だけでは、形成される価格との関係で必ずしも農業所得の増大には結び付かないと考えられたからである。

以上のような生産政策の具体的な施策として、①需要と生産の長期見通しの作成、②土地及び水の有効利用・開発（生産基盤の整備・開発）、③技術の向上（技術の高度化、資本装備の増大）、④生産の調整、⑤災害による損失の補てん等が規定されている。

イ　価格・流通政策

農業基本法は、価格・流通政策の方向として、「農産物の価格の安定及び農業所得の確保を図ること」、「農産物の流通の合理化、加工の増進及び需要の増進を図ること」及び「農業資材の生産及び流通の合理化並びに価格の安定を図ること」を掲げている。

価格政策は、価格の著しい変動や生産費にも見合わない水準への価格の低下を防ぐことを通じて、農業が本来有している生産条件、交易条件に関する不利を補正しようとするものである。生産条件、交易条件の不利の補正は、より基本的には生産政策や流通政策によって行われるものである。しかし、それだけでは十分でない場合や、それらの施策は時間を要し即効的でない面もあることから、価格政策はそれらを補完する、より直接的な手段として位置付けられている。

また、流通政策については、農産物や加工食品の需要の増加に対応して流通過程の合理化や加工業の拡充を図ったり、農業経営の近代化に伴う新しい生産資材の利用の増大に対応してその生産・流通を合理化すること等を内容としている。

以上のような価格・流通政策の具体的な施策として、①重要な農産物の価格の安定を図るために必要な施策及びその総合的検討、②農業協同組合等が行う販売、購買等の事業の発達改善、③農産物取引の近代化、④農業関連事業の振興、⑤関税率の調整、輸入の制限、輸出の振興等が規定されている。

ウ　構造政策

農業基本法は、構造政策の方向として、「農業経営の規模の拡大、農地の集団化、家畜の導入、機械化その他農地保有の合理化及び農業経営の近代化（農業構造の改善）を図ること」を掲げている。農業構造の改善とは、農地の保有及び使用収益のあり方を農業経営という視点からみて合理的なものとし、それと相まって、農業経営を相当の規模を有し、機械等の装備を十分に備え、小農技術から脱却した近代的なものとしていくことである。

零細農耕、零細土地所有という農業構造がそのままでは、生産政策、価格・流通政策を十分講じたとしても、農業基本法の政策目標を達成することは困難である。このため、構造政策は、農業基本法の目標達成に不可欠のものであると位置付けられている。我が国の農業構造は、戦前以来長きにわたり固定的で、過剰就業圧力の下にあったが、高度経済成長に伴う農業就業人口の減少は、農業構造の改善を可能とする条件として認識されたのである。

また、これに加え、農業基本法は、「近代的な農業経営を担当するのにふさわしい者の養成及び確保を図り、あわせて農業従事者及びその家族がその希望及び能力に従って適当な職業に就くことができるようにすること」を政策の方向として掲げている。

以上のような構造政策の具体的な施策として、①家族農業経営の発展と自立経営の育成、②協業の助長、③農地についての権利の設定又は移転の円滑化、④就業機会の増大、⑤農業構造改善事業の助成等が規定されている。

エ　その他

農業基本法は、以上のほか、「農村における交通、衛生、文化等の環境の整備、生活改善、婦人労働の合理化等により農業従事者の福祉の向上を図ること」を政策の方向として掲げている。

III 農業基本法及びそれに基づく施策の評価

1 農業基本法の政策目標

(1) 生産性の向上

農業が「曲がり角」にあるとされたゆえんは、農業の生産性の向上が他産業に比べ遅れがちであり、そのため生産性の格差が拡大する傾向にあるということにあった。このため、農業基本法は、「生産性の向上」の具体的な目標を、他産業との生産性の格差が是正されるようにすることに置き、実際には、物的労働生産性により農業と他産業の生産性の伸び率を比較し、格差が是正の方向にあるかどうかの検証が行われてきた。

農業の物的労働生産性は、昭和四十年代までは、生産の拡大と農業就業人口の大幅な減少とが相まって高い伸びを示した。昭和五十年代以降は、生産がほぼ横ばいになったものの、農業就業人口が減少を続けたことから、相対的に緩やかなテンポではあるが向上を続けた。この結果、農業基本法制定以降総じてみれば、農業の物的労働生産性は製造業と同程度の伸びを示した。しかし、生産性水準の格差については、金額ベースの比較生産性が農業基本法制定当時から若干上昇したとはいえ、いまだに製造業の三分の一にとどまっており、格差の是正には至らなかった。

「生産性の向上」は、農業のみならず産業一般に通ずる基本的方向であるといえる。しかしながら、農業基本法が、他産業との生産性の向上の率の比較に着目した結果、一単位の労働で生産される物量を向上させるため、いかに労働時間を短縮するか、いかに収量を増加するか等に関心が向けられ、生産コストの低減や農産物の高付加価値化等農業所得の増大に結び付く他の手法については軽視されてきた面があったと考えられる。このため、農業の物的労働生産性は製造業と同程度の伸びを示したものの、結果的には、十分な農業所得の確保や国内農産物の国際競争力の強化に必ずしも結び付かなかったと考えられる。

現在、農業に対し、国際競争力の強化、内外価格差の縮小等の社会的要請が高まっていることを踏まえれば、「生産性の向上」は生産コストの低減を十分伴ったものにしていく必要がある。また同時に、品質の向上や差別化により農産物の付加価値を高め、農業所得の増大に努めていくことも重要になっている。なお、生産コストの低減の目標は、外国産農産物との競合関係を踏まえて設定されるべきであろうが、外国産農産物との間に現在生じている内外価格差は、為替動向や国土条件等の要因に大きく規定されていることに留意する必要がある。すなわち、近年の農産物の内外価格差の拡大は、大幅な貿易黒字を背景として為替レートが円高基調にあることによるところが大きく、また、急峻・狭あいな国土条件や高地価、高賃金、高エネルギー価格等の我が国特有の制約の下では、土地等の生産条件に恵まれた諸外国の農産物と無条件で競争することには無理があるといえよう。

(2)　生活水準の均衡

農業基本法でいう生活水準の計測は、消費支出を中心的な指標として行われてきた。世帯内の就業者数の違いもあり単純な比較は困難であるが、農家と勤労者世帯の生活水準を世帯員一人当たりの家計費や所得で比較した場合、農業基本法制定以降今日に至る過程で、勤労者世帯優位から徐々にその格差は縮小し、さらには逆転した。このように、「生活水準の均衡」に必要な所得の増大については、農家平均の所得という面では目標を達成したといえるが、それは、主として経済成長による就業機会の増加を背景とした兼業所得の増大によるものであった。

「生活水準の均衡」という目標を福祉の視点からとらえれば、その目標達成のための所得の増大を農業所得だけに限る必要はなかったが、兼業所得も含めた目標であったことは、農業経営の発展との関係をあいまいにしたといえる。事実、農家所得に占める農業所得の割合は著しく低下し、多くの農業者の生活にとって、農業生産による所得確保の意味を減じさせた。

「生活水準の均衡」についての主要な課題であった所得水準の均衡が農家平均でみた場合既に達成されていることからすれば、現在、「生活水準の均衡」を直接的な政策の目標とする意義は低くなっていると考えられる。しかしながら、「生活水準の均衡」についての課題がすべて解決されているわけではない。農業を主業とする農家の世帯員一人当たりの家計費は依然として勤労者世帯よりも低いことや、下水道等の普及、道路の舗装、社会教育・文化施設の整備等の生活環境の面において、大都市地域と中小都市を含む農村地域との格差は依然として大きいこと等の課題解決に引き続き意を用いていくべきである。

2　生産政策

(1)　選択的拡大

個別品目別に実際の需要と生産の動向をみると、需要が増加した畜産物、果実、野菜の生産は増加した。しかし、昭和六十年代に入ると、円高の進行や輸入の自由化によりこれらの品目の輸入が増加し、需要の増加に生産が十分に対応しきれていない面がある。

需要が減少した食用大・裸麦、甘しょの生産は減少した。また、昭和五十年度をピークに需要が減少に転じたみかんについても、園地転換等の実施もあり、生産は需要に合わせて減少した。

外国産農産物との競争により生産が大きな影響を受けると考えられていた農産物のうち、乳製品、砂糖については、国境措置を含む保護水準が総じて高く、外国産農産物との競合の影響が小さかったこともあり、生産が増加した。一方、飼料用大・裸麦については、需要は増大したものの、外国産農産物と競合し、他作物への転換が進んだことで生産は減少した。また、需要が増加した小麦、大豆については、一定の国内生産の保護措置が講じられ、また、生産性も向上したものの、米と比較して相対的な収益性が低かったことや生産が不安定であったこと等から生産が減少し、輸入が増大することとなった。

米については、農業基本法制定当時、穀類全体の消費は低下するものの、伝統的食糧たる米の消費はそれほど大きく低下しないと見込まれていた。しかしながら、実際には一人当たりの消費量は予想を大きく上回って減少し、総需要量も昭和三十八年度をピークに減少に転じた。このため、昭和四十六年度以降本格的な生産調整が行われている。この生産調整により単年度の需給はおおむね調整されてきたが、米価水準の相対的有利性等もあって潜在的な生産力が需要を大幅に上回る状況は継続しており、一部を除き生産の転換は定着していない。また、米の生産調整は、需給・価格の安定を図る目的を有していたにもかかわらず、収益性等の面での稲作の相対的有利性が継続する中で行われたことから、農家は生産調整を外から押し付けられた経営上のマイナス要因と受け止めることとなった。このため、確実な目標達成を図ろうとする行政と一部の生産者との間では、目標面積の配分や実効確保措置等をめぐって様々なあつれきが生じることとなった。

このように、品目別にみれば、需要の動向や外国産農産物との競合への対応が不十分であったものもあるが、総じて言えば、選択的な生産が進められ、農業基本法制定当時の米、麦中心の農業生産から、地域の条件に即し、畜産物、果実、野菜等多様な広がりを持った生産の方向に変化してきたと考えられる。

なお、選択的拡大の考え方自体は、生産の「拡大」だけでなく、品目によっては縮小することを含むものであったが、実際には「拡大」に強い期待が寄せられていた。しかしながら、昭和四十年代半ば以降、米の過剰問題が表面化し、また、昭和五十年代に入り、食料需要の伸びの鈍化や外国産農産物との競争の強まりの影響もあって、米に加えてみかん、生乳、豚肉、鶏卵等も需給が緩和し、計画的な需給調整が進められることになった。こうして「需要が増加する農産物の生産の増進」を図る余地が狭まるにつれ、生産の選択的拡大という目標への関心は薄れ、「選択的拡大」という言葉も使われることが少なくなった。

需要に応じた生産を図るということは、常に目指すべき生産の方向である。また、米について、潜在的な生産力が需要を大幅に上回る状況が継続していること等を踏まえれば、今日的な課題でもある。しかし、農産物の需要構造は、かつてと比較してダイナミックに変化するという状況ではなくなり、需要が増加する農産物の生産の増進を図る余地も狭くなっている。こうしたことからすると、「選択的拡大」という目標を設定し、国の強力なリーダーシップにより、我が国農業全体の生産構造を一律に誘導していくという政策の意義は減じていると考えられる。

(2)　総生産の増大

農業生産の動向を、数量ベースの指標である農業生産指数でみると、農業基本法制定当時からみて総生産は増加している。このことから、総生産の増大という目標については成果があったという見方もできる。しかし、農業生産指数が昭和五十年代以降ほぼ横ばいであることや、品目別の自給率が米、鶏卵及び砂糖類を除き総じて低下していることから明らかなように、農産物の総需要が頭打ちになる中で農産物の輸入が増加することにより、総生産の増大は制約されることとなった。この場合、我が国の農業生産が生食向けを主体としてきたこと、また、国内生産で一定の品質のものを一定のロットで周年安定的に供給することには困難な面もあること等から、増加する食品製造業や外食産業向け需要への対応を外国産農産物に委ねる傾向があったことに留意する必要があろう。

今後、可能な限りの生産性の向上と併せて国産農産物の優位性を発揮していけば、国内生産の増大の余地もあると考えられるものの、農産物の消費が量的に飽和状態にあり、また、外国産農産物との競争が強まる中では、総生産の増大を図ることは容易なことではない。したがって、今日的には、単に量的な生産の増大を目指すのみではなく、増加傾向にある食品製造業や外食産業の需要に国内農産物で対応することの現実的な可能性を見極めつつ、国際競争力の向上や外国産農産物との差別化、高付加価値化に重点を移していく必要があると考えられる。

(3)　農産物の需要と生産の長期見通し、生産基盤の整備・開発及び技術の向上

農産物の需要と生産の長期見通しは、生産の選択的拡大を具体化するための政策の指針ないし道標となり、かつ、個々の農業者がどのような農産物の生産に力を入れたらよいかを選択する際の参考となるものとして作成されるものである。特に、農産物の需要構造が大きく変化し、これに応じて生産構造の大きな転換が求められた過程においては、国が示す需要と生産の長

期見通しは、政策推進にとっても、また、農業者の営農にとっても、指針として大きな役割を果たしてきたといえる。しかしながら、近年、外国産農産物との競争関係が強まる中で、国内生産について意欲的な見通しとなる傾向にあったため、見通しと実際の動きとにかい離が生じる傾向にあり、結果として指針としての機能を弱めている。

先に述べたように、農産物の需要構造の変化が小さくなってきていることに加え、今後の農業生産には、農家自身が自らの経営の特徴を生かし、消費者ニーズの変化に機動的に対応していくことが一層強く求められていること等からすれば、これまでのような形での政策誘導的な長期見通しを作成する必要性は減じていると考えられ、農産物の需要と生産の見通しに関し、国が果たすべき役割の再検討が求められている。

生産基盤の整備・開発については、農地開発、畑地かんがい等による野菜、果樹、畜産等の大規模産地の形成、水田の乾田化、汎用化による作付けの自由度の向上等を通じ、生産の選択的拡大に寄与した。また、ほ場の整備率の向上、基幹かんがい排水施設の整備等は、効率的な機械の導入と相まって、単位面積当たりの投下労働時間を短縮させ、生産性の向上に寄与した。しかし、構造政策との関係では、ほ場整備等は農業構造の改善を進めるに当たっての基礎的な条件整備となるものであったが、作業の省力化により小規模兼業農家の営農の継続が可能となり、必ずしも農業構造の改善につながらないという側面も有した。また、近年、土地改良事業に要する費用が物価の上昇等に伴い増嵩する一方、農産物の行政価格が抑制的に決定されてきたこと等から、事業の実施に伴う農家の負担感が高まり、事業の円滑な実施が困難になってきたという面もあった。

生産基盤の整備・開発は、生産性の向上等のためには引き続き必要であるが、農業総生産の増大が困難となる状況の中で、整備・開発コストの一層の低減に努力する必要がある。また、「分散錯圃」といわれる我が国の土地条件の克服や農地の利用権の集積等、構造政策との一層の連携強化が求められている。

技術については、多収品種や良食味品種等の育成、栽培管理技術の向上、高性能農業機械の開発、繁殖・肥育技術の向上等、時代の要請に応じて開発と普及が行われ、生産性や品質の向上に寄与した。また、こうした技術の開発・普及は、栽培可能地域の拡大や農産物の周年供給を可能とすること等を通じて、国民の豊かな食生活の実現にもつながるものであった。しかし一方で、小規模兼業農家においても生産の継続が可能となるような機械化技術体系や資材多投入型の技術体系の開発・普及が進んだ結果、作業規模の拡大や生産コストの低減の観点からは問題となる状況も生じてきている。

技術の向上は、生産性の向上等のために不可欠な手段であるが、現在においては、特に、国際競争力の向上や外国産農産物との差別化等を図る観点から、生産コストの低減や高品質化のための技術開発に重点を置く必要がある。その際、規模拡大等の他の政策との整合性に留意するとともに、技術開発には相当の期間が必要であることから、生産現場のニーズとのかい離に注意しつつ、迅速な対応を行う必要がある。また、その普及に当たっては、個々の経営状況に応じた技術導入や資本装備の適正化を推進することが極めて重要である。

3　価格・流通政策

(1)　価格政策

ア　価格政策の諸機能

農業基本法制定当時においては、価格政策に対して、①農産物価格と農業所得の過度の変動の防止、②妥当な農業所得水準の維持、③消費者負担の可能な範囲内での価格水準の安定、④農業生産の需要への適応、⑤生産の選択的拡大への寄与、といった機能が期待されていた。さらに近年は、これらに加え、平成四年の新政策（「新しい食料・農業・農村政策の方向」）において提示されたように、農業構造の変革を促進する役割が期待されている。

このように、価格政策は本来様々な機能を有しているが、農業基本法制定当時、農業と他産業との所得格差の是正が緊急かつ基本的な課題であったことから、実際の運用においては、農業所得の積極的な確保に強い配慮が払われることとなった。米価政策において農業と他産業との所得均衡に対する配慮が強く加えられるようになったのが、その典型的な例である。なお、こうした米価政策の運用は、稲作が農業生産の中で大きな割合を占め、かつ、全国で普遍的に行われていることからすると、単に農家の所得確保という意義にとどまらず、地域経済社会の安定機能までも担わされていたといえよう。

一方、こうした農業所得の確保に重点を置いた価格政策の運用は、生産の選択的拡大への寄与という機能を制約することとなった。すなわち、生産の選択的拡大の観点からみれば、需要の動向に応じて生産を拡大させる必要がある品目の価格は相対収益性が有利になるように設定し、生産を縮小させる必要がある品目の価格は抑制的に設定することが期待されていた。しかし、現実には、米が過剰基調にあったにもかかわらず、我が国の農業生産、農家所得形成における米の重要性から、生産者米価を抑制する政策は十分でなく、その他の作物の価格政策も、品目ごとの制度に基づいてその時々の需給事情や経済事情に応じて運用されてきた。このため、米の相対価格の有利性は解消されなかった。

イ　価格政策が農業生産に及ぼしてきた影響

価格政策は、生産政策による効果が十分でない場合や即効的でない場合に補完的な役割を果たすことが期待されるが、その運用によっては生産性の向上や生産の選択的拡大に大きな影響を与えるものである。

生産者米価をみると、昭和五十年代半ばまでは平均生産費を上回る価格水準であり、かつ、他作物に比べて収益面で有利であったことから、他作物への転換が進まなかったのみならず、生産性向上の意欲を鈍らせていた面がある。しかし、その後、価格の据置きや引下げが続き、生産者米価は生産性の高い層の生産費を反映した水準となってきたことから、稲作農家の生産コスト低減に対する意識も高まってきていると考えられる。

また、米の価格形成については、民間流通の長所を生かし消費者の選好に応じた流通を実現するための取組が進められ、自主流通制度の発足のほか、自主流通米の需給動向や品質評価をより的確に価格に反映させるため「価格形成の場」（自主流通米価格形成機構）での入札取引も開始された。また、生産調整を需給及び価格の安定のための手段として位置付けつつ、自主流通米を主体として、その適正な価格形成を図ること等を内容とする食糧法（主要食糧の需給及び価格の安定に関する法律）が制定される等、順次市場原理が反映されるようになってきている。このような中で、消費者の求める品質・価格の情報が、より明確に生産者に伝達されるようになってきており、評価の高い銘柄の米の生産が増加する等生産の実態や生産者の意識も大きく変化してきているとみられる。

小麦及び大豆については、需要は増加したにもかかわらず、昭和四十年代後半まで米と比較して相対的に収益性が低かったことや気象災害等から、生産が大幅に減少した。その後は、生産振興奨励金の交付や生産者価格の引上げが行われて生産が増加した時期もあったが、近年においては、主として米の生産調整面積の増減の影響を受けて生産が変動している。

畜産物や野菜については、酪農を除き、米や麦に比べて価格政策が生産水準に直接作用する面は小さいものの、価格政策により価格の安定が図られたことが、需要の増大に対応した生産の拡大に寄与したと考えられる。

ウ　価格政策が農業構造に及ぼしてきた影響

価格政策は、その運用によっては農業構造の変革を促進し、又は妨げる効果を有するため、農業構造にどのような影響を及ぼすかとの視点から適切な運用がなされることが望ましい。

価格政策と構造政策の関係については、高い価格水準を維持することが規模拡大を進める条件となるとの考え方がある一方、高い水準を維持すると農業構造が現状固定的となり規模拡大を妨げるとの考え方がある。

実際に価格政策が農業構造にどのような影響を及ぼしてきたかについて、稲作を例にみると、農地の資産的保有傾向が強まる中で、少ない労働時間での生産が可能な稲作について相対的に高い米価水準が長く続いたことは、結果として、生産性の低い小規模稲作経営の生産の継続をより強固なものとし、ひいては農業構造の改善を妨げた面があったと考えられる。

エ　価格政策の総括的評価

農業基本法は、価格政策が、生産の選択的拡大、農業所得の確保、農産物の流通の合理化、農産物の需要の増進、国民消費生活の安定等にどのように作用しているかにつき、定期的かつ総合的な検討が行われることにより、その適切な運用がなされることを期待していた。

しかし、価格政策の諸機能は相互に矛盾する面を有し、また、農業者の所得に直接結び付くというセンシティブな問題を抱えていることから、この総合的検討は一度しか行われなかった。このような点を踏まえると、関係者のコンセンサスを得ながら価格政策の諸機能を調整させるということは、困難な政策手法であったといえよう。

農業基本法制定後の価格政策は、長期にわたり生産者米価の引上げが行われたことにみられるように、農業所得の確保に重点を置いた運用がなされた。これは生産政策、構造政策の進捗状況を考慮すれば、ある面でやむを得なかったとも考えられるが、このような農業所得の確保に重点を置いた価格政策は、土地利用型農業を中心に、生産政策や構造政策の政策的効果を制約する面もあった。

このため、今日的には、価格政策が担うべき機能を改めて点検し、他の政策との役割分担を明確にした運用としていくことが求められている。

この場合、ＷＴＯ（世界貿易機関）体制の下で、農産物の価格支持の削減や国境措置水準の引下げが求められていることにも留意する必要がある。国際的にも、生産に関連しない直接所得支持政策の導入等の動きがみられ、我が国としてもこれらの動きを注視していくことが重要となっている。また、今後、国境措置水準の引下げに伴い外国産農産物との競争が一層強まることとなれば、市場介入を通じた農産物価格の安定制度は十分に機能し得なくなっていくことも予想される。

(2) 農産物の流通の合理化等

所得水準の上昇等を背景とした食料消費の多様化・高度化の進展により、食料消費のうち加工食品や外食等食品産業部門に支出される割合が高まった。このため、食品製造業、食品流通業及び外食産業から成る食品産業は、食料の安定供給という機能において、農業と並ぶ「車の両輪」として位置付けられるに至っている。農業基本法はこの分野において、農業側の利益の確保を図る等の観点から、農業協同組合がより一層の役割を果たすことを期待していた。しかし、実際には、機動性、販路確保、技術等の点で優れている民間事業者が主体となって食品産業は成長してきており、今日においては、政策運営に当たり、これら民間事業者の役割を十分視野に入れていくことが重要となっている。

農産物の流通については、主産地の形成、共同出荷施設の整備等を通じた共販率の向上、公正で効率性の高い卸売市場の整備、規格の設定による取引の簡素化・迅速化等が進められたことによって、需要の増大に伴う大量流通への円滑な対応が可能となる等合理化が進んだ。特に卸売市場は、生鮮食料品等の流通において、集荷・分荷及び公正な価格形成等の場として重要な役割を果たしてきた。また、零細多数の農家が農業協同組合等を中心としてまとまることは、取引を生産者にとって有利にするとともに、流通経費の節減等にも大きな役割を果たしてきた。

しかし、近年においては、農業協同組合を通じた出荷に加え、生産者が宅配便等によって産地直送販売をしたり、生産者が大手スーパーとの契約生産に取り組む等、流通形態が多様化している。一方、食品卸・小売業については、構造が変化しつつあるが、零細・小規模のものもみられ、その流通過程は複雑・多段階である。このような中で、卸売市場の機能の充実や流通全体にわたる一層の合理化・効率化が求められている。

農業資材については、農業基本法が意図したように農業協同組合が購買事業を発展させ、流通のかなりの部分を担うこととなったことから、肥料、農薬等一部の資材については、それらの製造業者に対して農業協同組合が価格設定において主導権を持ち得るに至った。しかし、近年、生産コスト低減への取組が迫られる中で、特に大規模な専業的農業者は農業資材の価格や品質に厳しい目を向けるようになっている。より効率的な農業資材の供給が求められるようになっている中で、農業基本法が意図したような農業資材流通のあり方の妥当性が問われているといえよう。

(3)　輸入農産物との関係の調整

農業基本法は、同法制定当時既に始まっていた貿易自由化の流れを受けて、輸入によってこれと競争関係にある国内農産物の価格が低落し、国内生産に重大な影響を与える場合等において、価格政策によってもその事態の克服が困難であるとき、又は緊急の必要があるときは、関税率の調整、輸入の制限その他必要な施策を講ずることとしている。

これは、農産物輸入に関する基本的態度を明らかにしようとしたものである。すなわち、国の農産物輸入に関する施策の方針としては、まず国内農産物の競争力を強化することを本旨とするが、競争力の強化が不十分で、輸入による国内生産への影響が大きい場合には、価格安定対策を講ずることとし、なお事態の克服が困難又は緊急の場合に限って、関税率の調整等を行うこととしたものである。我が国の経済発展のためには貿易の振興が不可欠であり、また、国際貿易の立場からも、貿易制限的な措置は安易に考えるべきではないとされたのである。

この貿易上の措置については、ガット加盟国としてガット上の手続を経ることが必要であるが、経済発展のための貿易の振興が最優先課題であった我が国において、貿易制限的な措置を発動することは困難であった等の事情により、実際には講じられてこなかった。

むしろ、我が国の農業は、大幅な貿易黒字を背景とする諸外国からの度重なる要求により、関税率、輸入制限等の軽減、撤廃を迫られることになった。諸外国においても農業についてそれぞれ困難な問題を抱え、所要の国境措置を講じている中で、我が国は、ガットをはじめとする国際交渉の場において、土地利用面での制約等の国内農業生産の事情もあり輸入自由化に応じることは困難なこと、食料安全保障や環境保護といった非貿易的関心事項に配慮する必要があること等を主張しつつ、国際的な貿易ルールづくりに貢献する立場から、段階的に農産物の輸入自由化（輸入数量制限の撤廃）等を行ってきた。その際、輸入自由化された農産物については、関連する価格政策における所要の手当や、相当程度の関税水準の設定、関税割当、差額関税の導入等、国内生産への影響を緩和するための一定の措置がとられてきている。

しかし、こうした貿易自由化の流れの中で、国内農業に目を向けると、外国産農産物に対する国内農産物の競争力は、農業基本法が目指していたようには、必ずしも強化されなかった。

4　構造政策

(1)　経営規模の拡大

経営規模の拡大については、稲作、酪農等の土地利用型農業と施設園芸、養豚、養鶏等の施設型農業の部門ごとに、また、都府県と北海道の地域ごとに、進展状況が異なっている。すなわち、北海道においては、すべての農業部門において経営規模の拡大が進んだ。特に、酪農の経営規模は、一戸当たりの飼養規模がEUの平均水準を大きく上回るまで、急テンポで拡大した。都府県においては、施設型農業については規模拡大が進んだものの、稲作等の経営規模の拡大は大きく立ち遅れた。また、都府県の酪農については、飼養規模の拡大は進展したものの、農地の制約等の事情により、自給飼料ではなく購入飼料への依存傾向を強めてきたことから、飼養規模の拡大に見合う自給飼料供給のための土地利用集積が課題となっている。

農業基本法制定当時、土地利用型農業の経営規模の拡大は、農地の所有権の移転によるものを想定していた。しかし、農業構造の改善の契機となると考えられた農業就業人口の減少は予測を上回ったものの、兼業化の進展もあり、ストレートに農家戸数の減少には結び付かなかった。また、稲作を中心とする生産技術の進展は、在宅兼業による稲作の継続を可能とした。こうしたことに加え、農地価格は、宅地価格が上昇したこと、土地利用区分の設定等がなされたにもかかわらず非農業的土地需要の増加に伴い農地転用が高いペースで推移したこと等、主として高度経済成長に伴う農業外の影響を強く受け、一貫して上昇した。これらのことが、都府県の土地利用型農業における所有権の移転による経営規模の拡大を阻害した。

このように所有権の移転によっては経営規模の拡大が進まなかったことから、昭和四十年代に入ってからは、所有権の移転に加えて貸借による経営規模の拡大が志向されるようになった。しかし、貸借による経営規模の拡大についても、農地価格が上昇し、農地の資産的保有傾向が強まったこと、兼業化が一層進展するとともに兼業農家の稲作生産が縮小しなかったこと等が複合的にからみ合い、それほど進まなかった。

一方、北海道においては、農地価格は都府県同様に上昇したものの、もともと農地価格の水準が都府県と比較して低かったこと、在宅兼業を行うことが困難な地域が多く、農業からの撤退が離村につながる場合が多かったこと等から、農地の流動化による経営規模の拡大が大きく進んだと考えられる。

また、施設型農業の分野においては、農地による制約が少なかったこと、畜産物、野菜等需要が増大した農産物が多かったこと等から、経営規模の拡大が進んだと考えられる。

土地利用型農業における経営規模の拡大を進めるため、農地の流動化には、これまで相当の政策努力が払われてきた。すなわち、農業基本法の制定を受けて昭和三十七年には農地信託制度が創設された。また、昭和四十年、四十一年と二度にわたり農地管理事業団法案が国会に提出されたが廃案となり、昭和四十五年の農地法改正以降は、所有権の移転によるものから貸借によるものに重点を移しながら、農用地利用増進事業の創設、農用地利用増進法の制定、農業経営基盤強化促進法の制定というように、次々と施策が講じられ、今日においてその法的な枠組みは、ほぼ体系的に整備されたといえる。もちろん、農地の流動化は法制度の整備によって直ちに効果が現れるわけではなく、農業基本法制定当時から、農地の流動性が高まるような外部条件の成熟と相まって漸次進んでいくものと考えられていた。しかしながら、驚異的ともいえる我が国の高度経済成長がもたらす農地価格の上昇、兼業化の進展等の様々な影響の下では、こうした施策も、必ずしも期待どおりの成果を収めることができなかった。

現在においても、生産コストの低減や、農業を主業とする農業者の農業所得の向上を図る上で、経営規模の拡大は引き続き重要な手段であるといえる。しかしながら、経営規模の拡大は個々の経営にとっての経営改善の一つの手法であり、生産コストの低減に着目すれば、農作業の受委託等も含めた作業規模の拡大、農地の集団化、農業資材コストの節減等もそれぞれ有効な手法である。また、経営全体としての所得を増加させるという観点からは、高付加価値農産物の生産や、加工・販売も手がける経営の多角化も視野に入れる必要がある。このように、今日的には、経営規模の拡大のみならず、様々な手段・手法により個々の経営の実態に応じた経営改善を進めていくことが重要になってきている。

特に北海道の農業については、既にEU程度の経営規模を達成した部門や農業経営があるものの、急速な規模拡大とそれに伴う設備投資等によって多額の負債を抱えるといった実態もあり、規模拡大と経営の効率化のバランスをとることが必要となってきている。

(2)　自立経営の育成

農業基本法は、家族農業経営の望ましい姿として自立経営を提示し、できるだけ多くの家族農業経営が自立経営となるように育成することを目標として掲げている。自立経営とは、「正常な構成の家族のうちの農業従事者が正常な能率を発揮しながらほぼ完全に就業することができる規模の家族農業経営で、当該農業従事者が他産業従事者と均衡する生活を営むことができるような所得を確保することが可能なもの」である。農業基本法制定当時においては、自立経営の具体的な経営規模としては、他産業従事者との生活水準の均衡の観点から、最低限一～二haと想定していた。その後、他産業従事者の所得の増大や技術水準の向上に伴い、昭和四十四年の農政審議会の答申において、自立経営の規模として水稲では四～五haの規模が必要であるとしているように、自立経営に見合う経営規模も上昇することとなった。

自立経営農家の戸数は昭和四十二年度をピークに減少し、その後も伸び悩んだ。また、総農家に占める戸数シェアも、近年は昭和三十五年度の水準を下回る等、自立経営の広範な育成は実現しなかった。その主たる要因は、他産業従事者の所得水準の向上に伴い、自立経営の成立に必要とされる経営規模の水準が急速に上昇したことに求められよう。特に都府県の土地利用型農業において、兼業化の進展や、農地価格の上昇とそれに伴う農地の資産的保有傾向の強まり等により、必ずしも期待どおりに農地の流動化による経営規模の拡大が進まなかったことから、結果的に自立経営の育成という目標の実現も困難とならざるを得なかった面があると考えられる。

自立経営の広範な育成が困難であるとの認識から、昭和四十年代後半から、育成すべき農家の目標は「中核農家」（六〇歳未満の男性で年間一五〇日以上農業に従事するいわゆる基幹男子農業専従者がいる農家）とされた。自立経営が所得を基準としているのに対し、中核農家は所得を基準とせず、保有する労働力を基準とする概念であった。その後、新政策においては、「効率的・安定的経営体」像が提示された。これは、主たる従事者の年間労働時間が他産業並みの水準で、主たる従事者一人当たりの生涯所得を他産業従事者とそん色ない水準とすることを目標にしたものであり、所得を基準としている点においては自立経営と類似の概念といえるが、個人に着目し、年間労働時間をも基準としている点において新たな考え方である。

このように、農業基本法が掲げた自立経営の広範な育成は実現せず、目標とすべき経営像も変更を余儀なくされた。しかしながら、自立経営は、まさに農業基本法の政策目標を具現化する経営であり、構造政策において自立経営の育成という目標設定がなされ、その広範な育成に政策の重点が置かれたことは当然のことであったといえる。今日、農業を魅力ある職業としていく必要性がますます高まっていることからすれば、他産業従事者と同程度の所得をあげられる農業経営の育成を目指すことは、引き続き必要な視点であると考えられる。なおその際、新政策が目標としているように、所得面のみならず年間労働時間においても、他産業並みの条件を実現していくことが重要である。現に、酪農や園芸、北海道の土地利用型農業のように規模拡大が十分に進んだ経営では、労働時間の短縮や労働強度の軽減等による経営上のゆとりの確保を強く求めるようになってきており、こうした条件整備が経営の継続や次世代の担い手の確保に不可欠になってきている。

(3)　家族農業経営の近代化

農業には、生産が自然条件に左右されることが多いこと、対象が生物であり工業におけるほどの機械化が困難であること、生産には季節性があり常時大量の雇用労働力を使用することは困難であること等の特性がある。このため、農業において土地と資本と労働が完全に分離するような資本主義的な経営の存立・発展を考えることは困難であり、農業の経営形態は、将来においても家族農業経営が支配的にならざるを得ないと考えられた。農業基本法は、こうした考え方を前提に、農業経営において主体的地位を占める家族農業経営を近代化し健全な発展を図ることを施策の方針としている。当時の零細な家族農業を、技術の高度化や資本装備の増大、簿記活用等の経営管理の導入等により、商品生産を行い収益の最大化を目指す近代的な経営に育成しようとしたものである。今日において、技術や資本装備は高度化したものの、家族農業経営は依然として零細小規模なものが多く、家計と経営が分離していない等近代的経営とはいい難い面がある。このため、家族農業経営についてその近代化を図ることは引き続き必要であろう。現在、家計と経営の分離、労働条件の明確化、経営管理能力の充実等の観点から進められている法人化も、近代的な経営管理の実現を目指すものであり、家族農業経営の近代化のためには有効な手段の一つであると考えられる。

なお、農業基本法は、農業の経営形態として家族農業経営のみを位置付けその他の経営形態を排除しているわけではない。現実にも、土地の制約の少ない中小家畜部門では農家以外の農業事業体の生産シェアが高まっている。今後も、全体としてみれば、家族農業経営が我が国農業において主体的地位を占めるという状況に変化はないと考えられるが、経営部門の特性や技術の向上等に応じて、経営形態について固定的に考える必要は少なくなってきていると考えられる。

(4)　協業の助長

協業組織、協業経営から成る協業は、個々の家族農業経営のみでは自立経営となり難いものの発展の方途として、また、自立経営に達した経営であってもその経営を更に改善し、他産業従事者の所得の増大に合わせて所得を増大させる手段として位置付けられている。

このうち、それ自体としては農業経営体でない協業組織については、昭和四十年代以降、各地で盛んに設立が進められ、また、事業種類別にみても、栽培協定組織、共同利用組織、受託組織と多様な展開を遂げており、一定の成果をあげたと考えられる。

一方、それ自体として農業経営体である協業経営については、農業基本法制定当初こそ増加したものの、その後一貫して減少傾向にある。これは、経済成長に伴い就業機会が増加したことにより、自立経営となり難い家族農業経営が安定的な兼業所得を確保し得るようになり、協業への道を進む必要がなかったこと、経営の協業化後、時間の経過とともに協業経営参加農家の経営内容等に変化が生じ、組織の維持が困難となる場合があったこと等によるものと考えられる。

協業の助長は、技術水準の向上、資本装備の高度化を通じて生産性の向上に寄与するものであり、その意味で施策の妥当性を有していたといえる。今後、農業労働力の減少、高齢化等が一層進行すると考えられる中で、生産コストの低減を図っていくためには、共同利用組織その他の多様かつ安定的な生産組織等を育成することは引き続き必要であると考えられる。

(5) 就業機会の増大等

農業基本法は、農業所得だけで他産業従事者と均衡する生活を営むことが困難な経営については、兼業所得を合わせた農家全体としての所得を増大させるよう、職業訓練、職業紹介事業の充実、農村地域における工業等の振興、社会保障の拡充等必要な施策を講ずることを規定している。これは、農家全体としての所得を増大して家計の安定を図るために就業機会を増大させ、併せて、農業従事者やその家族が就職後不利になったりしないように、その希望及び能力に従って適当な職業に就くことができるようにするという趣旨である。また、これらの施策により、転職を希望する農業従事者やその家族が安んじて他産業に移動し得るようにすることは、農業の就業構造の改善に資するものであると考えられた。

昭和四十年代に入り、経営規模の拡大が容易に進まない中で、農業構造の改善を一層促進する観点から、離農を促進するための手段としての意味合いも込め、昭和四十五年に農業者年金制度が、昭和四十六年に農村地域工業導入制度が創設された。

農村地域工業導入制度は、農村における就業機会の増加によって農家所得の増大や中高年齢層を含めた不安定な就業状態の解消に寄与してきたが、農地の資産的保有傾向の強まり等もあり、農家の多くは兼業によっても農地を手放すことなく営農を継続させたことから、農業構造の改善という面での顕著な実績が現れるまでには至っていない。

また、農業者年金制度は、農業者の老後生活の安定と適期の経営移譲を通じた農業構造の改善に一定の役割を果たしてきた。しかし、これまで、専業的な農家に農地利用を集積するための経営移譲年金の支給要件の改善等が行われてきたものの、後継者以外の第三者への移譲の割合が少なく、また、兼業農家の離農を円滑にする離農給付金制度の実績も、必ずしも大きなものではなかった。

(6)　農業構造改善事業の助成等

農業基本法は、「農業生産の基盤の整備及び開発、環境の整備、農業経営の近代化のための施設の導入等農業構造の改善に関し必要な事業が総合的に行われるように指導、助成を行う等必要な施策を講ずるものとする」と規定している。零細農耕、耕地の分散等は我が国にとって古くからの、かつ、根深い構造的特質であり、これを改善するためには、単に理念を示すだけでなく、具体的な事業として農業構造の改善を推進することが必要であると考えられた。

このような考え方の下に、昭和三十七年に農業構造改善事業促進対策が発足した。この対策は、地域ごとの条件に応じ、稲作、畜産、果樹等基幹となる作目を設定し、これを中心に技術改善、営農類型、営農組織、土地利用等にわたる経営構造の改善を誘導する計画を作成し、その実現手段として土地基盤整備、近代化施設整備、環境施設整備等一連の事業を総合的に実施するというものである。これは農業基本法に基づく最初の具体的施策として当時大きな注目を集めた。その後、構造政策の方向に対応し、第二次農業構造改善事業、新農業構造改善事業、農業農村活性化農業構造改善事業、地域農業基盤確立農業構造改善事業と名称を変えながら内容の改善を図りつつ、今日まで実施されてきている。

これらの事業は、集落ないし市町村の範囲を対象として農業資本投資を行う中心的な事業であり、生産の選択的拡大、資本装備の高度化等による農業の近代化の促進や経済社会の変化に対応した農村地域の整備の面で大きな役割を果たしてきた。また、当該事業の推進に当たり、地域の意向を尊重するとの観点から、その地域の意向の取りまとめ、地域指定の申請、計画の作成等の事業推進上の重要な役割を市町村長に委ねることにより、農政が市町村行政と密接なつながりを持つようになったこと等、新たな農政展開の契機ともなった。

しかしながら、この事業は、それ以前から全国的なむらづくり事業として実施されていた新農山漁村建設事業との関係もあり、当初から、全国の市町村において一律的に実施された。このことは、農業構造の改善という新たな政策課題に対応する新しい事業としての性格を弱め、一般的な農村振興策としての色彩を濃くすることになった。また、土地改良事業の進展や施設の大型化等との関係もあり、総合事業としての性格を弱め、近代化施設の整備等に重点が移行してきた。こうして、制度発足当時の理念と現実の事業実施の間には徐々にかい離がみられるようになってきており、他の補助事業や融資事業との調整も含め、事業のあり方についての検討が必要となっている。

5　その他

(1)　地域の諸条件を考慮した政策実施

農業基本法は、国の施策は「地域の自然的経済的社会的諸条件を考慮して講ずるものとする」と規定している。これは、国の施策を全国を対象として一律に実施することは不適当であり、地域ごとの農業をめぐる諸条件の違いを考慮する必要があることを明らかにしているものである。

しかしながら、実際の国の政策運営については、これまで、しばしば、「地域の実態に即していない」、「画一的である」といった批判がなされてきた。このことについては、生産政策、価格政策等において様々な要因が考えられるが、そのほかに、農政の推進手法として重要な地位を占める補助事業の運用に当たり、全国的統一性、地域間の公平性が求められ、それが画一性につながりかねない面があること、また、モデル性等を追求するあまり、地域の実態に合わない形で事業が実施される場合があったこと等も指摘できる。

このような問題に対処するため、補助事業の実際の運用に当たり、例えばいわゆるメニュー方式や特認事業の導入等の形で、現場の実態に即した柔軟な対応が可能となるよう改善がなされてきているが、今後とも、より地域の実態に応じた施策の実施を可能とするよう、意を用いていく必要がある。

(2)　農業従事者等の自主的な努力の助長

農業基本法は、国と地方公共団体がその施策を講ずるに当たって「農業従事者又は農業に関する団体がする自主的な努力を助長することを旨とする」ことを規定している。農業基本法の目標を達成するためには、国や地方公共団体が必要な施策を重点的に講じていくことの重要性もさることながら、農業従事者が、同法の掲げる目標を自己の努力目標として自主的な努力を重ねることが前提となるとの趣旨である。

農産物の需要構造が大きく変化する過程での生産構造の変革や、農業就業人口の減少を契機とする農業構造の改善等の大規模な構造調整を円滑に進めるに当たっては、国の強力なリーダーシップの下での政策誘導を必要とする。一方、農業生産には、農業者の継続的な創意工夫が要求されるものであり、また、生産に加え、流通、販売も含めた経営全般にわたる農業者の努力と創意工夫の発揮が個々の農業経営の発展に結び付くものである。農政には、このような二面性があり、農業基本法の規定はその調和について述べたものと理解される。しかし、農業基本法制定当時の政策推進に当たっては、全国規模での農業改革を緊急かつ統一的に進める観点から、国による一元的な政策推進が優先されたといえる。また、そうした政策運営が長く続いたことが、農業者の自主的な経営改善を阻害する要因となった面があると考えられる。

　さらに、農業者と集落の関係もこの問題と深くかかわっている。すなわち、我が国農業の基幹である水田農業が水・土地の利用調整を必要とするものであったこと等から、我が国の農業・農村においては、伝統的に集落が大きな役割を果たしてきた。このため、農政の実施に当たっては、しばしば、集落の機能を尊重し活用してきた。これは、農業生産組織の育成、産地の形成等望ましい営農の実現を図る上で効果的であるとともに、伝統的な社会構造の中で、農村内に矛盾対立を引き起こすことなく農業の発展を図るという点で、合理的なものであったといえる。しかし一方で、集落機能を活用した政策実施は、個々の農業者の意向が常に集団内における協調原理との調整を経た上でしか反映し得ないこととなり、農業者の自主性と創意工夫の発揮を制約する面を有していたと考えられる。今日、農産物の需要構造の変化が小さくなる等の状況の下では、国による一元的な政策誘導よりも、むしろ、個々の農業者が消費者ニーズを的確に把握し、自主性と創意工夫の発揮により経営の発展を図っていくことが一層強く求められていることに留意する必要がある。また、農村の実態からすれば、今日においても、集落の機能を尊重していくことが必要であると考えられるが、集落の内部では、農家自体が均質的なものから分化し、それに伴って個々の農業者の利害・関心と価値観の多様化が進んでいる。このような状況の中で、集団としての協調よりも個の利益を優先させようとする動きもみられる等、個と集団との関係には様々な問題が生じてきていることにも留意していく必要がある。

(3)　農業団体の整備

　農業基本法は、農業団体に関して「農業の発展及び農業従事者の地位の向上を図ることができるように農業に関する団体の整備につき必要な施策を講ずるものとする」と規定している。

　これは、国又は地方公共団体の施策は、農業団体の自主的な活動と相まって講ぜられることが最も効果的であり、農業の発展と農業従事者の地位の向上という目標を達成する上で、農業団体の役割が極めて大きいと考えられたことによるものである。

　特に、農業協同組合は、農業者の自主的な経済活動の中心的な担い手として、販売、購買、信用、共済等の事業を行っており、農業基本法上も流通政策等において大きな役割を期待されるとともに、同法の制定に併せて制定された農業協同組合合併助成法により、その経営基盤を強化するための合併を促進することとされた。

　これまで農業協同組合は、合併・合理化を進めつつ、農業の発展や農業従事者の社会的経済的地位の向上に大きな役割を果たしてきた。しかし、近年、その経営が大きく依存してきた信用・共済部門の利益の伸び率が金融自由化の進展等により鈍化傾向で推移してきており、経営体質の強化が重要な課題となっている。他方、兼業化の進展を背景とした組合員の階層分化等に伴い、農業協同組合に対する組合員のニーズは一層多様なものとなってきている。また、農業協同組合に対して地域の活性化に果たす役割の強化を求める要請も強まっている。

金融の自由化、ウルグァイ・ラウンド農業合意の実施、食糧法の施行等農業協同組合を取り巻く環境が近年大きく変化する中で、農業協同組合はその事業・組織の見直しが必要になっているが、こうした事情は農業協同組合以外の団体についても共通した課題であるといえよう。

Ⅳ　農業基本法の総括的評価と新たな基本法の制定に向けた検討

1　農業基本法の総括的評価

(1)　農業基本法が描いたシナリオと成果

農業基本法は、農業と他産業との間の生産性及び生活水準の格差の是正を、生産政策、価格・流通政策及び構造政策を柱とする基本政策により達成しようとした。

この場合、農業基本法が描いた産業としての農業発展の基本的なシナリオは、概略以下のようなものであり、経営規模の拡大による自立経営の育成等の構造政策が、目標実現のための基軸的政策手段として位置付けられるものであった。

①　高度経済成長により農業の過剰就業人口が他産業に吸収される結果、農家戸数が減少する。

②　離農又は規模縮小を行う農家の農地を、規模拡大を志向する農家に集積することにより、農業経営の規模拡大が進み、生産性も向上する。

③　農業生産の重点は、消費者所得の増大に伴って需要の伸びが期待される農産物に選択的にシフトする。

④　この結果、価格政策による所得支持に大きく頼らなくても、農業所得だけで他産業従事者と均衡する生活を営むことができる自立経営が広範に育成され、農業と他産業との間の生活水準の格差の解消が図られる。

しかしながら、その成果をみると、農業の生産性は相当程度向上したものの、他産業と比較すると依然として大きな格差が残った。また、一部の部門・地域を除いて農業構造の改善は遅々として進まず、自立経営の広範な育成は実現されなかった。生活水準の均衡に必要な所得の増大については、農家平均の所得でみれば達成されたが、それは農業発展によってではなく、主として兼業所得の増大によるものであった。

このように、農業基本法が描いた農業発展のシナリオについては、畜産物、果実、野菜等において選択的拡大が進んだこと等部分的には実現したものの、全体的にみた場合、当初の構想どおりには進まなかった。

(2)　農業基本法の意義・役割と限界

農業基本法が描いたシナリオは限られた部分しか実現し得なかったが、このことをもって同法の制定に意味がなかったとすることは適切ではない。国が農政の方向を法律という形で宣言したことは、①農業改革の目標と手段についての国の強い意思が示され、地方公共団体の政策や農業者の営農の明確な指針となったこと、②その方向に従って、国の施策についてのある程度の誘導・転換が図られたこと、③そのような施策に応じて農業予算の充実が図られたこと等の面で、意義があったと評価し得る。

農業基本法が掲げた農業と他産業との間の生産性及び生活水準の格差是正という政策理念そのものは、同法制定当時の事情からすれば必然的なものであったといえる。また、高度経済成長の中に我が国の零細な農業構造の改革の現実的可能性を見出し、その達成手段として構造政策を基軸とする総合的な農業政策を推し進めようとしたことは、意欲的な政策展開の方向であったと評価し得る。

それにもかかわらず限られた部分しか実現し得なかった要因は、農業と他産業との間の生産性の格差是正という目標が、そもそも非常に実現困難なものであったことに加え、一つには、めざましい経済成長の下で、農業をめぐる状況の変化が農業基本法が想定した事態をはるかに超えるものであったこと、二つには、農業基本法には個別の施策のあり方を誘導することが期待されたが、その後の政治経済社会情勢等の影響を強く受け、その役割を貫徹し得なかったことにあると考えられる。

ア　高度経済成長の下での農業をめぐる状況

農業基本法制定当時の想定を超える状況変化の第一は、構造政策を進める前提が崩れたことである。

高度経済成長の過程において、農業の過剰就業人口が他産業部門へ吸収されたものの、若年層が中心であり、中高年齢層の途中転業は容易ではなかった。このため、農家の多くは、他産業に従事しても農地を手放さず、兼業という形で農業経営を継続し、兼業所得と農業所得を合わせて所得の確保を目指さざるを得なかった。また、高度経済成長の中で農地価格が上昇し、これに伴い農地の資産的保有傾向が強まったこと、技術の進歩や機械化の進展等により、多くの小規模農家にとって稲作に特化した営農の継続が可能となったこと等もこの傾向に拍車をかけた。こうしたことから、農業部門からの労働力の流出を機に農地の流動化による農業経営の規模拡大が進むというシナリオは、その出発点からつまずいたのである。

第二は、高度経済成長が予想を上回るテンポで進んだことである。

農業基本法制定後約十年間の実質経済成長は、「国民所得倍増計画」における年率七%という予測をはるかに上回り、年率一〇%を超えるものであった。このような経済成長による他産業従事者の所得のめざましい上昇は、それとの所得均衡が実現し得るものとされた自立経営の下限所得水準とそれに見合う経営規模を年々上昇させ、特に、経営規模の拡大が思うにまかせない稲作等の土地利用型農業においては、自立経営の存立を困難にしていった。このように、経済成長による他産業従事者の所得の増大が、農業の構造改善の成果によって追い付くことができないほどのテンポで進む一方、農工間の所得格差の是正が社会的にも一刻の猶予も許されない課題とされた時代背景の中で、その格差を短期的に埋めるために、米価を中心とした価格政策による所得支持に大きく依存することとなった。

さらに、このような価格政策の運用は、昭和四十年代半ばの米の過剰問題の発生の一因となり、また、生産性の低い小規模稲作経営の生産の継続の誘因となり、ひいては農業構造の改善を妨げた面もあった。

第三は、急速な国際化の進展等により、農産物輸入が予想を超えて増加したことである。

国際化の進展に関しては、農業基本法制定当時においても、徐々に国際貿易の影響が強まるとの認識があったが、農業において貿易の自由化が本格的に進むのは相当期間先のことと考えられていた。しかし、我が国の工業製品の輸出の急増は、農業も含めた貿易の自由化のテンポを早め、大幅な円高の進行、国内の生産コストの上昇と相まって、国産農産物の競争力は一層低下した。さらに、国民の食料消費についても、摂取熱量が飽和水準に近づく中で、所得の向上に伴い、畜産物や油脂類の消費と米の消費がトレードオフの関係となった。こうした事情の下で進行した農産物輸入の増加は、自給率を一貫して低下させるとともに、農業総生産の増大の実現を制約する等国内農業が発展していく上で大きな影響を与えた。

イ　農業基本法の農政の指針としての機能

農業基本法は、通常の法律のように権利義務といった実体的事項を規定したものではなく、農政の理念及び施策の基本的なあり方・方針を、法律という形式により抽象的に規定したものである。その方向付けに沿った施策の具体化は、別の立法・予算措置に委ねられており、農業基本法には、農業分野における各種施策のあり方を大枠として規定し、誘導することが期待されていた。

その一方で、農業基本法で示されている理念や方針は抽象的なものであり、かつ、個別の法律や施策に対し法的規範力を有するものでないことから、具体的な施策内容や運営方針については、相当に広い幅での選択が認められるものであった。したがって、具体的な施策が農業基本法によって示された方向に誘導されるかどうかは、もっぱら国の意思や姿勢に委ねられていたといえる。

具体的には、農業基本法の制定に併せ、畜産物、大豆、なたね等の価格安定制度の創設、農業近代化資金制度の創設、農業災害補償制度の改善、中央卸売市場の整備の促進、農事組合法人制度の創設、農地信託制度の創設等の各種関連立法の整備が行われた。また、予算についても、農業基本法が定める施策の方向に沿って、構造改善のための農業生産基盤整備の積極化、選択的拡大のための生産対策の強化等に重点を置いた施策の充実が図られた。農業基本法がどの時期まで農政の指針たり得たかは議論があろうが、こうした具体的な施策にみられるように、少なくとも制定当初においては指針としての役割を果たし、かつ、国も農業基本法に示された方向に沿って政策努力を行ったといえる。

しかしながら一方で、農業基本法は政策の重点を構造政策に置くことを企図していたにもかかわらず、実際には、価格政策中心の農政が展開された。実際の農政の運営としては、当時の政治経済社会情勢からそうせざるを得なかった面はあるが、農業基本法自身も、本来同法が企図したものを推し進める規範力を有していなかった。また、食糧増産を中心とした戦後農政に区切りをつけるものとして制定された農業基本法ではあったが、実際の農政は、引き続き、農地法、食糧管理法、土地改良法、農業協同組合法といった戦後農政の基本的法制の下で展開されたことが示すように、その制定が直ちに従来の政策の思い切った変更に結び付くというような政策誘導機能を有するものではなかった。農業基本法があくまでも抽象的な道標にすぎず、国の政策はその時々の政治経済社会情勢の中で進められるものであるとはいえ、農業基本法が現実の政策に対する強い影響力を持ち続けるためには、国が、農業基本法に示された方向に沿った政策運営を貫徹しようとする強い意思や姿勢を継続させる必要があった。

その後、様々な面で、農業基本法が予想していた事態をはるかに超える経済社会の変化が進むにつれ、現実とのかい離が徐々に進み、同法は現実の施策のあり方の指針たり得なくなった。各種の立法・予算措置等についても、農業基本法を根拠とした施策の具体化というよりも、その時々における政治経済社会情勢への対応姿勢を強めるようになり、同法の政策誘導機能はますます脆弱化した。こうして農業基本法は農政上あいまいな存在となった。

2　新たな基本法の制定に向けた検討の必要性

(1)　農業基本法が見直しを求められている背景

農業基本法は、我が国経済社会が急速な発展を開始する時期に制定されたものである。農業基本法制定から三十五年が経過したが、この間我が国の経済社会は、「欧米へのキャッチアップ」という目標の下で、効率性と経済的豊かさを追求しながら、世界に例をみない急速な発展を遂げた。この結果、我が国は世界有数の経済大国となるに至り、これに伴い国民の生活水準も著しく向上した。

その過程で、我が国農業・農村は、多様化・高度化する国民の食料需要に応えてきたばかりでなく、経済発展に必要な労働力、土地等の他産業への移動等を通じ、経済の発展と国民生活の向上に大きく貢献してきた。このような中で、農業・農村を取り巻く状況は大きく変化した。すなわち、①農家の生活水準は向上したが、農業労働力が非農業部門へ流出し、兼業化が進展した。②農業就業人口の減少、高齢化の進行等によって、耕作放棄地が増加する等農業生産力の低下が懸念されるようになった。③国際化の進展と食料需要の変化により、農産物輸入が増大し、豊かな食生活が実現した反面、食料自給率は低下した。④生産コストの上昇、円高の進行等から農産物の内外価格差が拡大した。⑤都市近郊農村を中心に混住化が進行する一方、中山間地域等では、著しい過疎化や高齢化の進行により地域社会の維持が困難な地域も現れてきた。

また、最近では、効率性追求一辺倒であったこれまでの経済社会運営を反省する気運が生まれるとともに、経済面にとどまらない生活の豊かさを求める世論が高まってきている。このような中で、農業・農村に対しては、食料の供給に加えて、国土・自然環境の保全、自然に恵まれた居住・余暇空間の創出等の非経済的あるいは社会的・文化的役割について、新たな期待が生じている。さらに、健康・安全志向の高まり等を背景に、食料に対する国民の関心も強まる傾向にある。

これらに加え、現在のボーダーレス化した国際社会の枠組みの中においては、もはや、単に我が国の経済社会の状況のみを念頭においた政策展開は困難なものとなってきている。農政の展開に当たっても、ＷＴＯをはじめとする国際的な貿易の枠組みや主要国の政策展開の動向、経済大国として我が国が途上国に対し果たすべき役割、さらには地球規模での環境への配慮の必要性の高まり等を踏まえ、国際社会の中での我が国農業のあり方を議論するとともに、国際的な場において積極的に発言していくことが必要となっている。

現在の農政の課題は、こうした食料・農業・農村を取り巻く問題や国民から寄せられる期待、さらには国際化の中での様々な要請に的確に応えることである。農業基本法の掲げた政策目標の中には、兼業所得を含むとはいえ、一般的には農業従事者と他産業従事者との所得水準の均衡が既に達成されていることにみられるように、現在の農業情勢からみると、政策目標として掲げる妥当性に疑義があるものもある。また、国際化を含めた農政に対する新たな要請の多くは、農業基本法制定時には存在しなかったか、あるいは意識しないですんだ問題である。こうした中で、国の農政全般にわたる政策の指針である農業基本法は、政策目標と現実とのかい離と、内外における新たな政策課題への対応の必要性という両面から、その位置付けが問われているのである。

それは、現在、高度経済成長を前提に構築された我が国の経済社会システム全体について、国際化が進展し、安定成熟化する社会に対応し得るものへ変革することが求められていることと軌を一にするものであるともいえよう。農業・農村が直面する問題の重要さや農政に寄せられる期待の大きさを踏まえると、まさに今、新たな時代に対応し得る新たな基本法の制定に向けた検討が必要となっているのではないだろうか。

(2)　見直しに当たって留意すべき事項

農政の新たな方向付けは、現在の農業・農村を取り巻く状況の大きな変化に適切に対応し得るものであるべきことはもちろんのこと、二十一世紀の経済社会全体の流れにも適合したものでなければならない。したがって、今後、新たな基本法の制定に向けた検討を行うに当たっては、経済社会の潮流が大きく変化していることを踏まえ、

①　我が国経済社会が高次の成熟経済社会へ転換していく中で、ゆとり、安心、やすらぎ等が実感できる経済社会の創造に資するものとして考えること。また、国民にとってわかりやすい内容にしていくこと

②　グローバリゼーションの進展の中で、単に国内の問題としてのみとらえるのではなく、WTO体制の下での国際的な協調、世界的な経済発展のあり方、人口・食料・環境問題の解決等の地球的な視野からも考えていくこと

③　さらに、自由で活力のある経済社会の創造に資するよう、地域の自主性、自己責任の下での個人の創意工夫等が十分に発揮されるようにしていくことに特に留意する必要があろう。

その際最も重要なことは、我が国経済社会の中での食料・農業・農村の役割や位置付けについて、国民的な合意形成を図っていくことである。現在、国民の価値観が多様化し、農政への期待も様々である中で、その国民的な合意形成は大変困難な作業である。しかし、二十一世紀における我が国の農業・農村の持続的かつ安定的な発展と国民生活の向上を実現するためには、このような国民的な合意が不可欠である。

なお、政策目標及びその実現のための政策の方針を法律という形式により構築するに当たっては、農業基本法の描いたシナリオが部分的にしか実現し得なかった要因も十分踏まえ、①農業を含めた経済社会の中長期的な状況の変化をどのように予測するのか、②政策目標の実現に向けて、関連諸制度との関係・連携をどのように調整するのか、③法律制定から時間が経過しても、また、予想を超える状況の変化があった場合にも、当該政策目標及び方針が個々の施策の企画立案・運営の実質的な基準であり続けるような工夫としてどのようなことが考えられるのか等について、十分な吟味を行う必要があろう。

3　新たな基本法の制定に向けた検討に当たって考慮すべき視点

現在、国民の価値観が多様化する中で、農政への期待も様々であり、しばしば意見の対立もみられるところである。今後の農政の方向付けは、国民合意の下に、我が国経済社会の中での食料・農業・農村の役割や位置付けを明確にした上で行わなければならない。

このため、食料・農業・農村についての国民的な合意に向けた議論の一助となるよう、本研究会の議論の過程において、新たな基本法の制定に向けた検討に当たって考慮すべき重要ないくつかの視点と、その視点に係る論点についても整理することとした。この論点は、本研究会が関係団体等から聴取した意見も踏まえており、意見の対立点や今後の検討課題が明らかになるように整理したものである。

今後、新たな基本法の制定に向けた検討を行うに当たっては、このような諸点について、まず現状を正確に認識し、それに基づき国民的な議論を積極的に行い、合意形成を進めることが必要である。

(1)　食料の安定供給の確保

食料は国民生活にとって最も基礎的な物資であり、その安定供給を確保することは国民に対する国の基本的な責務である。特に、中長期的な世界の食料需給について不安定な局面が現れ、場合によってはひっ迫することも懸念されている状況を踏まえれば、食料の安定供給の確保についての国の責務の重要性は今後一層増大するものと考えられる。

もっとも、現在の我が国の食生活は、飽食ともいえるほどの豊かなものであり、このような国民の食料需要に対して、国土資源に制約のある我が国においてすべてを生産し、供給していくことは非現実的である。したがって、現在の豊かな食生活を前提に食料の安定供給を確保していくためには、国内生産に加えて、世界の食料需給の動向を踏まえつつ、輸入及び備蓄を適切に組み合わせていかざるを得ない。その場合の国内農業の位置付けについては、一方には、価格が相対的に安い海外農産物の輸入を拡大し、その安定的な供給の確保に意を用いていくことが国民経済的にも有利であり、多大な国民負担をかけてまで国内農業生産による国民への食料供給を基本に考えていく必要はないとの考え方もある。しかしながら、国内資源を有効に活用し、不測の事態にも対応し得る国内供給体制を維持・継承することの重要性等を考慮すると、やはりある程度の国民負担を行いつつ、可能な限りの国内農業生産の維持・拡大と食料供給力の確保を図っていくことが必要である。この点は、今後の農政の展開に当たっての基盤となる最も重要な論点の一つであるので、十分な議論を行い、国民的な合意形成を図っていく必要がある。

また、一定の国内農業の維持が必要であるとした場合の具体的水準については、先進国のうちでも異例に低い水準にある我が国の食料自給率の向上を政策の主眼に置くべきであるとの考え方がある。これに対し、食料自給率は食生活の内容によって大きく左右されるものであることから、食料安全保障の観点からは、国民が必要とする最低限の栄養水準が国内で供給できるよう、農地、担い手、技術等によって形成される食料供給力の健全な形での維持・確保に重点を置く方が適当であるとの考え方がある。この点についても、今後、具体的な内容に関する議論を深めていく必要がある。

なお、食料の安定供給の確保の観点からは、以上の問題と併せて、備蓄の保有や安定的な輸入の確保のあり方、さらには食料・農業に関連する国際協力のあり方等についても、議論する必要がある。

(2)　食品産業の活性化

食品製造業、食品流通業及び外食産業から成る食品産業は、これまで、変化する消費者ニーズに的確に対応することにより、国民への食料供給において農業と並ぶ重要な位置付けを有するまでに発展・成長した。したがって、今日においては、食品産業を単に国内農産物の販売先としてとらえるのではなく、食料の安定供給を維持・確保し、豊かな食生活を可能としていく上で重要な役割を担う産業部門としてとらえ、その健全な発展を図っていくことが不可欠となっている。

食品産業の各部門は、今後とも、消費者ニーズに対応したきめ細かなサービスの提供等を通じて、国民の食生活の健全な維持・発展に貢献していくことが求められているが、いずれも中小零細規模の経営が多く、経営の体質強化が急がれている。食品製造業においては、近年の円高や国際化の流れの中で輸入品との厳しい競争に直面し、一部には、原料農産物の海外での一次加工や海外への立地を目指す、いわゆる空洞化の動きもみられる。このため、食品製造業は、国際競争力の確保を図る観点から、輸入原料農産物の国境措置水準の引下げと、併せて国内原料農産物の価格引下げや安定供給、高品質化等を強く求めている。今後、このような要請にも適切に応えていく必要があると考えられるが、一方で、輸入原料農産物の国境措置水準の引下げは、競合する国内農産物の生産の確保を困難にする面があることも念頭に置いて検討を進める必要がある。

(3) 消費者の視点の重視

経済発展を重視する戦後の経済運営の中では、生産の視点が重視され、ややもすると消費者の視点が軽視されがちであった。しかしながら、近年、生活の真の豊かさを求める世論が高まるにつれ、経済社会の運営において消費者の視点を重視していくことが重要になってきている。

特に、消費者の健康・安全志向から、食料に対する関心が高まってきていることを考慮すれば、栄養バランスのとれた健康的で豊かな食生活の普及・啓発を行いつつ、食品の品質の向上、安全性の確保や、規格・表示の整備、適正化等の消費者ニーズに的確に対応した施策の充実に努めていく必要がある。

このように、消費者ニーズに的確に対応していくことは、国内農業の持続的かつ安定的な発展を図る上でも重要である。国民のすべてが食料の消費者としての立場にあることを考慮すれば、農業に対する消費者の理解を得ていくことは、農業・農村を国民にとって身近なものとしていく近道であり、また農業発展の条件であるともいえる。

なお、消費者から寄せられる、おいしいもの、新鮮なもの、調理が簡便なもの、安心して食べられるもの等多種多様な農産物を供給してほしいという要請と、そのような農産物を安価で安定的に供給してほしいという要請は、トレードオフの関係を有している面がある。このため、こうした問題について、消費者と生産者とが率直に対話を重ね、相互理解を深めていくことも必要である。

(4) 新しい農業構造の実現

食料の安定供給を確保する上で国内農業をどのように位置付けるにせよ、農業生産にコストを際限なくかけるということでは国民の支持は得られない。このため、制約された国土条件の下でも、可能な限り生産性の高い農業生産を実現し、生産コストの低減を図っていく必要があり、また、農業を魅力とやりがいのあるものとするという観点からも、農業構造を改善していくことは引き続き重要な課題である。

現在、これまで農業生産の維持・拡大を中心的に担ってきた昭和一けた世代が、農業からリタイアする時期にさしかかろうとしている。このことは、今後農業構造の改善を進める大きな契機となるものと考えられる。

ア　農地の流動化施策について

農地の流動化のための法的枠組みについては、これまでにほぼ体系的に整備されたと考えられる。しかし、今後、農地の流動化の一層の加速が課題となる中で、現在の法体系を含め、農地の流動化施策のあり方については十分な検討が必要である。また、これまで貸借に重点を置いた農地の流動化を進めてきた結果、現在、各地で借地による大規模経営がみられるようになってきている。今後も引き続き貸借を中心に農地の流動化が進むとした場合に、零細所有大規模借地経営という形態は、長期的な営農計画を困難にする等不安定な経営構造としての側面を有することから、その安定化等のため、どのような措置が必要なのか検討する必要がある。

イ　農業の担い手の確保について

農業における過剰就業問題を解消させた高度経済成長は、反面、若年層を中心として農業就業人口を減少させ、農業労働力の脆弱化をもたらした。今後、農業従事者の減少と高齢化が更に進行すると見込まれる状況においては、農業生産の担い手をいかに幅広く確保していくかが重要な課題である。

この場合、農地の投機的な取引の防止等により農地の農業上の有効利用は確保しつつ、株式会社を含めて新たに農業を行おうとする意欲のある者の農地の権利取得を認めることについてどのように考えるのか十分な議論が必要である。

また、新規就農者を含めた農業の担い手の広域的な募集、技術経営研修及び就農条件の整備のあり方や、いわゆる集落営農、農業サービス事業体等の位置付けについても更に議論を深めていく必要がある。さらに、農業生産活動において重要な役割を担う女性農業者を担い手として明確に位置付けていくための措置についても検討する必要がある。

なお、産業政策的な視点からは、種々の施策は専業的な農家に集中し、小規模兼業農家は施策の対象から外すべきであるとの考え方があるが、この点についても十分な議論が必要である。

(5)　自由な経営展開の推進

我が国は世界的にみても所得水準が高く、豊かな食料品市場が形成されている。また、この食料品市場は、食料品に対する需要の一層の多様化、高度化等により、更に変貌していくものとみられる。

このような国内市場をめぐる状況の中で、我が国の農業については、意欲ある農業者の創意工夫の発揮次第で、様々な発展の可能性を有しているといえる。今後の農政の展開に当たっては、農業者の創意工夫が発揮され、自由な経営展開を一層推進し得るような条件整備を行うことが必要である。これは、多少のリスクを伴うものではあるが、農業を職業として選択し得る魅力あるものにしていくために不可欠な条件であるとともに、国内農業の体質を強化する道でもある。

このため、市場の動向を的確に把握し多様な消費者ニーズ等に機動的に対応できるよう、農業者の経営感覚を醸成するとともに、生産・流通段階における諸規制と保護のあり方を見直し、市場原理の一層の導入を図る必要がある。同時に、農業経営の改善を自主的に進めようとする農業者の努力を助長する観点から、多様な支援策を講じていくことも求められる。

その際、特に、個々の営農上の工夫だけでは対応し難い以下のような問題については、十分な議論が必要である。

① 米の生産調整については、行政主導による実施への限界感が強まっている一方、稲作の有利性が継続する中で、その実施を完全に生産者の自主性に委ねれば、生産過剰により米価が暴落し、稲作農家、特に大規模専業農家の経営への深刻な影響が懸念される状況にある。こうした中で、生産調整の実施による需給及び価格の安定の確保と、生産者の自主性の尊重の要請をどのように調和させていくべきか。

② 効率的な農業生産の推進のためには生産基盤の整備や農業技術の開発・普及が重要であるが、その際、大規模農家の経営改善を進めていく観点から、土地改良事業の費用負担のあり方についてどのように考えるのか。また、現場ニーズや政策ニーズに対応した迅速な技術の開発・普及のためにはどのような措置が必要なのか。

③ 資材価格の低下が可能となるような条件整備を進めるためには、資材に係る規制の緩和や流通ルートの多元化等が必要であるとの考え方があるが、この点について農協系統の事業運営の見直しと併せどのように考えるのか。

(6) 農業経営の安定の確保

農業は、生産条件等において他産業と比べ不利な面を有しており、また、我が国の農業には、諸外国と比べて、急峻な国土条件や高地価をはじめとする様々な制約もある。このため、これまで各種農産物については、価格の安定、農業所得の確保等の観点から、多岐にわたる価格政策や国境措置が講じられてきた。

しかし、ＷＴＯ体制の下では農産物の価格支持の削減や国境措置水準の引下げが求められており、また、国内においても内外価格差の縮小を求める消費者や食品産業からの要請が高まってきていることから、従来のような価格支持は、今後次第に困難になると考えられる。

他方、農業経営の安定の確保を図っていくためには、引き続き農業所得の過度の変動を防止していくことが必要であり、また、諸外国と比較して国土条件等の制約要因がある中で、一定の国内農業の維持を図るとすれば、国際ルールの枠内で相応の国境措置を講じていくことも重要であると考えられる。

今後の政策展開に当たっては、こうした国際環境の変化や国内の様々な要請等を踏まえ、

① 市場原理の一層の導入、国際ルールへの適合の観点から、価格決定は基本的に市場に委ね、これに伴って生じる農業所得の過度の変動の防止等は別の手段によるべきであるとの主張についてどのように考えるのか

② また、今後の国境措置の手法や水準についてどのように考えるのか

といった点について十分な議論を行っていく必要がある。

なお、このような政策運営に伴う国民の負担の形態については、国境措置等により農産物の国内価格を支持する消費者負担型と、政府から農業者に対する直接的な財政支出により農業者の一定の所得を確保する財政負担型とに分けられるが、こうした国民負担のあり方についても十分な議論を行う必要がある。

(7)　農業の有する多面的機能の位置付け

農業の有する機能については、農業基本法制定当時、主として農産物供給という面でとらえられていたが、その後の我が国経済社会の変化の中で、国土・環境保全機能、景観保全機能、教育的機能、アメニティの創出、地域社会維持等の社会的機能、歴史文化保存機能といった多面的な機能が外部経済効果として認識されるようになった。

一方、農業は、化学肥料や農薬の過剰な投入、家畜ふん尿の不適切な処理等により、環境に悪影響を及ぼす面がある。このため、近年、地球環境問題への関心の高まりを背景に、国内外で、環境と調和した持続的な生産様式への転換の要請が高まってきている。

このような農業の有する多面的機能や農業の環境負荷の側面は、いずれもこれからの農業・農村を考える場合の重要な要素であるが、以下のような点につき、十分な議論が必要である。

① 農業の有する多面的機能については、これまでも様々な計量的な評価が試みられてきているが、多面的機能の存在

は、どのようにすれば国民が実感として理解し得るものとなるのか。

② 環境保全等農業の有する多面的機能の存在を農業保護の根拠としようとする主張がある一方で、特に国際的な議論においては、農業保護は農業の投入・産出を人為的に高め、地下水汚染や土壌浸食等の環境破壊を助長することから、農業保護を削減することが環境の改善に資するとの主張があるが、農業・農業保護と環境との関係をどのように考えていくべきか。

③ 環境負荷の軽減に配慮した農法への転換や未利用有機物資源の循環的利用を推進し、農業を環境と調和した持続的な生産様式に変えていくことは、農産物の安全性重視という消費者の要請に沿った生産の方向でもあるが、必ずしも生産コストの低減や農業所得の増大に結び付くものではない。農産物の内外価格差の縮小等の要請もある中で、農業経営の経済効率性の追求との調和をいかに考えていくのか。

(8) 農村地域の維持・発展

農村地域は、全般的には、過疎化や高齢化の進行により地域活力が低下し、社会における相対的比重が低下している。特に、地理的条件等から農業の生産条件が不利な上に、就業・所得機会、生活の利便性等にも恵まれていない中山間地域等では、地域社会の維持が困難となるところも現れている。また、土地利用の実態をみると、農地のスプロール化等土地利用の混乱が生じており、優良農地の確保や国内の食料供給力の確保の観点からの問題も生じている。

しかし、一方で、近年の国民の価値観・生活様式の多様化や、余暇時間の増大を背景として、農村地域は、農林業の生産の場や地域住民の生活の場としてだけではなく、国土を守り環境を保全する場や地域特有の文化、伝統等を育む場として、さらには景観や緑、水等に恵まれ安心して過ごすことのできる余暇・生活空間として、その評価が高まってきている。また、大都市への過度の人口集中を防止し、国土の均衡ある発展を図る観点からは、個性や独自性を生かした多様性のある農村地域の維持・発展が期待されている。

このような中で、今後の農村地域の振興に当たっては、これまでのような農林業の振興や都市との格差是正に重点を置いた生活環境の整備のみならず、地域資源の活用や秩序ある土地利用、情報通信の高度化等を図りながら、都市住民等にも開かれた特色ある快適な農村空間を創出していくとの観点から、地域全体の活性化や農村の整備を進めていくことが重要となっている。この場合、混住化の進行や地域経済における農林業の地位の低下等を踏まえると、必ずしも農林業施策のみによって農村地域の維持・発展が支えられるものではなく、各省庁における各種施策の展開をも視野に入れた対応が不可欠となっている。

　これらのことを踏まえ、今後の農村地域政策の推進に当たっては、以下のような点につき、十分な議論が必要である。

①　中小都市と周辺の農村を地域として一体的にとらえ、その人口や産業・社会活動を積極的に維持し、地域全体としての振興を図るという地域構造政策の視点を、農林業施策と各種施策の総合的な推進に当たって、いかに具体的に反映させていくべきか。

②　優良農地の確保とその農業上の効率的利用を図るとともに、ホビー農業、生きがい農業、体験農業等による土地利用にも対応しつつ農村地域を快適な居住・余暇空間として形成するため、農業上の土地利用と農業外の土地利用との区分の明確化等、土地利用制度のあり方につきどのように考え、適正かつ計画的な土地利用を確保していくのか。

③　中山間地域等が抱える問題に対処するために、農地等の資源を管理する主体の育成の要否も含め、どのような施策を講じていくべきか。また、その場合に、いわゆる直接所得補償等の手法についてどう考えるのか。

Ⅴ　おわりに

　本研究会は、この報告を通じて、農業基本法の政策目標及びそれを達成するための諸政策の今日的評価等を行った。また、その評価を踏まえ、農政は今、新たな時代に対応し得る政策の方向を提示することが求められていることを明らかにした。さらに、この報告の最後では、今後、新たな基本法の制定に向けた検討を行うに当たって重要と考えられるいくつかの視点を示した。ここにおいては、今後、食料・農業・農村に関する国民的な議論が展開される際の素材を提供するという観点に立ち、その視点に係る論点を問題提起的に整理することに重点を置いている。

　新たな基本法の制定に向けた検討とは、我が国経済社会の中での食料・農業・農村の役割や位置付けについて、国民的な合意形成を図ることにほかならない。現行農業基本法の制定時においては、日本の農業・農政の課題と方向について国民的な合意が成立し得たと理解されるのに対し、現時点においては、そのような合意形成までには距離がある状況にある。まず行うべきは、今後の食料・農業・農村のあるべき姿についての国民的な議論である。この報告が、このような議論の起爆剤となり、今後、各界各層において活発な議論が行われることを期待するものである。

○食料・農業・農村基本問題調査会答申

（平成十年九月十七日食料・農業・農村基本問題調査会）

目次

はじめに

昭和三十六年に農業基本法が制定されて以来、三十七年が経過した。この間、我が国を取り巻く内外の環境は激変し、私たちは現在、抜本的な制度の見直しを必要とする政治・経済・社会上の大きな困難に直面している。ことに人口・食料・環境・エネルギー問題は地球的規模で課題となっており、未来に対する不透明感の下に、生きる上での安全と安心が切実な問題となりつつある。

人の意識・価値観・生活スタイルの全般にわたる見直しと新たな模索・創造の営みが全世界的に進む中で、誰もが今、自分の足許を見つめ、何よりもまず「くらしといのち」の安全と安心を確保したいと願っている。その意味で、我が国における食料・農業のあり方は、農村のあり方とともに、国民全体・国土全体の問題として緊急にとらえ直されねばならず、その政策のあるべき姿が示されねばならない。

「くらしといのち」の基本に関わる安全で安心できる食料の安定的な確保については、様々な問題が地球的な規模で顕在化し、経済社会のボーダーレス化が急速に進展する中にあって、時とともに重要性が高まっている。

また、食料生産の基盤である農業については、自由で活力のある我が国経済社会の中に足腰の強い産業としてこれを的確に位置づけ、構造改革の推進と担い手や地域の創意工夫・自主性の下に、未来に向けてその力を最大限に発揮することが求められている。

さらに、農村地域社会については、その維持・活性化を通して農業生産の基盤を確保するだけでなく、国土や環境を保全する役割が期待されている。また、それぞれの農村地域社会の特色を十分に活かすことによって、我が国経済社会全体の発展に寄与することが求められている。

我が国では、現在、市場経済を中心とし自由で活力のある経済社会システムの創造を目指して、規制緩和等による構造改革が進んでいる。構造改革には産みの苦しみを伴うが、自己責任の下で、個人や地域の創意工夫と自主性が発揮されるような経済社会を構築するためには、それを避けて通ることはできない。

私たちは今、地球資源の有限性や環境問題、食料危機への不安などを強く意識せざるを得ない、文明の大きな転機に立たされている。進歩と発展の明るい高度成長期から一転して、世界的に危機意識と不透明感が強まる中にあって、戦後の農政を形づくってきた制度の全般にわたる抜本的な見直し、二十一世紀を展望しつつ国民全体の視点に立った食料・農業・農村政策の再構築が、今なされねばならない。

本調査会は、平成九年四月十八日、内閣総理大臣から「食料、農業及び農村に係る基本的な政策に関し、必要な改革を図るための方策に関する基本的事項について、貴調査会の意見を求める。」との諮問を受け、同年十二月十九日に中間取りまとめを公表し、広く国民の意見を聴きながら検討を行ってきた。

検討に当たっては、極力長期的な見通しを踏まえながらも、基本的には、我が国経済社会を取り巻く情勢について全般的に予測することが可能と考えられる二〇一〇年程度までの期間を想定することとした。

以下は、二十一世紀を展望した食料・農業・農村政策の基本方向について、本調査会の考え方を答申として取りまとめたものである。政府においては、答申に示した考え方を踏まえて、国民的な合意の形成を図りつつ、現行の農業基本法に代わる新たな基本法の制定に取り組むとともに、その具体化のために必要な政策について検討し、早急にその実現を図るべきである。

第1部　食料・農業・農村政策の基本的考え方

1　食料・農業・農村を考える基本的な視点

(1)　国民生活の基盤である食料供給の安定

食料は、人間の生存にとって不可欠であるばかりではなく、健全な身体と心の基礎である。食料供給の安定なくして、社会の安定、国民の安心と健康の維持はあり得ない。

我が国は、経済の発展に伴い、国産食料と輸入食料を組み合わせて豊かな食生活を実現してきた。今後いかなる事態が生じても食料供給を量・質ともに安定的に確保していくことが、国家社会・国民生活の安定と安心を維持する上で重要である。

(2)　水をはぐくみ国土をつくる農地と森林

我が国は、アジア・モンスーン地帯に位置し、極めて雨の多い国である。また、国土は急峻で、その約四分の三を山が占め、河川は短く、流れも急である。

農地と森林は、このような我が国の厳しい自然条件を緩和し、生命に不可欠な水をはぐくみ、豊穣な国土を維持する上で基礎的な役割を果たしている。国土に降った雨は、農地と森林によって蓄えられ、やがて養分を含んだ水として河川や農地を巡り、さらに都市で利用され、最後に海へ流れ、豊かな海産物を育てている。

このような国土の基本的な構造を形成してきたのは、農地や森林を守り、水を維持管理してきた人々の営みであった。我が国の国土が、自然と調和しながら、緑の豊かさや人口扶養力の高さを維持することができたのは、農林業の生産活動が持続的に行われ、地域社会が形成されてきたからにほかならない。

(3)　持続的な社会の形成が求められる二十一世紀

人口と経済の急成長を特徴とする二十世紀の文明は、鉱物、化石燃料等のやがて枯渇してしまう資源に依存しながら、大量生産・大量消費・大量廃棄の上に繁栄した文明でもあり、自然の循環や再生を重視せず機能性・経済性・効率性の追求を最優先してきた。その結果、めざましい人口増加と経済発展があった反面、次第に地球資源が有限であることが認識されるようになり、現在では、資源の循環に基づいた持続的な社会のあり方が模索されるようになっている。

人間の生命と健康は、食料によって支えられている。そして、この食料を産み出す農業生産は、土・水・生物等の自然の有する循環機能を基礎とする活動として、持続的な社会を築いていく上で基本となるべきものである。

(4)　二十一世紀の世界の展望

ア　人口・食料・環境・エネルギー問題の顕在化

二十一世紀においては、地球の有限性によって引き起こされる人口・食料・環境・エネルギー問題が、地球的な規模で取り組まなければならない課題となるものと見込まれる。

世界の人口は、現在の五十九億人から二〇一〇年には六十九億人、さらに二〇二五年には八十億人に増加すると見込まれている。

食料は、人口の増加や開発途上国の食生活の向上により、需要が大幅に増加すると見込まれている。一方、生産は、過放牧・過耕作・塩類集積による土壌の劣化・砂漠化等様々な不安定要因があり、やがて世界の食料需給がひっ迫する事態も十分考えられる。

環境の面では、地球の温暖化・オゾン層の破壊・酸性雨等が農業生産に影響を与えることも懸念されている。

エネルギーも、経済発展や人口増加等により、今後とも大幅な需要の増大が見込まれ、中長期的には需給がひっ迫する可能性もある。

将来、こうした厳しい状況が予想されるだけでなく、現在においても、先進諸国で農産物過剰の国がある一方で、世界で八億四千万人の人々が栄養不足に直面している。各国が、飢餓・貧困問題の解消に向けて協力し、更に積極的な対応策を講ずることが重要な課題となるものと見込まれる。

イ　ボーダーレス化の進展

情報通信技術や交通手段の飛躍的な発達により、現在経済社会のボーダーレス化が急速な勢いで進んでいる。その結果、世界的規模で人・商品・財貨・情報の交流や流通が促進されるものと見込まれる。

(5)　二十一世紀の我が国経済社会の展望

ア　人口構成の変化

我が国の人口は、当分の間は微増傾向が続き、一億三千万人に近い膨大な人口が維持されるものと見込まれるが、二〇〇七年にピークに達し、その後は緩やかな減少局面に移行するものと見込まれる。

この中で、少子高齢化が更に進行し、二十一世紀初頭には世界に例のない高齢社会が登場するとみられる。

イ　経済の動向

資本蓄積率や貯蓄率の低下等により、経済成長はより緩やかになるものと見込まれる。これに加えて、日本企業の海外生産比率の上昇、製品輸入の増加等によって、経常収支の黒字幅が減少してくるものと見込まれる。

このような経済社会の動向に対応するために規制緩和等の行政改革や財政改革が進み、経済システムにおける行動の自由度が拡大していくものと考えられる。こうした中で、女性の社会進出が進展するとともに、就業する高齢者が増加するものと見込まれる。また、高度情報通信網の発達等により急速な情報化が進展するとともに、生命科学等の進歩によって独創的な技術開発が進むものと期待される。

ウ　価値観の変化

欧米先進国へのキャッチアップ過程が終わり、我が国が自らの手で経済社会のあり方を模索していかなければならない新しい段階に入っている。その中で、従来の効率性一辺倒の考え方による様々な歪みが出ていることが認識されるようになり、物の豊かさとともに心の豊かさを求め、充ち足りた生活や文化を優先するという価値観が広く一般に受け入れられつつある。

このような中で、所得の増加や生活の利便性だけでなく、心のゆとり、人々や自然との触れ合いといった価値を評価する傾向が強くなっており、このような価値観は、社会の中でますます強くなっていくものと考えられる。

エ　国際化の進展

経済活動や社会活動のボーダーレス化が今後更に進展すると見込まれることから、現代の社会が直面する様々な問題の解決に当たって、単に国内的な視点からだけではなく、国際的な協調や地球的な視点も踏まえて取り組んでいくことが必要になるものと見込まれる。

2　食料・農業・農村の抱える厳しい諸問題

世界のみならず、我が国の経済社会が大きく変化していく中にあって、食料・農業・農村は、多くの厳しい問題を抱えている。こうした諸問題は、それをもたらしている要因が現在の傾向で続けばますます深刻さを増し、その結果、国内において食料を供給する力や、地域経済において大きな役割を果たし国土・環境の保全等の多面的機能を発揮している農村の活力が、大幅に低下することが懸念される。

(1)　食料需給構造のギャップの拡大と食料自給率の低下

食生活の高度化・多様化が進む過程で、我が国の農業の基幹的な作物である米の消費が減退し、畜産物・油脂のように大量の輸入農産物を必要とする食料の消費が増加してきた。このような食料需給構造のギャップの拡大の結果として、食料自給率は一貫して低下してきている。我が国の食料自給率は、供給熱量自給率で四二％、穀物自給率で二九％（平成八年）と主要先進国の中で最低の水準となっており、穀物自給率は、世界一七八の国・地域のうち一三五位である。裏返して言えば、我が国の食料の多くは、輸入農産物に依存しており、現在の食生活を維持するためには、国内の農地面積の二・四倍に相当する海外の農地を必要とする状況となっている。

また、国際化の進展に伴って、食料の製品輸入が急速に増加している。その結果、我が国の食品産業は海外製品との激しい競争にさらされており、海外に立地する企業も出始めている。このような傾向が続けば、食品製造業の空洞化が進み国内農業の生産する原料農産物に対する需要を更に減少させ、ひいては食料自給率を低下させる要因となるおそれがある。

(2)　農地の利用状況の悪化と農業の担い手の弱体化

農地は農業生産にとって最も基礎的な資源である。しかし、我が国では、その面積は、他用途への転用等により一貫して減少してきている。また、近年では耕作放棄地が増加しており、この傾向が続けば、農地面積が大幅に減少することが懸念される。さらに、農地の利用度を表す耕地利用率も、水田裏作の縮小等により低下し続けている。

一方、農業者数が一貫して減少してきていることに加えて、高齢化が急速に進展している。現在、六五歳以上の高齢者が農業者の四割以上を占め、「昭和一桁世代」といわれる農業者が農業の主たる担い手となっているが、その世代のリタイアの時期が迫っており、今後、農業者数は大幅に減少するものと見込まれる。

これは、農業の担い手にとって経営規模拡大の機会と言える状況であるが、一方で、新規に農業に就く人の数は、最近Uターン青年等他産業からの就業者が増加してきているものの、全体としては望ましい水準に達していない。このような中で、都府県の土地利用型農業等では経営規模の拡大が立ち遅れており、農業構造の改善は進んでいない。

農地も農業の担い手も、いったん失われると短期間で回復することは困難であり、現在の減少傾向がそのまま続けば、我が国の食料供給力が更に低下することが懸念される。

(3) 農村の活力の低下と国土・環境保全等の多面的機能の低下

農村人口は、都市への人口の転出等により一貫して減少し、また、高齢化が急速に進行している。特に中山間地域等においては、人口が自然減となっている市町村が八割に上るなど、過疎化・高齢化が深刻な状況となっており、集落を維持することが困難な地域も多く生じている。

農村地域は、農業者の生産と生活が一体的に営まれている場であり、それぞれの地域で農業生産活動や住民の社会活動が営まれることにより、国土・環境の保全、農村景観・伝統文化の保持等の多面的機能が発揮されている。しかしながら、人口の減少と全国平均を上回る高齢化の進展に端的に示されるように、農村地域の活力は全般的に低下してきており、今後こうした状況が続けば、農業・農村の有する多面的機能が低下することが懸念される。

3 食料・農業・農村に対する国民の期待

我が国の食料・農業・農村は、厳しい諸問題を抱えているが、その一方で、国民からは次のような多様な期待と改革努力の要請が寄せられている。二十一世紀を展望した食料・農業・農村政策を構築するに当たっては、こうした国民の期待にこたえるとともに、その支持や参加が得られるようにしていくことが必要である。

(1) 食料の安定供給の確保

総理府世論調査によれば、将来の我が国の食料事情に対して不安感を抱いている国民が七割に上る。

今後、世界的規模で人口・食料・環境・エネルギー問題が更に顕在化すると見込まれる中で、食料の安定的な供給を確保することは、今まで以上に重要な課題となり、これに対する国民の要請は更に強まるものと見込まれる。

こうしたことから、国民の必要とする食料について、安価で良質なものを安定的に確保し、生産から流通、消費に至る過程全般を通じて効率的に供給することが求められる。

(2)　安全・良質で多種多様な食料の供給と食品産業の健全な発展

今後、健康志向・安全志向の高まりを背景として、国民が今まで以上に生活の質の充実を求めるようになってくると、食料についても、数量や価格といった側面に加えて、安全性の確保、品質の向上、品目の多種多様さなど質に対する要求が更に強まるとともに、的確で豊富な情報提供が今まで以上に求められる。

食品製造業・食品流通業・外食産業から成る食品産業は、食材及び食に関するサービスの両面で、個人のライフ・スタイルや嗜好に応じて、品目の多様性や選択の自由を確保し、利便性や情報提供を促進するなど、食生活の高度化・多様化の要請に対し、更に適切な役割を果たすことが求められる。

(3)　我が国農業の体質の強化と合理的価格での食料供給

総理府世論調査によれば、食料については、我が国農業の生産性を向上させながら、極力国内で生産すべきだと考えている国民が八割以上に上る。また、国際化の進展によって食料の内外価格差が強く意識されるようになっている。厳しい国土条件の制約はあるものの、最大限に国内農業の生産性の向上を図ることを通じて、国民の納得する合理的価格で食料を供給することが求められる。

このため、我が国農業が自由で活力のある経済社会の中で足腰の強い産業となるよう、従来から進めてきた構造政策の推進を加速し、構造変革等を進め、その体質の強化を図るとともに、農業を担う人が地域の条件や特色を活かして創意工夫をこらし自由で多様な経営展開ができるようにしていくことが求められる。

(4)　農業の自然循環機能の発揮

農業は、生物が太陽エネルギーや水・空気等の無機物を取り込んで、自らを再生産する自然の循環過程の中で存在するものであり、更にその再生産過程を促進する特質を持っている。その生産の過程で、農業生産活動は土・水・緑といった自然環境を構成する資源を形成・保全すると同時に、こうした資源を持続的に循環利用することを可能にしている。

今後、国内の資源を有効に活用し、持続的な循環に基づく社会を形成していくためには、農業が内在的に有しているこのような自然循環機能を十分に発揮させていくことが求められる。

(5)　農業・農村の多面的機能の発揮

我が国は地形が急峻な上、多量の雨が降るという災害の起こりやすい自然条件にあるが、農村で行われている農業生産活動は食料の供給とともに国土や環境を保全する機能をも有している。また、農村では、多様な生物が生息しており、それぞれ地域固有の農村景観を持ち、歴史と伝統に根差した地域の文化が継承されている。

国民がゆとり・やすらぎ・心の豊かさを今まで以上に意識するように変わってきている中で、特に、農村の豊かな自然環境や美しい景観の持つ重要さに対する認識も高まっており、こうした農業・農村が有する多面的機能を適切に維持・発揮させることが求められる。

(6) 農村地域の地域社会としての維持・活性化

農村地域では、農業や農業に関連する地場産業が、地域経済上重要な地位を占めている。また、農村地域は、食料の安定供給の役割を果たしているとともに、多くの住民により地域社会が形成され国民の約四割が居住している。

このように農村地域は国民経済や国民生活にとって大きな役割を果たしていることから、我が国経済社会全体の発展を図るため、地域社会として維持・活性化させていくことが求められる。

(7) 食料・農業分野における国際貢献

現在世界に存在する八億四千万人の栄養不足人口を早急に減少させ、飢餓・貧困問題の解決に向けて努力することが重要な課題となっている。このような飢餓・貧困問題に積極的に取り組み、世界の食料需給を安定させる努力を行うことは、我が国の食料安全保障にもつながるものである。

このため、我が国としても、食料・農業分野において、経済力や国際的地位に応じた主体的で積極的な国際貢献を行うことが求められる。

以上のような国民の期待にこたえるような政策を構築する上で、農業をめぐる諸条件の違いにも留意しつつ、諸外国が実施している農業政策の動向や国際的な議論の潮流を十分踏まえることが必要である。

また、財政状況が厳しくなっていることから、食料・農業・農村政策に係る財政措置を効率的かつ重点的に運用していくとともに、政策の透明性を高め国民にわかりやすいものにしていくことが必要である。

4 食料・農業・農村政策の目標

二十一世紀の世界と我が国の経済社会の展望、我が国の食料・農業・農村が抱える厳しい諸問題、食料・農業・農村に対する国民の期待を踏まえると、今後の政策展開に当たって、次の三つの目標を掲げることが適当である。

第一は、食料の安定的な供給を確保するとともに、我が国農業の食料供給力を強化することである。

食料は国民の生命と健康を支える基礎的な物資であり、現在から将来にわたり、量・質の両面において、生産から流通・消費に至るまで、食料が国民の納得する合理的価格で安定的に供給されることを確保することは、国家の基本的な責務である。この責務を果たすため、従来から進めてきた構造政策の推進を加速し、農業構造の変革等により担い手を育成することを中心に、国内の食料供給力の強化を図りながら、国内生産を基本とし、これに輸入・備蓄を適切に組み合わせた総合的な食料安全保障政策を確立する必要がある。

こうした政策は、人口・食料・環境・エネルギー問題が世界的な規模で課題となる中で、自国内の資源を有効活用することが各国の責務として求められるという国際的な要請にも対応するものである。

第二は、農業・農村の有する多面的機能の十分な発揮を図ることである。

農業・農村は、食料の安定的な供給のほか、洪水・土砂崩れなどの災害防止、水資源かん養等国土・環境の保全、美しい農村景観の提供、歴史と伝統に根差した地域文化の継承等の諸機能を果たしている。国民が安心して生活をし、安全を確保できる基盤として、こうした多面的機能が十分に発揮されるようにしていくことが必要である。

これは、農村地域社会の維持を通じて我が国経済社会全体が調和をもって発展していくという要請にも対応するものである。

第三は、これらの目標を達成する上で、地域農業の発展の可能性を多様な施策や努力によって追求・現実化し、総体として我が国農業の力を最大限に発揮することである。

我が国農業が抱える厳しい諸問題、そして食料供給の役割と多面的機能の発揮に対する国民の大きな期待を考えると、農業構造の変革等により農業の体質を一層強化し、我が国農業の力が最大限に発揮されるようにしていく必要がある。すなわち、全国各地域において農地・担い手等物的・人的資源の最大限の確保を図るとともに、地域の条件や特色を活かした自由で多様な経営展開を通じて国民のニーズに迅速に対応できるような生産と構造改善を進め、農地の有効利用・農業経営の発展を期することが肝要である。同時に、農業が本来持っている自然循環機能を十分に発揮できるような農法を展開することも極めて重要である。

第2部　具体的政策の方向

1　総合食料安全保障政策の確立

(1)　世界の食料需給の動向把握と見通しの検証

今後の世界の食料需給については、次のような背景から、短期的には価格変動の不安定さが増すとともに、中長期的にはひっ迫する可能性があると考えられる。

① 世界の人口が急激に増加し、また所得の向上によって食生活が高度化するため、食料需要は開発途上国を中心に大幅に増加する。とりわけアジアの諸国は食料需要の大幅な増加により、穀物等農産物の輸入を増やす傾向にあり、その結果、食料自給率が低下してきている。

② 今後農用地を大幅に拡大することは望めず、環境問題が顕在化するなど、農業生産の拡大を図る上で種々の制約要因が明らかになってきている。

③ 輸出国が特定の国に偏る傾向が強まるとともに、主要輸出国は過剰在庫に伴う財政負担の増加や農産物価格の低迷に苦しんだ過去の経験から、農産物の在庫水準を圧縮させてきている。また、エルニーニョ現象等による異常気象により、農業生産の変動が今後も生じる可能性がある。

世界の食料需給の動向は、我が国の食料供給の確保に大きな影響を及ぼすものであり、その短期的動向の敏速な把握や中長期的な見通しの検証を絶えず的確に行っていく必要がある。

(2) 国内農業生産を基本とする食料の安定供給

我が国の限られた国土資源の下で国民の必要とする食料を確保していくためには、国内農業生産と輸入・備蓄を適切に組み合わせることが不可欠であるが、食料の輸入依存度を更に高めることは我が国の食料供給構造をより脆弱にすること、資源の制約の強まる地球社会において自国の農業資源を有効活用することは各国の責務であること等から、農業構造の変革等による生産性の向上を図っていくことを前提に、国内農業生産を基本に位置づけて、可能な限りその維持・拡大を図っていくべきである。

食料の輸入については、外交の展開を通じて輸出国との良好な関係を維持するとともに、諸外国の食料需給等に関する情報の収集・分析体制を強化し、これらの情報を的確に公表していくことが必要である。

備蓄については、米・麦・大豆・飼料穀物の備蓄体制の適切かつ効率的な管理・運営を図っていくべきである。

(3) 食料自給率の位置付け

国内農業生産を基本とする総合食料安全保障政策を確立していくに当たって、農業者、消費者をはじめ国民各界各層から、その具体的な指針として食料自給率の目標を掲げるべきであるという強い要請がある。

供給熱量ベースの食料自給率は、国内で生産される食料（魚介類等を含む。）が国内消費をどの程度充足しているかを示す指標であり、国民の食生活が国産の食料でどの程度まかなわれているか、また国内農業生産を基本とした食料の安定供給がどの程度確保されているかを検証する上で分かりやすい指標である。

一方、食料自給率の水準は、国内で生産される食料を国民が消費するという過程を通じて決まるので、食料自給率の維持向上を図るためには、国内生産・国内消費の双方にわたる対応が必要となる。

すなわち、国内生産の面では、農地・担い手等の最大限の確保を図ることは当然ながら、農業生産サイドにおいて生産性の向上を追求することによって消費者及び原料農産物の需要者である食品産業の納得の得られるような合理的価格で食料を供給すること、また消費者・食品産業のニーズに対応した良質で安全な食料を安定的に供給することが必要である。特に、現在輸入依存度の高い麦・大豆・飼料作物を中心に、コストの低減、品質の向上等の目標を明確化し、生産性や品質の向上のための技術革新等をも図りつつこれを実現しながら、生産拡大を図っていくことが必要である。

他方、国内消費の面では、食生活の変化により脂質摂取過多の傾向が生じており、消費サイドにおいて食生活のあり方、特に米と畜産物・油脂の消費のあり方についての理解を深め、自らの努力により望ましい食生活が実現されるようにしていくことが重要である。

このように食料自給率は、農業者、食品産業、消費者、そして行政といった全般に関わる幅広い問題であること、また、食料が国民の自由な選択を通じて消費されるものであることを踏まえ、農業者をはじめ関係者のそれぞれが問題意識を持って具体的な課題に主体的・積極的に取り組むことの成果として、維持向上が図られる性質のものである。この場合、その前提として、行政が国内生産・国内消費について十分な情報を開示することが必要である。また、世界的に資源の制約が強まる中において国内資源の有効活用の必要性が高まっていることを踏まえ、食料の生産・輸入の状況について国民の理解を深めることも重要である。

このような食料自給率の特質や、その維持向上を図る上で必要となるそれぞれの課題について国民全体の十分な理解を得た上で、国民参加型の生産・消費についての指針としての食料自給率の目標が掲げられるならば、それは食料政策の方向や内容を明示するものとして、意義があるものと考えられる。

(4)　不測時に対応する食料供給力の確保

世界の中長期的な食料の需給の動向を考慮すると、世界の食料需給がひっ迫して我が国への安定した輸入が困難となる事態が生じても、国民が必要とする栄養を国内で供給することが可能となるような体制を整備しておく必要がある。

このため、農地を確保・整備し、その有効利用を図るとともに、農業水利システムの適切な維持管理、地域の実情に応じた新規就農者・農業生産法人等多様な担い手の確保と育成、そして農業技術水準の向上等を通じて、我が国農業の食料供給力の確保を図るべきである。

また、農産物の世界同時不作が起こり備蓄農産物の放出だけでは対応できないような事態や、輸入に継続的かつ重大な障害が生じるような事態等に備えて、国民に必要な食料を確保できるような農業生産への迅速かつ的確な転換や、適正な価格で公平かつ円滑な供給を可能にするための危機管理の体制につき、関係省庁の連携によりあらかじめ検討しておくべきである。

(5)　食生活のあり方と的確な情報提供

多くの国民は将来の食料事情について不安感を抱く一方、食生活のあり方について認識を深めたいという機運が生じている。国民が必要かつ十分な情報に基づいて、自ら判断し行動することができるように、世界や我が国の食料需給、食生活の状況、食料の安全性・品質等に関し、積極的な情報提供を行う必要がある。

特に、消費者・食品産業が適切な商品選択を行うことができるよう、食料の安全性・品質・産地・原材料・生産方法の特徴等に関する的確な情報を提供することが重要である。このため、国際規律との整合性も念頭に置きながら、有機食品の検査・認証制度の創設も含め食品の表示・規格制度の見直しを行うべきである。また、技術の進展に伴って開発されてきた遺伝子組換え食品等についても、表示に関する検討を進めるべきである。

また、我が国では栄養バランスのとれた健康的で豊かな「日本型食生活」が営まれてきたが、最近では、食生活における栄養バランスの崩れがみられ、生活習慣病が増加している。さらに、大量の食品残さが出るなどの資源の浪費や無駄、膨大な飢餓人口の存在、世界の食料事情等について、国民の関心が高まってきている。このような状況を踏まえ、国民の健康を確保する観点から、望ましい食生活のあり方についての知識の普及や啓発、また児童や生徒に対する食教育等を行いながら、食生活のあり方を消費者、関係団体、地方公共団体等様々なレベルで見つめ直す国民的な運動を展開すべきである。

(6)　食料の安全性の確保・品質の向上

食料の安全性と品質に対する国民のニーズにこたえていくためには、生産、加工・製造、流通のそれぞれの段階で、食料の安全性の確保や品質の向上に向けた対応を強化する必要がある。

生産段階での安全性の確保が特に必要な生鮮食料について

は、生産のガイドラインの策定等によって、安全性確保に向けた生産者の努力を助長すべきである。

食料の加工・製造段階では、HACCP（危害分析・重要管理点）手法の導入の促進をはじめとして、食料の衛生管理・品質管理の高度化を図っていくべきである。

流通段階では、生鮮食料の低温化施設の整備を促進するとともに、食料の取扱いに関するガイドラインの策定等により、安全性の確保や品質の向上に対する取組を強化すべきである。

(7) 多種多様な食料生産・加工流通の促進

高度化・多様化する国民のニーズに即した食料を供給するため、地域によって異なる生産条件・立地条件を活かしながら、多種多様な生産及び加工・流通を展開し、また、このことを通じて農産物の付加価値を高めていくことが必要である。

このため、地域特産品化・ブランド化・多品目少量生産等多様な農業生産の展開を図るとともに、農業者による農産物の加工・流通分野への進出を促進すべきである。

また、生産段階と流通・消費段階における連携を強化するため、産地直販・地場流通等消費者と直結した生産・販売を拡充するとともに、農業者と食品産業の共同による商品開発・販路拡大を進めていくべきである。

(8) 食品産業の健全な発展

国民の飲食費支出の八割近くが帰属している食品産業は、農業と一体となって国民のニーズに即した食料の安定供給の役割を果たすよう、一層の体質強化を図る必要がある。

このため、食品産業の合理化・効率化を進める観点から、構造改善が遅れている業種の再編合理化、技術力の向上、情報化の推進等を図るべきである。また、資源の有効利用と環境への負荷の低減を図る観点から、包装容器等の廃棄物の循環利用を促進すべきである。

食品の流通については、生鮮食料の流通を取り巻く状況の変化に対応して、情報化、物流の効率化等によるコスト低減を図るとともに、卸売市場の集荷・分荷、価格形成、決済等各種機能を強化し、取引ルールを改善することにより、卸売市場の活性化を図るべきである。

また、食品産業の原料農産物の海外依存が強まり、産業の空洞化が進展するといった事態を防止するため、農業の生産性の向上を基本に原料農産物の内外価格差の縮小を図り、合理的価格での供給が行われるようにするとともに、食品産業と農業の連携の一層の強化を通じて、食品産業向けの国内農産物の供給体制を整備すべきである。

(9) 食料・農業分野における主体的・積極的な国際貢献

平成八年十一月の「世界食料サミット」では、世界の食料安全保障の達成と栄養不足人口の二〇一五年までの半減等を目指すことが宣言された。こうした国際的な潮流の中で、我が国も経済力や国際的地位に応じた積極的かつ主体的な国際貢献を果たすことが必要である。このような国際貢献は、世界の食料の安定的確保や供給に寄与するのみならず、我が国自身の食料安全保障にもつながるものである。

このため、食料・農業分野における国際貢献の重要性を明確に位置づけ、我が国の基本方針を内外に示すべきである。また、食料・農業分野の国際協力では、開発途上国を対象とする人材育成、基盤整備のための技術協力・資金協力を拡充すべきである。さらに、近年、近隣諸国等において食料需給がひっ迫する事態が生じていることから、国内政策と整合性をとりつつ、大規模かつ緊急な食料援助のニーズに円滑に対応することができるように、食糧支援の仕組みを適切に活用すべきである。

2　我が国農業の発展可能性の追求

(1)　次世代に向けた農業構造の変革

ア　意欲ある担い手を中心とした農業構造の実現

これまで我が国農業の中核を担ってきた「昭和一桁世代」がリタイアする時期が近づきつつある。また、「生産者から経営者へ」という意識の下で農村には新たな活力が芽生えつつある。これを契機に、従来から進めてきた構造政策の推進を加速し、農業構造の変革を進めるとともに、幅広い人材の確保・育成を図り、自立の精神と優れた経営感覚を持った農業者が、地域農業の中心を担う農業構造を実現する必要がある。

このため、生産性の高い農業を営む優れた経営を広範に育成する観点から、その対象となる農業者を明確にし、このような意欲ある担い手を対象として集中的に施策を行うとともに、これら施策の一層の充実を図るべきである。特にこれら担い手の農業経営の体質強化を図るための施策を総合的に整備し、農業経営の規模拡大等により、生産性の向上を促進するとともに、経営の複合化、高収益作物の導入、高付加価値化、多角化等を進め、収益性の高い優れた経営の確立を目指すべきである。

農地の流動化を促進するため、農地の貸借や農作業の受委託を加速し、地域農業の中心的な担い手となる人に対する農地の利用集積を促進していくことが必要である。この場合、各集落において農業者相互の機能分担といった観点も踏まえ地域農業の将来のあり方を展望しながら、地域で取り組むことによって、中心的な担い手となる人が農地を提供する周囲の小規模な農業経営を含めた地域社会と融和できるよう配慮すべきである。また、中心的な担い手同士の協力関係の形成を図るとともに、農業委員会等の関係機関の連携など構造変革を実現するための体制整備を急ぐべきである。

イ　優良農地の確保

我が国の農地面積は、宅地への転用等により減少を続けている。しかし、農地は農業生産にとって最も基礎的な資源であり、かつ、いったん毀損されると、その復旧に非常な困難が伴うことから、将来のために優良農地を良好な状態で確保していく必要がある。

このため、我が国全体として必要な農地の確保の方針を明示するとともに、農地は単なる私的な資産ではなく、社会全体で利用する公共性の高い財であるという認識を徹底させ、農地の有効利用のため適切な利用規制を行うべきである。

あわせて、農地の有効利用を確保するためにも、意欲ある多様な担い手の確保・育成を図る必要がある。

(2)　意欲ある多様な担い手の確保・育成と農業経営の発展

我が国の農業は家族農業経営を中心に展開されてきた。今後も家族農業経営が我が国農業の主流を占めるものと考えられる。しかし、農業者の減少・高齢化が急速に進行する中で、これからの我が国農業を担っていく経営主体の発展を促すため、地域の実情に即して法人経営など多様な経営形態の展開を図るとともに、あらゆる就農ルートを通じて多様な人材を確保し、これを育成する必要がある。

ア　農業経営の法人化の推進

今後、農業経営を続けていく上で、これまで以上に大規模な投資や様々な分野のノウハウが必要となり、企画・マーケティングをはじめとする経営管理能力の向上が求められる。このような経営の質的向上を図る手段として、農業経営の法人化を一層推進することが必要である。

この場合、より自由で活力ある法人経営を育成するため、資本・技術・経営ノウハウの充実、優れた人材の広範な確保、経営の多角化等を促進する観点から、農業生産法人の事業、構成員等に関する要件を見直すべきである。

土地利用型農業の経営形態としての株式会社は、

①　経営と所有の分離により機動的・効率的な事業運営と資金調達を容易にする法人形態である

②　就農希望者を雇用者として受け入れやすいため、就業の場の提供、農村の活性化につながる

といった利点が考えられるが、一方で、

①　農地の有効利用が確保されず、投機的な取得につなが

るおそれがある

② 周辺の家族農業経営と調和した経営が行われず、集団的な活動により成り立っている水管理・土地利用を混乱させるおそれがある

等の懸念が指摘されており、株式会社一般に土地利用型農業への参入を認めることには合意は得難い。

しかし、

① 現在の農業生産法人が、法人形態を株式会社に変更すること

② 畜産・施設園芸部門において現に農業経営を行っている株式会社が、経営の発展のために農地を取得すること

③ 耕作放棄地の解消のため市町村や農業協同組合が出資して農作業の受託等を行っている株式会社が、農地を取得して自ら農業生産活動を行うこと

④ 現在の農業者が自らの経営形態として株式会社形態を選択すること

等の場合も一切認めないとすることは、担い手の経営形態に関する選択肢を狭めることとなり、問題がある。

このため、投機的な農地の取得や地域社会のつながりを乱す懸念が少ないと考えられる形態、すなわち、地縁的な関係をベースにし、耕作者が主体である農業生産法人の一形態としてであって、かつ、これらの懸念を払拭するに足る実効性のある措置を講じることができるのであれば、株式会社が土地利用型農業の経営形態の一つとなる途を開くこととすることが考えられる。

イ サービス事業体、集落営農、第三セクター等の多様な担い手の確保

農業者の減少や高齢化に伴って個別の農業経営だけでは地域農業を維持していくことができなくなっており、農作業の受託を専門的に行うサービス事業体、集落ぐるみでの営農、市町村・農業協同組合等が参画し農地の管理を行う第三セクター等が多様な形で地域の生産活動を担っている実態がみられる。

今後、このような地域の実情に即した、多様な形での生産活動の必要性が一層高まるものと見込まれるため、意欲ある担い手を育成するという観点を踏まえつつ、こうした農業生産活動を行う多様な担い手を幅広く確保し、育成していくべきである。

ウ 新規就農の促進

近年、新規に農業に就く人の数は、増加傾向にあるとはいえ、それだけでは次代の農業を担っていくには極めて不十分である。したがって、農家の子弟はもちろん、都市で

育った青年等も含め、若い世代の農業への参入を促進する観点から、あらゆる就農ルートを通じて人材を確保・育成する施策を集中的に行うべきである。この場合、新規に就農を希望する人を対象に、就農前に実践的な技術や経営手法を習得するための研修を充実するとともに、経営の継承の円滑化や法人経営による雇用の促進を図るべきである。

また、他産業から農業に参入しようとする中高年齢者等を対象に農業への就業に必要な支援を行うべきである。

さらに、学童農園の設置等により農業体験学習の取組を推進し、農業に対する子供たちの理解を深め関心の醸成を図るとともに、農業に関する教育活動を充実することも重要である。

エ　女性の地位の向上と役割の明確化

農業就業人口の六割を占めている女性は、農業生産のみならず、地域社会の活性化にも大きく貢献している。このような女性の役割を正当に評価するとともに、少子化問題や農村の配偶者問題への対応も視野に入れつつ、農村における男女共同参画社会の形成の観点から、女性の地位の向上と能力の発揮が図られるようにしていくことが必要である。

このため、経営内における女性の地位を明確にするための家族経営協定の締結を促進するとともに、農業団体や地域の方針決定の過程への女性の参画を促し、農産物の加工・流通・販売、都市と農村の交流等の活動への女性の参加を促進すべきである。また、農業・農村に関心を寄せる都市の女性に対して、適切な情報提供を行うことも重要である。

オ　高齢者の役割の明確化

農村を含め我が国社会の高齢化が急速に進むと見込まれる中で、高齢農業者がその有する技術や能力を活かし、生きがいを持って快適な暮らしを営むことができるよう、地域農業の実情に応じて役割を明確にするとともに、高齢農家の福祉の向上を図ることが必要である。

また、高齢者が都市住民や子供たちに対しその知識・経験を生かし農業体験を指導するような活動を推進すべきである。

なお、農業者年金制度については、現下の状況が制度創設当時の状況とは大きく変化していることから、財政状況も踏まえ、その果たしてきた役割や機能を検証し、制度のあり方を見直すべきである。

(3)　市場原理の活用と農業経営の安定

農産物のうち国民生活の安定を図る上で特に重要な品目につ

いては、価格安定のための措置が講じられてきており、国民の家計と農業経営の安定を図る役割を果たしてきた。今後、自由で活力ある我が国経済社会の中で、自由な農業経営の展開を促し、生産性の高い農業を営む経営感覚に優れた担い手を育成し、足腰の強い農業を実現するため、価格政策に市場原理を一層活用するとともに、農業経営の安定のための対策を講じていく必要がある。

ア　価格政策における市場原理の一層の活用

　農産物の価格政策については、価格の安定とともに所得確保にも強い配慮が払われてきた結果、

①　需給事情や消費者のニーズが農業者に的確に伝わりにくく、農業者の経営感覚の醸成の妨げとなっている

②　零細経営を含むすべての農業者に効果が及ぶため、農業構造の改善を制約している

③　内外価格差の是正につながらず、食料の製品・半製品の輸入の増加や食品製造業の空洞化をもたらし、結果として国産農産物の需要の減少を招いている

等の問題点が指摘されている。

　したがって、価格が需要の動向や品質に対する市場の評価を適切に反映し、生産現場に迅速かつ的確に伝達するシグナルとしての機能を十分に発揮できるようにすることが必要である。そのためには、生産者と需要者の間で価格形成がより円滑に行われるよう市場の機能を強化していくべきである。これを通じて、農業者が創意工夫を発揮し、市場から高い収益を得るようにすることが肝要である。

　このような観点から、米政策を的確に推進し、麦については品質評価を反映した直接取引をベースとする民間流通を実現するなど制度や運営の改革を着実に進めるとともに、乳製品・砂糖・大豆等他の価格政策対象品目についても、制度や運営の見直しを行うべきである。

イ　意欲ある担い手に対する所得確保対策の導入

　価格政策に市場原理を一層活用することは、自由な経営展開を通じて担い手の経営感覚を醸成し、生産性の向上を促すが、一方で需給事情等によって価格の変動幅が大きくなる可能性がある。価格が大幅に低落するような場合には、零細で自給的な経営や農業への依存度の低い経営よりも、むしろ大規模な経営等意欲ある担い手の経営が大きな打撃を受けるおそれがある。

　このような事態が生じたのでは、意欲ある担い手の育成に支障が生じる懸念があるため、こうした担い手の所得を確保することを通じて経営の安定を図ることが肝要である。このため、麦・乳製品・砂糖・大豆等品目別の生産・

流通状況等を踏まえ、価格政策の見直しに応じ、市場原理活用の趣旨に反しないように留意しつつ、価格低落時の経営への影響を緩和するための所得確保対策を講じていくべきである。

農産物の価格変動に対応して、個々の品目ごとではなく農業経営単位での所得を確保するための対策を導入することについては、品目別の価格政策の見直しや所得確保対策の導入の状況を踏まえつつ、検討していくべきである。

ウ　農業災害補償制度の見直し

農業災害補償制度については、自然災害の影響を受けやすい農業生産の実態を踏まえつつ、今後、大規模な経営等意欲ある担い手の育成と農業経営の安定を図る観点から、制度の見直しを図るべきである。

エ　米政策の推進

稲作は我が国農業の基幹的部門であり、また、水田は国民の主食である米の生産基盤であると同時に、国土・環境の保全、水資源のかん養等多面的な機能を発揮している。

米の生産力が需要を大きく上回り、また引き続き需要の減少傾向が続くと予想される一方で、麦・大豆等の作物はその供給を輸入に大きく依存し、国内供給力が弱いといった状況にある。このため、米の生産調整を当面実施するとともに、米と麦・大豆等の作物とを組み合わせ、水田の生産力を活用し、生産性の高い水田営農の定着を図ることが必要である。この場合、生産調整が農業者に強制感を伴うものではなく、需給状況を踏まえた農業者の経営の選択として行われるようにしていく方向を更に追求するとともに、その実施についても、農業者・農業団体が自らの問題として取り組み、行政はこれを支援する形で進めるべきである。

また、米から他作物への転換を進めるに当たっては、各地域において適地適作を前提に望ましい農業の姿を考えながら、地域農業を積極的に再編成していくことが必要である。

「主要食糧の需給及び価格の安定に関する法律」（食糧法）の下では、民間流通が主体であり、政府米の役割は供給不足に備えた備蓄等に限定されている。このため、政府米については、備蓄制度の的確な運営を旨として、適切な買入れ・売渡しを行うことが必要である。また、稲作農家の経営安定を図るための施策は、その実施状況等を踏まえながら、意欲ある担い手の育成の観点を考慮しつつ、適時適切に見直しや改善を進めていくべきである。

オ　内外価格差の縮小

我が国の農産物価格は、狭小・急峻な国土、高地価、割高な人件費・資材費、農業経営の零細性等から諸外国と比べて生産コストが高いため、割高にならざるを得ない面がある。一方で、円高の進行等に伴う内外価格差の拡大により、食料の製品・半製品の輸入の増大や食品製造業の空洞化が生じ、結果として、国産農産物の販路が狭められるという問題も生じている。

このような問題に対処するため、農業外の分野で資材費を削減するなどの努力を行うのと併せて、最大限に農業の生産性の向上を図り、これを促すよう市場原理の一層の活用及び意欲ある担い手の所得の確保対策を講じつつ、内外価格差の縮小を図り、国産農産物の販路を確保・拡大していく必要がある。

(4)　農業の自然循環機能の発揮

農業生産活動は、本来、自然循環的な機能を持っており、その機能を通じて土や水等の自然環境を形成・保全し、持続的な農業生産を可能としているため、この機能の高度な発揮を図ることが必要である。

また、家畜ふん尿や食品残さ等の有機性廃棄物は、資源として再利用できると同時に、その利用により農業の自然循環機能を高めることができる。こうした有機物の資源化と循環利用は、持続的な社会を作り上げる際に大きな役割を果たすものと期待されるため、その促進を図る必要がある。

ア　農業の持続的な発展に資する農法の推進

農業生産活動の持つ自然循環機能を十分に発揮させるため、農法をより環境と調和した持続的なものに改善し、転換していかなければならない。このため、土づくりを基本として、化学肥料や農薬の使用量の低減等を併せて行う持続的な農法への転換を全国的に推進することが必要である。

このような農法への転換に当たっては、農業者自らが環境の保全、地域資源の有効利用といった点につき意識的に取り組むことが基本であるが、同時に地域としてまとまって実施することが重要であるため、農業者・農業団体による組織的な、あるいは地域ぐるみでの取組を展開すべきである。

イ　環境に対する負荷の低減

農業生産活動は自然環境を構成する土や水といった資源を形成し、保全する一方で、環境に対して負荷を加えている面もある。肥料や農薬の不適切な使用、家畜ふん尿の不適切な処理によって、農業用水の汚濁、河川・湖沼の富栄養化、地下水の汚染が生じている事例もみられる。

食料の安全性や環境問題への国民の関心が高まっており、農業生産活動が環境に与えているマイナスの影響について、これまで以上に適切に対処する必要がある。このような観点から、化学肥料や農薬の使用量の低減を図るとともに、家畜ふん尿についても不適切な処理を解消するための方策を講じる必要がある。

また、畜産・食品産業・家庭等から排出される有機物の循環利用を推進していくため、有機物の資源化を図るとともに、有機質肥料についての品質表示の改善を行うべきである。さらに、我が国の資源を有効かつ循環的に利用する観点から、畜産において、草地資源の活用等により飼料の国内生産を拡大していくべきである。

(5)　生産基盤の整備

農業生産基盤の整備については、食料の安定供給の確保や農業の生産性の向上を図るため、地域農業の立地条件に即した事業展開を図ることが必要であり、かんがい排水施設の整備、大区画のほ場整備及び水田の汎用化を推進するとともに、基盤整備を通じ農地の利用集積を促進することが重要である。中山間地域等では、平地地域と比べ事業コストが割高となる面もあることから、地域の実情に即し、弾力的な整備を行い得るようにすべきである。

また、農業用水路等の土地改良施設の機能が持続的に発揮されるよう、国土保全の観点をも踏まえ、適切な整備・更新を行うとともに、公的管理の充実を図っていくべきである。

事業の実施に当たっては、環境の保全等に配慮することが今後特に重要である。

さらに、公共事業の効率化が求められている中で、農業生産基盤の整備について、事業手法の改善や事業費負担への配慮を行いながら費用効果分析の充実を図るとともに、社会経済情勢等の変化を踏まえた事業の再評価と必要な見直しを行うべきである。

このような点も含め、土地改良制度について、農業構造の変化、ニーズの多様化等を踏まえ、総合的に見直しを行うべきである。

(6)　技術の開発・普及

技術の開発は食料供給力の強化を図る上で重要であり、また我が国の高い技術水準・試験研究の蓄積は、我が国の農業だけではなく、世界の飢餓・食料問題の解決にも寄与するものである。このため、今後の技術開発については、食料の安定供給、農業の生産性の向上、食料の安全性の確保・品質の向上、持続的な農法への転換、国土・環境保全等食料・農業・農村に対する国民の期待と政策の展開方向に即したものに重点を置くべきである。

また、生産現場との連携を密にすることにより、技術の積極的な普及・定着を図り、我が国全体としての技術水準の向上を図るべきである。

国による試験研究は、バイオテクノロジー等の基礎的・先導的な分野や種子等の遺伝資源の保存・活用等国全体の技術力を支える分野を中心に、行政施策の展開方向に即した分野に重点化すべきである。さらに、こうした方向に沿って試験研究体制を再編するとともに、都道府県・大学・民間との連携や国際研究協力の強化を図る必要がある。

農業改良普及事業は、農業者がより高度な技術や経営指導を求めていることや、環境保全に対する技術指導の重要性の高まりを踏まえ、また、事業が効率的かつ効果的に行われるように、国と都道府県、農業団体の間の役割分担を見直し、事業のねらい・対象分野を重点化すべきである。

3　農業・農村の有する多面的機能の十分な発揮

(1)　農業・農村の有する多面的機能の重視

農業・農村の有する多面的機能には、洪水の防止、水資源のかん養、土壌侵食の防止、土砂崩壊の防止、有機性廃棄物の処理、大気の浄化、気候の緩和といった国土・環境を保全する役割や、緑や景観の提供を通じて国民に保健休養を与える役割がある。(これらの役割について計量評価した場合、算出の根拠・条件により値は変わり得るが、代替法による評価の一例として、年間約六兆九千億円に相当する価値があるとの試算がある。このうち中山間地域においては約三兆円と、全体の四割強を占めると試算されている。)

また、農村は、多様な生物の保全、歴史と伝統に根差した地域の文化の保持、青少年の自然との触れ合いによる教育の機会の提供といった役割も果たしており、こうした役割に対する国民の期待も、近年高まりを見せている。

こうした多面的機能の重要性については、世界食料サミット等の場においても多くの国が認めている。また、UNESCO(国連教育科学文化機関)世界遺産条約に見られるように、美しい農村や自然は、世界にとって価値あるものとして保全・保護されるべきであるとの認識が共有されるようになってきている。

このような多面的機能は、直接的に市場経済の対象となるものではないが、都市住民を含む多くの国民の生命・財産と安定した生活を守る公益的な役割を果たしていることから、これを適正に評価し、国民の理解を深めるとともに、その機能の発揮が十分になされるよう、国民の支援と参加を得つつ食料・農業・農村政策の各施策を実施することが必要である。

この場合、各地域を通じて計画的な土地利用を基本とし、その下で生産・生活両面にわたる基盤の整備を進めることを共通の対応方向とすべきである。これに加えて、中山間地域、平地地域、都市近郊地域等、それぞれの地域の特色と実情に応じた施策を講ずることにより、農業・農村の活性化を図ることが重要である。

(2)　美しく住みよい農村空間の創造のための総合的整備

農業や他産業が展開され、また多くの住民が居住している農村地域において、美しく住みよい農村空間を創造し、その多面的機能が十分に発揮されるようにしていくため、農業的土地利用と非農業的土地利用の整序の視点に立った計画的な土地利用に基づいて、生産と生活に関連する各種の施設を総合的かつ一体的に整備していくことが必要である。

ア　計画的な土地利用と優良農地の確保・有効利用

農地のスプロール的なかい廃や農村景観の悪化が生じている事態に対処し、二十一世紀に向けて美しく住みよい農村空間を創造していくため、「計画なければ開発なし」との理念を踏まえ、農業的な土地利用と非農業的な土地利用との整序を図るとともに、土地利用と各種の施設整備が計画的に行われるよう、農村地域の土地利用に関する制度の見直しを行うことが必要である。

また、安定的な食料供給力を確保するため、我が国全体として必要な農地が確保されるよう、農地確保の方針を明示するとともに、農地の有効利用や保全のための施策を拡充すべきである。

イ　農村整備の総合化

農村整備を計画的に進めていくためには、土地利用に関する計画手法だけでなく、これに経済的な活力の向上と快適な生活環境の確保を目的とした生産・生活の両面での基盤整備を一体的に実施する事業手法を組み合わせ、総合的な整備を行うことが必要である。

このため、交通、上下水道、福祉・医療・教育等の公共サービスやアメニティ施設を含む各種施設の整備、地域資源を活用した内発型産業の育成と企業の誘致、情報通信基盤の整備とその利活用等を総合的に推進すべきである。

また、交通等のアクセス条件の改善により生活圏域が広がりつつある中で、農村が圏域全体として発展していくよう、中小都市・周辺農村間及び農村集落相互の連携や機能分担を促進するような形で農村の整備を進めることも重要である。

(3)　中山間地域等への公的支援

規模拡大等を通じた生産性の高い農業経営の育成は、農地が平坦で、比較的まとまっている平地地域では実現しやすいが、中山間地域等では、傾斜地が多い上に農地も狭小で分散しているなど自然的条件が不利で、規模拡大等による生産性の向上には制約がある。また、中山間地域等では、こうした自然的条件に加えて、就業機会に恵まれないこと、都市地域までの距離が遠いこと等の経済的・社会的な条件の不利性があり、このため、従来から様々な施策が講じられてきたものの、市場経済が進展していく中で、農業生産活動や地域社会の維持がますます困難になっている。

一方で、河川の上流域に位置する中山間地域等が持つ国土・環境保全等の多面的機能によって、下流域の都市住民を含む多くの国民の生命・財産と豊かなくらしが守られていることを認識すべきである。

このような状況を踏まえ、中山間地域等の維持・活性化を図るため、平地地域とは異なった施策を構築することが必要である。すなわち、中山間地域等の立地条件を活かした特色ある農業・林業・地場産業の展開を支援し、あわせて国土・環境保全等の公益的な諸価値を守るという観点から、公的支援策を講じることが必要である。

ア　特色ある農業・林業・地場産業の展開

中山間地域等では、多彩な気象・土地条件、多様な地域資源を活用し、花き等生産品目や栽培方法に特徴のある多様な農業生産を推進するとともに、低廉で豊富な土地を活かした草地畜産等を展開していくべきである。また、中山間地域等では森林が極めて大きなウェイトを占めており、その活用を組み入れた地域振興が特に重要である。

このため、農業者・林業者が農産物・林産物を共同して販売するといった活動や、グリーン・ツーリズム等都市住民の支援・参加を受ける活動を促進するとともに、これらの活動と結びついた複合的・多角的な経営の展開等地域の条件に応じた多彩な取組が可能となるよう、その実現に資する環境条件の整備を支援する施策の充実を図るべきである。

また、中山間地域等の生産基盤整備については、低コストの整備を行うとともに、隣接する農林地に対する保全・防災対策や農道・林道の一体的な整備など農地と森林を総合的にとらえた整備を推進する必要がある。

さらに、中山間地域等においては、幅広く就業・所得機会の増大を図っていくことが重要であり、立地条件や地域資源を活かした観光等各種地場産業の振興を図る必要がある。

イ　中山間地域等への直接支払い

中山間地域等においては、耕作放棄地の増加等農業生産活動が適正に行われず停滞することを放置する場合、洪水・土砂崩れといった自然災害が発生しやすい状況が生じることとなる。このような多面的機能の低下の影響は、周辺の農地・集落にとどまらず、下流域の都市住民を含む国民全体に及ぶことが懸念される。

このような事態に対処し、中山間地域等での国民の必要とする、多様な食料の生産と国土・環境保全等の多面的機能の低減の防止に資するよう、担い手農家等が継続的に適切な農業生産活動等を行うことに対して直接支払いを行う政策については、真に政策支援が必要な主体に焦点を当てた運用がなされ、施策の透明性が確保されるならば、その点でメリットがあり、新たな公的支援策として有効な手法の一つである。

一方、直接支払いという助成手法については、既存の様々な農業政策上の助成との関係、施策の費用対効果、地方公共団体の役割等を明確化していく必要があり、中山間地域等において適切な農業生産活動等に対し直接支払いを行うことについて国民の理解を得ることができる仕組みと運用のあり方、すなわち対象地域、対象者、対象行為、財源等の検討を行っていく必要がある。

(4)　都市住民のニーズへの対応

ア　都市農業の展開

国民のニーズに即した食料の供給や農業生産を展開していくことが求められている中にあって、都市農業は、その立地特性を生かして生鮮野菜等を供給することにより都市住民の需要に迅速・的確に対応するという役割を果たしており、それは適切に評価されるべきである。また、都市農業は、都市や都市周辺地域の緑・景観、レクリエーションの場、防災空間の提供等人口密度の高い地域特有の多面的機能も果たしている。

このため、都市住民のニーズに適切に対応するとともに、都市住民の農業に対する関心の高まりをも踏まえ、その特質を生かして、地域と調和していくことができるよう、地域の実情に応じて都市農業の発展に必要な施策を講じるべきである。

イ　都市と農村の交流と相互理解の促進

農業・農村が有する多面的機能の発揮に対する国民の期待を背景に、近年、グリーン・ツーリズム等の都市と農村の交流活動が活発化してきており、こうした活動によって、都市住民と農業者・農村住民の交流・相互理解が深められるとともに、地域の農産物の需要の拡大・地域資源の有効活用・雇用機会の創出といった効果が生じている。

このため、交流機会の確保・増進、交流の場の整備、交流内容の充実、人材の育成、必要な情報の受発信等ハードとソフトの両面から、都市と農村の交流と相互理解を促進すべきである。都市近郊の農地については、市民農園の開設等により都市住民の農業体験の場として幅広い有効活用を図っていくべきである。

以上のほか、児童・生徒の農業体験学習については、自然に親しむ機会を与え、豊かな心をはぐくむ役割も果たしており、全国的にこうした活動を一層展開すべきである。

4　農業団体のあり方の見直し

我が国の経済社会や農業・農村をめぐる情勢が変化する中で、農業協同組合・農業委員会等・農業共済組合・土地改良区などの各種農業団体のあり方について見直しが必要となっている。

農業団体のあり方の見直しに当たっては、二十一世紀を展望した食料・農業・農村政策を踏まえ、それぞれの団体が果たす機能や役割が最も効率的・効果的に発揮されるよう、各政策における団体の位置付けや役割を改めて明確にするとともに、団体自らが業務推進体制の整備を図るべきである。この場合、農家戸数の減少、農業者の階層分化や財政事情等を踏まえ、合併統合等による組織の簡素化や合理化、事業運営の効率化に努めるべきである。

また、農業団体のほか森林組合、漁業協同組合等各種の関係団体が、地域の資源管理や地域社会の維持・活性化のためにそれぞれの立場から関わっていることから、地域の実情に応じて、団体間の連携の強化や統合を進めることも重要である。

5　食料・農業・農村政策の行政手法

(1)　行政手法のあり方

二十一世紀を展望した食料・農業・農村政策については、次のような行政手法の考え方に沿って実施されるべきである。

①　政策の評価と見直し

各政策の実施に当たっては、その効果の評価を行いつつ、必要と認められる場合には政策の見直しを行う。

②　財政措置の効率的・重点的運用

厳しい財政事情の下で限られた国家予算を最大限有効に活用するため、財政措置について、効率的・重点的に運用する。

③　情報公開と国民の意見の反映

政策の立案に当たっての透明性を確保するため、積極的に情報を公開するとともに、必要に応じ政策の案を提示して意見を聴取するなど、広く国民の意見を反映させる。また、策定された政策については、国民の理解が深まるよう広報を行う。

④　国と地方の役割分担の明確化

個別の政策について、食料の安定供給の確保、地域の自主性と創意工夫の発揮等の観点から、国と地方の役割分担を明確にする。

⑤　国際規律との整合性

国際規律又は国際的なルールの形成に当たっては、我が国の立場や主張を最大限反映させるとともに、国際規律等が形成された後においては、国内政策の立案に当たり、国際規律等との整合性に留意する。

(2)　政策のプログラム化と定期的な見直し

食料・農業・農村政策については、それぞれの分野における政策課題について、今後おおむね三～五年間の政策を具体化するためのプログラムを策定し、これを可及的速やかに公表すべきである。

また、策定されたプログラムに基づいて個別の政策を着実に実施するとともに、食料・農業・農村政策の全体のあり方について、情勢の変化に柔軟かつ敏速に対応していくため、五年程度ごとに総点検と評価を行い、見直しを行うべきである。

おわりに

現在、時代は大きな歴史的転換期にあり、人々の価値観や生き方が大きく変わりつつある。

二十世紀には、人々は技術革新を基礎とする急速な経済的発展の下で物質的な価値を追求してきた。しかしながら技術文明が一巡し、地球資源の有限性や環境問題の重要性、そしてまた食料危機への不安が認識されるに伴い、今全世界が大きな生き方の反省を迫られている。ここから精神的・文化的な価値が重視され、結び合いによる安心のある生き方が切実に求められるようになってきた。

今後は、人間と自然（環境）、人間と人間（国際化）、人間と過去（歴史・伝統・文化）の、三つの結び合いがとりわけ重視されるようになる。進歩や発展といった価値観や二十世紀型技術文明から、調和と共存、健康やくらしの心地よさ・美しさを優先する価値観や文明への、世界的な転換が起こりつつあるものと考えられる。

このような時代においては、人々は「くらしといのち」の根幹に関わる食料と、それを支える農業・農村の価値を再認識し、これに対する評価を高めねばならない。私たちが日々口にする食べ物は、決して単なる餌ではない。私たちの身体と心をともに養う自然の恵みであり、生命の糧である。食と農に関わる活動、そして教育を通じて、自然を慈しみ、食べ物を作り育てる喜び、これをおいしく口にできる幸せ、食べ物を大切にして無駄をなくす心を養うことが重要である。それとともに、人と自然の心地よい関わり、美しい生活空間としての農村の創造に留意する感覚を回復し、「くらしといのち」の安全と安心を確立していくことが、これからは特に求められる。

今後も我が国は繁栄を維持し、自由で創造的な社会を築いていくと同時に、国際的にも自らの責任を果たしながら、地球社会の安定と発展に寄与していく必要がある。そのためには、国民全体が、世界の人口・食料・環境・エネルギー問題と我が国の二十一世紀のあり方に思いを致し、男性も女性も、そして高齢者も若者も互いに協力し合って、食料・農業・農村の活力ある未来を切り開いていくため、努力を積み重ねていかねばならない。

そのことは、私たちの子供や孫に明るい未来と幸せを約束するための、全国民的な義務である。

○農政改革大綱・農政改革プログラム

（平成十年十二月八日農林水産省省議決定）

目　次

(1) 女性の社会参画への農業・農村面における支援
(2) 女性の農業関連起業活動への支援
(3) 女性の能力開発と農業経営参画
(4) 農山漁村の青年と都市の女性の交流促進等
3 高齢農業者の役割の明確化と福祉対策の推進
(1) 高齢者の役割の明確化と農業関連活動の促進
(2) 高齢者に配慮した生活環境の整備
(3) 高齢者福祉対策の充実

VI 農業経営の安定と発展
1 国内農業生産の維持・増大に資する価格形成の実現と経営安定措置の実施
(1) 市場原理を重視した価格形成の実現
(2) 価格政策見直しに伴う所得確保・経営安定対策の実施
(3) 関連施策の展開
2 主要品目別の検討方向
(1) 米
(2) 麦
(3) 大豆・なたね
(4) 砂糖・甘味資源作物
(5) 牛乳・乳製品
3 経営政策の充実
(1) 経営政策の体系的整備
(2) 農業災害補償制度の見直し
(3) 生産資材費低減対策の推進

VII 技術の開発・普及
1 技術開発の充実・強化
(1) 国全体の技術開発の目標等の策定と連携の強化
(2) 新たな農政の展開方向に即した技術開発の重点化
2 普及事業の見直し

VIII 農業の自然循環機能の発揮
1 農業の持続的な発展に資する生産方式の定着・普及
2 家畜ふん尿の適切な管理・利用の推進
3 有機性資源の循環利用システムの構築
4 農業生産に係る環境機能面に関連した政策のあり方の検討
5 農業分野における地球規模での環境問題への対応の強化

IX 農業・農村の有する多面的機能の十分な発揮
1 農業・農村の有する多面的機能の理解の増進と適正な評価
2 農村地域の総合的・計画的な整備
(1) 農業振興地域制度の見直し
(2) 農村整備に係る諸事業の見直し
3 都市住民のニーズに対応した農業・農村の振興
(1) 都市と農村の交流の促進と市民農園の普及

(2)　都市農業の振興・発展
4　中山間地域等への直接支払いの導入等
(1)　農業生産の振興と農業経営の体質強化
(2)　国土保全等の多面的機能の維持・発揮
(3)　中山間地域等における定住の促進
(4)　直接支払いの導入

X　農業団体の見直し
1　農業協同組合系統組織
(1)　組織の再編・整備の実現
(2)　新しい農政の展開における農協系統組織による積極的な役割の発揮
2　農業委員会系統組織
(1)　農業委員会の組織体制の見直し
(2)　構造政策への農業委員会系統組織の積極的な取組みの推進
3　農業共済団体
(1)　事業運営基盤の充実強化
(2)　農政の展開方向に即した農業共済事業の改善
4　土地改良区
5　団体間の連携の強化

○農政改革大綱

平成十年十二月　農林水産省

I　農政改革についての基本的考え方

食料は、国民の生活に欠くことのできない基礎的な物資である。また、農業・農村は、農業生産活動を通じて、食料の供給に加え、国土・環境の保全、水資源のかん養、緑や景観の提供、地域文化の継承等の公益的・多面的な機能を発揮している。こうした食料・農業・農村が果たす役割は、国民の安全で豊かな暮らしを守り、国家社会を安定させる基盤として、二十一世紀においてはより一層重要な意義を持つ。

一方、世界の食料需給について長期的にはひっ迫する可能性もあると見込まれる中で、我が国においては自給率が一貫して低下してきている。また、これまでの戦後の農政の展開にも関わらず農業の担い手の減少・高齢化や農地の減少には歯止めがかからず、我が国の食料供給力は低下してきている。さらに、過疎化・高齢化が進行している農村では、地域の活力が低下し集落の維持が困難な地域も生じてきており、今後、農業・農村の有する多面的機能の発揮が困難となり、国民生活の安全・安心が確保し得なくなることも懸念されるに至る危機的状況にある。また、経済社会の国際化が進展する中で、農政の展開にあたっても、国際的な協調や地球的視点を踏まえていくことが求められている。

こうした農業・農村をめぐる厳しい事態及び国際化の進展という状況に適切に対処し、来るべき二十一世紀においても、我が国農業・農村の持続的な発展を通じて、国民の安全で豊かな暮らしを確保していくことができるようにすることは、緊急かつ重要な国民的課題である。

このため、現行基本法に基づく戦後の農政を、その反省を踏まえ国民全体の視点に立って抜本的に見直し、経営感覚に優れた効率的・安定的担い手の確保を通じ、我が国農業が有する力が最大限に発揮され、安全で合理的な価格での食料の安定的供給と農業・農村の多面的機能の十分な発揮が可能となる政策として再構築する。この新た

備考

○新たな食料・農業・農村政策の実施にあたっての行政手法上の留意点

・政策の評価と見直し

・財政措置の効

な食料・農業・農村政策の具体化については、農政改革プログラムに沿い着実に進めるとともに、定期的（おおむね五年ごと）にその検証・見直しを行うことにより、情勢の変化に柔軟に対応し得る、透明性の高い効率的な政策の推進を図る。

Ⅱ　国内農業生産を基本とした食料の安定供給の確保と食料安全保障

1　国内農業生産の維持・増大

世界の食料需給について長期的にはひっ迫する可能性もあると見込まれる中で、国民の必要とする食料を安定的に供給するとともに、不測の事態における食料安全保障を確保するため、国内農業生産を食料供給の基本に位置付け、可能な限りその維持・増大を図っていく。このため、農業構造の変革等による生産性の向上、地域の条件や特色を活かした適地適産の推進、国内農業と消費者・食品産業との結び付きの強化等を図る。また、

率的・重点的運用
・情報公開と国民の意見の反映
・国と地方の役割分担の明確化
・国際規律との整合性

関係者の努力喚起及び政策推進の指針として食料自給率の目標を策定し、その達成に向け、関係者一体となった取組みを行う。

(1)　生産努力目標の策定とその達成を目指した生産の展開

①　品目ごとの生産努力目標の策定

1）　主要な農産物について、品目ごとに、担い手、品質・コスト等生産面における課題を明確化した上で、課題が解決した場合に到達可能な国内生産水準を生産努力目標として策定

2）　全国段階での生産努力目標の策定に併せ、地方公共団体、生産者団体等による地域段階での生産努力目標の策定を促進

②　生産努力目標の達成を目指した生産の展開（取組課題）

1）　米

ア）　生産性の高い営農の展開（稲・麦・大豆体系や高収益部門を組み合わせた複合経営の導入、直播や不耕起栽培の導入による

○農地について、品目ごとの生産努力目標の達成に必要な指標（作付面積等）についても併せて明示。

○「緊急生産調整推進対策」（十～十一年）を見直す。

生産コストの低減、担い手を中心とした生産体制の整備)

イ) 需給動向に即した良質米の生産(生産調整の着実な実施、産地・銘柄ごとの市場評価を踏まえた品種選択)

ウ) 国産米の安定供給体制の強化(産地の物流体制の合理化と広域的な出荷体制の整備、地域の条件を活かした特色ある米の生産販売)

2) 麦

ア) スケールメリットを発揮し得る生産体制の整備(生産拡大、品質・生産性の向上、担い手の確保等の目標を踏まえた生産展開、期間借地・大型機械のリースによる担い手の規模拡大、乾燥調製施設の整備)

イ) 食品産業等のニーズに対応した生産(品質の向上・安定のための高品質品種の育成・普及や栽培技術の改善、品質取引に対応した物流・品質分析体制の整

○主産地ごとに、生産者、食品産業、普及組織、行政等が一体となって、産地協議会を設置。

備)

ウ) 安定的な麦作の推進(二毛作・輪作等を組み入れた地域の条件に適した合理的作付体系の導入・普及)

3) 大豆

ア) 効率的な生産体制の整備(単収の向上や生産拡大、生産性の向上等の具体的な目標を踏まえた生産の展開、担い手の育成と団地化による主産地の形成)

イ) 食品産業等のニーズに対応した生産(食品産業と産地が一体となった品質評価、国産大豆を使用した商品開発、食品産業との契約栽培・直接取引等の拡大、市場評価が生産者手取りに反映されるような大豆交付金制度の見直し)

ウ) 生産の安定化(耐冷性・病害虫抵抗性・機械化適性等を備えた新品種の育成・普及、栽培技術の高位平準化)

4) 畜産物・飼料作物

○主産地ごとに、生産者、食品産業、普及組織、行政等が一体となって、産地協議会を設置。

○新たな「酪農及

ア）安定的な生産・経営管理体制の整備（飼養管理技術の改善・高位平準化、家畜改良による産肉・産乳量等の能力の向上、法人化の推進、労働負担の軽減のための経営支援組織の確立） イ）飼料自給率の向上（飼料作物の生産基盤の強化と生産性・品質の向上、日本型放牧の推進） ウ）高品質、安全で特色ある畜産物の生産（国産品の優位性を活かした特色ある畜産物の生産、生産から流通段階における衛生管理の徹底）	び肉用牛生産の近代化を図るための基本方針」、飼料増産推進計画（仮称）を策定。
5）果樹 ア）省力・低コストな生産体制の整備（わい化栽培、園地整備、規模拡大の推進） イ）品質本位の生産流通（高度な集出荷貯蔵施設の整備、加工業との連携強化による新たな果実加工品の開発）	○新たな「果樹農業振興基本方針」を策定。併せて新たな生産対策のあり方を検討。
6）野菜 ア）国産野菜の周年的な安定生産	○新たな産地育成対策のあり方を

体制の整備（機械化一貫体系の導入） イ）ニーズに即した野菜生産流通（本物・安全志向の高まりや業務需要の増大を踏まえた減農薬野菜・加工適性品種の生産）	検討。
7）花き ア）低コスト・多種類の花き生産供給体制の整備（省力大量生産技術の導入・普及） イ）大量需要に対応した流通体制の整備（集出荷施設の整備、台車流通の普及）	○「花き産業振興計画」（仮称）の策定等新たな生産対策のあり方を検討。
(2) 食生活の見直しに向けた運動の展開 我が国の食生活が大きく変化し、国内生産では対応できなくなったことが食料自給率の低下の大きな要因となっている。一方、食べ残し等食生活における無駄のほか、健康面では脂質摂取過多による栄養バランスの崩れ等も見られる。このため、消費者も現在の食生活を見直していくことが必要となっており、これに必要な情報提供や啓発活動を展開する。	

① 米、畜産物、油脂等の食料消費の状況、農産物の供給の状況（国内生産、輸入）等食料自給率に関する情報の積極的な提供

② 食べ残し・廃棄の削減、日本型食生活の普及、栄養と健康の関係についての啓発等食生活の見直し・改善に向けた国民的な運動の展開

(3) 食料自給率の目標の策定

食料を安定的に供給するとともに不測の事態における食料安全保障を確保するとの基本的考え方に立ち、かつ、以上のような生産・消費両サイドからの食料供給力向上に向けた取組みを前提として、関係者の努力喚起及び政策推進の指針としての食料自給率の目標を策定する。

2 安定的な輸入の確保と適正な備蓄の実施

(1) 安定的な輸入の確保

円滑で安定的な食料輸入を確保するため、食料輸出国との良好な関係を維持するとともに、多国間協定による会合の場等における情報収集・交換の推進や、主要輸出国との安定的な取引に関する取り決めの着実な履行を図る。

また、世界の食料需給動向の的確な把握を行うため、海外における食料の生産・供給動向等の情報収集・分析体制を充実する。

(2) 適正な備蓄の実施

食料供給が不足する事態に備えて、米・麦・大豆・飼料穀物等主要食料について適正・効率的な備蓄を行う。

3 不測の事態における危機管理体制の構築

凶作、輸入の途絶などにより、相当の期間、食料供給が著しく不足するような不測の事態においても、国民に対する最低限の食料の安定供給が確保されるよう、危機管理体制を構築する。

① 国内外の食料需給状況に関する迅速かつ適切な情報収集・分析体制の整備

② 米・麦等の緊急増産や熱量効率の高い作物の導入が必要となった場合の的確な生産転換等を実施するための計画の策定と実施体制の整備

③　食料の価格監視、流通の確保策等の整備

4　食料及び農業に関する国際協力

国際協力を通じて世界の食料需給の安定に資するため、食料・農業分野の国際協力の重要性等をODA大綱等において明確化するとともに、開発途上国等への専門家派遣、研修員の受入れ等の技術協力や資金協力を強化・充実するとともに食糧支援の仕組みの適切な活用等を図る。

Ⅲ　消費者の視点を重視した食料政策の構築

1　食生活における安全性・品質の確保と食品の表示・規格の改善・強化

消費者の食における安全と安心を確保するため、輸入食品を含め食品の安全性・品質確保対策を強化するとともに、食生活についての情報提供、食教育の推進等を行う。また、消費者の適切な商品選択に資するため、食品の表示・規格制度を改善・強化する。

(1)　食生活における安全性・品質と健康等の確保

---

①　生産から消費に至る各段階における食品の安全性・品質確保対策の充実・強化

1）　生産段階における対策（生産資材の使用基準の見直しや生産ガイドラインの策定等）

2）　製造段階における対策（HACCP手法の導入促進等）

3）　流通段階における対策（卸売市場等の施設の計画的整備、生鮮食品等の取扱いガイドラインの策定等）

4）　消費段階における対策（消費者への情報提供・普及・啓発活動等）

②　食生活のあり方を見つめ直す幅広い活動の展開

1）　健康等の確保のための食生活の啓発活動の展開

2）　生産者と消費者との交流による相互理解の促進

3）　食教育の充実や子供達の農林漁業・農山漁村体験学習の促進

○食を考える国民会議を組織化。

○学校五日制が完全実施される十四年に向け、食

(2) 食品の表示・規格制度の改善・強化

① 表示・規格制度の改善・強化

1） 消費者ニーズへの対応、国際的な表示ルールとの整合性の確保等の観点から、原産地表示の拡充をはじめ食品の表示制度を改善・強化

2） ＪＡＳ規格・認証制度等の見直し及び国際規格との整合化

3） 第三者検査認証を通じた有機食品の表示の適正化

② 遺伝子組換え食品の表示ルールの確立及び適正な実施

③ 国際規格策定への積極的参画

2 食品産業の経営体質の強化と食品流通の効率化

国民への食料の供給に重要な役割を果たす食品産業について、国内農業との連

教育や農林漁業・農山漁村体験学習の充実方策を検討。

○十一年通常国会にＪＡＳ法改正法案を提出予定。

○食品表示問題懇談会において、遺伝子組換え食品の表示ルールを取りまとめ。

携強化や経営基盤の強化等を通じた体質強化を図る。また、卸売市場の機能・体制の改善・強化等により、食品流通の効率化・活性化を図る。

(1) 食品産業の経営体質の強化

① 食品産業と国内農業との連携強化

加工・業務用への国内農産物の需要拡大等を図るため、食品産業と国内農業の望ましい連携のあり方、その推進手法等について、法制度化を含め幅広く検討を行い、必要な対策を講ずる。

② 食品産業の経営体質の強化

1） 技術力の向上の促進（先端技術開発の推進、産学官の連携強化）

2） 中小企業支援等業種横断的施策

○具体的施策については研究会を設けて検討。

（検討項目例）

・食品産業と国内農業の連携による新製品の開発・販路拡大等の取組みの推進方策

・加工・業務用等の原料農産物の国内安定供給等の推進方策

の活用の促進（関係省庁間の連携強化） 3）農産加工品の輸入事情の変化に対処した加工業者への金融・税制上の支援措置の継続的実施	○十一年通常国会に、特定農産加工業経営改善臨時措置法を延長する法案を提出予定。
③環境問題への積極的対応 1）各種環境施策の効果的な推進を図るための指針の策定 2）家庭系一般廃棄物の減量化とリサイクルの推進 3）食品残さ等の有機性廃棄物の肥飼料等としてのリサイクルの推進 4）地球温暖化問題への対応に向けた食品産業界の自主行動計画の策定の促進	
(2) 卸売市場制度の改善・強化等による食品流通の効率化 ①卸売市場の機能・体制の改善・強化 消費の多様化、大型化した産地・ユーザーの発言力の高まり、流通チ	○卸売市場法の改正を検討。 （検討内容） ・取引方法の改

ャネルの多元化、市場関係業者の経営悪化等の卸売市場をめぐる情勢の変化に対処し、卸売市場法の見直し等により卸売市場制度の改善・強化を図るとともに、新たな卸売市場整備基本方針を策定する。	善 ・市場関係者（卸売・仲卸業者等）の活性化と経営体質の強化
②食品流通業の効率化と活性化 1）生鮮食品等の取引の電子化の推進等、生産から消費までの最適な集出荷・流通システムの構築 2）食品販売業の仕入れシステムの高度化 3）施設整備による店舗の近代化 4）業種横断的な連携促進（地域食品商業活性化協議会の諸活動の支援） 5）消費者サービスの充実（食料品共同受発注システムの構築等）	
Ⅳ　農地・水等の生産基盤の確保・整備 1　優良農地の確保等 農業生産にとって最も基礎的な資源である農地を良好な状態で確保するとともに、国民的な視点に立ってその有効利用を図る。また、効率的・安定的な農業経	

営を育成するため、担い手への農地の利用集積を促進する。このため、農地関係諸制度・事業の見直しを行う。

(1) 優良農地の確保・有効利用と耕作放棄の解消

① 優良農地の確保に関する国の方針の明確化

1) 農用地区域内の優良農地の維持・確保

2) 優良農地の確保のために必要となる土地基盤等の整備の計画的な推進

② 耕作放棄の解消に向けた取組みの強化

1) 地元市町村における具体的な有効利用計画の策定

2) 耕作放棄地の受け手としての担い手の育成及び受け手のない農地についての農地保有合理化法人による管理耕作の活用等

③ 計画的な土地利用の徹底と非農業的土地需要への適切な対応

1) 農用地区域の設定基準等の法定化

○十一年通常国会に農業振興地域の整備に関する法律の改正法案を提出予定。

---

2) 市町村農業振興地域整備計画の拡充

(2) 農地の流動化の推進

① 農地の利用集積に向けた市町村の主体的取組みの推進

1) 市町村ごとに、新たに農地流動化目標を設定

2) 市町村段階の農地保有合理化法人による農地流動化推進への取組みの強化

② 農地流動化のための関連制度の見直し

1) 地域の実態に応じた農地移動の下限面積要件の弾力化（農地の権利移動許可の要件となっている下限面積につき、農林水産大臣の承認を受けることなく、地域の担い手の実態に応じて、都道府県知事の判断により設定できるようにする。）

2) 小作料の定額金納制の廃止（自

○市町村農業振興地域整備計画については、おおむね五年ごとに見直し。

○市町村の農地流動化目標については、五年ごとに目標と実績を検証。

○検討項目

・合理化法人による市町村への農用地利用集積計画の策定申入権の付与

・合理化法人による農地売買等事業の円滑な実施のための環境整備

・農地流動化に

由な形式での小作料支払いを可能とする。)

③ 多様な担い手による農作業の受委託の促進

農作業受委託の促進のため、認定農業者を核とした農業者組織、集落営農、農協や市町村が参画した第三セクター、農作業の受託を専門的に行うサービス事業体等作業受託の担い手を幅広く確保する。

2 農業生産基盤の整備

食料の安定供給の確保、農業の生産性向上等を図るため、かんがい排水施設、大区画ほ場の整備等農地・水等の農業生産基盤の整備・確保を、土地改良長期計画に基づき、地域の立地条件に即し、環境の保全に配慮しつつ推進する。併せて、国土・環境保全等の公益的機能を有する土地改良施設につき、適切な整備・更新を図るとともに、公的管理の充実を検討していく。

また、農業構造の変化、ニーズの多様化、環境への配慮の要請の高まり等の社会経済情勢の変化を踏まえ、土地改良制度を総合的に見直す。

取り組みやすいよう、事業の再編成

○新たな農業農村整備の基本方針を策定。

○土地改良制度の総合的検討

(想定される検討内容例)

・土地改良施設の適切な更新等のための計画・事業実施の仕組み

・公益的機能を踏まえた土地改良施設の維持管理に係る公的関与

・土地改良区に期待される役割の発揮

・環境保全等への配慮

(検討を踏まえ、土地改良法を改正予定)

(1) 立地条件に即した整備

① 平場地域における基盤整備

1) かんがい排水施設の整備と円滑な更新(かんがい排水施設の計画的・機動的な整備・更新が可能となるような手法の整備、水の循環利用の促進、地域用水機能の発揮、都市用水としての一部活用等に向けた効率的利用の強化等)

2) 担い手への農地の利用集積に資する大区画のほ場整備及び水田の汎用化(利用集積を加速する新たな手法の整備)

② 中山間地域等における基盤整備
1) 市町村の広域的な連携、中山間地域の実情に即した事業の推進(市町村の広域連携等による事業の効率的な推進、農林地の一体的な整備等)
2) 中山間地域等への公的支援策の検討と連携を図りつつ事業のあり方を検討
(2) 土地改良施設の管理保全
① 基幹的な水利施設に係る適切な公的管理の実施、土地改良施設の円滑な整備・補修の推進等による施設の管理体制の改善
② 零細・小規模な土地改良区の統合整備と活性化
(3) 環境の保全等に配慮した事業展開
① 農村地域の総合的な環境保全対策の実施が可能となることに配慮して事業を推進
② 環境保全に配慮した事業計画・審査基準の策定
(4) 効率的な事業展開
① 費用効果分析等の一層の活用

---

1) 生産基盤整備に加え、農村生活環境整備についても、費用効果分析を順次導入
2) 事業完了地区において、効果の発現状況を明らかにするとともに、その結果を新規地区の事業計画等に反映させるための事後評価制度を順次導入
② 再評価システムの着実な実施
事業実施地区において事業の再評価システムを活用・実施し、その評価結果に基づき事業変更・中止等必要な措置を講ずる。

Ⅴ **担い手の確保・育成**
1 幅広い担い手の確保
多様な就農ルートを通じて幅広い人材の確保・育成を進めるとともに、地域の実情に即し、法人経営を含め多様な形態による足腰の強い農業経営の展開を図る。このため、関係諸制度・事業のあり方を見直す。
(1) 新規就農の促進
① 就農ルートの多様化に応じた支援策の強化

○十年度より導入。

新規学卒者・中高齢者・Uターン者の就農、農家子弟以外からの就農等就農ルートの多様化に応じ、新規就農を希望する者に対してきめ細かな支援を行うため、就農等についての情報提供・相談体制の強化、技術・経営研修の充実等を行う。

② 法人等への就農促進

農業法人等の構成員や雇用者としての就農を促進するため、農業法人等に就農を希望する者に対する情報提供、法人等の雇用者としての技術習得の推進等を行う。

③ 経営継承の円滑化

離農農家等の農地・施設等を新規就農者に対し円滑に継承させるため、リース農場制度を活用するとともに、新たな経営継承システムを構築する。

④ 農業教育への支援

1） 青年農業者育成の観点から、農業高校から大学農学部への推薦入学の拡大など、大学教育における農業教育のあり方につき検討する

○経営継承の一層の円滑化のための施策の具体化については、農林水産省内の検討体制を強化。

○農業教育への支援策の具体化については農林水産省と文部省の協議会を設けて

とともに、農業者大学校と道府県農業大学校の連携強化、農業高校と道府県農業大学校との連携促進、実践研修の充実等を実施

2） 小中学生の農業に対する理解を深めるため、小中学校における農業体験学習への取組みを促進

(2) 多様な担い手の確保

地域農業の維持・継続を確保するため、担い手への施策の集中を図るほか、集落営農の活用、市町村・農協等公的主体による農業生産活動への参画促進等により、地域の実情に応じた多様な担い手を確保・育成する。

① 地域における担い手像の明確化

地域の実情に応じた担い手像を明確にするため、市町村の農業経営基盤強化促進基本構想を速やかに見直す。

② 集落営農の活用

集落を基本単位とした営農システムの発展と安定化を図るため、地域の実情に即し、集落営農の位置付けを明確にする。また、条件の整った

検討。

ものについては特定農業法人化を進め、地域における農地の一体的な管理を行う主体として育成する。

③ 公的主体等の農業経営への関与

1) 市町村・農協等が参画した第三セクター（農作業の受託）、農業生産法人（営農主体）

2) 農地保有合理化法人（農地の中間保有機能を活用した管理耕作）

3) 農協（組合員からの経営受託、作業受託、第三セクター・農業生産法人への出資）

④ 農作業の受託組織（サービス事業体等）の育成

(3) 農業経営の法人化と法人経営の活性化

① 法人化の推進

農業経営の法人化は、新規就農の受け皿、農村社会の活性化、経営の円滑な継承等の利点を有する。そのため、相談・指導活動の展開等を通じて、農業経営の法人化を推進する。

1) 法人の設立を図るための啓発・普及、相談・指導活動の展開

2) 経営体質の強化を図るための研修会の開催

② 農業生産法人の活性化

経営の多角化、技術・経営ノウハウの充実、優れた人材の確保等を通じた農業生産法人の活性化を図るため、事業要件・構成員要件・業務執行役員要件を見直す。

1) 事業要件

経営の多角化を通じた経営発展、雇用労働力の周年就労の確保、経営の安定等に資するよう、事業の範囲を拡大する。ただし、主たる事業が農業（関連事業を含む。）であることを確保する。

2) 構成員要件

食品流通・加工業等との資本提携や生活協同組合等の消費者グループ等からの出資を可能とするため、農業関係者以外の者を構成員に追加できるようにする。ただし、農外資本による経営支配を防止するため、農業関係者以外の構

○農業生産法人制度の見直しの詳細（株式会社形態の導入に伴う懸念を払拭するための措置や事業要件等の見直しの詳細）については、早急に専門家による委員会を設けて検討を進め、十一年夏頃までに結論を得る。

（検討項目例）

・農地法上の許可時における厳正な審査

・地域社会と調和した農業生産・農業経営

成員は、総議決権の四分の一以下とすることは変更しない。併せて、市町村が農業生産法人に出資できるようにする。

3）業務執行役員要件

農業経営の企画管理業務の比重の増大に対応する観点から、マーケティング、資金調達等の企画管理労働に従事する役員を増加し得るようにする。ただし、農外者による経営支配が排除可能なように措置する。

③　農業生産法人の法人形態の多様化（株式会社形態の導入）

担い手の経営形態の選択肢を拡大させる観点から、農業者、農業団体をはじめとする関係者が納得できる形で、農業経営への株式会社形態の導入を具体化する。

1）地域に根ざした農業者の共同体である農業生産法人の一形態としての株式会社に限り認める。

2）株式会社の参入につき指摘されている様々な懸念を払拭するに足

の確保等（行動基準の作成、監視の充実）

・農業生産法人の要件を欠いた場合の国の買収措置の機動的発動等対策の強化

・株式譲渡制限等農外者に法人が支配されないようにするための措置

・構成員の拡大の範囲等

る実効性のある措置については十分な検討を行い、地域社会と調和し、真に農業経営の発展に資するものとなることを確保する。

2　農村女性の地位の向上

農村における女性の農業経営・地域社会への参画を促進するとともに、少子高齢化の進展等も踏まえ、農村女性が持てる能力を十分に発揮できる条件整備を進める。また、配偶者問題も念頭に置き、都市住民の農山漁村に対するイメージを改善するため、農山漁村・都市交流を促進する。

(1)　女性の社会参画への農業・農村面における支援

①　地域の方針決定過程等への女性の参画を促進するための参画目標の策定、家族や地域社会の意識啓発等の農業・農村面における環境整備

○女性の参画目標の例

・各種委員会への登用促進

・都道府県審議会への登用促進

・女性リーダーの育成

② 十一年に制定される予定の「男女共同参画社会基本法」（仮称）を踏まえ、農業・農村面における具体的取組みを充実・強化（男女共同参画についての情報収集・提供、女性の社会参画促進）

(2) 女性の農業関連起業活動への支援

① 女性の農業関連起業活動に必要な情報の提供、技術研修の実施、施設の導入の円滑化等の支援策の充実

② 農村地域で活動する女性のネットワーク化の促進

(3) 女性の能力開発と農業経営参画

① 女性の農業経営への参画を促進するため、家族経営協定の締結を促進するとともに、農業技術や経営ノウハウの修得等に係る研修を充実

② 農作業のほか、家事、育児により過重労働となっている女性の負担軽減を図るため、快適な農作業環境の実現のためのマニュアル作成や子育て環境の整備を図りつつ農作業等の労働ピーク軽減のための仕組みづく

○男女共同参画についての情報収集・提供については、モデル地域の事例を全国に発信し、意識啓発を促進。

り等を推進

(4) 農山漁村の青年と都市の女性の交流促進等

配偶者問題への対応も考慮し、都市住民の農山漁村に対するイメージを改善するため、農林漁業に関する情報の発信・提供、農山漁村の青年と都市の女性の交流促進等農山漁村・都市交流を促進する。

3 高齢農業者の役割の明確化と福祉対策の推進

高齢者がその有する技術や能力を活かし、生きがいを持って農業活動ができる環境づくりを進めるとともに、高齢者を地域ぐるみで支える福祉体制を構築する。

(1) 高齢者の役割の明確化と農業関連活動の促進

地域農業や地域社会における高齢者の役割を明確にし、それを踏まえた農業関連活動を支援する。

(2) 高齢者に配慮した生活環境の整備

高齢者が安心して農村に暮らし、安全かつ快適な農業関連活動に取り組め

○市町村等が地域の実情に応じ、高齢者対策の基本方針を策定。

る生活環境の整備を推進する。

(3) 高齢者福祉対策の充実

農協等の活用を図りつつ、農村における高齢者福祉の充実に向けた取組みを推進する。（農協によるホームヘルパーの育成や農協の余剰施設を活用した施設の整備等）。

Ⅵ **農業経営の安定と発展**

1 国内農業生産の維持・増大に資する価格形成の実現と経営安定措置の実施

(1) 市場原理を重視した価格形成の実現

需要に即した国内農業生産の維持・増大を図るため、農産物の需給事情等が価格に適切に反映されるよう、価格政策全般を見直す。

(2) 価格政策見直しに伴う所得確保・経営安定対策の実施

価格の大幅な低落が、意欲ある担い手の経営に大きな影響を及ぼさないよう、価格政策の見直しに応じ、価格低落時の経営への影響を緩和するための所得確保対策を講じていく。

また、品目別の価格政策の見直し状況、経営安定措置の実施状況等を勘案しつつ、個々の品目ごとではなく、意欲ある担い手の経営全体を捉えた経営安定措置の導入について検討する。

(3) 関連施策の展開

消費者・食品産業のニーズに即した国産農産物の供給を促す観点から、生産者による生産性向上や品質改善等に向けた努力を支援するとともに、内外価格差の縮小を図るため、価格政策の見直しに併せて、関連する生産対策について、品目別の実情を踏まえつつ集中的かつ効率的に実施する。

2 主要品目別の検討方向

(1) 米

「新たな米政策大綱」を着実に推進し、需給動向を踏まえた米生産、需給実勢を的確に反映した自主流通米の価格形成に努めるとともに、稲作経営安

○農業経営全体を単位として捉えた安定措置の導入につき、品目別の施策の見直し状況等を勘案しつつ検討。（当面、輪作体系による大規模畑作経営を想定した検討）

○稲作経営安定対策についての生産者の意向を把握するため、稲作農家に対する

定対策について適宜必要な見直しを行う。

(2) 麦

「新たな麦政策大綱」に基づき、民間流通への移行を図るとともに、生産者の経営安定措置として、「麦作経営安定資金」（仮称）を創設する。

(3) 大豆・なたね

① 大豆については、食品産業等のニーズに対応した「売れる大豆づくり」を推進するとともに、市場評価が生産者手取りに的確に反映されるよう、交付金制度の見直しを図る。

② なたねについては、条件整備を行い、交付金制度から産地の実態に即した措置に移行する。

(4) 砂糖・甘味資源作物

国産砂糖の価格競争力の回復を図るため、価格形成の仕組みにおける関係者の協同した取組みを具体化するとともに、その状況に応じ担い手の経営安定対策等を検討する。

補完調査を実施。

○専門家による研究会を設けて交付金制度の見直しを含む大豆振興策を検討し、十一年秋の価格決定までに方向付けを行う。

○専門家による検討会を設けて価格制度の見直しについて検討し、十一年秋の価格決定までに方向付けを行う。

(5) 牛乳・乳製品

乳製品・加工原料乳の価格形成に市場実勢が一層反映されるようにするとともに、生産性の高いゆとりある酪農、効率的な乳業の確立のため、学校給食用牛乳供給対策、牛乳の表示を含め、関連諸施策を見直し、その総合的な実施を図る。

3 経営政策の充実

(1) 経営政策の体系的整備

経営感覚に優れた効率的・安定的な農業経営を育成し、その創意工夫を発揮した経営展開が行えるよう、意欲ある担い手に施策を集中するとともに、その施策の内容について、資本装備、雇用確保、技術向上等経営全般にわたる支援策として体系的に整備する。

① 認定農業者等意欲ある農業者の確保・育成

1) 市町村の農業経営基盤強化促進基本構想の見直し（地域の実情に即した担い手像の明確化、総合的

○価格制度の見直しを含む関連諸施策を見直し、その総合的な実施を図るため、「新たな酪農・乳業対策」（仮称）を十一年春の価格決定までに作成。

○農業経営の体質強化を図るための施策の総合的整備等について、農業経営問題研究会において検討。

（検討項目例）

・農業経営の体質強化を図るための施策の総合的整備

・施策を集中す

な支援の実施）

2）既に認定された認定農業者の経営改善計画のフォローアップと新計画の策定等の推進

②生産者から経営者への意識改革の推進

1）経営者意識の醸成に向けた青色申告農業者の増加の促進、法人化の推進

2）経営改善支援センターを拠点とした関係機関（農業改良普及センター、農協、農業委員会等）の連携強化を通じた経営発展段階に応じた指導の推進

3）農業経営者間の相互研鑽、異業種経営者との情報交換等を支援するための経営者の組織化促進

4）経営ノウハウの導入等のための食品流通・加工業や外食産業との連携強化

③収益性の高い経営確立に向けた環境の整備

1）生産手段の充実

ア）低利資金（スーパーL資金、

べき農業経営と集中する施策の内容

スーパーS資金等）の融通、債務保証の推進

イ）担い手に配慮した集出荷施設等の生産施設の整備

ウ）認定農業者等への農地利用集積の促進

2）労働力の確保

ア）合同就職説明会の開催、インターネットを使った求人情報の提供

イ）農業法人における雇用問題の改善（農業法人における雇用状況の調査の実施等）

3）技術の向上

ア）道府県農業大学校の研修コースの一層の充実

イ）改良普及員による技術指導の重点化・高度化

4）経営の多角化・高付加価値化の推進

販売ルートの多様化、生産物の高付加価値化を図るための流通業との連携、消費者との交流の促進

5）農業者年金制度の見直し

ア) 加入促進、保険料納付率の向上等を推進

イ) 次期財政再計算と併せ、農業者年金制度のあり方につき経営移譲の円滑化、農業者の生涯所得の確保の観点や、現下の状況が制度創設当時の状況と大きく変化していること等を踏まえ、幅広く検討の上、農業者年金制度の見直しを実施

④ 経営施策の体系的整備に向けた中期的検討

認定農業者の確保・育成状況、青色申告農業者数の動向を踏まえ、農業災害補償制度、農業信用保証保険制度等の施策を担い手の育成に配慮して推進するとともに、金融・税制に関する経営支援策の充実に向けた検討を進める。

併せて、品目別の価格政策の見直し、所得確保対策の導入の状況を踏まえ、農業経営単位での経営安定措置を検討する。

(2) 農業災害補償制度の見直し

○研究会を設けて検討し、その結果を踏まえ、改正法案を提出予定。

(検討項目例)
・制度の目的
・加入・受給要件の点検
・年金財政の見通し及び給付と負担のあり方
・経営移譲の促進及び補完事業のあり方
・他の制度との連携

○十一年通常国会

意欲ある担い手の育成、農業経営の安定機能の強化、農業生産構造の変化への対応、事業運営基盤の強化の観点を踏まえ、農業事情の変化に対応した農業災害補償制度のあり方について検討する。また、制度の効率的運用・事業の改善に合わせた国庫負担等の見直しの検討を行い、その適切な運用を図る。

(3) 生産資材費低減対策の推進

諸規制の見直しにより関連業界における自由な競争を促進するとともに、資材の製造から消費に至る各段階におけるきめ細かな取組みを通じて、生産資材費の着実な低減を図る。

Ⅶ 技術の開発・普及

農業生産力の飛躍的向上、農産物の品質・安全性の向上、担い手の確保・育成等のため、技術の開発・普及を重点的に展開していく。このため、技術開発を充実・強化

に農業災害補償法改正法案を提出予定。

○規制緩和推進三か年計画にも積極的に対応し、自由競争の環境を一層醸成。

○現在の農業生産資材費低減行動計画について、十二年度に見直し。

するとともに、効率的かつ効果的な事業運営の観点も踏まえ普及事業の見直しを行う。

1　技術開発の充実・強化

(1)　国全体の技術開発の目標等の策定と連携の強化

①　国全体の技術開発の目標の明確化

農政が抱える諸課題に対応した効率的かつ効果的な技術開発を推進するため、国、都道府県、大学、民間等を含めた国全体の技術開発について、概ね十年を見通した目標を明確化する。

②　達成目標を明確化した研究戦略の策定と評価の推進

技術開発研究の一層の効率化、活性化を図るため、重要分野ごとに農政の課題に対応した具体的達成目標を明確にした研究戦略を策定する。また、研究成果について達成目標に照らした評価と見直しを行う。

③　産学官、普及組織との連携強化による技術開発の活性化・効率化

国立研究機関における研究成果の

○新たな技術開発目標を策定。

○研究戦略に即し、麦、大豆等の緊急研究開発プロジェクト等の研究プロジェクトを創設。

実用化・早期移転、提案公募型研究の拡充・強化を図るほか、研究体制の再編整備に当たって、産学官の共同研究を推進する仕組みを整備する。

また、普及組織との連携強化を図るため、技術開発・普及目標の共有化、研究員による現場指導への参画等を推進する。

(2)　新たな農政の展開方向に即した技術開発の重点化

技術開発については、食料の安定供給の確保のための農業生産力の向上、農業の自然循環機能の発揮等新たな農政の展開方向に即して課題を重点化する。また、それに対応し、研究体制を再編整備する。

2　普及事業の見直し

①　対象者の重点化

今後の普及事業の展開に当たっては、対象者を農業生産の担い手となる人材や地域農業のまとめ役となる人材に重点化する。

○農業関係試験研究検討会において研究体制の再編整備の基本方針について検討し、省庁再編時（十二年度を目途）に新たな体制へ移行。

○国が定める協同農業普及事業の運営指針を改定。これに併せて、都道府県が

② 農業者のニーズに応えた普及事業の展開

生産現場に密着し、担い手となる個々の農業者の経営実態等に即したきめ細かい普及活動を展開するとともに、試験研究機関、大学等との連携強化等による迅速な技術移転を進める。

③ 民間との役割分担

農協が行う営農指導事業や民間専門家との役割分担を進めるため、営農指導員の資質向上や民間専門家への情報提供等の支援を行う。

④ 効率的・効果的な普及活動の展開

多様な農業者の要請等に対応した効率的・効果的な普及活動を展開するため、普及職員の資質向上、情報ネットワークの整備や普及センターの機能の充実を図る。

Ⅷ 農業の自然循環機能の発揮

農業が本来有する自然循環機能が十分に発揮され、農業の持続的な発展が図られるよう、新たな法制度の整備等により、望ま

定める実施方針も改定。

○普及職員資格制度検討委員会を設置し、普及職員の資格試験、専門項目を見直す。

○農業改良普及センターと農業者等を結ぶ情報ネットワークを全地域について整備（十三年度まで）。

○十一年通常国会に関係法案を提出予定。

しい農業生産方式への計画的な転換、家畜ふん尿の適切な管理、有機性資源の循環利用の促進等を行う。

なお、農業生産に係る環境機能面に関連した政策のあり方につき、諸外国における施策動向、今後の国際規律の動向等を踏まえながら鋭意検討する。

1 農業の持続的な発展に資する生産方式の定着・普及

① 目指すべき高度な生産方式の明確化

② 農業者、消費者、行政等が一体となった取組体制の強化（高度な生産方式への転換のための行動計画の策定等）

③ 高度な生産方式を導入する農業者への支援策の充実、技術の開発・普及

2 家畜ふん尿の適切な管理・利用の推進

① 適切な管理・利用のための基本的な

○高度な生産方式の具体例

土づくり：土壌診断に基づく堆肥使用

施肥：肥料使用の合理化

防除：農薬使用の合理化

○行動計画の策定・実施のため、農業者、消費者、行政等の関係者による協議会を設置。

方針の策定（家畜ふん尿処理施設が備える要件、施設等の整備の目標等） ② 適切な管理・利用に取り組む畜産農業者等への支援策の充実（堆肥化施設等の整備、耕種農業との連携による堆肥利用の促進等） ③ 不適切な管理の改善（堆肥化を基本とした適切な管理の基準の設定等） ④ 適切な管理・利用のための技術の開発・普及 3 有機性資源の循環利用システムの構築 ① 家畜ふん尿、稲わら等の農業副産物、食品残さ等有機性資源の情報ネットワークの整備（供給者と利用者が一体となった情報伝達体制の整備等） ② 有機性資源の循環利用のための基幹的施設の整備 ③ 有機質肥料の適切な利用のための肥料成分等の表示制度の整備 ④ 技術の開発・普及（低コストな資源化技術・悪臭防止技術の開発・普及）	○管理の基準の例 家畜ふん尿処理施設等の構造、維持管理方法等に関する基準等 ○国・地域の各段階において、関係省庁・地方公共団体、民間団体、業界等による協議会の設置を検討。 ○有機質肥料の表示制度の整備のため、十一年通常国会に肥料取締法改正法案を提出予定。
4 農業生産に係る環境機能面に関連した政策のあり方の検討 農業生産に係る環境機能面に関連した政策のあり方につき、諸外国における施策動向、今後の国際規律の動向等を踏まえながら検討する。 5 農業分野における地球規模での環境問題への対応の強化 ① 地球温暖化対策推進法に沿った温室効果ガスの排出の抑制（二酸化炭素（農業機械、温室等）、メタン（水田、家畜）、亜酸化窒素（施肥土壌、家畜）） ② 「モントリオール議定書締約国会合」の合意に基づく、臭化メチル（オゾン層破壊物質として指定された物質）の削減（原則として二〇〇五年までに全廃） ③ ダイオキシン類・内分泌かく乱物質対策の強化（汚染の実態調査、対象物質の環境中動態や作用機構の解明に関する研究等） **Ⅸ 農業・農村の有する多面的機能の十分**	

な発揮

1　農業・農村の有する多面的機能の理解の増進と適正な評価

農業・農村は、食料の安定供給に加え、洪水防止、水資源のかん養等の多面的な機能の発揮を通じ、都市住民を含む国民全体の生活と生命・財産を守る役割を果たしていることから、これら多面的機能が国民に正しく理解され、適正に評価されるよう、情報提供や普及活動を展開する。

2　農村地域の総合的・計画的な整備

美しく住み良い農村空間を創造するとともに、農業・農村の有する多面的機能が十分に発揮されるようにしていくため、計画的な土地利用と生産・生活基盤が一体となった総合的な農村整備を推進する。また、現行の農業構造改善事業に代わる新たな事業として、農業・農村の発展基盤の整備を図るための総合的な事業を創設する。

(1)　農業振興地域制度の見直し

①　農用地区域の設定基準等の法定化

②　市町村農業振興地域整備計画の拡充と定期的見直し

(2)　農村整備に係る諸事業の見直し

①　農村総合整備事業等における農村の活性化や都市・農村の交流の促進に資する整備と生産基盤整備の一体的な推進

②　二十一世紀を見据えた総合的な農業・農村の発展基盤の整備を図るため、現行の農業構造改善事業に代わる新たな事業を創設

3　都市住民のニーズに対応した農業・農村の振興

(1)　都市と農村の交流の促進と市民農園の普及

①　都市住民にゆとりと安らぎを提供し、農業・農村への理解を促進するとともに、農村における就業・所得機会の創出等地域の活性化を図るた

○十一年通常国会に農業振興地域の整備に関する法律の改正法案を提出予定。

○現行の農業構造改善事業に代わる新たな事業の創設につき研究会を設置（十一年度中に結論）。

（検討項目例）

・農業構造改善事業の評価

・新たな事業に求められる視点

・事業推進のあり方

め、グリーン・ツーリズムが国民運動として定着するようソフト・ハード両面から条件を整備する。

② 都市住民等のニーズに応えるとともに、農地の多面的利用を促進する観点から、市民農園、日本型クラインガルテン（滞在施設等と一体的に整備された小規模農地）の広範な整備・普及等を図る。

(2) 都市農業の振興・発展

都市農業が、都市住民に対する新鮮な農産物の供給、学童農園や市民農園、観光農園等による食教育・農業体験・レクリエーションの場の提供、さらには緑や防災空間の提供等の面での都市住民のニーズに対応した発展が図りうるよう、適切な振興策を講ずる。

4 中山間地域等への直接支払いの導入等

下流域の都市住民をはじめとした国民の生命・財産を守るという、いわば防波堤としての公益的役割を果たしている中山間地域等の活性化を図るため、立地条件を活かした特色ある農林業等の振興施策等を講ずるとともに、農業生産活動や

農地の保全・管理等を支援する直接支払いについて、国民の理解と納得が得られる形で実現に向けた具体的検討を行う。

(1) 農業生産の振興と農業経営の体質強化

① 地域の個性を活かした新たな山村振興事業の展開等による高付加価値型農業等の推進

② 中山間地域等に適合した基盤整備と技術の開発・普及

③ 第三セクターの活用等による多様な担い手の確保

④ 地域特産品の認証事業の推進

⑤ 鳥獣被害の防止技術の確立と防止施設の整備

(2) 国土保全等の多面的機能の維持・発揮

① 森林と農用地が混在する地域における農林地の一体的な保全整備

② 耕作放棄の発生を未然に防止するため、生産基盤の整備と農地の利用・管理体制整備を一体的に促進

(3) 中山間地域等における定住の促進

① 地域資源を活用した内発型の地場

○十一年通常国会に森林開発公団法の改正法案を提出予定。

産業の育成等、多様な産業の創出と雇用機会の確保

② 広域連携や集落の再編等も視野に入れた生活基盤の総合的整備と高齢者対策の推進

(4) 直接支払いの導入

高齢化が進行する中、農業生産条件が不利な地域があることから、耕作放棄地の増加等により公益的機能の低下が特に懸念されている中山間地域等において、耕作放棄の発生を防止し公益的機能を確保するという観点から、既存の政策との整合性を図りつつ、次の枠組みにより、直接支払いの実現に向けた具体的検討を行う。

① 対象地域は、特定農山村法等の指定地域のうち、傾斜等により生産条件が不利で、耕作放棄地の発生の懸念の大きい農用地区域の一団の農地とし、指定は、国が示す基準に基づき市町村長が行う。

② 対象行為は、耕作放棄の防止等を内容とする集落協定又は第三セクター等が耕作放棄される農地を引き受

○直接支払いについては、以下を基本として具体的に検討。

① 地方公共団体の長、学識経験者等から成る第三者機関を設置し、制度運営の課題、適切な運用方法等につき、十二年度概算要求までに具体的に検討する。

② 本政策は十二年度から実施する。

ける場合の個別協定に基づき、五年以上継続される農業生産活動等とする。

③ 対象者は、協定に基づく農業生産活動等を行う農業者等とする。

④ 単価は、中山間地域等と平地地域との生産条件の格差の範囲内で設定する。

⑤ 国と地方公共団体とが共同で、緊密な連携の下で直接支払いを実施する。

⑥ 農業収益の向上等により、対象地域での農業生産活動等の継続が可能であると認められるまで実施する。

X **農業団体の見直し**

1 農業協同組合系統組織

金融ビッグバン等に対応して、事業機能の一層の強化や経営の効率化が求められている中で、農業者の協同組織として、農家農民のために各種事業を行う総合事業体としての本来の役割を十分に果たし得るようにする。

(1) 組織の再編・整備の実現

農協系統組織が十二年（二〇〇〇

③ 直接支払い導入の一定期間経過後、中立的な第三者機関を設置し、政策効果等の評価・見直しを行う。

○総合農協の合併計画

年）を目標として自ら取り組んでいる組織の再編・整備を実現する。

(2) 新しい農政の展開における農協系統組織による積極的な役割の発揮

① 農協が農業者の階層分化、組合員の多様化に対応して、地域農業・地域社会の活性化の主体としてその機能を効果的に発揮できるよう指導・支援を行う。

1）担い手の確保・育成、営農・経営指導事業の充実

2）各品目の生産対策に資する経済事業の推進

十年 一、七七〇 → 十二年 五三〇

十二年（二〇〇〇年）までに全国連との統合を実現。

○六年の三五万二千人から、十二年（二〇〇〇年）までに五万人の職員を削減。

3）農地の流動化、耕作放棄地の解消等への取組みの強化

4）高齢者福祉等農村地域の生活の向上のための取組みの推進

5）審査能力の向上、人材の育成等を通じた農協系統信用事業の基盤強化

② 農業・農村の構造変化、金融ビッグバンの実現等に対応して、農協が効果的にその役割を発揮し得るよう、制度的な見直しを含め検討する。

2 農業委員会系統組織

優良農地の確保とその有効利用、担い手の確保・育成等地域の実態に即した構造政策を推進する上で期待される農業委員会系統組織の役割が効率的かつ十分に果たせるよう体制を見直す。

(1) 農業委員会の組織体制の見直し

農家戸数の減少等を踏まえた組織体制の適正化を早急に図る。また、農地主事の必置規制を廃止する。

(2) 構造政策への農業委員会系統組織の積極的な取組みの推進

○地方分権推進委員会の勧告に従い、十年五月に農業委員会の設置基準の引上げ及び選挙委員の

① 農地・農家等の情報の電子化等を進め、農業委員会による農地の流動化、担い手の育成等の構造政策への取組みを重点的に支援する。

② 都道府県農業会議・全国農業会議所による関係機関・団体との連携を通じた農地の流動化、新規就農の促進、農業経営の法人化等への取組みを重点的に支援する。

③ 農業委員会等による構造政策への取組みの強化、都道府県農業会議等の関係機関・団体との効率的連携の促進等に必要な制度的措置等を講ずる。

3 農業共済団体

農業災害補償制度の見直しの中で、近年の農業事情の変化や価格政策における市場原理の一層の活用の方向に対応して、担い手の育成や農業経営の安定における農業共済団体の役割を強化する。

(1) 事業運営基盤の充実強化

農業共済事業の安定的な事業運営基盤の確保を図るため、農業共済組合等の広域化を着実に推進するとともに、

定数設定を弾力化。

○農地関連法制度の見直しに併せ、農業委員会法の見直しを実施。

○統合予定
現在　五四五→
十二年　三二二

農業共済事業の二段階制での実施を可能とする途を拓く。

(2) 農政の展開方向に即した農業共済事業の改善の検討

① 家畜共済について、大規模畜産農家の掛金負担を軽減し加入の促進を図るため、新たな引受方式の導入

② 麦共済について、農業経営を安定させるため、災害時における品質低下に伴う収入減にも対応し得る新たな手法の導入

4 土地改良区

食料供給力の確保のほか公共・公益的機能を有する土地改良施設の中心的な管理主体としての土地改良区の事業運営基盤を強化する。

① 全体として零細・小規模である土地改良区について、水系単位又は市町村単位を基本としつつ、目標を定めて統合整備を一層進める。その際、土地改良事業団体連合会による指導・支援等を強化する。

② 土地改良施設の公共・公益的機能の増大も踏まえ、施設管理に係る施策の

強化を検討する。

③　土地改良制度等の見直しと関連して、期待される役割等も踏まえ、土地改良区の活性化を推進する。

5　団体間の連携の強化

地域の農林漁業の振興を一体として進めるため、地域の実情に応じ、森林組合や漁業協同組合を含む団体間の連携の強化についての条件整備を進める。

○（旧）農業基本法

（昭和三十六年法律第百二十七号）

目次

わが国の農業は、長い歴史の試練を受けながら、国民食糧その他の農産物の供給、資源の有効利用、国土の保全、国内市場の拡大等国民経済の発展と国民生活の安定に寄与してきた。また、農業従事者は、このような農業のにない手として、幾多の困苦に堪えつつ、その務めを果たし、国家社会及び地域社会の重要な形成者として国民の勤勉な能力と創造的精神の源泉たる使命を全うしてきた。

われらは、このような農業及び農業従事者の使命が今後においても変わることなく、民主的で文化的な国家の建設にとつてきわめて重要な意義を持ち続けると確信する。

しかるに、近時、経済の著しい発展に伴なつて農業と他産業との間において生産性及び従事者の生活水準の格差が拡大しつつある。他方、農産物の消費構造にも変化が生じ、また、他産業への労働力の移動の現象が見られる。

このような事態に対処して、農業の自然的経済的社会的制約による不利を補正し、農業従事者の自由な意志と創意工夫を尊重しつつ、農業の近代化と合理化を図つて、農業従事者が他の国民各層と均衡する健康で文化的な生活を営むことができるようにすることは、農業及び農業従事者の使命にこたえるゆえんのものであるとともに、公共の福祉を念願するわれら国民の責務に属するものである。

ここに、農業の向うべき新たなみちを明らかにし、農業に関する政策の目標を示すため、この法律を制定する。

第一章　総　則

（国の農業に関する政策の目標）

第一条　国の農業に関する政策の目標は、農業及び農業従事者が産業、経済及び社会において果たすべき重要な使命にかんがみて、国民経済の成長発展及び社会生活の進歩向上に即応し、農業の自然的経済的社会的制約による不利を補正し、他産業との生産性の格差が是正されるように農業の生産性が向上すること及び農業従事者が所得を増大し他産業従事者と均衡する生活を営むことを期することができることを目途として、農業の発展と農業従事者の地位の向上を図ることにあるものとする。

（国の施策）

第二条　国は、前条の目標を達成するため、次の各号に掲げる事項につき、その政策全般にわたり、必要な施策を総合的に講じなければならない。

一　需要が増加する農産物の生産の増進、需要が減少する農産物の生産の転換、外国産農産物と競争関係にある農産物の生産の合理化等農業生産の選択的拡大を図ること。

二　土地及び水の農業上の有効利用及び開発並びに農業技術の向上によつて農業の生産性の向上及び農業総生産の増大を図ること。

三　農業経営の規模の拡大、農地の集団化、家畜の導入、機械化その他農地保有の合理化及び農業経営の近代化（以下「農業構造の改善」と総称する。）を図ること。

四　農産物の流通の合理化、加工の増進及び需要の増進を図ること。

五　農業の生産条件、交易条件等に関する不利を補正するように農産物の価格の安定及び農業所得の確保を図ること。

六　農業資材の生産及び流通の合理化並びに価格の安定を図ること。

七　近代的な農業経営を担当するのにふさわしい者の養成及び確保を図り、あわせて農業従事者及びその家族がその希望及び能力に従つて適当な職業に就くことができるようにすること。

八　農村における交通、衛生、文化等の環境の整備、生活改善、婦人労働の合理化等により農業従事者の福祉の向上を図ること。

2　前項の施策は、地域の自然的経済的社会的諸条件を考慮して講ずるものとする。

（地方公共団体の施策）

第三条　地方公共団体は、国の施策に準じて施策を講ずるように努めなければならない。

（財政上の措置等）

第四条　政府は、第二条第一項の施策を実施するため必要な法制上及び財政上の措置を講じなければならない。

2　政府は、第二条第一項の施策を講ずるにあたつては、必要な資金の融通の適正円滑化を図らなければならない。

（農業従事者等の努力の助長）

第五条　国及び地方公共団体は、第二条第一項又は第三条の施策を講ずるにあたつては、農業従事者又は農業に関する団体がする自主的な努力を助長することを旨とするものとする。

（農業の動向に関する年次報告）

第六条　政府は、毎年、国会に、農業の動向及び政府が農業に関して講じた施策に関する報告を提出しなければならない。

2　前項の報告には、農業の生産性及び農業従事者の生活水準の動向並びにこれらについての政府の所見が含まれていなければならない。

3　第一項の報告の基礎となる統計の利用及び前項の政府の所見については、農政審議会の意見をきかなければならない。

（施策を明らかにした文書の提出）

第七条　政府は、毎年、国会に、前条第一項の報告に係る農業の動向を考慮して講じようとする施策を明らかにした文書を提出しなければならない。

第二章　農業生産

（需要及び生産の長期見通し）

第八条　政府は、重要な農産物につき、需要及び生産の長期見通しをたて、これを公表しなければならない。この場合において、生産の長期見通しについては、必要に応じ、主要な生産地域についてもたてるものとする。

2　政府は、需給事情その他の経済事情の変動により必要があるときは、前項の長期見通しを改定するものとする。

3　政府は、第一項の長期見通しをたて、又はこれを改定するには、農政審議会の意見をきかなければならない。

（農業生産に関する施策）

第九条　国は、農業生産の選択的拡大、農業の生産性の向上及び農業総生産の増大を図るため、前条第一項の長期見通しを参酌して、農業生産の基盤の整備及び開発、農業技術の高度化、資本装備の増大、農業生産の調整等必要な施策を講ずるものとする。

（農業災害に関する施策）

第十条　国は、災害によつて農業の再生産が阻害されることを防止するとともに、農業経営の安定を図るため、災害による損失の合理的な補てん等必要な施策を講ずるものとする。

第三章　農産物等の価格及び流通

（農産物の価格の安定）

第十一条　国は、重要な農産物について、農業の生産条件、交易条件等に関する不利を補正する施策の重要な一環として、生産事情、需給事情、物価その他の経済事情を考慮して、その価格の安定を図るため必要な施策を講ずるものとする。

2　政府は、定期的に、前項の施策につき、その実施の結果を農業生産の選択的拡大、農業所得の確保、農産物の流通の合理化、農産物の需要の増進、国民消費生活の安定等の見地から総合的に検討し、その結果を公表しなければならない。

3　政府は、前項の規定による検討をするにあたつては、農政審議会の意見をきかなければならない。

（農産物の流通の合理化等）

第十二条　国は、需要の高度化及び農業経営の近代化を考慮して農産物の流通の合理化及び加工の増進並びに農業資材の生産及び流通の合理化を図るため、農業協同組合又は農業協同組合連合会（以下第十七条までにおいて「農業協同組合」と総称する。）が行なう販売、購買等の事業の発達改善、農産物取引の近代化、農業関連事業の振興、農業協同組合が出資者等となつている農産物の加工又は農業資材の生産の事業の発達改善等必要な施策を講ずるものとする。

（輸入に係る農産物との関係の調整）

第十三条　国は、農産物（加工農産物を含む。以下同じ。）につき、輸入に係る農産物に対する競争力を強化するため必要な施策を講ずるほか、農産物の輸入によつてこれと競争関係にある農産物の価格が著しく低落し又は低落するおそれがあり、その結果、その生産に重大な支障を与え又は与えるおそれがある場合において、その農産物につき、第十一条第一項の施策をもつてしてもその事態を克服することが困難であると認められるとき又は緊急に必要があるときは、関税率の調整、輸入の制限その他必要な施策を講ずるものとする。

（農産物の輸出の振興）

第十四条　国は、農産物の輸出を振興するため、輸出に係る農産物の競争力を強化するとともに、輸出取引の秩序の確立、市場調査の充実、普及宣伝の強化等必要な施策を講ずるものとする。

第四章　農業構造の改善等

（家族農業経営の発展と自立経営の育成）

第十五条　国は、家族農業経営を近代化してその健全な発展を図るとともに、できるだけ多くの家族農業経営が自立経営（正常な構成の家族のうちの農業従事者が正常な能率を発揮しながらほぼ完全に就業することができる規模の家族農業経営で、当該農業従事者が他産業従事者と均衡する生活を営むことができるような所得を確保することが可能なものをいう。以下同じ。）になるように育成するため必要な施策を講ずるものとする。

（相続の場合の農業経営の細分化の防止）

第十六条　国は、自立経営たる又はこれになろうとする家族農業経営等が細分化することを防止するため、遺産の相続にあたつて従前の農業経営をなるべく共同相続人の一人が引き継いで担当することができるように必要な施策を講ずるものとする。

（協業の助長）

第十七条　国は、家族農業経営の発展、農業の生産性の向上、農業所得の確保等に資するため、生産行程についての協業を助長する方策として、農業協同組合が行なう共同利用施設の設置及び農作業の共同化の事業の発達改善等必要な施策を講ずるとともに、農業従事者が農地についての権利又は労力を提供し合い、協同して農業を営むことができるように農業従事者の協同組織の整備、農地についての権利の取得の円滑化等必要な施策を講ずるものとする。

（農地についての権利の設定又は移転の円滑化）

第十八条　国は、農地についての権利の設定又は移転が農業構造の改善に資することとなるように、農業協同組合が農地の貸付け又は売渡しに係る信託を引き受けることができるようにするとともに、その信託に係る事業の円滑化を図る等必要な施策を講ずるものとする。

（教育の事業の充実等）

第十九条　国は、近代的な農業経営を担当するのにふさわしい者の養成及び確保並びに農業経営の近代化及び農業従事者の生活改善を図るため、教育、研究及び普及の事業の充実等必要な施策を講ずるものとする。

（就業機会の増大）

第二十条　国は、家族農業経営に係る家計の安定に資するとともに農業従事者及びその家族がその希望及び能力に従つて適当な職業に就くことができるようにするため、教育、職業訓練及び職業紹介の事業の充実、農村地方における工業等の振興、社会保障の拡充等必要な施策を講ずるものとする。

（農業構造改善事業の助成等）

第二十一条　国は、農業生産の基盤の整備及び開発、環境の整備、農業経営の近代化のための施設の導入等農業構造の改善に関し必要な事業が総合的に行なわれるように指導、助成を行なう等必要な施策を講ずるものとする。

（農業構造の改善と林業）

第二十二条　国は、農業構造の改善に係る施策を講ずるにあたつては、農業を営む者があわせて営む林業につき必要な考慮を払うようにするものとする。

第五章　農業行政機関及び農業団体

（農業行政に関する組織の整備及び運営の改善）

第二十三条　国及び地方公共団体は、第二条第一項又は第二条の施策を講ずるにつき、相協力するとともに、行政組織の整備及び行政運営の改善に努めるものとする。

（農業団体の整備）

第二十四条　国は、農業の発展及び農業従事者の地位の向上を図ることができるように農業に関する団体の整備につき必要な施策を講ずるものとする。

第六章　農政審議会

（設置）

第二十五条　農林水産省に、農政審議会（以下「審議会」という。）を置く。

（権限）

第二十六条　審議会は、この法律の規定によりその権限に属させられた事項を処理するほか、内閣総理大臣、農林水産大臣又は関係各大臣の諮問に応じ、この法律の施行に関する重要事項を調査審議する。

2　審議会は、前項に規定する事項に関し内閣総理大臣、農林水産大臣又は関係各大臣に意見を述べることができる。

（組織）

第二十七条　審議会は、委員十五人以内で組織する。

2　委員は、前条第一項に規定する事項に関し学識経験のある者のうちから、農林水産大臣の申出により、内閣総理大臣が任命する。

3　委員は、非常勤とする。

4　第二項に定めるもののほか、審議会の職員で政令で定めるものは、農林水産大臣の申出により、内閣総理大臣が任命する。

（資料の提出等の要求）

第二十八条　審議会は、その所掌事務を遂行するため必要があると認めるときは、関係行政機関の長に対し、資料の提出、意見の開陳、説明その他必要な協力を求めることができる。

（委任規定）

第二十九条　この法律に定めるもののほか、審議会の組織及び運営に関し必要な事項は、政令で定める。

附　則

1　この法律は、公布の日から施行する。

○（旧）農業基本法の解説

（目　次）

第一節　総　説

農業基本法が成立したのは昭和三六年のことであった。同年一月三〇日の国会において池田内閣総理大臣はこう述べている。

「わが国農業は、その置かれている自然的、経済的諸条件とも関連して、他産業に比べて生産性と生活水準が低いばかりでなく、このままに推移せんか、この不均衡はますます拡大するおそれなしとしないのであります。しかし、経済の高度成長の過程において、最近、農業の生産性の向上とその近代化を推進するに足る必要な条件が成熟しつつあります。

その一つは、経済成長に伴って高度化する食糧需要の変化であり、その二つは、他産業の旺盛な労働力需要の増大であります。このような傾向に即応して、私は、従来の労働集約的な零細農業経営を漸次脱却して、その近代化を促進するため、農政、財政、金融、労働、産業教育、工場の地方分散、その他各般の施策を展開することが、農業者に他産業従事者に劣らない社会的、経済的地位を確保する道であると信じ、予算の編成上特段の努力を払うとともに、農業基本法を中核とする一連の施策を慎重に進めて参る考えであります。」

それから約六年を経過した現在、昭和四二年七月四日の衆議院本会議において、次のような質疑がとりかわされた。「……農業基本法が制定されてから六年を経過いたしましたが、一体農業基本法の成果は日本の農業に何を寄与いたしたでございましょうか。……（途中省略）かくて、農業の憲法として救世主のごとく全国の農民から絶大なる期待のもとに発足いたしました農基法について、今日だれ一人口にするものがない現状であります。農民から全く見捨てられた農基法に対し、総理はいかに評価しておられるか、あるいはこれを抜本的に手直しする御意思があるかどうか、お伺いいたします。……

（社会党　宮川清之君）。「……ところで、農業基本法ができまして以来いろいろ各方面において努力されました。その結果、プラスの面もありますが、御指摘になりましたようにマイナスの面もございます。このプラスの面は、私が申し上げるまでもなく、機械化や近代化が進んだことであります。人間の労働が機械労働にかわった、こういう点は見逃すことはできません。また専業農家もやはりそれぞれの分野においてでき上っておりまして、こういうことは望ましいことでありますが、御指摘になりました農村労働力の流出であるとか、あるいはまた兼業農家がふえたとか、そういう意味で、農業生産は必ずしもわれわれが望むような傾向にはございません。増加さすというような方向ではなくて低下しておる、こういう点で私は十分の効果をまだあげていないことをうらんでおる次第でございます。

そこで、農業基本法を根本的に改正するかどうか、こういう具体的なお尋ねでありますが、農業基本法の示している方向は、これは私は正しいと思います。今日必要なのは、農業基本法の定むるところの方向で施策を十分拡充整備することだ、かように私は考えておりますので、ただいま農業基本法を改正する考えはもっておりません。」（佐藤内閣総理大臣）。

このように、農業基本法は、わが国経済の驚異的とすら評される高度経済成長のさ中に制定され、その後も成長基調を辿る経済のなかで、農業の向かうべきあらたな道を明らかにしようとしているものである。農業および農業をとりまく諸情勢の激変は、それが激しければ激しいほど、農業基本法の定める政策の方針がいったいこれでよかったのかと疑問をもたせることになるのも当然であろう。それだけに農業基本法は、一定の内容をもった歴史的背景のもとに正しく理解されなければならない。純法律的な理解より、右のような意味での歴史的評価と理解とが必要となるのである。

第二節　農業基本法の制定

第一款　農業基本法成立の背景

まず農業基本法が成立した歴史的背景をかんたんにふりかえることからはじめよう。

(1)　基本法が成立したのは上述のように三六年六月のことであるが、それに盛られたような構想は突如としてあらわれたわけではない。すでに昭和三〇年ごろから、日本経済がいわゆる高度成長期にはいるにつれ、その影響がいろいろの形で農業にも及びはじめていたのであり、それに対処するための新農政の模索は、三二～三三年ごろにはじまっていたとみていい。そのさい、三〇年の西ドイツの農業法の制定、スウエーデン、イタリア、フランスなどの、農業構造改善政策への着手などがひとつの刺激をなしていたことも事実である。

もちろん、こういう新農政の模索は、それ自体をひとつの政治的過程としてみれば、多かれすくなかれつぎのような、卑近な動機に動かされていたといってよい。すなわち、ここでもうすこし過去にさかのぼれば、昭和二五年に朝鮮戦争がおこって以来、農政の中心には食糧増産対策が据えられていた。この場合、食糧といっても、戦争中から戦後にかけて幅をきかせていた芋類などは、すでに二八年ごろから過剰生産に陥っていたのであるから、その中心は米麦、とくに米におかれていたといっていいが、その米を大幅に増産し、食糧自給率を高めようというのが、当時の農政の表看板であったわけである。

この増産政策は、はじめは朝鮮戦争のぼっ発にそなえた緊急政策の性格のかなり強いものであった。しかし、二八年に朝鮮戦争が終ったのちも、したがって、もはや戦争の拡大による輸入食糧の壮絶をいちおう心配しないでもすむようになったにもかかわらず、それがいぜん継続されていたのは、それなりの理由があったのである。すなわち、第一には、とくに朝鮮戦争終了から三〇年ごろまでには、わが国は外貨収支の点でかなりの不安をもっており、アメリカの余剰農産物の供与をうけなければならない状態にあった。それだけに外貨不足の危機を脱し、経済の自立を達成するために、食糧増産による自給率の向上が不可欠と考えられていた。第二に、きわめて政治的な問題として、講和後における日本の政治状況も指摘しておかなければならない。増産政策が結果的に受益者の支持という役割を果たしたのである。土地改良事業等を中心とした補助金の交付、技術導入のための補助金や低利資金の供与、米価の引上げ等が農村に双手をあげて受け入れられることはいうまでもなかった。農林予算が二五年ごろから急膨張をとげ、一般会計にしめる比率が、一時は十数パーセントにたっしているのも、こういう背景があってのことだったのである。

だが、三〇年以後の時期になると、こうした増産政策は、もはや農政の中心題目とはなりえないものになってきた。というのは、一方では三〇年にはじまる豊作が、二～三年たってみると、けっして一時的偶然的なものではなく、むしろ恒常的なものであることが明らかになってきた。そして、あとでふれるような、米の消費の頭うち傾向と相まって、米にかんするかぎり、輸入はほとんど無視してもいいようなものになってきたし、むしろ先行きの問題としては、その過剰生産こそ懸念しなければならないような事態になってきたからである。

他方、三〇年以降の高度成長経済のなかでは、輸出もいちじるしく伸びてきた。もちろんそれによってすぐ外貨収支の不安がなくなったわけではなかったが、全体として外貨収支の規模が大きくなれば、多少の食糧の輸入をそれほど神経質に考える必要はなくなってきた。のみならず、とくに東南アジア諸国との関係では、むしろ米などの輸入をふやした方が輸出増進に役立つのではないかという判断さえもたれるようになってきたからである。

もちろん、だからといって、さきにふれた食糧増産対策のもっていたもろもろの必要性がいっきょになくなったわけではけっしてないが、こういう事態に直面すれば、いつまでも食糧増産対策という主張をつらぬきつづけることが困難なことは明らかであった。したがって、政府としては、とうぜん、もう少し新事態に即した考え方を迫られることになってきたのであり、それによって農政を再編成すべき時点に到達したのである。

こうした農政転換の最初の兆候は、三〇年ごろ、河野農相の手によって、新農村建設政策がはじめられたときと思われるが、もちろんこの河野農政は複雑な様相をもっていた。というのは、二八年後半にはじまる不況のなかで、きびしい引きしめ政策が要求されたことは周知のとおりであるが、そのひとつのあらわれが二九年以降の一兆円予算の堅持という政策であった。そのなかで、財政引きしめの圧力をもっとも強くうけたのは、農林経費であって、一時一般会計の十数パーセントにもたっした農林経費は、八パーセントていどにまで圧縮されてしまったのであった。こうして、農政は、当時さかんに使われた言葉でいえば、「安あがり農政」になることを強制されたのであったが、このなかで、農村対策として考え出されたのが、この新農村建設政策だったからである。それは農村に自主的な建設プランをつくらせ、それにたいしてあるていどの補助金を交付することによって、農村の整備を一段と促進することを狙ったものであった。しかし、食糧増産農政の転換というには、あまりに一時しのぎの、どちらかといえば本質的な対策ではなかったのであり、したがって、あとになってみれば、「新農村建設とは有線放送を設置することだ」と評されるようになったほどに、それなりのものとして事業を終えることになってしまったのである。そしてそれは河野農相の退場とともに終了し、農政はふたたび食糧増産対策中心に逆もどりをするのであるが、ただ、この動きのなかには、そろそろ食糧増産対策に見きりをつけなければならない時期がきたという、政治家らしいカンのよさがなかったとはいえないであろう。

このように朝鮮戦争後の農政の動きをたどってみれば、三三年ごろから新農政への模索がはげしくなってきたのは、さしあたりは、これまでの食糧増産政策がいわば反省を要するものとなってきたということ、同時に農業の発展のための新しい農政が政治的にも必要であったこと、この二つの問題を突破するための努力のあらわれであったと考えることができるであろう。先に卑近な動機と呼んだのはこのことにほかならない。しかし、問題をただこういう政治的な過程に還元してしまうことは、けっしてじゅうぶんではない。というのは、三〇年以来、高度成長経済の影響によって、農業にはさまざまの問題が生じてきており、それに対処する必要は日とともに大きくなっていったからである。

(2) ではその問題というのは何であろうか。いくつかの問題をあげることができるが、そのなかで、もっとも重要な問題はつぎの四点である。

第一には、農業人口のはげしい流出である。それはいうまでもなく、農業外部の雇用が急激にのびはじめたことの反映であったが、三〇年以後は、年々二〇～三〇万人ずつ減少していくようになった。もちろん日本の農業は、これまでぼう大な過剰人口をかかえこんでいたのだし、第二次大戦後はそれがいっそうはなはだしくなっていたのだから、多少の人口の流出は問題がないどころか、かえって農業の人口圧力を減ずるといういみで、歓迎すべき事態だともいえないことはなかった。しかし、過剰人口があったといっても、それはけっして農業で何ら生産的な役割を果さない、いわば遊休した労働力が大量に堆積されていたということを意味するわけではない。過剰人口というのは、もともと農業ではじゅうぶんに所得を確保しえない人口が多数存在したということであって、技術的にいえば、むしろこういう大量の労働力の存在のうえに、労働集約的な経営がおこなわれることによって、一定の生産水準が維持されてきたのであった。だから、人口流出は、もしこれまでの経営形態を前提とするならば、やはり生産を縮小させずにはおかないという問題をはらんでいた。とくにそういう大量の農業人口の流出が、長年にわたって継続するということが予想されるとすれば、この問題はいっそう重大であった。

そればかりではない。この人口の流出は、日本のばあいには、新規学卒者を中心とした若年令層、とくにその男子に集中する傾向が強かった。したがって、こういう人口流出は、同時に、農業人口の老令化、女性化をともなっていたのであり、それだけに、そこにはたんなる人数の減少以上に重大な問題がはらまれていた。もちろん、三二～三三年ごろ、すでに農業労働力の不足が切実な問題になっていたわけではなく、なお、たとえば次三男問題のようなやっかいな問題が解消されはじめたことが歓迎されている段階ではあったが、すでに大量の人口流出が二～三年つづいており、しかもそれがなお拡大しつつ継続するであろうことが、多かれ少なかれ予想される状況にあっただけに、その先行きについて、適切な対策を考えておく必要がそろそろ感じはじめられていたことはたしかである。あとでふれるように、基本法が具体的立案にはいる三四〜三五年ごろともなれば、そのことはいっそう切実になってきたのであった。

　第二に、いわゆる農村と都市との所得格差の拡大である。より正確にいえば、都市の勤労者の所得が経済の高度成長のなかで、かなり速く上昇したのにたいして、農業所得の上昇がおくれ、その格差がしだいに拡大していくようになったのである。

　このような所得格差の拡大は、右にみたような人口流出の原因のひとつと考えられた。この人口流出は、上述のように、農家の若い世代を中心にみられたのであるが、それは農家の後継者をも流出せしめ、あとつぎの確保をしだいに困難にした。それには、農業の将来性にたいする疑問とか、農村の生活環境にたいする忌避とか、都会にたいする単純なあこがれとか、いろいろの原因があったとしても、当面、若年令層の賃金上昇が大きな理由であることはたしかだった。その意味でも、所得格差の是正が問題とならざるをえなかったのである。

　だが、そのうえ、このような所得格差の拡大は、それ自体農民の不満を大きくした。戦前のように、大きな格差があることがむしろとうぜんと考えられる傾向が強かった時代とちがって、戦争中から戦後にかけて、この差がいちじるしく小さくなった時期を経験したのちのことであっただけに、また、交通の発達や通勤者の増大、マス・コミのしんとうなどを通じて、都市の生活状況がすぐ農村にも知られるようになっていただけに、かれらの不満は、いっそう大きくなったといってもよいであろう。当面それは、米価闘争等の形で、政治問題を重大化するような形としてもあらわれてきたのである。そして、このような所得格差の拡大を米価の引上げでカヴァーしようとすれば、さいげんもない引上げを積み重ねる以外にはなくなると考えられる。そこにも、この問題を別の角度から処理する方法を発見する必要が切実に感じられた理由があったのである。

　第三には、農産物にたいする需要構造の変化があった。それは周知のように、主食の消費がしだいに相対的に減少し、畜産物や青果物の消費が伸るという、食生活のいわゆる高度化が、このころからその速度を早めたことによって生じた現象であった。

　こういう食生活の変化は、もちろん三〇年以降、急にはじまったわけではなく、すでに第一次大戦後からはじまっていたことであり、資本主義の発達にともなう必然のなりゆきであった。ただ、日本の場合には、この戦後における生活様式の欧米化、重化学工業の急激な発達等の条件が一方にあり、他方、戦争中から戦後にかけて抑圧されていた食生活があっただけに、三〇年以降の所得水準の上昇にともなう食生活の変化もまた、かなり突発的に、急激にあらわれるという特色をもっていた。

だが、いずれにせよこのようにして農産物にたいする需要に変化が生ずるとすれば、農業生産が多かれ少なかれ、それに対応して変化しなければならなくなってくることは明らかである。もちろん輸入の関係があるから、一〇〇パーセント国内生産がそれに対応するということはかならずしも必要ではないとしても、青果物や牛乳のごときはもともと輸入の比較的困難なものであるし、また国内の農業からいえば、需要の縮小するような作物の生産に固執していれば、過剰生産に陥ることは目にみえていた。それだけに作物構成の転換が、ひとつの問題にならざるをえなかったのである。

このような需給の不均衡という問題は、まず麦類、とくに大裸麦と芋類、とくにさつまいもにあらわれてきた。これらは、戦争中以来、主食の補充用として増産されてきたものであったが、三〇年以来、米が豊作になり、その配給がふえ、ヤミ価格も下がってきたことを反映して、急速に過剰傾向を露呈するようになってきた。（注）したがって、かなり強い価格支持政策をとらないと、価格を維持しえなくなったが、それさえ在庫の増大によって、間もなく限界にくるのであろうことが憂えられる事態になっていたのである。

（注）いも類の場合には、くわしくいうと、主食用需要の減退のほかに、でんぷん原料用需要の減退の問題があった。それはぶどう糖やあめの原料として、もちいられていたが、砂糖の輸入の増大が、このような需要をも激減させるにいたったのである。

しかし、こういう傾向がやがて米にまで及んでくれば、大問題が起こることは明らかであった。したがって、早めに手をうって、農業生産の中心を、これまでの米麦作から、畜産や果樹・野菜作などに移行させてゆくことが必要だと考えられるようになるのは、とうぜんのなりゆきであった。ここにも農政の転換の必然性があったのである。

第四に、外国農業との競争の問題があった。もちろん三〇年代のはじめにおいては、まだ開放体制への移行がひじょうに具体的に考えられていたわけではないし、いわんやそのなかで、農産物輸入の自由化がどうとり扱われるかは未知数であった。しかし世界的にもいわゆる自由化への歩みは、だんだん早められる傾向にあったし、また高度成長経済への進展につれて、国内でも、開放体制への移行がしだいに現実味をおびてきていたことはたしかである。さらに、これを農産物についていえば、朝鮮戦争後のこの時期は、第二次大戦以来のアメリカ、カナダ、オーストラリアなどの農業生産の拡大と、ヨーロッパ、アジアなどの生産の復興とが重なって、世界的にその過剰傾向がもっともいちじるしくなっているときであった。そしてそれが、アメリカを中心とする農産物貿易自由化促進の圧力を日本にたいしてもいよいよ強めてきたのであって、日本農業だけがいつまでも温室状態のなかに安居しているわけにいかないことは、だれの目にも明らかであった。

しかし、こういう輸入農産物の競争を考えると、日本農業の前途は暗たんたるものにみえた。すでに、主要農産物については、国際価格と国内価格との格差はそうとう開いており、後者は二〜三割、ものによっては二倍近くも割高になっていた。ある程度の関税壁の維持を前提するにしても、このままで国内価格の国際価格へのサヤ寄せがおこなわれれば、日本農業の大部分がひとたまりもなくおしつぶされてしまうことは確実のようにみえた。したがって、国際競争にたえうるような農業の実現ということが、新たな問題として意識されざるをえなくなったのであった。

代表的なものを拾っただけでも、三〇年代初頭には、日本農業はこうした大問題に直面していたのであった。そして高度成長経済が二〜三年つづくなかで、これらの問題がしだいに具体的な様相をおびてくるにしたがい、政府をしてこれまでの食糧増産対策ではどうみても対応しきれないという問題意識を生ぜしめたのはけだしとうぜんのことであったといえよう。

新農政の模索は、こういう背景のもとにはじまったのであった。

第二款　ヨーロッパ諸国の農政の動向

一　各国における農政の転換

昭和三〇年前後はたんに日本ばかりでなく先進国の農政の転換期であった。ヨーロッパ諸国は食糧不足を克服するため戦後高価格政策をとったが、二五年ごろには食糧の需給はおおむね安定し、かえって過剰に悩みはじめた。しかしようやく農業と非農業との所得格差がやかましい問題となり、農家所得を維持安定するためにいぜんとして高価格政策がつづけられた。しかしやがて、政府は過重な財政負担に悩むようになった、また高価格政策によっていたずらに農産物の生産過剰をうながすばかりでなく、低所得農家は販売数量が少ないために、高価格政策によっても所得の増加を多く期待できないことが明らかとなった。これが三〇年ごろから、各国において価格政策から構造政策への転換がつよく叫ばれ、農業経営の拡大が真剣に政策としてとりあげられた理由である。西ドイツの「農業法」が三〇年に、フランスの「農業の方向づけに関する法律」が三五年に制定されたのは、こういう背景においてである。オーストリアの「農業法」、イタリアの「農業発展五カ年計画法」、イギリスの「三二年農業法」もこの系列に属する。

二　西ドイツ「農業法」

いわゆる農業基本法のなかで日本にもっともつよく影響したのは、西ドイツの「農業法」であった。西ドイツにおいては、二五〜二六年に農業生産が戦前水準をこえた。二五年の朝鮮戦争によって経済界は異常な活況を呈し、農業用資材価格と農業労賃が高騰するのにたいし、農産物の価格は食糧事情の緩和にともなって低落に転じ、農民の不満が高まった。

農民団体は二六年にいわゆるレーンドルフ覚書（注）によって、政府にたいし、食糧自給度の向上、農民所得の確保および価格パリティの維持を要求したのである。この要求はアデナウアー政府によって一部がとりあげられ、農産物支持価格の引上げとなった。しかし農業と非農業との不均等発展はいぜんとしてつづき、農民側から農産物価格や所得の均衡維持の要求がつよく出されるとともに、農業の基本問題と基本対策とが別のところにあることが痛感された。

（注）昭和二六年、西ドイツのレーンドルフで農業者連盟の大会がもたれ、当時、農産物価格と非農産物価格の格差が大きかったので、この格差是正のために農産物価格政策が必要であることが議決された。このとき、政府に提出された価格政策の要求書がレーンドルフ覚書と呼ばれる。

すなわち隣国フランスの農業に比較して経営規模の零細、圃場の分散などにもとづく生産力の低さが問題の本質であり、これを克服するためには、零細農民の離農の促進、経営規模の拡大という農業構造の改善がもっとも重要であることがしだいに認識されるにいたったのである。農民側はなお価格、所得の均衡に固執したが、大勢としては農政転換の第一義は構造改善にあるとされ、価格、所得均衡の要求も農業収益と費用との間の調整を意味する費用収益均衡の思想に転化されたのである。諸政党、農業団体はあいついで法案を用意し、長い論議のすえ三〇年に成立したのが農業法である。

西ドイツ連邦政府は、農業法にもとづいて六、〇〇〇ないし八、〇〇〇の農業経営の実態調査を行ない、前年度の収益および費用の関係を調査、確認し、農業の現状に関する報告（グリーン・レポートと呼ばれる。）を国会に提出する。この報告には、(1)雇用労働力および家族労働者にたいして、これと比較しうべき職業群の賃金に相当する賃金が実現されたかどうか。(2)経営者の活動にたいして適正な報酬が実現されたかどうか。(3)経営に必要な資本にたいして適正な利子が実現されたかどうか以上の三点についての政府の意見がふくまれなければならないとされている。さらに収益と費用との不均衡を是正し、農業従事者の社会生活的状態と、これと比較しうべき職業群と同等ならしめるために講じた施策および講じようとする措置を明らかにすることになっている。農業法の実施によって、農業にたいする連邦予算は激増し、三〇年度に比し、三一年度は一・八倍、三二年度には、二・五倍となった。このことが日本において農業基本法の制定をはなはだ魅力あるものとしたことは否定できない。

第三節　農業基本法の成立とその内容

第一款　農業基本法の提案

こうしてはじめられた模索が基本法に結集するまでにはかなりの時間と手続きを必要とした。

農林省はすでに三二～三三年ごろから、その準備をはじめ、係官をヨーロッパに派遣して西独、フランス等の制度の実情調査を行なったりもしていたが、三四年七月、総理府に農林漁業基本問題調査会が設置されるに及んで、準備作業はいよいよ本格化した。この調査会は、学界、実業界、農林漁業界、ジャーナリズム等から選ばれた委員三〇名、臨時委員一〇名と、ほぼそれに匹敵する専門研究者からなる専門委員および事務局という大規模な構成をもっていた。そして会長には東畑精一博士が、事務局長には農林省の小倉武一審議官が任命された。

この審議会は、農業だけではなく、林漁業についても、基本問題を調査し、基本対策を発見するという任務をもっていたが、その審議の大半は農業問題にあてられていた。そしてそれは、三五年五月に、まず「農業の基本問題と基本対策」という形で答申を総理大臣あてに提出し、ひきつづいて林業、漁業についても答申をおこなった。

この答申は、農業基本法の制定を直接要請せず、その制定の可否を政府の判断にゆだねたのであるが、政府内外において圧倒的に法制化の要望がつよく、その線にそって政府は基本法の立案にとりかかり、翌三六年二月には法案を国会に提出した。この政府案をめぐっては、政府・与党と野党とのあいだではげしい論議がかわされ、けっきょく社会党は独自の法案を提出して争った。また民主党も、かなりおくれて、参議院に対案をだした。しかしけっきょく政府原案が六月に成立するはこびとなったのである。

第二款　農業基本法の内容とその考え方

一　農業基本法の内容

前述のような事情を経て成立した農業基本法は、六章三〇条から成る比較的簡潔な法律である。そしてそこには、たとえば、農業年次報告の作成とその国会への提出、農政審議会の設置など、具体的な施策を規定した条文も多少はふくまれているが、基本法の性格上、その大部分は、農政の基本的な方向づけを規定する条文であって、その具体的な内容は、べつの立法、予算措置にゆだねられている。いわばそれは農業の憲法のようなものであって、農業理念の表明という抽象的性格が強いのである。

こうした形で与えられた農政の方向づけを概観してみると、それはまず農政を大きく農業生産に関するものと、価格および流通に関するものと、構造改善に関するものとの三本にわけ、それぞれについて基本理念を定めるという形をとっている。これは、先にふれた基本問題調査会の「答申」が掲げた農政の三本柱、すなわち、生産政策、所得政策および構造政策にタイアップしたものであるといえよう。

このうち第一の生産政策の点では、基本法は、生産基盤の整備、技術の高度化、資本装備の増大、生産の調整、災害防除と損失補てんなどの施策が必要だとしているが、その中心課題は「選択的拡大」と「生産性の向上」にあるという視点に立っている。この選択的拡大は、当時使用されはじめたことばであるが、要するに需給の変動について長期的な見とおしをたて、そのなかで需要の拡大するような作目を選択し、その生産の拡大に努めなければならないということであって、さきにふれた、国民の食料消費構造の変化への対応を考えたものであることはいうまでもない。

第二の、価格・流通政策では、流通の合理化とか、輸入農産物との調整とか、農産物輸出の拡大とか、ここでもいろいろの項目が掲げられているが、その中心は、農産物価格の安定措置を考える必要があることを強調した点にあるといえよう。そしてこの価格安定のための政策は、選択的拡大、農業所得の確保、流通合理化、農産物需要の増大、国民生活の安定等を総合的に勘案して運用されるべきだとしているが、「答申」との脈絡でいえば、このなかで農業所得の確保が最大の眼目とされているとみなければならない。というのは、「答申」は、所得政策として、都市勤労者と農業所得者との格差是正をその目標にかかげているが、その主要な手段の一つに価格政策をも、おいているからである。この場合、基本法が、所得の維持ないし増大を一方で考えながら、他方、農産物価格の引上げではなく安定を強調している点には十分な注意を必要としよう。

第三に、基本法は農業の構造改善を掲げる、この構造改善ということばは、こんにちでこそかなり一般化したが、当時としては、これも耳新しい用語であった。しかし基本法では、それは二つの内容、すなわち一方における「自立経営」の育成と他方における「協業」の助長を意味するものとされているとみていい。このうち「自立経営」というのは、基本法によれば、「正常な構成の家族のうち農業従事者が正常な能率を発揮しながらほぼ完全に就業することができる規模の家族農業経営で、当該農業従事者が他産業従事者と均衡する生活を営むことができるような所得を確保することが可能なもの」（第一五条）である。要するに専業自営の適正規模農家とでもいうべきものである。そして、このような自立経営が日本農業の中心的な存在になるようにすることが、自立経営の育成であり、構造改善のひとつの内容であると基本法は考えているわけである。

つぎに「協業」というのは、これも新しい用語であるが、ふつうの言葉でいえば共同経営、共同作業、共同利用等を広く含むものとみていい。ここで協業などという言葉をとくに使用した理由は、狭い意味の共同化のほかに、広く右のようなさまざまの形の共同化をも包含せしめたいという配慮があってのことと考えられる。いずれにせよ、こういう協業を助成していくことが、構造改善の内容のひとつをなしているのである。

こうした内容をもつ構造改善をおしすすめるのが構造政策であるが、その主要なものとして基本法は、相続による農地細分化の防止、農地の権利移動の流動化、教育の拡充、他産業への人口移動の施策の拡充、構造改善事業―基盤整備、近代化施設の導入等―の推進などを掲げている。この場合、さいごの構造改善事業が、広い意味の構造政策の一部としてとらえられていることに注意を要しよう。

二　基本法における農政の考え方

農業基本法は右のような内容をもっていたが、以上に示されている農政の基本方針を、まえにあげた日本農業の当面していた四つの問題との関連において正確に理解しておくことが、基本法の解釈においてとくに重要であると考えられる。（もっともこの点については、基本法自体は右に解説したていどの大まかな骨ぐみしか示していないから、「答申」もしくはその背景となった基本問題調査会における諸論議、当時基本法とほぼ並行して作業のすすんでいた所得倍増計画の農業にかんする構想および基本法成立後、それにもとづいて発表された農産物の需給の長期見とおしなども、同時に念頭におきながら考えてみることとする。）

基本法は、上述のように、三つの柱をたてて農政の基本的方向を示しているが、その相互の脈絡は必ずしも明示されてはいない。しかしその全体をつうじて、一番基礎におかれている考え方は、日本農業をして、さきに掲げたような当面する諸問題に対処させるためには、何よりも農業経営の近代化をはかり、労働生産性の高い生産を実現する以外にはない、というものであったといえよう。ところで、なぜこのように労働生産性の上昇が基本目標とされるにいたったかということは、さきに掲げた四つの問題のうち、第一の問題との関連においては、一見して明らかである。すなわち、農業からの大量の人口流出が予想され、労働力不足が心配される事態が起こるとすれば、しかも農業生産そのものの縮小は望ましくないとすれば、労働生産性の上昇によってその間をつなぐ以外にはないことになる。というのは、さきにもふれたように、日本農業はこれまで大量の過剰人口をかかえていたといっても、他方、それを前提としてこれまでの労働集約的な農法がなりたってきたのであるから、労働力が減少すれば、どうしてもこういう農法をあらためて、生産性の上昇を図ることが必要になってくるからである。

また第四の、国際的競争力の強化と労働生産性の上昇との関連も、とくに詳論を必要としないであろう。輸入農産物にたいしてあるていどの関税を課することは、かなり開放体制に移行しても可能であろうが、それはかなり限られた範囲での場合となろう。そうとすれば、基本的には国内農業の生産性の格段の上昇がなくては、国際競争にたえられないことは自明の理である。

そこで、やや説明を要するのは、のこる二つの問題点との関連である。

このうち第二の、所得格差の問題については、さきにふれたように、一方では価格政策によって、これに対処するということも考えられないではなかった。ことに農産物の価格が季節的に、あるいは豊凶作によって、一時的にはげしく動揺することからうける農業所得の変動は、たんなる変動にとどまらないで、しばしば農業所得を縮小させるような性質をもっている。たとえば、野菜などが一時的にせよ、ただ同様の価格になれば、それによって生産農民は赤字をだし、借金にかりたてられるということも生ずるからである。したがって、基本法が、農産物価格の安定について、もっぱら強調しているとしても、それ自身、一面では農業所得水準の維持・上昇の役割をもっていることは、いちおう認めなければならないのである。

しかし、それにしても、こういう価格安定政策の効果は、基本的には農業所得の安定であって、水準の引上げでないことはたしかである。水準の引上げのためには、やはり価格のつり上げが必要とされるであろう。

だが、価格のつり上げによって農業所得の水準を引上げるということまで考えようとすると、短期的にはともかく、やや長期的には、いくつかの問題が生ずるのを避けることが困難である。たとえば、(1)それによって生ずる消費者価格の上昇をどうするか、(2)国際価格水準との乖離の拡大はどうか、(3)二重価格制を維持してゆく上での財政上の負担の処理の問題、(4)価格のつり上げが生産を刺激し、それが過剰傾向を強め、さらに価格支持の強化が必要になるという悪循環をどこで断ち切るか、等々がそれである。こう考えるならば、価格つり上げによって所得水準の上昇をはかるという政策は、けっして合理的な政策とはいえないのであり、むしろ混乱を大きくするおそれの大きい政策だということになるであろう。むしろ価格政策は、基本的には、価格安定政策であるべきであり、価格水準そのものは、需給関係によってきまるところにまかせるしかない。それ以上のことを価格政策に期待することがそもそも無理なのである。

では、価格のつり上げによらないで所得均衡を実現する道は何か。そこまでくれば、それが生産性の向上以外にないことは自明である。もちろん、ただ生産性が上昇しただけで、それによって節約された労働が遊休化してしまうのでは、所得の上昇には結びつかない。だから、生産性の上昇には、とうぜん、経営規模の拡大――その形はいろいろあろう――が伴なわなければならないが、それにしても生産性の向上が先決問題だということは間違いないところである。

さて、では第三の需要構造の変化はどうであろうか。この点が、基本法のなかでは選択的拡大という形でうけとめられていることは既述のとおりであるが、じつはそこにはやや複雑な問題があった。というのは、この選択的拡大が、ただ消費ののびない作目を減らし、もしくは廃止して、そののびる作目にきりかえていくということを意味するものならば、むろんそこにもさまざまの障碍や摩擦があることは事実としても、ある意味では話はかんたんである。なぜならそれはただ労働の配置換えですむことだからである。

だが、農産物の需給についての長期見通しは、必ずしも、そういうことではすまないということを物語っていた。すなわち、米・麦のような穀類のうち、大・裸麦はなるほど食用としての需要は減るのであろうが、米・小麦についていえば、かりに一人あたりの消費量は多少減りぎみだとしても、将来における消費人口の増加を計算にいれると、総需要はそう減るとは考えられなかった。もちろん、米食からパン食への転換がすすめば、米の消費が多少減り、小麦のそれがふえるといった移動はあろうが、大観的には総消費需要は当分横ばいというのが、まず妥当な見通しのように考えられていた。事実三七年までは、米の生産はかなりのテンポで増大をつづけていたから、それもあながち杞憂とはいえないものだったのである。

他方、畜産物や青果物、さらに畜産にともなう飼料については、需要の急激な拡大があらわれており、生産が一〇年間に三〜四倍というような勢いでのびたとしても、なお供給の不足が生じそうな勢いであった。とくに飼料については、どう考えてみても輸入の大幅な増大は避けられないという見通ししかでてこなかった。

こういうわけで、選択的拡大というのは、けっして生産総量をそのままにしておいて、そのなかで部門配置を替えるということではなかった。むしろ総生産をかなりの速度で拡大させながら、そのなかで生産物の構成比を変えていくというのが、その本旨だったのである。こうしたことを、漸減していく労働人口によって実現しようというわけなのだから、そこでは労働生産性の増大が前提とされなければならないのは、とうぜんの帰結であった。またその場合、とくに農業生産の過半をしめていた米作において、まず労働生産性の上昇をはかり、そこから浮いてくる労働力を、畜産等にふりむけていくという構想が生まれるのも、自然のことだったといえよう。

さて、以上のように考えれば、当面する問題に農業を対応させるためには、農業経営の「近代化」による農業生産性の向上をもってしなければならない。しかもそれが唯一の対策であるとともに、それをもってすれば一挙に問題を解決できる対策でもあるという認識が、基本法の前提としてもたれるようになったゆえんも明らかになろう。そして基本法は全体として、こういう構想を推進する役割を予定されていたのであった。

ところで、このように農業経営の「近代化」による生産性の向上という構想がもたれたさい、そのより具体的な内容はいかなるものだったのであろうか。基本法の段階ではそれがきわめて明瞭な形になっていたとはいえないが、その後展開されはじめた農業構造改善事業をも勘案して考えれば、およそつぎのようなものであったといえる。すなわち、まず稲作についていえば、そこでは四〇馬力ていどのトラクターを中心とした、いわゆる大型一貫機械化の体系の導入が狙いとされていた。より詳しくいえば、それは、耕起、中耕等の作業は大型トラクターによって行ない、播種は航空機もしくはトラクターによって直播きをする。また除草は主として除草剤により、刈取りはコンバインで行なったのち、いわゆるライスセンターで機械乾燥をしようというものである。これによって、手労働の部分をほとんど完全に排除できるし、労働生産性は、理想どおりにいけば一〇倍位になることが期待されていた。

もちろん、稲作以外の分野でも種々の機械化の方策が予定されていた。普通畑作への大型トラクターの導入、果樹園への定置配管施設やスピードスプレヤーの導入、畜産へのミルキングマシンや動力カッターの導入等々がそれである。また畜産の場合には、とくに共同畜舎による畜舎の改良、ケージ鶏舎の建設等が、果樹の場合には機械選果施設の設置がこれとあわせ考えられていた。

このほか養蚕とか装置園芸とか、特殊な部門にも、それなりの「近代化」の問題がいろいろと考えられていた。

ところで稲作についていえば、ここでいきなり大型機械化という発想があらわれたのは、やや突飛な感がないでもなかった。しかしつぎのような種々の事情を考えれば、必ずしもそのようなものばかりとはいえない。すなわち第一に、すでに七〜八馬力の小型トラクターを中心とする機械化はそうとう普及していたが、そこでは田植・刈取りの機械化がうまくいかなかったために、生産性の上昇はせいぜい二〜三割にとどまっていた。そこで機械化のつぎのステップとして考えられるのは、二〇馬力ていどのトラクターの導入であったが、それは機械の開発が遅れており、その能率もかならずしもよくなく、とくに深耕の目的には不十分であった。他方、四〇馬力ていどのトラクターを中心とする機械化体系は、アメリカをはじめ、ヨーロッパの稲作においても実験ずみであり、技術的見とおしはより確かなように思われたし、機械についても見通しがついていた。第二に、まだまったく局部的ではあったが、大型機械の導入や航空機による播種、病虫害防除等は、すでに地方によっては実現の過程に入っており、あるていどの成績をおさめていた。第三に、機械化をすすめるとすれば、それにともなう後述のような問題は避けられない。そうとすれば、まもなくゆきづまってしまうような中途半端な大きさの機械化よりは、思いきって大型の機械化をいっきょに実現したほうが賢明である、等の事情があったのである。

　あとから振返って考えると、このような機械化の構想は、技術的にみていろいろの問題点をはらんでおり、それが事態を複雑にしたことはたしかである。たとえば、大型機械の導入には、農道の改修、拡幅、灌漑・排水施設の完備、区画整理による水田の大型化等土地の基盤整備が前提となることはいうまでもないが、かん排水路のつけ方とか、一枚の水田の大きさや形状とか、農道の高さとか、土地の均平の方法とか、そういう農業土木のうえで解決しておかなければならない問題も、必ずしも完璧に検討されつくしてはいなかった。また機械の導入には、農業の場合には、それに適した品種の改良がともなわなければならないが、その研究はいちじるしく立ちおくれていた。とくにコンバインの導入に適応しうる品種についてはその見とおしがおくれ、のちに重大な欠陥となったことは事実である。さらに、乾燥機にいたっては、まったく開発が遅れており、それは現在にいたるまで安定した技術といえるものにはいたっていない。

　だが、こうした細かい技術上の欠陥は、あるていどまではじっさいの経営のなかで、試行錯誤を繰返しながら解決される以外にはないものであり、完ぺきな技術を試験場だけでつくりだすということは不可能であろう。したがって、はじめから欠陥のない技術を用意することは、もともとできない相談だったと考えられる。その意味で、大型機械化について立てた構想は、すくなくとも技術的には、必ずしも見当はずれではなかったのである。むしろ問題は、のちにのべるように、それにともなう経済的ないし社会的問題に関する事態の進展が著しく違った点にあるのである。

　いずれにしても、右のような技術革新の構想にたてば、当然問題になることは、それに適合した経営規模をいかにしてつくりだすかということである。というのは、右のような機械化の体系を考えると、技術的には、水田の場合、トラクター一台につきほぼ四〇町歩ていどが適正規模だというのが種々の実験からでてくる結論だったからである。しかも具体的には、トラクターは最小限二台を一セットにしないと能率的には使えないから、じつは八〇町歩というのが、トラクターを使いこなすための最低限度だと考えられた。

この場合、だれが考えても、自立経営の形で八〇町歩の経営をつくりだすということが望みのないことは明らかである。日本の場合、平均的な規模といえば、都府県では〇・八町ていどである。そして二町をこえるものといえば、総農家の五％ていどにすぎず、五町をこえるものは皆無に近い。しもそれは田畑をあわせた面積であるから、水田だけでいえば、零細性がいっそうはなはだしいことはいうまでもない。こういう状態から出発して八〇町歩ていどの自立経営が――農業経営のすべてとはいわないまでも、日本の農業の中心的存在といえるほどの量において成立するということを予測することは、いかに楽観的に考えてみても、とうてい望みがたい。そのような自立経営は、せいぜいモデル的なものとして、指折り数えるほどに成立するくらいのことであろう――それさえあまり見込みはないが――したがってそれははじめから「協業」という形で実現される以外にはないものだったのである。

もちろん、協業だけがすべてを解決しうるわけではない。どういう協業形態を考えるにしても、〇・五町とか〇・八町とかいった農家を何百戸もよせあつめて協業をつくりだすということはそもそも不可能である。ここで可能なのは、せいぜいトラクターによる賃耕のていどであって、とうてい協業経営には近づきえないと考えられる。これらの農家が、こんにちでは大部分第二種兼業農家になっており、農業経営にたいする関心は、自家飯米の確保だけになってしまっていること、またその労働力もほとんど老人や婦人にかぎられており、新しい農業技術に関心もないし、それをこなす能力もないことなどを考えればますますそうであろう。また、農業所得の観点からいっても、こうした農家は、いかに協業化してみたところで、けっして十分な水準には到達しえない。かえって機械の償却費などの負担がふえて、所得はさがってしまうのがおちであろう。その結果、所得の均衡という目的が達せられないばかりか、農業経営への強い意欲と関心をも減退させる原因にすらなるのである。

こういう難点があるにしても、零細兼業農家だけが一カ所に集中しているのであれば、問題はまだしも簡単かもしれない。それではほんらいの協業経営はともかくとして、農協などが耕作を請負ってしまうことによって、あるていど近代化された大経営をつくりだすことは、それほど望みのないことではないからである。

しかし、じつは日本では、より経営規模の大きい、専業的な農家、そして自立経営に成長していく意欲も能力もある経営と、こうした零細経営とが入り混じっているのが普通である。そうなれば、農家相互間の利害が一致しなくなるのは当然であって、協業を成功させることは、ますますむづかしいといわなければならない。

このようにして、いかに協業の助長を考えるとしても、他方における兼業農家の整理、それをもとにした自立経営の育成という過程は、やはり避けがたいものであった。農家が現在の三割〜五割に減じて、せめて二〜三町規模の農家がかなりの数、しかも集中的につくりだされるならば、問題はよほど単純化されるであろう。そこでは協業を成功的に組む公算はかなりあると考えていいのである。

こうみてくれば、基本法のいう構造改善の真の狙いがどこにあるのかもおのずから明らかになろう。自立経営と協業という二本立の構想は、法文のうえでは必ずしもはっきり関連づけられていないことは既述のとおりであるが、それは背後には以上のような脈絡をもっていたのである。ここでは、自立経営はいわば協業をその一部にとりいれつつ、場合によっては協業の細胞となることもあるものとして期待されているのである。

稲作以外の部門までふくめると、事態はもう少し複雑になる。といっても、養鶏とか装置園芸とかいう特殊部門を別とすれば、果樹作にせよ酪農・養豚にせよ、それだけの専門的経営が発達するということはあまり期待されていなかったし、またのぞましい形とも考えられていなかった。むしろ稲作とか果樹作とか、稲作と酪農とかといった複合経営が一般的なものと理解されていたし、また政策的にも奨励されようとしていたとみていいであろう。それは、ただこれまでの日本の農業が一般にそういう複合経営として成り立っていたからというだけの理由によるものではない。もともと稲作一本では、農閑期が大きくなりすぎ、出稼ぎと結合しないかぎり労働力の完全燃焼ができないという問題があるし、さらに稲作の一戸当りの経営面積がかなり増大しても、機械化によって節約される労働力を、すべて経営面積の拡大で吸収してしまうことはなかなか困難である。反対は、果樹作とか畜産の専門的経営は、自然災害や価格変動にたいする経営の対応力をかえって弱めるおそれもあった。こういういろいろな配慮から、自立経営は、むしろ複合経営であって、こうした複合経営が果樹作や畜産を拡大することによって、選択的拡大が図られていくという想定のうえにものごとが考えられていたのである。

以上のような考えに基づいてみるなら構造改善とは次のような定義が導き出されるであろう。すなわち、一方では、稲作についてこれを協業の形で省力化し、それによって浮いた労働が、果樹作なり畜産なりにむけられる。この分野でも、できるだけ協業化が進められるが、ここでは共同防除とか共同選果とか、あるいは仔畜の共同飼育や共同放牧とかといった部分協業が主役を演ずることになろう。なぜなら、これらの分野では、一環した機械化が必ずしもできないし、農家間の技術の平均化もなお進んでいない。したがって、多かれ少なかれ経営の個別性が残らざるをえないからである。その場合、この協業は、稲作のほうのそれと構成農家を等しくする必要は必ずしもない。概していえば果樹作や畜産における協業は、より少ない参加者によって構成されようから、いろいろな形の組合せができるであろう。

　それはいずれにせよ、こういうわけで、基本法の三本の柱のなかでは、構造改善が基底的な地位を占めていたことが明らかである。選択的拡大にせよ、所得の上昇にせよ、それは生産性の上昇を前提とせざるをえないものなのであるが、その生産性の上昇が右にみたような技術水準によって支えられなければならないとすれば、それは構造改善なしには実現しえない。この意味で基本法農政の成否は、構造政策がどのていど効果的におこなわれ、その改善がどこまで成功するかにかかっているといっていいのである。

第三款　農業基本法各条解説

基本法における農政の考え方は以上述べたとおりであり、このような考え方のもとに各条文を解釈し、理解していく必要があろう。

一　前　文

(1) 農業について基本法を作る理由

　農業について基本法を制定しようとする理由は次の二つである。

　第一に、わが国の農業は他産業に比べて生産性が著しく低く、農業従事者の所得ないし生活水準は他産業従事者に比べて不均衡であり、しかも最近における工業を中心とする他産業の驚異的発展により、農業と他産業との不均衡ないし格差はますます拡大する傾向にあることである。もちろん、非農業部門間においても、生産性や所得において著しい格差があることはいわゆる二重構造の問題として周知のところである。しかし、それはいわば産業内部の問題として、一方においては高い生産性と所得をあげているものがあり、他方に低い生産性と所得しかあげられないものがあるということである。これに対して農業と他産業との間の不均衡は、国民経済を構成する一産業部門としての農業全体の所得や生産性が低く、しかも現状のままに推移すれば国民経済の高度成長によっておのずから解消されるというよりは、激化するおそれのある問題である。いいかえれば、農業という産業全体の国民経済的視点からみた立遅れの問題なのである。所得の不均衡一般が問題なのであれば、産業を問わない社会保障で足りうるであろうが、ここでの問題は、産業としてとらえた生産性・所得の不均衡なのであり、農業基本法はこのような視点から農業を産業的に確立しようとする意図に基づくものである。

第二に、農産物需要の動向の変化、農業から他作業への労働力移動の進行等、農業および農業をとりまく諸条件の変化に伴ない、わが国経済の発展過程において農業がいわゆる「曲り角」に立つにいたり、従来のままの農業・農政を続けてゆくのではもはややってゆけなくなったことである。そして、近年における農業の行詰りは、成長経済下の情勢変化によって表面化したものではあるが、その根底には戦前からの零細な農業構造という問題が深く横たわっている。これをそのままにしておいて、国民経済の高度成長によって展望されている農業就業構造の改善や農産物需要の高度化が農業に与えている不均衡是正の可能性を十分に生かせるよう、これを契機として、今後の農業の進むべき道を方向づけなければならない段階に達している。この方向づけの要請が農業に基本法を必要としているのである。

(2)　農業基本法は恒久法か臨時法か

農業基本法は、何時までの間適用するというものではないから、その意味では恒久法である。しかしながら、他面、社会経済のつねとして、農業基本法の諸規定の内容が将来において永久に変わらないということもできない。もともと農業基本法は、国民経済の高度な成長発展過程においてもたらされた農業の「曲り角」において、農業の進むべき道を方向づけようとするものであり、このような社会経済事情が遠い将来において現在予期しえないような変化をとげた場合には、その内容を修正ないし補足する必要が生ずるかもしれない。しかし、基本法は、現在において予測しうる限りの長期的見通しに基づいて、成長経済のうちに農業のゆきづまりの打開を図ろうとしているものであるから、今後相当長期にわたって恒久法たりうるものと考えられる。

(3)　前文を設けた趣旨

前文はこの法律の趣旨を述べているのであり、その内容はけっして牧歌的なものではない。農業および農業従事者がわが国の経済と社会において重要な役割を果してきたし、今後とも果すべきことは事実であるので、それを客観的に表現したものである。それは、農業従事者がその使命感に感激して恵まれない条件のもとでこの使命を果すためにますます努力するようにしようという意味ではないことは、今後の農業の目標として生産性の向上と生活の均衡を掲げ、それを達成するために国が施策を講ずべきこととしていることから明瞭である。

二　国の農業に関する政策の目標（法第一条）

(1)　総括的事項

㋐　目標として二つの事項を掲げた理由（目標なら一つであるべきはずではないのか。）

生産性と生活とは、前者は能率、後者は福祉という視点の異なる概念である。そこで、第一条の目標は、能率の視点から生産性について他産業との格差が是正されるように生産性を向上すべきことと、福祉の視点から生活について他産業従事者と均衡のとれた生活を営むことを、二つながら目標として規定したのである。目標だから一つでなければならないということはないので、視点が違えば二つあってしかるべきである。

㋑　二つの事項の関連（主・従、目的、手段という関係があるのか。生産性の向上によって生活水準の均衡を得させようという趣旨か。そうでないなら生産性の向上でカヴアーされない部分は、価格所得政策により生活水準の均衡を得させるのか。）

両者は、視点が異なるのであるから、厳密な意味で、主・従あるいは目的、手段という関係ではない。最終目標を従事者の福祉におけば、産業としての能率の問題はその手段だといえないことはないが、福祉の手段はそれだけではつきないとともに、生産性の向上を手段の中に埋没させてしまうとどこまで生産性を向上させるかがあいまいとなるので、それぞれの視点から二つの事項として規定したのである。

経済の正常な姿としては、両者は最終的には一致し、生産性の向上によって生活の向上がもたらされるというのが原則であり、その意味で経済政策としてはそのように運営するのを本旨とすべきものと思う。しかし両者は完全に相伴なうものではなく、経過的なギャップの問題や農業の本質からくる生産性の遅れがあり、また福祉の問題は政策の最終目標として能率の問題とは別個に考えなければならない面もあるので、現実の政策はそれを含めて考えなければならないと思う。

したがって、生産性の向上を目標の一つの柱として掲げたことは、生産性の向上によって生活の均衡を得させる、逆にいえば、生産性が向上しなければ生活は向上しなくてもかまわないという意図ではなく、指摘されているように価格・所得政策を講ずるという面もある。といって両者を全く無関係とし、生産性の向上の如何にかかわらず生活の方は必ず均衡を実現させるのだとすることも形式的にすぎるので、現実の政策の問題としては両者が相見合って運営さるべきものと考える。

㋒　生産構造の違うものを均衡させようというのは無理ではないか。なぜ均衡させる必要があるのか。

農業は現在、資本装備や生産様式において他産業との間に大きな差があることは周知のとおりであるが、そのような現在における相違にかかわらず理念として均衡を目標とするのは当然のことである。そしてまた、基本法で生産性の格差の是正——生産性の向上と生活の均衡とを期しうるようにすることとしているのは、このような農業の資本装備や生産様式を農業構造の改善を通じて改変しつつ均衡を図るという趣旨であって、現在の農業をそのままの姿に保持して均衡させることではない。

では、なぜ現状を改変して均衡を期しうるようにする必要があるのかといえば、それが理念だからであるといえよう。これをやや具体的にいうと、第一には、農業もまた一つの産業である以上、産業としてこれが確立される必要があるからで、農業基本問題を発生せしめた国民経済の発展それ自身が農業の産業的確立を要請しているのである。かつては農業は産業や職業というよりは、一つの生活様式または生計手段と考えられていた。ところが経済の高度成長に基づく農産物需要の高度化、農業就業人口の減少、都市と農村との社会的経済的接近、新しい農業経営形態の出現などによって農業が次第に一つの産業的、職業的な性格に変化してゆき、さらにこうした中に国際貿易の影響が強くなり、これに対処しうるようにしなければならず、同時に国民経済の成長発展に即応して、その使命を十分に果しうるようにするため、他産業と均衡のとれた発展をすることが必要となった。第二は、戦後の社会経済の発展の過程で、わが国においても近代社会一般と同じく所得の均衡が強い要望となって現われるにいたり、同じ資質の勤労者の類似の勤労に対する報酬の間に大きな開きが長期にわたって存続するというような不均衡は、社会的平等という視点からも、国民経済に対する労働力の意欲的・効率的寄与という視点からも望ましくないからである。以上の二つによって、生産性の向上および生活水準の均衡が必要となるのである。

(2)　生産性の向上についての目標

(ア)　生産性の向上という意味

生産性という場合、広い意味においては労働、土地、資本の三つの生産要素に応じて労働生産性、土地生産性、資本生産性という三つの生産性を考えることができる。生産とは、これらの労働、土地、資本を結合して人間にとって有用な財貨を生み出す過程であるから、生産に没下された労働、土地、資本のそれぞれの量に対する生産物の数量の比率が大きい程、少ない生産要素で高い生産をあげたことになり、生産性が高いことになる。したがって広い意味の生産性は、労働、資本、土地という生産要素がそれぞれ生産においてどの程度能率的に利用されているかを示すものであるといえよう。

ところで、この三要素のうち、生産過程において最も能率的で本源的なものは労働である。土地は自然の一部であり、人間の作り出せないものであるが、その経済的機能は人間が自然に対して加えうる改良や資本によってかなり代替されて来たと思われるし、資本にしても、もとにさかのぼれば、自然に対して人間が労働を加えた結果として得られたものである。そして生産の目的は究極的には生産主体たる人間が所得を得ることである。したがって「生産性」を狭義に用いる場合には、労働生産性を指すことが通例の用語法となっており、とくに基本法では他産業との比較が問題であるから、生産性はこの労働生産性を意味している。なお、この生産性は、産業の能率を示すものであるから、所得の分配の問題とは一応別個の問題である。

生産性の向上とは、この意味での生産性を高めるということである。もともと労働生産性とは、労働一単位でどれだけの生産物量を生み出せるかを示す物量的な概念であり、その絶対的水準を異なった産業間で比較する事は本来困難である。一日の労働で米二斗を生産するのと鉄一トンを生産するのと、いずれが生産性が高いかをいう事は出来ない。しかし、労働生産性の向上の率、すなわち一定量の労働で生産される生産物量の増加の率は異種産業間でも比較する事ができる。

なお、従来の例においては、法律の目的に「農業生産力」の増進（農地法、農協法）ないし発展（土地改良法）を掲げているものがいくつかみられるが、「生産力」は「生産性」よりも内容の広い概念であり、生産性の向上と同時に物量的意味における増産をも含むと思われるので「生産性の向上」という厳密な規定をしているわけである。

この様に農業基本法が、労働生産性を基本として考えるのは、生産の目的が終局的には生産主体たる人間が所得を得ることにあるからであり、また他産業との生産性の格差の是正が目標であるからであるが、それは土地生産性、資本生産性を無視しようとするものではない。土地生産性、資本生産性も労働生産性とあわせて考えるのでなければ、現実の農業経営の中で労働生産性を高めてゆく事は困難である。特に国土面積と農地面積の狭少なわが国では、土地はなお制限要因であり、労働生産性と土地生産性とを併進させることが必要である。ただ、従来のわが国の農業は、土地を節約し、土地生産性を高めることにもっぱら力を傾けて来たきらいがあり、生産の主体たる人間のことは第二義的に考えられ、労働の過当投下によって反収をあげ、全体の報酬を多くする事ばかり考えて、労働の価値を高める事はとかく無視されてきたのであるが、近年においては農業就業人口の減少、世界的な貿易の動向、農業従事者の所得均衡に対する要素等の新たな現象が相ついで生じた事によって、今後は労働生産性を高める事を基本とすべき段階になったので、労働生産性の向上を目標として規定したので、土地生産性の向上の事はこれに包含されるとともに、これが土地生産性を無視して労働生産性のみを向上させようとするのでない事は第二条第一項第二号に農業総生産の増大を規定していることからも明瞭である。

(イ)　西独、フランスにもみられない生産性の格差の是正をとくに政策の目標とした理由

　わが国の農業の一人当り生産所得は、他産業全体のそれにくらべて約三〇%といわれているが、高度成長経済下においては、その格差が拡大するおそれがみられる。

　もちろん、自然を相手とする有機的生産であるという農業の本質からくる制約のために、この三〇%を飛躍的に向上させうるとは考えないが、零細地片における労働過重な農業を能率の高い農業に仕上げていく余地が、特に日本農業の場合には大きく残されていると思われるのである。農業の産業としての確立、農業の近代化等々といわれているのは、この可能性と必要性についての意欲的な表現であるといえよう。

　そして、現在のいわゆる曲り角、すなわち農産物需要の変化に対応した選択的な農産物総生産拡大の可能性、他産業における労働力需要に伴う農業就業人口減少の傾向を契機とした農業近代化への新しい道への曲り角に立って、将来の可能性を展望すると、所得倍増計画にもみられるように、さらに若干でも縮小させていくようにということを努力目標にして、農業の生産性を高めていくことが、政策目標としてけっして無理なものではないし、またこれを政策目標とすることによって、農政その他の政策全般にわたって近代化をすすめるてこにもなると考えられる。

　以上のような考え方が国民経済の現段階における生産性の格差是正に対する基本的な理解であるべきであろうと考え、これを政策目標の一つとしたものである。

(3)　生活の均衡

(ア)　「生活」の意味（なぜ、もっと直截に所得の均衡としないのか。）

　「生活」とは、フロウとしての消費支出を中心とし、ストックとして保有されている生活便宜品の消費、生活様式、生活環境等を含む社会的福祉の窮極目標たるべきものをいう。生活水準の計測は一元的指標によって行なうことが困難であることはそのとおりであるが、生活水準という概念自体はあいまいなものではないし、また中心的な指標として消費支出を用い、その他の要素を考慮するということで、おおよその把握はなしうるものと考える。

　ではなぜ所得の均衡とせずに、生活の均衡としたかというと、それは次の二つの理由による。

(i)　所得は、能率の視点と福祉の視点とを結びつける媒介概念である。したがって直接に所得を問題にしたのでは、統計的把握は一方的かつ直截的であるかもしれないが、その経済的意味や政策的意義づけはかえってあいまいかつ多義的になり、これを能率の問題と福祉の問題に

分解してとらえた方が論理的である。このため、所得に含まれる問題を二つの側面に分けて、前者を生産性の問題とし、後者を生活の問題として規定しているのである。

(ii) 分配ないし福祉の視点のみの立場から所得の均衡を掲げる考え方もありうるが、このような視点に立てば所得は手段であって目的はあくまでも生活にあることになる。そして生活には、所得ないし消費支出が中心的部分ではあるが、そのほかにたとえば道路・上下水道等の生活環境的な社会資本の充実、同一額の消費支出であってもより大きな福祉をもたらすような生活様式の改善などもその重要な一要素であるので、これを含まない所得だけでは不十分である。

以上のような理由から生活の均衡を主目標としているのであって、この方がむしろ論理的に正しいものと考える。

(イ) 均衡という意味（いかなる視点から均衡を判断するか。）

均衡とは、バランスするとか、つりあいがとれるということ、換言すれば、同じかるべきものと同じにするということで、その意味で理念的な概念である。したがって、いかなる姿がバランスか、どうなったら同じかるべきものが同じになったといえるかは、結局社会通念だということになる。もう少し具体的にいうと、他産業従事者との均衡という場合に、ひとくちに他産業従事者といっても、その内部は均質的ではなく、その従事する産業の種類・企業規模等によってその営む生活の程度や態様もさまざまである。したがって、農業従事者と比較することが社会通念的に妥当な――妥当ということの中には可能ということも含まれるのでその意味で妥当かつ可能といってもよい――他産業従事者をとり、その営む生活と、農業従事者の営む生活とが同等なものになることが「均衡する」ことの意味である。比較対照は、理論的一義的に決定されるというよりは、社会的経済的な妥当性と可能性の判断によって定められるべきものである。その判断の視点としては、生産労働の態様、生活環境等が問題となり、それらの視点から総合的に考えて社会的経済的通念のうえから妥当であるものをとることになろう。（それは、単に現状からだけ考えるのではなく、時間の要素を入れ、今後現状を変えるようにすることを含めて考えなければならない。たとえば、農業の現在の生産構造からすると、工業と比較しうべくもないが、今後生産構造を変えて漸次工業なみに近づけていくというのが政策課題であり、したがって、そういう施策を講ずることを含めて工業と比較しうべき妥当性と可能性があるというのである。そして、農業側も他産業側も常に変動しているのであるから、均衡の姿は絶対的・固定的であるよりも、相対的・弾力的なものである。）

(ウ)　自立経営以外の農家についてはどう考えるか。

均衡の意味は、前記のとおり同じかるべきものを同じにするということであるから、その意味で自立経営だけを均衡させるというのではない。それとともに、自立経営が農業経営の目標である以上、自立経営について考えられる均衡を農業従事者一般が期しうるようにすべきことは当然のことであり、そうなるように施策を講ずるのである。その場合、六〇〇万農家のすべてが自立経営になることは望ましいが、現在の農業の動向から判断すれば、それは困難であると思われる。将来において、わが国の農業経営のほとんどすべてが自立経営になるとしても、その時には農家の戸数は現在よりも相当少ないものになっているであろう。しかし、だからといって、自立経営以外の農家は均衡させないのだとか、切り捨てるのだということではない。自立経営について均衡を図るというのは、自立経営においては他産業従事者と均衡する生活水準を享受しうるような所得を得ることが可能なので、農業政策としては農業経営ができるだけ自立経営となるようにすることが政策となるからである。これに対して、非自立経営においては、農業としての能率は悪いからそのままで均衡を考えるわけにはいかないし、また生活水準を享受せしめる所得は農業所得のみでなく、兼業所得をも含めた農家所得であるから、農家所得全体として考えなければならない。

近年めざましい経済成長の中で、兼業化が進行し、農業労働力が逐年減少してきていることは、経済発展の正常な姿であり、しかもいわゆる第二種兼業農家はその所得において決して低くはない。家族員一人当り農家所得を経営耕地規模別にみると、第二種兼業農家の多い五反未満層は専業農家の多い一町五反以上層に匹敵する高さの所得をえている。問題は、その中間にあって安定的兼業にもなりがたく、農業を手広くやることもできない、五反〜一町五反層で、これが低い谷底になっている。このような谷底をそのままにしておくことは、生産性を高めるためにも生活水準を向上するためにも望ましいことではない。そこでまず自立経営になろうとする意思と能力を有するものはそうなれるように育成し、他方自立経営になりがたい経営については、農業面では協業化の促進を図るとともに、他産業に就職を希望する者の離農や兼業収入の増加ができるだけ円滑に行なわれるように努め、農業の産業としての生産性と農業従事者の生活水準とをともに引き上げるようにするので、これを零細農切捨というのはあたらない。

三　国の施策（法第二条）

(1)　第一条の目標及び第二章以下との関係

第二条は、国が第一条の目標達成のために必要な施策を講ずべきことを義務づけるとともに、その施策の方向づけをしたものである。前文にうたわれているように、基本法は「農業の向うべき新たなみちを明らかに」するものであるから、この八つの事項を掲げることにより、向かうべきみちを方向づけたものである。個々の施策を単に離別したものではない。この方向に従って必要な施策を講ずることにより、目標は達成できる。

本条は八つの事項に示される方向づけに従って必要な施策を講ずべきことを規定したので、この意味ではすべての施策が含まれているわけである。これに対して、第二章以下は、この必要な施策を講ずるについてとくにその方針を宣明すべきものを規定したのであり、いわば施策の講じかたについての規定である。したがって、第二条は全体にかかっているのであり、第二章以下に該当条項のないものは直接第二条に基づいて施策を講ずることになる。

目標達成のために国が講ずべき施策は、いわゆる農業政策の範囲にはとどまらない。たとえば基本法がその重要な柱の一つとする農業構造の改善をするめるには、完全雇用の達成がその前提となるが、それには労働政策、産業、一般経済政策のあり方が重要な意味を持ってくるし、教育政策の充実も望まれる。また福祉の向上のためには、社会福祉や社会保障の充実が必要である。さらにこれら諸政策を通じて、その裏づけとしての財政政策、金融政策が重要なことはいうまでもない。このように目標達成のために国が講ずべき施策は、農業政策はもとより、財政、金融、労働、社会、文教、産業、一般経済等のあらゆる分野にわたっているので、「その政策全般にわたり」必要な施策を講じなければならないと規定したのである。

さらにこれら諸施策は「総合的に」講じられなければならない。以上にみたように、第二条で義務づけられた国の施策は、各省庁により分担されることに加えて、一つの省で行なう施策にしても、それが著しく専門分化している今日では、施策相互間の脈絡が失われ、とかくばらばらになり勝ちである。施策の専門分化は、現代における必然的な傾向であるが、それだけに施策が一定の方向づけにしたがい総合調整されて脈絡あるものとして講じらるべきことが必要である。

(2) 自給度の向上について

農業総生産を増大させることは第二号に規定したとおりであるが、ただし、その増大のさせかたは従来のような自給率向上という見地のみからではない。

需給事情に即応して伸ばすべきものを伸ばし、生産性を向上させながら、農業総生産を増大していくのである。自給率向上ということが生産性の高い合理的な生産によって自給度を向上させるというのであればもちろん望ましいことであり、第一号の「外国産農産物と競争関係にある農産物の生産の合理化」、また第十三条の「輸入に係る農産物に対する競争力の強化」の中にはその趣旨は入っているし、第二号の生産性の向上もその趣旨である。しかしいやしくも需要はすべて国内生産で賄うという考え方に立って、経済性を無視して単なる物量的意味での自給を図ろうというのであれば、国際貿易の基本的方向に沿わないのみならず、国民経済として得策ではない。そこで、そういう意味ではなく、生産性の向上と選択的拡大によりその結果として自給率が向上していくようにするという趣旨で、とくには自給度の向上と規定しなかったのである。

(3)　施策の方向

(ア)　需要が増加する農産物の生産の増進、需要が減少する農産物の生産の転換、外国産農産物と競争関係にある農産物の生産の合理化等農業生産の選択的拡大を図ること。

本号は農産物の消費構造の変化に対応して農業生産を需要の動向に適合させ、外国産農産物との関係も考慮しながら合理的に農業生産を拡大していくこと、すなわち農業生産の選択的拡大を今後の農業生産の方向として打ち出すものである。第二号に規定する「総生産の増大」も、「総花的」にではなく、「選択的」に行なわれることが必要なのであり、この規定は、今後の農業生産の拡大の仕方を明らかにするものである。

選択的拡大の具体的な姿は、まず「需要が増加する農産物の生産の増進」と「需要が減少する農産物の生産の転換」である。一般に農産物とくに食糧農産物の需要の所得弾力性は、消費者の所得水準と食糧消費水準が一定の段階に達すると、それ以後は低下し、消費者所得の増加の程度には農産物需要は伸びなくなる。そしてこの動きは農産物の種類によって分化し、たとえば畜産物、果実、高級野菜のように消費者所得の増加とともに需要が増加する農産物と、大・はだか麦、甘しょ、陸稲のように生活水準の上昇とともに劣等財的な性格を強めて需要が減ってくる農産物とに分かれてくる。なおいうまでもないが、需要とは輸出向をも含めた内外需要である。いずれにしても以上のような需要の動向に即応して、生産を増進したり、転換したりしていこうというのが、選択的拡大の第一の内容である。

つぎに外国産農産物と競争関係にある農産物については、その国際競争力の強化を基本とするが、それには農産物の種類や地域に応じて、生産コストの引下げ、主産地への生産集中、他作物への生産転換など「農産物の生産の合理化」を図って、国際競争の嵐にたえうるようにする必要がある。

(イ)　土地及び水の農業上の有効利用及び開発並びに農業技術の向上によって農業の生産性の向上及び農業総生産の増大を図ること。

第一号ではいわば質の問題として農業生産の拡大のしかたを規定したのに対して、本号では量の側面から、生産政策の目標として生産性の向上（単位労働当たり生産量の増大）と総生産の増大を規定している。すなわち生産性の向上によってコストを引き下げ、単位労働が生み出す産出量の増大を図りつつ、全体としての農業生産を増大させていこうというわけで、第一号の選択的拡大とあわせて、量と質の両面から農業生産の伸長を図ろうというわけである。

生産性の向上は、投下労働ないし就業人口の減少によって総生産の増大がなくても起こりうるし、逆に総生産の増大は、生産性の向上がなくても、労働をはじめとする生産諸要素の多投によって生じうる。しかし生産の増大を伴わない生産性の向上だけでは必ずしも直接には農業所得の増大とは結びつかない。また生産性の向上を伴わない単なる生産の増大では、コスト高のために需要の拡大はおろか減退を来たすことも考えられるし、外国産農産物との競争にもたえることができず、ひいては国民経済的な要請に応えることができない。したがってこの両者は一体として進めていかなければならないのであって、ここで生産性の向上と総生産の増大が同時に図られるべきことを規定したのである。

(ウ)　農業経営の規模の拡大、農地の集団化、家畜の導入、機械化その他農地保有の合理化及び農業経営の近代化（以下「農業構造の改善」と総称する。）を図ること。

農業基本法の掲げる目標実現のためには、生産政策や価格流通政策などの諸施策がよろしきをえなければならないのはもちろんであるが、農業生産の発展をその根底において規定する農業構造の問題にどう対処するかが究極の問題となる。

農業構造とは、農業経営における農用地保有の規模と態様、労働力および諸生産手段の相互の結びつき方を意味するが、日本の農業構造は、零細土地保有と零細経営をその特質としており、戦前におけるわが国農業構造のもう一つの特質であった寄生地主制を打破した農地改革も、この構造的特質を止揚することはできなかった。むしろ、わが国の農政は、わが国資本主義発達の特殊性という条件のもとで、この特質を前提とし、それを維持温存するという形で農業の発展を図ってきた。そして確かに、この構造のもとにおいても、かんがい排水を中心とする土地改良の進展や種子、肥料、農薬等の農業技術の進歩によって、近年における米作の連続豊作にみられるような農業生産の発展がみられた。しかし、小農技術の一巡がしばしばいわれるごとく、それは一定の限界内のものであって、すでに農業の発展は、構造の問題との矛盾につきあたっている。そして第一章で詳しくみたように、農業の基本問題は、古くからわが国農業の基底に横たわっていれるこの構造の問題が、戦後経済の高度成長の中で、新たな様相のもとに顕在化したものにほかならなかった。とすれば、一層の生産性の向上を期し目標の達成を図るためには、少なくとも長期的な方向としては、このような農業構造の改善が図られなければならないであろう。新しい農政の方向づけにあたって、重要な方向の一つとして農業構造の改善を本号に規定したゆえんである。

農業構造の改善とは、農業経営の規模の拡大、農地の集団化、家畜の導入、機械化等、農地の所有および使用収益のあり方を農業経営という視点からみて合理的なものとし、それと相伴って農業経営を相当の規模を持ち機械等の資本装備を十分に備えた近代的な経営としていくことである。

（エ）　農産物の流通の合理化、加工の増進及び需要の増進を図ること。

以上によって、農業生産、農業構造に関する施策が講じられても、生産された生産物の価値が正当に実現されるのでなければ第一条の目標は達成されない。とくに農産物の流通は、零細多数の生産者による販売であることに加えて農産物の供給と需要の不利な条件から生産者に不利になりがちであるので、これを合理化して生産物の価格が農業所得として生産者に正しく享受されるようにする必要がある。従来とても農業協同組合の共販事業の推進等いろいろな施策が講ぜられてはいるが、今後さらにこれを充実強化する必要があるとともに、とくに需要の高度化と経営の近代化に即応した所要の施策を講ずべく、本号において「流通の合理化」を図るべきものとしたのである。

また今後は、食糧消費構造の高度化がすすむにつれて、加工された形態での農産物需要の増大が予想されるが、こういった見通しに即応して農産物加工の増進を図るべきものとするとともに、農業生産を単に受身的に需要の動向に対応させるにとどまることのないよう積極的に「需要の増進」を図るべきことを規定している。

（オ）　農業の生産条件、交易条件等に関する不利を補正するように農産物の価格の安定及び農業所得の確保を図ること。

農業は自然、経済、社会各般の面において不利な条件を負っているが、その不利はとくに価格の面にあらわれ、ために農産物価格は変動が著しいとともに適正な水準よりも低落しがちであり、その結果として農業所得も確保されないということが起こりがちである。そこで本号では、このような不利な条件を補うように農産物の価格の安定を図るとともに、農業所得の確保につき施策を講ずべきものとしている。

価格所得政策によって補正を要する農業の不利は、まず生産面では、生産が季節的であること、天候等自然の影響を受けやすく収量の変動が大きいこと、需要に適合した生産を弾力的になし難いこと、土地を対象とする有機的生産であるため機械等高度の技術が入りにくく、生産性が低くなりがちであること等にあらわれている。また交易条件の面では、以上の生産条件の不利が交易条件の不利となってあらわれるほかに、供給面で腐敗性、貯蔵、運送上の困難、需要面で弾力性が小さいなどの問題があり、さらに零細多数の生産者による販売であるため、流通業者に買い叩かれ、他方、農家の購入品には独占、寡占に近いことが行なわれうることなどの不利がある。このような不利の補正は、生産政策、構造政策、流通対策などの諸施策の総合的効果にまつべきことはいうまでもないのであるが、なおそれだけでは十分でないので、直接的な価格所得政策が必要とされるわけである。

直接的な価格、所得政策として本号が第一に規定している「価格の安定」とは、価格を一定の水準に安定させ、それより著しく上下しないようにするということであって、安定させるべき水準は、それぞれの場合によって異なり、価格変動を防止する目的で需給条件によって形成されるべき水準にする場合もあるし、所得付与的な支持価格とする場合もある。またいわゆる最低支持の場合もある。価格安定の方法にしてもさまざまであって、生産者団体による出荷調整などから政府の直接買入れまで種々の段階にわたっている。このように価格の安定とは極めて幅広い概念であるとともに、政府が関与する度合いが強くなるにつれて、価格変動を通じて需要と供給が調整され、需要に見合った生産が行なわれることになり、資源の適正配分がもたらされるという価格本来の機能であるパラメーター機能が失われがちとなり、経済の正常な運行を妨げる危険性も大きいという問題であるので、そのような弊を少なくし、農業の負っている種々の不利を補正するという本来の目的を適正に実現しうるよう、後述の第十一条でその講じ方について規定している。

つぎに直接所得に関して施策を講じて「農業所得の確保」を図るものとしている。本来農業所得の向上は、生産性の向上によって実現されるべきものであり、すでに述べた各般の施策の実施によって目標とする所得の確保を図ろうとしているわけであるが、自然災害による所得の減少、経済情勢に適応する際の経過的な所得の減少、生産性の立遅れのカバーなど、農業が負っているさまざまな制約から生ずる問題に対応するため、所得を直接の対象として施策を講ずる必要がある。本号はその趣旨を規定するものであり、たとえば災害補償がその一例であるが、そのほか生産政策だけで十分でない場合にこれをカバーするような直接の所得付与的施策を、狭義の所得政策として講じようとするものである。

(カ)　農業資材の生産及び流通の合理化並びに価格の安定を図ること。

今後の農業技術の進歩や農業経営の近代化を考えると、農業資材を合理的に供給することがますます重要となる。そこで優良な肥料、農薬、農機具等が農業者に合理的に供給されるように、品質の向上、コストの引下げを図るとともに、流通過程を合理化し、かつ価格の安定を図ることが必要となる。とくに農産物の販売は完全競争的であるのに資材の供給の方は独占・寡占の状態が少なくないなどの問題もあるので、農業資材の生産および流通の合理化と価格の安定を施策の柱の一つとして規定したのである。

(キ)　近代的な農業経営を担当するのにふさわしい者の養成及び確保を図り、あわせて農業従事者およびその家族がその希望および能力に従って適当な職業に就きうるようにすること。

近年就業構造の変化に伴い、人間ないしは労働力の問題が極めて重要な問題となっている。本号はこの問題について、農業に従事する者、農業を離れる者の両者につき、政策の方針を明らかにし、必要な施策を講ずべきものとしている。

まず農業面での問題としては、生産性の向上、農業の近代化といっても、それを実現するためには担当者としての人間の問題が占めるべきウェイトは極めて大きい。とくに今後の農業近代化の過程では、農業経営の担当者が高い技術的知識能力を持つことが要請されてくるのであって、農業に関する教育、普及事業などを充実して近代的な経営の担当者にふさわしい資質を備えた人間を「養成」することが必要となる。一方、最近の新規学卒者の就業状況をみると、他産業への流出が著しく、しかもそれが無政府的に行なわれており、このままだと今後の農業近代化を担うべき立派な人材が農業に残らなくなる恐れがある。そこで近代的な農業経営の担当者たるにふさわしい者の養成を図る一方、農業を農村青少年に魅力あるものとして立派な人材が農業にとどまるようその確保を図るべき必要があるのでそのことを規定している。

他方、近時の高度経済成長の中で、農業から他産業への労働力移動が著しく増大しているが、その場合需給条件のひっ迫から賃金格差の縮小傾向をはじめとして労働条件にもようやく改善のきざしがみえはじめているが、なお現実のわが国の就業構造のもとでは、とくに農村からの労働力移動は不利になりがちである。そこで他産業に就業することを希望する農業従事者やその子弟に、必要な教育や職業訓練を与え、また職業紹介の拡充によって、その希望と能力に応じて適当な職業に就きうるようにすることを規定しているのである。そして同時に、それには、工場の地方分散、最低賃金制の拡充をはじめとする、労働条件の改善など、他産業における雇用の量質両面における拡大と改善のための施策が伴なうべきことはいうまでもない。

(ク)　農村における交通、衛生、文化等の環境の整備、生活改善、婦人労働の合理化等により農業従事者の福祉の向上を図ること。

以上述べてきた諸施策は、農業の発展と農業従事者の所得の増大を通じて、結局のところ農業従事者の福祉の向上に資することを目的として講じられるわけであるが、なおそれだけではつくされない面もあるので、とくに一号を設け、農村の環境の整備、生活改善、婦人労働の合理化等により農業従事者の福祉の向上を図ることを規定している。

まず「環境の整備」には、道路、住宅、上下水道、電話、種々の文化施設、医療施設などの整備が含まれる。経済や社会の発展につれてこれら生活環境的な施設に対する公共的な資本投下が増え、生活水準の高低を論ずる場合にもこれら社会的な福祉の要素をますます重くみる必要が生じてくる。ところが農村におけるこれら環境の整備は、都市に比べて遅れがちなのであり、生活の均衡という目標実現のためには、農村における環境整備が重要となるのである。つぎに「生活改善」を規定したのは、同じ額の消費支出をする場合でも、その使い方いかんによって得られる福祉が異なるからである。そして現実の農村には、まだまだ因襲的で不合理な面が強く残っているから、従来の生活改善事業を中心として衣食住のあり方を改善していこうという趣旨である。最後に、「婦人労働の合理化」を規定しているが、これはいうまでもなく、農家婦人の農業労働と家事労働を軽減し、労働の仕方を合理化することである。わが国の農家婦人の労働は、都市や諸外国の農村に比べると極めて過重な状態にある。この状態を放置しておいたままでは、近代的農業や福祉の向上を云々することはできまい。現在農村では「農家に嫁が来ない」ということが深刻な問題となっているが、それもこういった状態の反映である。そこで農業経営の近代化、生産性の向上と相まって婦人の農業労働を近代的家族農業経営における補助労働力としての適正な地位に安定させ、あわせて生活改善の進展とも関連しつつ家事労働を無理なく担当できるようにしていこうという趣旨である。農家婦人の労働を農業労働、家事労働の両面にわたって合理化してこそ、農業従事者が他産業従事者と均衡した福祉を享受できるといえよう。

(ケ)　以上述べてきた諸施策は、全国を対象として一律に講じられる場合もあろうが、一口に農業といっても、地域によって、自然、経済、社会の各般の面にわたって条件が異なっているから、施策によっては、そういった異なる諸条件を考慮して講じる必要があるので、第二条第二項でその旨規定している。たとえば農業生産の選択的拡大といっても、土地条件、市場との関係など地域によって条件が異なるわけであるから、その地域のもつ条件に応じて適地適産という形で施策を講ずるとか、農業構造の改善にしても、他産業との関連、労働力移動の状況などについての地域ごとの条件の違いを考慮して施策を講じていくとかである。

なお、国会審議においても問題とされた今日の重要問題である地域格差の問題も、地域の諸条件を考慮して施策を講じることにより漸次是正されていくことになろうが、この条項には、とくに条件が悪くて、所得・生活水準の格差が著しい地域に対して、それを是正するための特別な施策を講ずるという意味が含まれていることはいうまでもない。地域格差の是正がきわめて重大な問題であることはいうまでもなく、したがって、政府の経済についての基本政策でもこれを大きくとりあげているのである。しかしながら、いわゆる地域格差は諸々の原因によって生じているので、農業内部だけの問題ではない。最も大きな原因は産業構成であり、地域的に見て、第二次、第三次産業のウエイトが高いほど所得が高く、逆に第一次産業のウエイトの高いところは所得が低いが、これは経済発展の過程での必然的帰結であろう。そこで、この解決は基本的には一般経済政策の問題となるので、この解決に資する方策として工場の地方分散を推進することとしているほか、各種の施策を講ずることとしている。

農業の面においても、地域によって自然的・経済的・社会的条件が異なり、不利な条件にあるところは農業所得も低い。そこで地域における産業構造の是正を図らなければならないが、それは主として地域の諸条件を考慮して施策を講ずることにより漸次是正されていくものと思う。たとえば、従前は水田単作地帯が不利であったが、米作技術の進歩や食管制度によって逆に有利になってきた。これは米作に対して格段の施策を講じたからである。現状では水田地帯が有利で、畑作地域が不利になっているが、今後選択的拡大の方向に従い、畑作地帯に応じた施策を進めていくことにより漸次格差は是正されるものと思う。しかしとくに条件が悪く、そのため、所得・生活の格差が著しいという場合には、公共投資その他の面で特別の施策を講ずることとする必要があろうが、その趣旨はこの第二項の「地域の自然的経済的社会的条件を考慮して」ということの中に入っているのである。ただ第二項の意味はそれだけではないのでこのように広く規定したのである。

以上、おおづかみの考え方を述べたが、一口に地域といってもブロックのような大きな地域、県、さらには同一県でも地域によって異なるというように意味が非常に広いので、いちいちそれに即応するように施策を講ずることは実際の問題としてなかなか難しく、行政の可能な範囲をこえるということも考えなければならない。そこで以上の考え方と行政の可能性とを考え合わせながら漸次的に地域の産業構造の是正を進めていくべきである。

四　地方公共団体の施策（法第三条）

農業基本法の方向づけにしたがって新しい農業の展開がなされる場合、国とともに地方公共団体が重要な役割を果すべきことが期待されるのであって、第一条の目標は、直接的には国の農業に関する政策の目標であるが、同時に地方公共団体の施策の目標とも考えられる。そこで第三条は、地方公共団体の施策について、「地方公共団体は、国の施策に準じて施策を講ずるように努めなければならない」と規定した。

この場合問題となるのは、なにが国の施策であり、なにが地方公共団体の施策かという区分とその分担の問題であるが、この区分は難しく、施策の種類により一義的に定められない。いわば国と地方公共団体の間の一般的な問題であるので、それを前提として、第二十三条では「相協力すべき」こととしている。また「国の施策に準じて」としたのは、国の施策と地方公共団体の施策では自ら異なるものがあるとともに、地方自治の建前からいっても、国と同一視することは許されないからである。地方公共団体の施策は、国の施策と深い関連を持ちつつも、原則としては独自な判断のもとに講ぜられるべきものなのであって、この趣旨は、「講ずるように努めなければならない」として国の場合のような厳格な義務づけを行なっていないところにもあらわれている。

五　財政上の措置等（法第四条）

第二条第一項で義務づけられた施策を講ずるにあたっては、その根拠となり、あるいは具体的な内容をなす法令や予算についての措置が必要である。以上みたように第二条の規定の仕方は極めて包括的であるから、当然これらの措置を講ずべきことも含まれているのであるが、その重要性にかんがみ、第四条第一項は、政府は、「必要な法制上及び財政上の措置を講じなければならない」とくに規定している。

政府が講ずべき法制上の措置とは、法律案の作成、提出、政省令の制定であり、財政上の措置とは、施策の実施に必要な資金の予算への計上、税法上の措置などである。

つぎに目標達成のために必要な資金の問題としては、予算のほかに金融の問題がある。そこで第四条第二項では、農業従事者の必要とする「資金の融通の適正円滑化を図らなければならない」と規定している。金融の問題については、国会審議の過程でも何度か論じられているが、農業の収益性の低さ、投下資本の回転期間の長さ等のため、必要な資金が外部から入りこまないばかりか、農業内部で蓄積された資金ですら流出する傾向にある。したがって、金融制度の整備、利子補給、債務保証、財政資金による直接融資などの施策を講ずることによって、農業従事者の資金需要が金融に乗るようにし、必要な資金を確保しうるようにしようとするものである。

六　農業従事者の努力の助長等（法第五条）

農業基本法の目標を達成するためには、国や地方公共団体が必要な施策を重点的に講じていくことの重要性もさることながら、農業従事者が法の掲げる目標を自己の努力目標として自主的な努力を重ねることが前提となる。逆に国や地方公共団体が施策を講ずるにあたっては、決して上からの天下りになることなく、農業従事者の自主的な努力を基調としてそれを助長していくことに努めなければならない。第五条はこの趣旨を明らかにして、国と地方公共団体は、その施策を講ずるにあたっては、「農業従事者又は農業団体がする自主的な努力を助長することを旨とするものとする」と規定している。なお農業団体についてとくに言及したのは、農業従事者の努力の一つの態様として含まれるのではあるが、国会の審議においても、新農政の展開にあたっては農業団体—とくに協同組織としての農業協同組合—を軸とすべきであるとの議論がしばしばなされているように、農業団体の努力はとくに重要なので特記したのである。

七　農業の動向に関する年次報告（法第六条）

農業の動向に関する年次報告に含まれるべき農業の生産性および農業従事者の生活水準の動向についての政府の所見とは、これらの事項に関する政府としての意味づけないし判断である。

すなわち、年次報告の中では農業の生産性および農業従事者の生活水準の動向に関する客観的記述がまず行なわれるのであるが、第一条で国の農業に関する政策の目標を定めているので、この目標がどのように達成されたか、逆に所期の目標が達成されていないとすればなぜそうなったかの判断をしなければならず、これが第七条の施策を明らかにした文書の国会への提出義務と関連してくる。つまり単なる客観的事実の記述のほかに、施策を講ずる主体としての政府が、結果としての事実をいかに施策と結びつけて理解するかが問題となるのである。第六条第二・三項にいう「所見」とはこのような意味における政府の意味づけないし判断をいう。

八　施策を明らかにした文書の提出（法第七条）

年次報告について農政審議会の意見をきくのは、とくに農業の生産性および農業従事者の生活水準についての政府の所見に関してであるが、これは政府の所見が公正な見地にたって作成されることを保証するために必要であると考えられるからである。これに対して次年度の施策を国会に提示するに当って審議会の意見をきくこととしていないのは、具体的施策をどのように策定するかは、もっぱら行政権の主体である政府の責任に属すべきことがらであり、行政の責任の帰属を明確にする必要があること、また施策をそのつど聴聞するのでは予算編成の事務とも関連して事務的に困難であること、さらにこの施策は年次報告の結果に基づいて策定されるものであるから、基礎となる生産性および生活水準についての判断の公正がまず必要であり、それを審議会の意見をきくこととしていること等の理由からである。なお、農政審議会は諮問に応じてこの法律の施行に関する重要事項を調査審議し、また意見を述べることができることとなっているので、これらの運用によって間接的に次年度の施策のあり方についてもその意向を反映させることができるものと考える。

九　需要及び生産の長期見通し（法第八条）

(1) 長期見通しをたてる趣旨

農産物の需要および生産の長期見通しをたてるのは、農業生産の選択的拡大という目標を具体化するためで、政府の施策の道しるべとなり、また個々の農業経営の参考となるようなものとして役立たせたいという趣旨である。したがって、生産計画というような強い意味のものでないことはもちろん、生産目標というほどの厳密なものでもなく、それらよりも、もう少し幅の広いもの・大きな方向を示すものとしての見通しをたてるという趣旨である。

見通しとは、一定の条件のもとにおいて需要および生産がどうなるかということで、それもある程度の幅をもって計数的に示すものである。その場合問題となるのは、現状のまま推移すればどうなるかということと政策を加えた場合にどうなるかということである。

そこで見通しとしては、単純なる見通し、すなわち過去の実績から経験的に検証された一定の傾向を将来に投影したものとしての需要および生産の見通しと、計画的ないし意欲的な見通し、すなわち積極的な意欲――政策――を盛りこんだ見通しとがあり、ここでいう見通しとしては両者を含むものである。後者の意欲的な見通しは、需要についても問題になりえないではないが、主として生産の見通しについてで、かつその場合には前提となる意欲なり、施策なりの如何によって見通しはいろいろになるわけである。生産は、施策の如何により動きうるものであり、まさに動かすことが政策の課題なので、この中にいかなる政策意思をもりこみ、またそれをいかなる施策によって実現しようとするのかが問題なのである。

単純見通しの場合でも、過去における一定の傾向をどのように把握するかは理論的にも、技術的にもいろいろの問題があり、しかも単純ではないし、また過去における一定の傾向を将来に投影するといっても将来予想される変化――所得水準の上昇等――は当然おり込まれる。したがって見通しを計数的に示す場合には、それはある程度の幅をもって理解しなければならない。

以上を要約すると、需要見通しは原則として、いわゆる単純見通しであるが、生産見通しは、まず単純見通しをたてるとともに、これを基礎としつつ、これと需要見通しとのギャップを政策的に補てんするという政策的意欲をもりこんだものとしてたてることにより、その場合講ぜられるべき施策の妥当性および可能性が明らかにされなければならない。

(2) 生産の「計画」ないし「目標」としない理由

長期見通しをたてるのは、今後の生産を需要の動向に適合したものとするために、需要および生産の大体の線を示し、それをみながら生産者は自分の経営をどうしたらよいかを考え、政府はそれに即するように施策を講じていくようにする、というべき道しるべ的なものである。農業従事者の自主性を尊重しつつ政策を講じるのであるから、計画的に必ずそうするとすべき性質のものではない。また「目標」とすることについては、広い意味では目標的なものといえないこともないが、見通しの内容からいってある程度幅をもったものであり、目標というほど狭義なものではないので、「見通し」としたのである。全体の経済体制、農業の変わっていく度合い等からいって、計画的にきちんきちんと進めうるものではなく、もう少し幅をもったゆるいものとして考える方が現実的であると考える。（方向づけが軌道にのり、さらに進んで一定の目標にもっていくことが必要だという段階になればあるいは「計画」とすることも考えられようが現段階ではまず方向づけすることが必要であるので「見通し」なのである。）

(3)　「重要な農産物」とは、国民経済上および農業経済上からみて重要と考えられる農産物であるが、生産量が僅少であるとか等により、その需要や生産の動向について国民経済上ないし農業経済上ほとんど関心をもたれないものを除き、技術的に可能な限り、なるべく多くの品目についてたてることが望ましいであろう。

「長期見通し」の長期とは、おおむね一〇年とすることが適当と考えられている。したがって、第一回目の見通しとしては、昭和三七年度から数えて、一〇年後に当る四六年度における見通しをたててこれを公表している。しかし需給事情その他の経済事情の変動により必要がある場合には、改定されるが、改定とは、残期間について内容を修正する場合と、その時点から改めて長期見通しをたて直す場合のいずれをも含むと解されている。

「需給事情その他の経済事情の変動」とは、農産物の需要、生産の動向、農産物貿易事情等についての予期しない変化であって、その結果、長期見通しを当初に予定していた時期より前に改定することを相当と認められる程度のものである。

生産の長期見通しは、全国ベースの見通しだけでは施策の指針としあるいは農業経営にとっての参考にするといってもなお不十分である。というのは選択的拡大を具体化していくためには、地域的諸条件を考慮しなければならず、条件をほぼ同じくする地域ごとに生産見通しがあって始めてそれに即した施策が可能となり生産者にとってもより参考になるのである。その場合地域区分をどのようにするかは、施策の講じ方や、作業の技術的制約などもあるので必要に応じ主要な生産地域についてもたてるものとしている。主要な生産地域とは、農産物の種類によって異なりうるものと考えている。

「必要に応じ」としているのは、農産物の種類によってはその生産の態様からとくに地域区分をする必要のないものもあろうという場合を考慮しているわけである。

(4) 見通しが狂った場合の政府の責任

見通しが狂った場合、政府としては政治的責任は免かれないものと考える。ただし、見通しの性格および内容からしてその結果に幅をもって考えなければならないから、したがって見通しが狂ったといってもその程度なり、態様なりが問題で、その責任がいかなる形で具体化されるかは場合によって異なる。生産の見通しどおりに生産を増やしたところ、需要の方が予想したようにはそれに追いつかず、ために需給関係の均衡を失して価格の暴落を招いたという場合、政府として生産者に補償する法的義務は別として、いわゆる政治的責任の原則からなんらかの措置を講ずる必要はあろう。

また第六条によって政府の講じた施策と農業の動向とは、年々、年次報告で明らかにされ、第七条の規定によってこの報告で明らかにされた動向を考慮して次年度の施策を明らかにしなければならないことになっている。そこで見通しとの関連で政府の施策の当否が国会で論議されることとなるので、今いったような見通しが狂った場合の政府の責任がいかなる形で具体化されるかは、第七条の施策としてとり扱われることになる。

一〇 農業生産に関する施策（法第九条）

長期見通しを「参酌して」という意味は、これを道しるべとしてということである。長期見通しはある程度の幅をもって考えるべきものであるし、また個々の生産に関する施策がそれぞれにどれだけ見通しの実現に寄与するかは直接的には把握しがたいものであるから、長期見通しに「従って」または「基準として」というよりもむしろ、参酌という表現が適切であると考えられる。

「農業生産の基盤の整備及び開発」とは、第二条第一項第二号の「土地及び水の農業上の有効利用及び開発」を施策として表現したもので、農業生産の基盤の整備とは、農業生産の基盤である土地および水が、農業生産のために有効に利用されうるようにその状態を改善することで、土地改良事業や草地牧野の改良事業等がある。また農業生産の基盤の開発とは、同じく土地および水が外延的に現在よりも多く農業生産の目的に供されるような状態を実現することで開拓事業、干拓事業、草地の造成や農業用水資源の開発事業などがその例である。

「農業技術の高度化」とは、農業生産に関する技術をこれまでのいわゆる小農技術から脱却して、機械化とこれに伴う農法の確立、技術水準の向上など経営の近代化に即した高度の技術にしていくことであり、そのための試験研究事業、その成果の農業従事者に対する普及事業、これを経営に導入しうるような資金的援助等を強化充実していくことがその施策となるのである。

「資本装備の増大」とは、労働の資本装備率の向上、すなわち農業従事者一人当りの物的資本の量を増大することである。農業の資本装備とは、農業生産の用に供される固定資本（土地を含む）および流動資本の総体をいう。わが国の農業においては経営規模の零細性のために資本装備が他産業に比しきわめて低く、このことが農業の労働生産性を低からしめている最大の原因となっているので、これを増大させることがとくに必要である。そのための施策としては、農業に対する財政投融資の確保、資金の融通の円滑化などがあげられよう。

「農業生産の調整」とは、生産を一定の目的に従って合理的かつ円滑に増やしたり減らしたりすることで、非常に幅の広い概念であるとともに、その手段方法もいろいろである。たとえば、選択的拡大という農業生産に関する目標を達成するためにはその方向に沿ってある農産物の生産が増加し、逆にある農産物の生産が減少ないし転換されなければならないが、その生産の増加、減少、転換を合理的かつ円滑に行なうようにするのが生産の調整である。生産調整の内容としては、農産物の種類間の調整（ある農産物を増やし、ある農産物を減らす）、地域的調整（ある地域の生産を増やし、ある地域の生産を減らす）、時期的調整（ある時期の生産を増やし、ある時期の生産を減らす）、などいろいろの調整が含まれる。

生産調整とは、以上の様に一定の目的に従って生産を調整——増加、減少、転換——することであるが、問題はそれが合理的かつ円滑に行なわれることであり、そこにおいて生産の調整が施策として必要となってくるのである。生産調整の手段としては、今述べた様に生産調整が非常に幅の広い概念であることから、麦や桑の様に転換補助金を出すことから始まって末端における転換の指導までいろいろである。強制を伴うような作付統制まで考えているわけではなく国、地方公共団体は方向ないし大枠を示すとともに必要な援助をし、農業従事者が自主的に転換するように助長するとともに、農団体の活動によって調整が合理的かつ円滑に行なわれる様にしようというのである。

農業生産の調整の目的としては、あるいは農業生産の選択的拡大を図るとか、生産の合理化を図るとか価格の安定に資するとかで、したがってそれに必要な限り特定の農産物の生産を減らすことも含まれるが、それはその目的の問題で、生産調整はそれを前提としてそれが合理的かつ円滑に行なわれるようにするところに意味があるのである。従ってこれをただ単に減らすという意味のあらわれとみるのは誤解である。

一一　農業災害に関する施策（法第一〇条）

本条は、わが国農業が、その自然的条件によって災害をしばしばこうむり、そのため農業の再生産を阻害し、農業経営を不安定におとしいれている事例は少なくないのであるが、この農業災害に対して、損失の合理的補てんその他の必要な施策を講ずべきことを規定したものである。

「災害による損失の合理的補てん」とは、現在農業災害補償法によって行なわれている災害による損失の補てんのやり方を合理的にしようという主旨である。たとえば土地改良事業の進展や農業技術の高度化によって病虫害による被害が顕著に減少してきているとか冷害による被害が非常に少なくなっているとかに見られるように災害の発生態様も変化してきているので、これに対応するように損失補てんのやり方について改善を加える等の方法が考えられよう。

災害に関する施策としては、災害補償のほかにも、災害金融措置、農地や農業用施設の災害復旧事業、防災事業など必要な施策はいろいろあるので、これらを含める意味で「災害による損失の合理的補てん等」と規定されているのである。

災害に関する施策は、農業の生産政策の見地からは、再生産の阻害の防止とか、減産の防止とかの消極的な意味での寄与しかないのであるが、わが国の農業災害が年々生産におよぼす影響の大いさにかんがみて、これを重視すべきことは当然である。また災害による損失の補てんの施策は所得政策の見地からも重要な意味をもっていることに留意すべきである。

一二　農産物価格の安定（法第一一条）

(1)　「不利を補正する施策の重要な一環として」という意味

不利を補正する施策として価格政策が重要な役割を担うべきこと、そうして不利を補正する手段としては、ほかにも生産に関する施策や流通対策等があるわけであるから、それらと相まって総合的に運営する、ということである。農業の不利な条件は結果的には価格にあらわれ、農産物の価格は変動が著しかったり生産性と見合わない低い価格しか実現されないという現象を招来している。

もちろん生産政策や流通対策によって価格がそうならないようにすることが基本ではあるが、それだけでは十分に不利をカバーされないし、また時間がかかるので、より直接的な方策として価格政策によってこれをカバーすることが必要となるのである。

しかしながら価格面に現われた現象的な不利だけを把えてそれをすべて価格政策で解決しようとするのは妥当ではない。価格の不利はより基本的には生産なり流通なりの問題であるから、まずその方の施策によって価格面の不利を来さないようにすべきであり、価格政策はそれだけでは十分でない場合にそれをカバーする最後の手段としてとるということがオーソドックスなやりかたであろう。価格政策は、直接的で、容易である反面、運用を誤まれば価格本来の機能を失わせがちとなり、経済の正常な運行を歪める。そして価格政策だけでは結果的なカバーだけであって、問題の本質的解決にはならないのみか、安易にこれに依存する結果は本質的解決を妨げることにもなりかねないのである。最近ＦＡＯ、ＧＡＴＴ等の国際的機関や西欧諸国の農業政策が価格政策を再検討していることも十分考慮しなければならない。そこで価格政策は不利の補正のための重要な施策ではあるが、不利の補正は価格政策だけで行なうのではなく、生産政策流通対策等と相まって、総合的に運営するという趣旨を明確にするために「重要な一環」と規定したのである。

(2)　価格の安定と支持

価格の「安定」の中に「支持」の意味も入っている。農業所得の確保に資するため価格支持を行なうことが価格政策の一つの重要な機能であることは当然のことで、それを示すために第一項で「不利を補正する」とか、第二項で「農業所得の確保」のことを規定しているのである。しかし、価格政策はそのためばかりではないし、また農業所得の確保のみを目的として運営さるべきものではない。価格政策の機能の中には、いわゆる支持のほかに、まず価格の変動の防止という一般的に適用されるべき大きな機能があり、それを含めるために「安定」という広い言葉を用いたのである。それとともに、価格は、生産、流通、消費、所得等あらゆる面にわたって機能し、影響するので、その一つの面だけで価格を考えるわけにはいかない。もしそうすれば、価格は単に所得確保の手段だけとなり、他の経済的機能は失われるのみか、正常な経済の運行を歪めることになる。たとえば、不合理な生産も維持され、そのため伸ばしたい生産も伸びず、生産の選択的拡大が阻害されるということになるのである。そしてまた所得の確保は最終目標であり、これを達成するためには生産、流通、価格等各般の面において施策を総合的に講じなければならないので、価格のみによって所得の確保を図るべきものではない。「不利を補正する施策の重要な一環として」と規定しているのは、その趣旨を示すためである。

(3)　生産費補償について

生産費は、第一項の「生産事情」の中に入っており、また第二項の「農業所得の確保」の中に、生産費補償の意味は含まれている。生産費とか、生産費及び所得補償方式とは価格算定の場合の技術的な方式の問題であるから、本条に基づいて施策を講ずる場合における問題で、基本法はそこまで具体的なことではなく、もっと一般的な趣旨を規定すべきものであるから、このように規定したのである。

なお、生産費及び所得補償方式をとるのかどうかという問題については、同方式は米価の場合には用いられているが、全農産物に適用するについてはその内容が固まっておらず、しかし自明なものではない。また米のようなやり方を、ほかの農産物に一律に適用することは疑問である。具体的な方式の問題となると各農産物ごとの事情によって違うので、それは具体的施策の問題とし、基本法ではもっと一般的な考え方を規定することとしたのである。

(4) 定期的検討の趣旨

定期的検討は、価格安定に関する施策の適正を期するために、定期的に過去の施策について総合的に検討を行なうという趣旨で、その結果に基づいて今後の施策の運営を改善していくことになる。もちろん、こういう規定がなくても、政府が施策を講ずるについて常に過去の反省を行なってその適正を期すべきことは当然であるが、農産物の価格如何は、農業生産の方向を規定するとともに、直接農業所得の高低を規定するものであり、価格に関する施策は非常に重要であるから、施策の運用についてはとくに慎重な態度をとり適正を期する必要があること、それとともに価格の機能なり影響なりは各般の面に及び、また各農産物の価格は相互に関連しているので総合的に考えなければならないので、このような定期的検討を行なうこととしたのである。これによって、従来個々別々に行なわれてきた米、麦、甘しょ、馬鈴しょ、なたね、大豆、まゆ、てん菜などの価格安定に関する施策は今後総合的に運営されることとなるわけである。

ほかの施策についてこのような定期的検討の規定を設けていないのは、別段規定がなくても過去の施策の検討をするのは当然のことであるし、とくに第六条の年次報告において検討されることとなるからである。価格の場合は、その価格の性質からして一年をこえる期間について、総合的検討を行なうことが必要なので、とくに規定したのである。

(5) 価格安定政策

第一項の「重要な農産物」とは、農業所得形成上占める地位やその生産の動向などから見て重要と認められる農産物である。第八条にも重要な農産物について長期見通しをたてることが規定されたが、それぞれの規定の目的からして両者は必ずしも同じではない。農業所得形成上しめる地位といっても、農業総生産出額中何％以上しめるとか、農業総所得額中何％以上しめるとかいうような一定の基準によってきめるのではなく、今後の生産の見通しとか、価格変動の態様も考慮して価格安定をはかる必要のあるものはこの中にふくまれる。全国的に見れば必ずしも比重の高くないものであっても、相当広汎な地域にわたって作付が行なわれ、それを生産している農家の経済にとって重要なものは、対象になりうる。また一地方の特産的なものは対象とはならない。

次に、価格安定の施策を講ずるにあたって考慮すべき諸事情をかかげているが、まず「生産事情」とは、農産物の生産に関する事情で、作付の増減など作付の動向、作柄の状況、生産費などである。生産費ももちろん考慮すべき要素であることはいうまでもないが、それ以外の生産に関する事情を全部ふくめる意味で生産事情としたのである。このような生産事情を考慮することが、第二項の選択的拡大と農業所得の確保につながる。また「需給事情」とは、需要と供給に関する事情で、需要の動向、輸入農産物もふくめた供給の状況、輸入見通しその他の事情、ストックの状況などがふくまれる。これは、第二項の選択的拡大、需要の増進、国民消費生活の安定につながるものであると見られる。次に、「物価」とは物価の動向で、物価が変動する場合にはそれに応じて価格を動かすことを考慮する必要があるので、考慮すべき事情の一つとして規定している、価格算定方式としてのいわゆるパリティ方式のごときは、価格の定め方が物価の動向と直接的に関連づけられた一例である。物価を考慮するということは、第二項の農業所得の確保、国民消費生活の安定につながるものであることは当然であろう。さらに「その他の経済事情」とは、価格安定の施策を講ずるにあたっては、前にかかげた生産事情、需給事情、物価のほかにもなお考慮すべき経済事情があり、たとえば流通事情などもあるので、一切の経済事情を考慮するという主旨でこのように規定しているわけである。

「価格の安定を図るため必要な施策」とは、価格を行政的に定めその水準に安定させるための直接的な施策をいう。広い意味で価格に影響をあたえる施策となると生産調整などの生産に関する施策や流通対策まで入ってくるが、これらは別の条項に規定されており、本条では、そのような間接的に価格に影響をあたえるという程度の施策をふくめないで、もっと直接的に価格を所定の水準に安定させることを目的として講ぜられる施策である。その具体的なものとしては、政府または政府機関による買入れ、売渡し、価格安定事業団のような特定の組織による買入れ、売渡し、あるいは価格安定基金というような基金制度による価格の平準化の措置などがあろうし、これらの場合に基準となる価格の定め方も固定的な一定価格としたり、上下限の価格を定めたりなど種々の態様が考えられよう。

(6)　総合的検討

第二項の「総合的に検討」というのは、価格安定に関する施策の適否を、その対象としている農産物全体について、生産、流通、消費、所得など各般の面にわたって総合的に検討することである。従来、農産物の価格に関する策は、それぞれの法律にもとづいて別々に運営され、各種農産物の価格を行政的に決める場合でもそれぞれ別々に決定されてきた。しかしこのようなやり方ではどうしても当該農産物だけの視点に限定されがちであり、農業生産全体、農業所得全体に対する効果はどうかという観点はおろそかにされやすい。農業生産について選択的拡大が意図される際に、どの農産物を作れば有利かという判断には農産物相互間のいわゆる相対価格関係が問題となるわけであるし、農業所得の確保・向上を目途とするにあたっても、それぞれの農産物の価格は所得の一部に寄与するだけであり、価格を全体として考えなければ所得を論じられない。一戸の農家が各種の農産物を組みあわせて生産し、農業経営をいとなんでいる場合はとくにそうである。農産物の流通の合理化、需要の増進、国民消費生活におよぼす影響という観点からも、農産物全体の価格体系について総合的な立場での批判・検討が必要である。たとえば、ある農産物の価格を高くすれば、その生産は増加し、農業所得の確保のためには好ましい面もあろうが、一方では需要が減少したり、国民消費生活を圧迫するということも出てこよう。また価格安定の方法として政府が買い入れ、売り渡すという方式をとっている場合には、価格の如何によっては正常な流通をゆがめる場合も生じ、政府の流通への介入が問題とされる場合もあろう。

このように価格政策のあり方は、生産、流通、消費、所得など各般にわたっておよぼす影響が大きいので、総合的な見地での見当がどうしても必要とされるのである。

農産物の価格の安定に関する施策についての総合的検討は、第二条に規定されているような今後の農業に関する施策の方向に照らして、価格が機能し、ないし影響するすべての面にわたって総合的に検討するのであるが、ここにあげた五つの見地は、その中で主要なものと考えられるものを列挙したものである。

第一の「農業生産の選択的拡大」という見地からは、各種農産物の間の相対価格関係が農業生産の選択的拡大を図りうるように形成されているか、たとえば今後畜産を伸ばすためには畜産物の価格は相対的に有利でなければならないし、飼料作物の価格は合理的な畜産経営が成り立つようなものでなければならないが、果してそうなっているかどうか、なっていないとしたら、どのように是正したらよいかというようなことを検討するわけである。

第二は、「農業所得の確保」であるが、ここでは、設定された価格が総合的に見て農業所得の確保にどのように寄与しているかということが検討されるわけである。

第三の「農産物の流通の合理化」という見地からは、たとえば、価格安定の方法として政府買入れを行なう等政府の介入のために、中間の流通資本が排除されて流通経費が節減されているなど合理化されたが、逆にそのために正常な流通が阻害されていることはないか、設定された価格の如何によってストックとなったり、売却に無理がいったりしていることはないか等、流通面にどういう作用を及ぼしているかを検討する。

第四は、「農産物の需要促進」という見地であるが、この見地からは、農産物の需要を増進するためには、加工・流通を合理化するとともに、消費者価格が需要を阻害するように高かったり変動したりすることのないようにする必要があるが、そういう施策が十分に講ぜられているかどうか、逆に価格支持の結果、需要が阻害されている面はないかどうか、というようなことが検討される。

第五の「国民消費生活の安定」という見地からは、農産物の価格安定は、国民の消費生活の安定にどう寄与しているか、逆に価格支持のために国民消費生活が抑圧されている面はないか、というような検討を行なうわけである。

以上、五つの主要な見地の意見を述べたが、価格の影響は各般の面に及ぶので、この五つのほかにも、見地として考えることのできるものはあろう。たとえば、農産物貿易との関係において、国内価格水準と国際価格水準がどういう関係になっているか、そのため農産物の貿易にどういう影響を及ぼしているか、国民経済的にみて非合理的な過度の財政負担を伴っていないかどうかなどである。

一三　農産物の流通の合理化等（法第一二条）

(1)　第一二条は、農産物の流通の合理化及び加工の増進並びに農業資材の生産及び流通の合理化に関し必要な施策を講ずべきことを規定している。第二条第一項第四及び第六号の規定に関連して、これをふえんしたものである。いわゆる流通に関する施策としては、従来ともいろいろ苦心が払われてきているが、流通政策の重要性にかんがみて一だんとこの面を強化するとともに、最近における需要の高度化や農業経営の近代化を考慮して、これに即応するように施策を講ずべき旨を規定したのである。

(2)　「需要の高度化」とは、農産物に対する需要が、消費者の所得増大に伴って、たとえば穀類等澱粉食糧の消費が減って畜産物、果実、高級そざい、油脂などの消費がふえ、いわゆる食生活の高度化といわれる方向に向かっており、同じ農産物でも加工度の高い食品の需要がふえたり、消費量が同じでもより品質の良好なものを消費しようとするような傾向を一般的に表現したものである。

「農業協同組合又は農業協同組合連合会が行なう販売、購買等の事業の発達改善」とは、農協又は農協連合会は従来から販売事業、購買事業等の流通事業を行なっているが、これらの事業がさらに発達するように推進したり、改善したりすることである。また加工事業については、農協経営のものは必ずしも全面的に成功しているとはいえないが、中には立派な業績をあげているものもあり、これをいっそう伸ばしていくことも必要であり、貯蔵、保管という事業分野なども考えられるので「販売、購買等の事業」としている。

「農産物取引の近代化」とは、農産物の取引機構、取引のやり方について前近代的なものが残っているといわれる面もあるが、これを改めたり、市場施設を整備拡充したり、市場を新たに開設したり、農産物の品質や包装に規格を設け、検査の制度を整備するなど、取引が公正・明朗にかつ科学的基準に基づいて行なわれるようにすることである。

「農業関連事業の振興」とは、農産物を原料とする加工業とか、肥料、農機具、農薬等農業資材の製造業とかあるいは農産物、農業資材の輸送、貯蔵、販売等農業に密接な関連がある事業を一般的に農業関連事業といい、その経営者の如何を問わないが、その発展が農業の発展にとっても必要なものは、これを振興させることをいうのである。

「農業協同組合が出資者等となっている農産物の加工又は農業資材の生産の事業の発達改善」を規定しているのは、流通対策として一つの新しいあり方を指向しているものである。農産物加工業や農業資材製造業に農協や農協連合会が参加することは、農産物取引の合理化、原料農産物価格または農業資材価格の適正化、農業者による適正な利潤の取得、農村労働力の雇用等の観点から望ましいことであり、今後は加工食品需要、農業資材使用の増加も見込まれるので、このような加工流通過程の合理化の施策の重要性はますます増大するものと考えられる。

一四　輸入に係る農産物との関係の調整等（法第一三条）

(1)　「第一一条第一項の施策をもってしてもその事態を克服することが困難であると認められるとき」とは、価格の低落に対してはまず価格安定策で対処し、それでも適切に価格の低落を防ぐことができないときには輸入制限等を考慮するという趣旨で、まず国内的施策を講じ、それでも十分でない場合に対外的施策を講ずるという趣旨である。第一一条の規定により重要農産物については価格安定のため必要な施策を講ずることになっているので、通常はこれによって価格が所定の水準より低落しないようになっており、したがってかりに安い輸入農産物が入ってきてもそれによって価格が低落することはないはずである。もし安定させるべき水準と輸入価格との関係、あるいは、輸入数量との関係から現に講ぜられている価格安定施策が不十分ということになればこれを強化すればよいこととなろう。

しかし、輸入を自由にする結果あまりにも安い農産物の輸入が激増するということになれば、それを国内的な価格安定施策だけでカバーしようとしても困難である。形成的には政府が一定価格で無制限に買入れを行なえば価格は維持される理くつであるが、このような財政負担をすることは困難であり、国民の負担で輸入を自由にするという国民経済的なロスでもあって妥当でない。「困難」ということの中にはそのような妥当性の判断も含むのである。そこでそのように価格安定施策だけでは対処しえないという場合には輸入制限措置をとろうというのであり、通常は両者が併用されることになろう。

価格安定施策を何も講じないでいきなり輸入制限措置をとることは、緊急輸入制限の場合を除き認められない。世界的な貿易の動向からして、輸入制限は国内的施策ではどうしても駄目だという場合に限り認められるいわば最終的手段であり、外貨事情による輸入制限がなくなったあとの輸入制限はガットの規定する手続によらなければ行ないえないが、これによる承認は大体この程度の要件を備えていなければ認められないと思われるので、このように規定を設けたのである。

「緊急に必要があるとき」とは、価格の低落その他予見されなかった事情の変化によって、輸入が増加し、国内農産物が暴落しまたはそのおそれがあり、その結果その生産に重大な支障を与えまたは与えるおそれがある場合で緊急に必要があるときである。そのような場合には、対象とする農産物の種類にかかわらず、価格安定施策を講じているか否かにも関係がなく直ちに輸入制限をすることができるが、そのかわり緊急措置はガット第一九条によって認められていることであり、事前または事後にガットに協議すればよいことになっている。

「関税率の調整」とは、輸入農産物の国内への影響を防止ないし緩和するように関税率を引き上げることで、恒久的関税率の改訂と緊急関税制度関税割当制度の運用とがある。また現行制度では認めていないが、弾力関税制度、目的関税制度等も考えられよう。なお本条では輸入制限とならべて関税率の調整を行なう場合を規定しているが、このほか一般的に国内農業保護のために関税制度を運営することは当然のことである。関税による保護が本条の規定以外には発動されないということではないことに注意を要する。

「その他必要な施策」としては、たとえば次のような方法があろう。(1)競合する外国農産物の輸入業者から賦課金を徴収し、又は輸入された外国農産物について政府が買入れ及び売渡しを行なうことにより輸入調整金を得て、これらの収入を生産性の向上又は価格安定等の目的のため必要な経費に充てる。(2)競合する外国農産物の輸入は、政府・政府機関又は政府の指定する者に限り行ないうるようにする。(3)競合する外国農産物の輸入業者、販売業者又は加工業者に対し、国内農産物又はその加工品を買い取る義務を課する。などが考えられる。

(2)　貿易自由化の基本的方向との関係

わが国経済の高度成長のためには、貿易の振興を図ることが必要であり、このためには、世界的な貿易の動向に即応していかなければならないことはいうをまたないところである。ただし、いわゆる貿易の自由化を農業にどう適用していくかは具体的事情に応じて慎重に考えなければならない問題で、「自由化」という言葉だけにとらわれてはならない。本条は、かかる観点から世界的な貿易の基本的方向に沿いつつ、わが国の農業の実態を十分考慮して輸入農産物との関係を調整しようとするものである。

そこでまず、農産物の国際競争力を強化するために必要な施策を講ずるべきことを規定している。貿易の基本的あり方からすれば、一国のみの立場で輸入障壁を設けることは邪道であり、輸入農産物に対しては、生産性の向上をもって対処することが望ましいことはいうまでもなく、しかも、これは、国民経済的にも農業者自身にとっても結局は最大の利益をもたらすと考えられるので、まずこれを本旨とすることを規定したのである。

しかしながら生産性が低く、国際競争力の不十分なわが国農業の現状からすれば、そのようなオーソドックスないき方だけでは輸入農産物に対して十分に国内生産を守ることはできないし、また国際競争力の強化は時間がかかるので、その間輸入によっておびやかされることがないようにしなければならない。といって、手放しで輸入制限をするというのでは世界的な貿易の動向に反するので、まず国内的施策として価格安定策を講じ、それでも駄目な場合に輸入制限等の対外的措置を講ずることとした。これによって、生産者は価格安定策が講じられているので不安はないとともに、対外的にはまず、国内的施策を講じ、それでどうしても駄目だという場合に対外的措置をとるのであるから世界的な貿易の動向にも反しないよう対処しうるのである。なお、緊急の場合には価格安定策の如何に関係なく輸入制限をなし得る。これはガットでも認められていることであるから別段問題はないが、そういう場合には輸入制限を行なう旨を明確に規定して万全を期することとした。

(3) 日本農業の保護

そもそも、わが国経済の成長発展のためには、貿易の振興に大いに努力しなければならないことはもちろんであり、そのためには、世界的な貿易の動向に即応していく必要があることはいうまでもないところである。しかし、わが国の農業は、その構造的特質からして、生産性が非常に低く、国際競争力の弱い農産物が多い。本条は、このような事情にかんがみ、日本農業を外国農業から保護するために設けられたものであり、本条により、国際競争力の弱い農産物の外国からの保護は、十分であると考える。国際競争力の強化を図るため生産性の向上を図ることをせず、国内農業を温室の中に入れて何が何でも保護するという立場は、国際的動向に反するとともに、財政負担や消費者の負担をいたずらに過重にして、国民経済的に非常な不利益をもたらすことはもとより、農業自身のためにも結局は好ましくない結果をもたらすものであることにも注意する必要がある。問題は保護のしかたであって、保護する気持の厚い、うすいではない。

なお、本条においては、輸入規制をなしうる場合について、一定の要件を設けているが、これらの要件は、しばしば述べたように決して狭いものではないから、実際上困ることはないと思われ、またかりに一見広いように書いても、ガットの承認が得られなければ同じであり、かえってあまりにも輸入障壁を設けるような印象を与えるとガットの承認が得にくくなるという配慮も必要かと思うし、このような要件があるために国内農業の保護が不十分となるというようなことはない。

一五　農産物の輸出の振興（法第一四条）

輸出の増進は、第二条第一項第四号にある農産物の需要の増進を、国際市場において実現することになるわけである。農産物の輸出がいっそう伸びるように、また現在輸出されていない農産物についてもその販路の拡大をはかって輸出をすすめるようにすることが必要であり、そのため生産性の向上によって競争力を強化するとともに、輸出取引秩序を確立し、海外市場の調査を充実して情報を絶えず把握し、またわが国農産物の海外への普及宣伝の強化をはかるなど各種の施策を講じようとするものである。

「輸出取引の秩序の確立」というのは、輸出入取引法に規定してあるような過当競争の防止等のことである。農産物の輸出の振興は、農産物の需要の増進の一つの態様であるとともに、わが国経済の成長発展の基本的要件である輸出振興の一翼をになうものとして重要な意義をもつことはいうまでもない。しかし、基本法の意図する農業ないし農政の新しい方向づけという観点からは、とくに、農産物の輸出対策について従来の方針を変更したり、新しいあり方を示すべきものは格別になく、従来の施策の充実強化で足るという考え方もあったのであるが、日本農業を近代化して国際的にも競争力のある農業とし、輸出農産物として適当なものについては、その輸出を大いに伸長するために必要な施策を講ずることは、当然基本法の主旨にも合致することであり、これらの施策が従来必ずしも万全でなかったことにもかんがみ、本条を設けることとなったのである。

一六　家族農業経営の発展と自立経営の育成（法第一五条）

(1)　構造改善の目標

農業構造の改善は、農業技術の進歩や土地、水といった農業生産の基盤の整備の進捗度等の農業内部の条件によって進展せしめられることはもちろんであるが、より基本的には、就業構造の改善等外部条件の進行にかかっているのである。つまり構造改善の契機たる就業構造の改善等の進行と相まって、所要の施策が講じられ、それによって構造改善が進んでいくというものである。したがって、政府としては、構造改善のために鋭意努力していくのであるが、これらの条件の進展に応じて順次行なってゆかざるをえないので、急速に、また全国一律に当初予想した結果が実現されるというものではない。そこで将来、たとえば、一〇年後の姿やそれにいたる途中の経過を具体的に予想することも困難であるが、参考までに述べると、経済審議会の農業近代化小委員会の報告においては、次のような姿が描かれている。

すなわち、目標年度(昭和四五年度)の農業就業人口は一、一〇〇万人、農家数は約五五〇万戸となり、その内わけは、平均経営面積二・五町歩、粗収益一〇〇万円以上の自立経営農家数が百万戸程度、平均経営面積一町歩程度の経営(これは将来自立経営に移行する過程にあるものという意味で経過的非自立経営といわれている。)が二五〇万戸、経営面積五反以下のものが二〇〇万戸あまりとなっている。もちろん、なにぶん十年後のことであるし、種々の前提をおいた上での計算であるから、相当幅をもって考えなければならないが、一つの大胆なスケッチとして手がかりにはなろう。

しかし、これはあくまで前提をおいた上でのあらっぽいスケッチであり、政府が必ずこうなるように計画的に実現させていくのだというものではない。政府の施策は条件の進行と相まって講じられ、また構造改善の目標——具体的内容も条件と見合って考えていかなければならないので、条件を無視して頭から目標をきめこみ、それを実現するというわけにはいかないものであり、条件の進行に応じて適切に所要の施策を講じ、極力構造改善が進展するようにしていくべきものである。

(2) 農業人口の見通し

農業構造の改善の目標として、できるだけ多くの農家が自立経営になるように育成することを掲げているわけであるが、これは、一方で所要の農地面積の拡張を行なうにしても、他方で農業就業人口の減少や農家戸数の減少ないし兼業化による部分的経営縮小がなければならないことは当然である。自立経営の育成等構造改善は、日本経済の高度成長の過程で現に進行しており、また、今後大いに進行すると予想される農業就業人口の減少ということを契機として、これに国が適切な施策を加えることによって、わが国の農業の近代化のために望ましい方向にもってゆこうとするものである。その意味で構造改善は農業人口の減少を伴っており、現在の農家をすべて農業で自立させようというものではない。しかし、だからといって政策として農業人口を減らそうというものではない。それは、構造政策の契機であって政策内容そのものではない。政策としては、この契機において農業で自立しようとするものをそれが可能になるようにするとともに、他方、他産業へ移動しようとするものについてその移動が円滑に行なわれるようにするのである。

農業構造の改善は、農業就業人口の減少という、現に進行中であり、今後大いに進行すると予想される現実を契機としてはじめて可能であり、その意味で農業就業人口の減少を前提としている。しかしながら、それは政策として積極的に農業就業人口を減らすとか、零細兼業農家を切り捨てるとかということを意図するものではないのであり、わが国経済の高度成長の過程で必然的に生ずるこの農業就業人口の減少という現象を、国の適切な施策を加えることによって農業構造の改善の方向にもってゆこうとするものである。それゆえ、転職の意思をもっている農民に対しては、そのための障害の除去や必要な援助を行なってその転職を容易ならしめるようにするとともに、農業を続けてゆく意思はもっているが農業のみでは十分の所得がえられない農業者に対しては、一方で自立経営に導びくよう育成援助するとともに他方就業機会をふやしてゆく等の施策を講ずることによって所得の向上を図ってゆくので、農業を続けていく場合でも、他業に移ろうという場合でも同様に所得が確保されるようにしていこうとするものである。もし他産業に十分な雇用機会のないままに、農業から出ていかざるをえないようにしむけ、政策をもっぱら上層農家対象に行なうというのなら、あるいは貧農切捨て政策といわれてもしかたがなかろうが、現在進行している人口移動はそれとは基本的に異なっているのであり、したがって、その契機において構造改善を進めるのはけっして貧農切捨て政策ではない。

　さて、現在の農業就業人口は約一、〇〇〇万人程度（四一年度で一、〇六五万人、調査方法改訂後の新数字で同年度九四二万人）であって、最近の傾向としては、年率約三～四％ずつの減少をみている。その結果、農業就業人口の全就業人口に占める比率は、約二〇％（新数字で一九％）となっている。ちなみに先進諸外国では、アメリカの約七％、西ドイツの約一二％、フランスの約一九％程度であって、これらの先進諸国の農業就業人口は、アメリカで一、九一〇年頃、フランスは一、九二〇年頃、ドイツは一、九三〇年頃をピークとして以降減少傾向をたどっている。このように、農業就業人口の減少ということは、わが国経済の高度化の過程で必然的な傾向であり、経済発展の正常な姿であると考えられる。そうしてこのことはまた、わが国農業構造改善の契機ともなるので、これに即して適切な施策を講じ、基本法の目的とする生産性の高い農業を作っていこうと考えているのである。

　問題は農業人口の減少そのものではなく、いかなる形で減少するかということと、減少した農業人口で国民経済における農業の役割を十分に果しうるかということである。前者については、他産業の発展により、雇用吸収力が増大し、それに応ずるものであるから基本的には正常な形における移動であり、したがって、これが円滑に行なわれるように施策を講ずることとする。後者については、これを契機として構造改善を進め、それによって生産性を高めて国民経済における農業の役割を十分に果しうるようにし、かつ農業従事者には他産業と均衡する生活水準を享受させるように施策を講ずることとする。このようにして経済成長に即応して農業を発展させていくことが基本法の基本的考え方である。

(3)　兼業農家対策

政府が、農業構造改善にあたり、家族農業経営の目標として自立経営を考え、できるだけ多くの農家が自立経営になるように育成しようとしていることは御質問のとおりであるが、それはわが国の現在および将来の基幹的な農業の経営形態が家族経営であるとみられることおよび生産性と所得の両方の観点からみて、第一条の目標達成のための最適の担い手は自立経営であると考えているからで、農業を産業として確立するという目的からすればこれが政策の柱となるべきことは当然のことと考える。

しかし、現に、農業の兼業化が進行しつつあることは事実であり、今後もこの傾向はさらに進むものと予想される。そうして農家の多数が兼業農家であり、農業生産の相当部分がこれらの農家によって担当されている以上、これらの経営に対する対策も、当然基本法の一環とならざるをえないと考えられる。しかも、農業という産業の性質上、ある程度の労働の繁閑は不可避であるため、自立経営といえども多少の業を必要とする場合があるとすればなおさらである。そこで、これらの兼業農家に対する対策であるが、兼業農家のうち、所得の大部分を農業から得、基幹的な労働力も農業に従事しているような経営であって、自立経営たりうる意欲と能力を持っているようなものについては、自立経営たりうるように育成することがぜひとも必要である。その他の経営、主としてこれ以外の第一種兼業農家や第二種兼業農家は、農業のみで自立させることは困難であるから、一方で協業によって生産性を向上させ、所得の増大を図るとともに、他方、兼業化の進行という事態に即応して兼業を含めて農家所得全体としての増大を図る方向で考えることとし、そのための教育、職業訓練、職業紹介の充実、農村地方における工業の振興、社会保障の拡充等を図ることによって雇用機会を得られるようにするほか、他産業の実質賃金の増大等兼業所得の増大につとめたい。

(4)　自立経営の前提としての家族農業経営

「家族農業経営」とは、主として家族労働力によって営まれる農業経営であり、経営と労働が原則として分離していないものをいう。しかし、家族農業経営であっても、雇用労働力をいっさい排除するものではなく、農繁期の臨時的雇用はもとより、常備労働力の雇用も妨げないが、基幹労働力はあくまで家族員でなければならないと考える。また経営農用地が自分の所有地であるか、借入地であるかは一応問わない。

ここでまず「家族農業経営を近代化してその健全な発展を図

る」といっているのは、わが国の農業経営のほとんどがこのような意味の家族経営であり、また将来の展望としても家族経営が農業経営の主体的地位を占めるであろうことは、西欧先進資本主義諸国の事例等からみても疑いないと思われるので、農業構造の改善を図るにあたっては、まずこのような家族農業経営一般について、これを近代化しつつその健全な発展を図ることを考えるべきであるからである。

第一五条の前段の家族農業経営の健全な発展と後段の自立経営の育成との関係は、まず家族農業経営の全体について一般的に健全な発展を図り、そのうちとくに自立経営になる見込みのあるものについて自立経営となりうるように育成するということである。自立経営が家族農業経営の目標であるので、農業経営ができるだけ多く自立経営になるように育成するが、現実の農業経営からするとその全部について一挙に自立経営のような高い目標をめざすことは無理なので、まず一般的に少しでも近代化して健全に発展しうるようにするのである。

なお、近代化の具体的内容としては、技術の高度化、家畜の導入、機械化その他資本装備を増大すること、簿記その他近代的経営管理を行なうこと、多少とも経営規模を拡大することなどが含まれよう。

(5)　自立経営の確立の条件

「自立経営」とは、家族農業経営の望ましい姿として第一五条に定義を与えているが、これを具体的に表現することは必ずしも容易ではない。自立経営の規模といっても、経営形態や地域によって異なるものであるし、一律に面積のみで表現できるものではなく労働力、資本、その他の要素も含めて考えなければならない。農林漁業基本問題調査会の答申では、「自立経営は、直接的には経営面積によって表現されるものでなく、二人以上三人未満の労働単位とその労働をほぼ完全就業せしめうる規模との関係から考えなくてはならない。二人以上三人未満の労働単位に照応し、正常な能率を前提とする最低限の経営規模を面積で表わすのは必ずしも当をえないが、仮に平均的に面積で表わせば、一町以上一町五反未満から一町五反以上二町未満に該当する（これは労働生産性の二割程度の向上を前提とする）。この経営規模は農業立地、経営組織等によってさらに地域的に具体化される必要がある。いうまでもなくこの経営規模は最低限の規模であって、いわゆる適正規模というものではない。」と述べ、さらに、長期的な観点からすれば「経営規模は一層拡大されることが望まれ、これを経営面積でいえば、平均的には二町またはそれ以上となることも考えられるので、長期的には、弾力的な考慮が必要であることはいうまでもない。この点からいえば、自立経営は若干の蓄積が可能であり、経営規模の拡大が可能であることが望ましい。」ともいっているが、面積だけで表現することは、ともすると誤解を招き易いことに留意を要する。たとえば所得倍増計画の作業において農業近代化小委員会が、十年後において二町五反、農業粗収益百万円以上の自立経営を考えたのも、水田単作形態で反当四石の能率をあげ、米価は一万円という前提の場合の試案であって、前提を省いて二町五反のみが論議されることは適当でない。

「正常な構成の家族」とは、夫婦と子供を中心とした近代的小家族で平均的な人数、性別、年齢別の構成をもつものと考えている。今日なお農村には傍系を含む大家族制のような前近代的構成の家族が残存しているところもあるが、自立経営という場合の家族経営においては、近代的な家族関係であることを前提にしている。このような近代的小家族でも構成員の数、性別、年齢別は時間とともに順次変化してゆくが、このサイクルも考えた上で平均的な構成をもったものを考えると、このような家族における家族労働力は、傍系を含まず、婦人を考慮して二人ないし三人の労働単位からなるのが通常であろう。すなわち経営主（およびその妻）以外の農業従事者は後継者（およびその妻）が原則たるべきものと考えるのである。西欧諸国においても、「経済的に自立可能な家族農業経営」を政策目標としている国が多いが、その場合には、二人ないしその前後の労働単位を前提としているものが大部分である。

「正常な能率」とは、その経営の生産性の判断の基準となるものであるが、経営農用地の規模、経営組織、立地条件等によって異なることはいうまでもない。同じ程度の規模、同種の組織等の経営においては、単位面積当たりまたは単位家畜頭数当たりの労働時間によって表わされる。正常な能率を技術水準の面からいうならば、その時点において普及している農業技術のもとで少くとも平均水準をこえるものであり、これを換言すれば、その段階で十分普遍化しているともいえないが、一部には実現しておりその普及については十分な可能性のあるような高度の技術水準といいうるだろう。このような技術水準のもとでは、資本効率も平均水準をこえるものと期待してよいであろう。

「ほぼ完全に就業することができる規模」とは、政策の目標とする自立経営としては、理念的に前述のように二人ないし三人の家族労働力が農業に完全就業し、農業所得のみで他産業従事者と均衡する生活を営むことができるような家族農業経営を考えるが、農業の本来の性質上、ある程度の労働の繁閑は免れることができないし、とくに単作地帯等では農業のみで完全就業するということは実態に即しない。したがって自立経営といっても現実には、他産業におけるような完全就業は難しい場合も多いので、「ほぼ」完全に就業といい、その限りでは、多少の兼業を行ない、兼業所得をも含めて他産業従事者と均衡する生活を営むことができるような経営も、自立経営に含めて考えようとするのである。

「正常な構成の家族のうちの農業従事者が正常な能率を発揮しながらほぼ完全に就業することができる規模」というのが具体的にどういう内容のものかについては、地域や経営形態によっても異なるし、面積規模だけで表現されるのではなく資本装備等も併せて考えなければならないので、一概にはいい難いし、技術水準や生活水準の上昇に伴ってその規模は拡大される必要があるので固定的に考えられないことも、前に述べたとおりである。

自立経営の育成には、経営面積の拡大が必要であるから、農用地の拡大が相当大規模に行なわれるか、もしくは、農用地を手放して離農する者がなければならず、しかも現在のように地価が農業収益から見て高すぎると思われる状態のもとで、いかにして自立経営の育成が可能か、という問題がある。これについては、長期的に、経済の発展、就業構造の改善という契機をとらえつつ漸次その条件を作り出してゆくべきものである。農地法を改正して農地移動の円滑化をはかるという施策も、他産業への労働力移動と相まって、やがて農地の需給が緩和するということに寄与するであろうし、農地価格も需給が緩和すれば低落する期待がないわけでもない。また自作農維持創設資金の運用の改善とか、技術の高度化、経営の近代化のための施策等を総合的に講ずることによって、自立経営を育成してゆくことは可能であると考えられる。

一七　相続の場合の農業経営の細分化の防止（法第一六条）

(1)　農地の細分化防止

自立経営の育成と関連して問題となるのは、相続による農業経営の細分化の問題である。農業構造改善施策の一つの方向として、家族農業経営の健全な発展と自立経営の育成を掲げ、経営規模の拡大等そのために必要な諸施策を講じていっても、一方で均分相続により農業経営の細分化がすすんだのでは、その目的を十分に達することはできない。そこで第一六条では、自立経営やこれになろうとする家族農業経営が相続によって細分化するのを防止するための必要な施策を講じるものとして、現行民法の均分相続の原則のもとで生じてくる問題について、農業経営の立場から調整を加える方向を明らかにしている。

そもそも農業資産の相続については、戦後の相続法の改正のときから、均分相続制をとることによって、それでなくても零細なわが国の農業経営の細分化がすすむのではないかということが危惧され、調整措置をとる必要がしばしば論議されてきた。そこで政府は、昭和二二年の第一国会に第一次の「農業資産相続特例法案」を、つづいて昭和二四年の第五国会に第二次の同法律案を提出した。この二つの法律案については違憲論をはじめとするさまざまな意見が、G・H・Qをはじめ各界から提出され、結局第一国会においては審議未了、第五国会においても、衆議院は通過したが参議院においては審議未了となった。

(2) 農地相続の現状と将来の問題点

戦後の農村における相続の実態をみると、改正民法の規定にもかかわらず均分相続は非常に少なく、法律上又は事実上の単独相続が、正規の相続放棄ないしは法律上は協議の形をとった実質上の相続放棄の形で行なわれているのが一般的なもののようである。これには農村における権利意識がまだ十分でないことや、農地制度等の関係、あるいは現在の経営規模ないしは農家経済の条件のもとでは均分相続の原則が充分機能しえないという事情が作用しているのであろう。

しかし一方、現在すでに都市近郊農村などでは地価の値上りをみこした農地分割の主張があらわれているところもあり、また将来の問題としては、農家における権利関係の意識もすすみ、均分相続の機運も徐々に熟していき、それによって農業経営が分割、細分化されるということも充分予想される。

(3) 農地相続と自立経営の関係

現行相続法の均分相続の原則から生じてくる問題について、農業の面から行なう調整措置は、国会審議においても指摘されたように、旧民法的な「いえ」制度に基礎をおいた単独相続につらなるものであってはならず、あくまでも、現行相続法のとる民主主義的理念—具体的には均分相続の原則のうえに立つものでなければならないことはいうまでもない。それは、基本法の立場が、「自立経営」の考え方にみられるように、近代的な人間関係を基礎とした農業の発展を図ろうとするものであり、旧民法下におけるような、家父長的な農業とは無縁だからである。

第一六条は、このような立場に立って、相続に際し、従前の農業経営をできるだけ共同相続人の一人が引き継いで担当するようにしようとするものである。現行民法にいう均分相続は、遺産を何もかも同じように共同相続人間でわけるというものではなく、金額として等しくわければよいわけであって、遺産分割の結果、農業資産が全部一人の相続人に承継されることとなっても必ずしも民法の原則に反しない、むしろ民法はそのことを予想しており、「遺産の分割は、遺産に属する物又は権利の種類及び性質、各相続人の職業その他一切の事情を考慮してこれをする（民法第九〇六条）」ものとしている。さらに特別の事由があれば、「遺産の分割の方法として、共同相続人一人又は数人に他の共同相続人に対し債務を負担させて、現物をもってする分割に代えることができる」（家事審判規則第一〇九条）ものともしている。また第一六条の趣旨は、たとえ農地を分割しても、分割された農地に賃借権などの利用権を設定して経営としては一本にまとまることでもみたされるわけである。ただ、農家の場合、相続財産の大部分が農業資産であることなどを考えると、民法の原則のままに放置しておいたのでは、経営が分割されないという保証がなく、また分割されなくても経営を引きついだ者が過大な債務を背負うことになって今後の経営発展に支障をきたすことなどが考えられるので、そのようなことにならぬよう諸条件を整えるために必要な施策を講ずるものとしたのである。なお「できるだけ」としているのは、経営が大きくて、分割してもなおそれぞれが自立経営たりうるものもあろうし、逆に零細でとくに分割を防止する実益のないものもあろうから、それらにまで「一人」という必要はないこと、またこれは制度的に強制するという性質のものでないことから「できるだけ」としたのである。

一八　協業の助長（法第一七条）

(1)　家族農業経営と協業との関連

農業構造の改善の具体的な内容としては、わが国農業の現在および将来の中心的経営形態が家族経営であるとみられることにかんがみ、まず家族農業経営一般を近代化してその健全な発展を図ることとしており、その際家族農業経営の望ましい姿として自立経営を指定し、できるだけ多くの家族農業経営を自立経営に育成することを政策目標としている。

しかし、経済の発展とともに、個々の家族経営のみでは、正常な生産性や所得を確保することは漸次困難になりつつあり、家族経営を補うものとして、あるいはさらに家族経営と並んで協業が重要となってきている。すなわち、まず単独では自立経営になりがたい経営は、経営規模が零細なだけにそのままで生産性を向上させることは困難であり、協業によってはじめてその可能性が生まれる。そうして、それによって農業所得の確保に資するとともに、他方、生産性の向上によってういた労働力を兼業に向けるなどによって農家としての所得の確保に資することとする考えである。

(2)　協業の概念

生産行程についての協業とは非常に幅の広い概念で、質の強弱の程度によっていわゆる協業組織から協業経営までを含む。ここに協業組織とは「農機具の共同利用等農業の生産行程の一部の協業のための組織であって、それ自体としては農業経営体でないもの」であり、協業経営とは「畜産、果樹作、稲作等少なくとも農業経営の一独立部門の全生産行程の協業による経営であってそれ自体として農業経営体であるもの」（農林漁業基本問題調査会答申による。）である。そして協業組織も協業経営もその基本的特質は単純な協業というよりも技術の専門化、資本装備の高度化に即した分業に基づく協業である。このように生産行程の協業の姿はさまざまで、たとえば数戸の農家が農機具を共同利用するようなものから、現実に事例は少ないであろうが、各農家が、農地、家畜、農機具等を出資して共同化法人を設立し、各農家はもはや農業経営体でなくなってしまうものまでを含むのである。そうして、これらのうち、共同利用施設の設置や農作業の共同化等生産行程の一部についての協業は現に農業協同組合がやれるし、またやっているのであるが、今後はこれを技術の高度化に即して大いにその発達改善を図るとともに、新たに協業経営のみちを開き、農業従事者の希望に応じて協業を助長しようというのである。

(3) 協業と自立経営との関連

基本法においては、農業構造改善の内容として、自立経営の育成と協業の促進の両方を掲げているわけであるが、そのどちらに重点をおくというふうには考えていない。また自立経営になる見込みのあるものについては自立経営の育成でいき、なりがたいものについては協業の促進でいくというようにも考えていない。すなわち、両者はどちらか一方というふうに相対立するものではないと考えるのが妥当である。協業は、自立経営たるものが、経営をより改善するためにトラクターを共同利用するというような場合にも行なわれるし、自立経営になりがたいものが協業によって生産性を高めるようにするというのもあり、幅の広いものである。したがって、協業と自立経営はあくまでも併行的に援助してゆき、それによって農業構造の改善を図ってゆくことが望ましい。

一九 農地についての権利の設定又は移転の円滑化（法第一八条）

農業構造の改善を図るための施策の一つとして、農地についての所有権、賃借権その他の権利の設定移転（これを一般に「農地の権利移動」といっている。）が、農業構造の改善に資するように円滑に行なわれることを規定したのが本条の趣旨である。

農地の権利移動は、大別して、売買、交換のような所有権の移転と、賃貸借や使用貸借の形による使用収益権の設定又は移転の二つのみちがある。農地法では、その目的として、「農地はその耕作者みずからが所有することを最も適当であると認める」と規定し、いわゆる自作農主義の立場を明らかにしている。農業基本法では、農地についての権利関係の問題については農業者みずからが農地を所有するか、他人の所有する農地を借り受けるか、そのいずれをより適当とするかについて一切規定していない。したがって、本条における農地の権利移動の円滑化についても、法文上の問題としては、所有権の移転と使用権の設定移転とのいずれか一方を特に促進すべきことを意味していると考えることはできない。農地政策上の判断としては、その地位の安定、土地条件の改善に対する熱意の強さ等を考慮すると農業者が農地の所有権を有する方がすぐれているが、反面、農地の取得のために経営資本が固定されること、農地所有者が農地をなかなか手ばなさない傾向が強いこと等を考えると賃貸借を中心とする農地の使用収益権の移動の方向も重要であり、二つの方向には一長一短がある。従来の国の政策においては、農地の売買を通ずる権利移動の円滑化を主体として推進するたてまえで、農林漁業金融公庫の農地取得資金の融資措置の拡充を図ってきており、耕作者の地位の安定の点から考えて今後ともこの方向で進むべきものと考えられるが、農地価格の上昇傾向、農地の資本的保有の意欲もあり、農地の所有権移転のみに期待しがたいことを考えると、あわせて賃貸借による権利移動の円滑化の方向についても必要な措置を講ずることが適当であると考えられる。

「農業構造の改善に資することになるように」というのは、第二条第一項第三号に規定する農業構造の改善全般を指して規定されているが、本条に最も関係が深いのは、農業構造の改善のうちでも、農業経営の規模の拡大、農地の集団化など農地保有の合理化である。したがって、自立経営をめざす農家や生産性の高い農業経営を行なうためにつくられる協業経営が、農地についての権利を取得して経営面積の拡大をしやすいようにすること。また、それぞれの経営が各所に分散して耕作している農地をできるだけ集団化する方向で権利の取得を円滑化して行くことなどがこの規定のねらいとするところである。

このような方向で農地の権利移動を円滑化するための措置として、本条には、農業協同組合が農地の貸付け又は売渡しを目的とする信託を引き受けることができるようにするとともに、その信託の事業の円滑化を図るなどの必要な施策を講ずることが規定されている。

昭和三七年に成立した農業協同組合法の改正により、この規定の趣旨に従って信用事業を行なう農業協同組合が農地の信託の引き受けの事業を行なうことができることとなった。この改正によって設けられた農地信託事業では、信用事業（組合員の事業又は生活に必要な資金の貸付け及び組合員の貯金又は定期積金の受入れ）を行なう農業協同組合は、組合員の委託により、委託者の所有する農地及び採草放牧地並びにこれらの土地とあわせて信託することを相当とする森林及び附帯地等を、貸付けの方法により運用すること又は売り渡すことを目的とする信託の引受けを行なうことができる。農業協同組合法では、この信託事業について、信託規程の行政庁による承認、信託法の特例等の規定が設けられ、また、同時に行なわれた農地法の改正によって、農協が信託を引き受ける場合及び信託が終了した場合の農地及び採草放牧地の所有権の移転は農地法第三条の規定による許可を要しないこと、信託事業を行なう農協が所有する信託財産たる農地及び採草放牧地については農地法第六条の小作地所有制限が適用されないこと、信託事業に係る農地及び採草放牧地の賃貸借について解約の申入れ、合意解約又は更新拒否の通知を行なうについては農地法第二

○条の許可を要しないことなどの特例が設けられた。これらの法律改正が施行された後、相当数の総合単協（信用事業を行なう農業協同組合）で農地信託事業を行なうための定款改正及び信託規程の設定を行ない、農林省では、農業基本法の規定の趣旨に従って農地信託の促進のための補助金を計上したが、これまでのところ信託の引き受けの実績は少ない。農地信託事業では、農地及び採草放牧地の貸付けを目的とする信託の期間は六年以上となっており、右の農地法の特例規定もあって、最短期間を選択すれば六年間で信託財産の返還を受けることができるのであるが、農地法の小作料最高額の水準に農地所有者としては満足し得ないことや、農協がこの事業の普及と実施に必ずしも熱意を示していない等の事情が影響しているものと思われる。しかしながら、これらの事情は、農地信託事業の制度の意義を否定するような本質的な、また永続的な条件であるとはいえない。この制度の意義は、農業構造の改善に資するような方向で農地の権利移動の円滑化を図るために、総合単協が組合員の委託によって農地を管理処分する事業を行なうものとしたことにある。事業の内容や運営方法について従来の経験にかんがみつねに検討を加える必要があることはもちろんであるが、現在の農地事情や農協の状況からただちにこの制度の意義を否定するような考え方は速断であるといわざるを得ない。

第一八条は、その見出しに「農地についての権利の設定又は移転の円滑化」という一般的な表現を用いており、また、条文においても「農業協同組合が――その信託に係る事業の円滑化を図る等必要な施策」と規定し、農協の農地信託事業を掲げながらも「必要な施策」はこれに限定されない趣旨を表わしている。右に記した本条の目的からすると、農地の権利移動の円滑化を図る施策としては、農地信託事業以外にも講ずべきものがあるか否かを検討し、必要な措置をとるべきことが期待されているのである。

たとえば、昭和四〇年の第四八国会、昭和四一年の第五一国会の二回にわたり政府から提出され、再度とも衆議院通過後参議院で審議未了となった「農地管理事業団法案」も、本条の趣旨にそった施策を講ずるための法制的措置である。すなわち、農地管理事業団は、「農地等に係る権利の取得が農業経営の規模の拡大、農地の集団化その他農地保有の合理化に資することとなるように適正円滑に行なわれることを促進するため」（同法案第一条）農地、採草放牧地、未墾地等の売買又は交換又はあっせん、これらの取得に必要な資金の貸付け、農地、採草放牧地等の買入れ、交換及び売渡し、借受け及び貸付け、信託の引受け等の業務を行なうもので、政府の全額出資により設立され、業務運営費に対する政府交付金と財政資金の貸付けを受けてこれらの業務を行なうこととなっていた。また、農地管理事業団の業務により農地等を譲渡した者に対する所得税の軽減、農地等の取得者に対する登録税及び不動産取得税の軽減があわせて行なわれることになっていた。

さらに、昭和四二年八月に農林省が決定した「構造政策の基本方針」においても述べられていることであるが、構造改善に資する方向における農地の権利移動の円滑化に資するため、農地制度の改正、農業委員会による権利移動のあっせん、農林漁業金融公庫による農地等取得資金の拡充、農地管理事業団法案の提出に際して予定されたと同様な税の軽減措置も、第一八条の趣旨にそった施策としてその推進が図られるべきものである。

二〇　教育の事業等の充実（法第一九条）

第一九条は、教育、研究及び普及事業の充実等に関して規定している。農業構造を改善し、生産性を向上するといってもまず何よりも重要なことはその担い手たるべき農業従事者の自主的な創意ないし意欲の有無であり、それはすなわち人間の資質の問題につながる。近代的農業経営が営まれるためには、それにふさわしい経営担当者が必要であり、経済の発展、技術の進歩に即応しつつ農業経営を改善し合理化していくために技術、経営等の面にわたる相当高度の知識能力が要請される。学校教育はもちろん社会教育も含めた広い意味の教育、技術の発展のための研究一般及び研究の成果を広く農業従事者に伝達し実践させる普及事業の充実等によって、近代的農業経営を担当するのにふさわしい資質を備えた者をあらたに養成するとともに、有能な人材が農業にとどまるようにその確保をはかり、それらの者の技術、経営面の知識能力を絶えず向上させて農業経営の近代化に適応させてゆくことが必要である。また農業従事者の衣食住に関する生活面の改善合理化を図るためにも、やはりこれら教育、研究及び普及の事業の充実が必要である。第二条第一項第七号前段で人間の養成、確保の問題を施策の一つの柱として規定しているが、第一九条は、これをうけるとともに、農業経営の近代化及び農業従事者の生活改善を図るためにも、教育、研究及び普及の事業の充実等の必要施策を講ずる旨を規定したのである。

二一　就業機会の増大（法第二〇条）

第二〇条は第二条第一項第七号後段の規定をふえんしたものであるが、農家全体としての所得を増大させるようにし、農業従事者やその家族で他産業に就業を希望する者のために就業機会を増大し、その就業が円滑に行なわれるようにするために必要な施策を講ずべきことを規定している。第一条の目標とする他産業従事者と均衡する生活を営むことができるような所得を確保しうるようにするという場合に、農業を専業とする意思があり、かなりの経営規模をもつなどその能力も備えている者については、これを自立経営になるように育成し、農業所得のみで他産業従事者と均衡する生活を営みうるようにすることは当然である。また単独では自立経営になりがたい経営であっても、協業によって生産性を向上させ、農業所得の増大をはかりうる場合もあろう。しかしこの場合その農業所得だけでは不十分となれば、あわせて兼業による所得の獲得の途を考える必要がある。すなわち農業所得だけで目標とする生活を営むことが困難な経営においては、農業所得を合わせた農家全体としての所得を増大させるようにしてゆかねばならない。このようにまず直接農業上の施策によって農業所得の増大を図ることとするが、とくに自立経営には達しがたく、協業でも不十分な所得しか得られないとか協業も困難な事情にある経営については、教育、職業訓練および職業紹介の事業の充実、農村地方における工業等の振興、社会保障の拡充等必要な施策を講じ、それによって兼業所得を増大して、家計としての安定を図るようにし、あわせて農業従事者やその家族が他産業に就職したり、就職後不利にならないように、その希望および能力に従って適当な事業に就くことができるようにするというのが、この規定の趣旨である。

「家族農業経営に係る家計の安定」をはかるのは、第一条における政策の目標の一つとして、農業従事者が所得を増大して他産業従事者と均衡する生活を営みうるようにすることを規定していることと照応するものである。前にも述べたとおりわが国における農業経営の実態から農政の目途を能率の視点と福祉の視点との二つの側面から考え、後者を農業従事者の生活すなわち家計の問題としてとらえている。農家の家計はもちろん農業所得を中心として営まれるが、福祉の視点からは所得は手段となり、目的はあくまでその生活の程度を、他産業従事者と均衡しうるようにすることでなければならない。しかも農家の実態として農業所得のみに依存して生活する専業農家は全農家の一部にすぎず、過半が兼業農家であるという現状に即して考えれば、生活ないし家計の均衡を問題とする場合、いわゆる自立経営以外の農家については兼業所得を含めた農家所得全体について、またその農家所得をもって営まれる農家の家計ないし生活をもって自立経営と比較し、あるいは他産業従事者と比較することとせざるをえない。ここに家族農業経営に係る家計の安定をはかることを目途として施策を講ずることを規定する本条の必要なゆえんがある。そこで他産業への就業機会を増大し、それによって兼業所得を増加するとか、社会保障の拡充による直接的または間接的な家計への援助とか、消極的には他産業への就業による家族員の減少によって家計費が減少し残った者については家計が向上し安定する場合等も含めて農家単位でみた家計としての安定をはかることを規定しているものである。

「教育」については、第一九条では農業経営を担当すべき人のための教育について規定しているが、第二〇条では、農業従事者およびその家族が他産業に就業するために必要な教育について規定している。農村出身の青少年が農業に従事せず農村を離れて他産業に就業する現象は数年来ますます顕著となっているが、都市出身の青少年に比して就業機会の選択や就業条件についてともすれば不利な立場にあることは免れがたいであろう。義務教育の段階においても教育設備などの面で都市と農村における不均衡が存在することは否定できず、とくに立地条件の悪いへき地において甚しいので、設備の点はもちろん、教員の質の問題等についても格段の考慮が払われなければならない。また経済の成長発展に伴い工業技術方面の雇傭の増加が予想されるが、農村においてもそのための教育施設がなおざりにされてはならない。また社会教育の面でも他産業への就業を容易ならしめるような施策が拡充されるべきである。

「職業訓練および職業紹介の事業の充実」については、職業訓練法に基づく一般職業訓練所、総合職業訓練所、身体障害者職業訓練所における公共職業訓練のほか、事業内職業訓練に対する援助、労働者の技能検定等各種の制度が設けられており、とくに農家子弟を対象とする一般職業訓練所が新設されるなど着々充実がはかられているし、職業紹介としては職業安定法に基づく公共職業安定所その他の職業安定機関が、就職希望者に対してその能力に適した就職の機会を与えることを目的として全国に設置されているが、さらに広域の職業紹介等も充実されるであろう。

「農村地方における工業等の振興」とは、農業所得のみで他産業従事者と均衡する生活を営みえない農業従事者やその家族の就業機会を増大し、家計の安定に資するための施策の重要な一環として農村地方における工業等の振興をあげているのであるが、たとえば工場の地方分散とか、現に農村地方にある地方産業を振興することをいっている。したがっていわゆる農村工業ももちろん含まれるが、それのみではない。「農村地方」というのは、むろん行政区画としての村をいうのでなく、広く「地方」という程度の意味で、ただ農村に関係があることをあらわす意味で農村地方といったのである。また「工業等」というのも、とくに振興すべき対象を工業に限る必要はなく、広く第二次、第三次産業で雇用吸収力のある安定した企業なら何でもよいのであるが、第三次産業は、一般に第二次産業がある程度発展し、人口や所得が増加するのに伴って発展するものであり、第二次産業のなかでは、工業がやはり代表的なものであるから「工業等」と表現したものである。

「社会保障の拡充」についていえば、国民健康保険や国民年金保険の制度は、被用者以外の国民層を主たる対象としているものであり、拠出制国民年金の適用者の半分以上は農業従事者が占めていることを見ても、農業従事者を主たる対象とした農村に関係の深い社会保障施策ということができる。しかし現在のところ、まだこの制度は被用者を対象とする諸制度に比べても不十分な点が少なくないし、わが国の社会保障制度全体としてもその水準は先進諸国に比べて著しく貧弱な状態にある。したがって、農業従事者にも適用される制度を強化拡充して、農業従事者の老後の生活を保障し、疾病等による家計の圧迫を軽減する等により家計の安定に資することが必要である。このことは若い世代に農業経営の主体が移行するのを促進することに対しても寄与する面が考えられ、この観点から老齢年金制度を設けている外国の例があることは注目に値する。

さらに現在農業従事者に転職の意思があってもなかなか農業を止めたり、農地を手放すことをしないのは、転職後の生活の安定ないし将来の退職後の生活の保障について不安があるからである。したがって転職を希望する農業従事者やその家族が安んじて他産業に移動しうるようにするためにも、老齢その他の年金制度、失業保険、生活保護等国民一般とくに被用者に対する社会保障制度の拡充をあわせて推進することもきわめて重要である。

以上のように社会保障の拡充は、農業および農業従事者の将来にとっても密接な関連を有するものであることが知られるであろう。

その他、本条に関する必要な施策としては、海外において農業による自立の途を開こうとするもののために海外移住施策を推進することも考える。

二二　構造改善事業（法第二一条）

第一条に規定するように、他産業との生産性の格差が是正されるように農業の生産性を向上し、農業従事者が所得を増大して他産業従事者と均衡する生活を営むことを期しうるようにするには、農業構造改善を無視しえない。そこで農業構造の改善ということを単なる理念として示すだけでなく、具体的な事業として推進してゆくことが必要となってくるのである。第二一条はそのような農業構造改善事業について規定し、国が必要な指導、助成を行なう等の施策を講ずべきこととしているのである。

農業構造の改善を事業として実施するというのは、構造改善の基盤となる事業として、農地の集団化、土地改良、開拓等土地条件、水利条件の整備および開発、道路、水道等環境の整備、家畜、機械等農業経営の近代化のための施設の導入等を、一定の地域ごとに、総合的な計画に基づいて総合的に実施することをいうのである。むろん構造改善は、内外の諸条件の成熟に応じて漸次進められるべき長期的な課題であるから、全国画一的に、一斉に行なうというわけにはいかないが、一定地域内の農業従事者が、農業の生産性を画期的に高めようとする意欲をもち、しかもこれを実現しうる条件を備えていると認められる場合に、国や地方公共団体が積極的に指導、助成を行ない、農業構造改善事業として推進しようとするものである。

「農業構造の改善に関し必要な事業」とは、第二条第一項第三号にいう農業構造の改善、すなわち農地保有の合理化および農業経営の近代化を達成するために行なう農業生産の基盤たる土地条件や水利条件の整備、開発、道路、水道等環境の装備、家畜、機械その他農業経営近代化のための施設の導入等の事業をいう。

今後は生産基盤の整備、開発の事業、環境の整備に関する事業ならびに家畜、機械等経営の近代化の施設の導入の事業等のいずれを実施するにあたっても構造の改善に資する観点が重視されなければならないのである。

「総合的に行なわれるように」と規定されているのは、右に述べた農業構造の改善に関し必要な事業が、個別に、いわばばらばらに行なわれたのでは、十分な効果が発揮できないので、一定の地域において、統一的に作成された計画に基づいて、総合的に行なわれることが必要である旨を述べたものである。

二三　構造改善と林業（法第二二条）

農業を営む者があわせて営む林業については、これを単なる兼業とか、財産保有のためのものとは考えず、農業構造改善の一環として考えようというのが本条の主旨である。

周知のように、わが国の農家の七割は山林を所有しており、とくに山村といわれるような地帯では、農林業を一体として経営が行なわれている場合が多い。したがって、構造の改善といっても、農業の面だけを切り離して考えようとしても困難であり、林業の面においても技術の進歩に伴って短伐期林業とか肥培林業といわれるような集約経営の可能性が示唆せられていて、漸次集約化の方向に進むべきものと思われるので、農業と林業とをあわせて考えた方がよい場合が多いと思われる。たとえば自立経営の育成という場合農業所得と林業所得とをあわせて他産業従事者と均衡する生活を営みうるような家族経営を育成するようにするとか、協業を助長する場合にも、農業を営む法人は林業をあわせ営むことができるようにするなどである。

「農業を営む者があわせて営む林業」というのは、農業と林業とが家族労働を中心とし、一つの経営としてあわせ行なわれている場合を意味しており、構造改善の目標たる自立経営の一つの形態として農林業あわせて自立可能な家族経営を意図するものである。林地を保有しない農家の農業従事者が他に林業労務者として賃金労働に従事するのは、自立しえない農家の農業従事者が他に就業の機会を求める場合に該当し、本条の対象ではない。

「必要な考慮を払うようにする」とは、構造改善に関する施策を講ずるにあたっては、農林業あわせての経営というものがきわめて多い実情にかんがみて、農業面のみに着目するのでなく林業面についても配慮を怠ってはならない旨を注意的に述べたものである。農業と林業とは元来土地利用の産業として共通する部面が多く、相互に密接な関係にある。構造改善の施策は、総合的な視野に立つことが要請され、とくに農業と林業との関係についてもその配慮が必要であるので、この一条が設けられたのである。

第四節　農業行政機関および農業団体

以上の各章に述べられた各般の施策を今後の農政の進むべき方向に従って推進してゆくためには、これを担当する行政の主体についても必要な整備を行なわなければならない。このため、第二三条の規定においては、国及び地方公共団体の農業行政について、その行政組織を農業基本法の示す農政の方向に即して整備するとともに、行政の運営についても改善に努めるべき趣旨を規定している。また、同条では、第二条、第三条に規定するところに従って国と地方公共団体がそれぞれの任務に応じた施策を講じてゆくに当たり、相互に協力し、一体となって目標の達成に努めてゆくことが必要であるとの趣旨を述べている。

農業基本法の実施に伴う事務処理の問題を中心として農林省の機構整備を行なうことを内容とした農林省設置法の一部改正法案が第三九臨時国会で成立しているが、第二三条の趣旨に従い今後とも行政の機構及び運営の改善が図られるべきことはいうまでもない。

次に、農業行政機関の例における組織及び運営の改善を図ることと平行して、第二四条では、国が農業団体の整備につき必要な施策を講ずるものと規定されている。これは、第五条にも規定されているとおり、国又は地方公共団体の施策は、農業団体の自由的施策と相まって講ぜられることが最も効果的であり、農業の発展と農業従事者の地位の向上という第一条の目標を達する上に農業団体の役割がきわめて大きいので、特にこの規定が設けられたのである。

農業団体には各種のものがあり、農業協同組合については、農業の発展に即してその基盤の強化を図るためその合併を促進するため農業協同組合合併助成法が制定されたが、これに限らず農業協同組合の組織運営についての改善その他各種団体の整備強化のための施策を講じてゆくことが必要である。

第五節　農政審議会

農業基本法にもとづいて各般の施策を講ずるに当たっては、その実行の責任が政府にあることはいうまでもないが、そのうちには、事がらの重要性、専門的知識が必要なこと等の理由により政府だけの判断で進めるのではなく、学識経験者の意見を徴し、その調査審議の結果をとり入れて施策を講じていくことが必要なものも少なくない。このため政府の諮問機関として農政審議会を設けることとし、第六章でこれに関して必要な規定を設けている。

農政審議会は、基本法に基づく施策が各省の所管にまたがり、したがって審議会の所掌事項も各省に関係することから総理府に設置することとなっている。委員の数は一五人以内で、基本法により審議会の権限とされた事項について学識経験を有する者のうちから内閣総理大臣が任命する。委員の任期は、別に農政審議会令において二年と定められている。委員は再任されることができる。また審議会には、会長がおかれ、会長の選定は、委員の互選によることとしている。

次に、審議会の権限として定められた事項としては、第六条の農業の動向に関する年次報告についての事項があり、また、第八条は、政府が重要な農産物につき、需要及び生産の長期見通しをたて又は改定する場合においても、農政審議会の意見をきかなければならないこととなっている。このほか、第一一条により、国が重要な農産物について講じた価格安定対策について、政府が定期的にその実施の結果を総合的に検討するに当っても審議会の意見をきくことが必要とされている。

基本法において特に具体的に定められた以上の事項のほか、審議会は、この法律の施行に関するその他の重要事項についても内閣総理大臣又は関係各大臣の諮問に応じて調査審議することとなっており、政府の施策にできるだけひろく学識経験者の意見を反映せしめることを期している。また、審議会は、以上の事項について自主的に内閣総理大臣又は関係各大臣に意見を述べることもできる。

第六節　基本法農政の展開と問題

三七年度から基本法農政が動きはじめたわけであるが、もちろん、だからといって、農政がすぐ全面的に転換をとげたわけではない。これまでの政策には、それなりにいろいろの利害関係がからんでいたから、簡単に転換ができないのは当然のことであった。とくに米価政策はそうで、基本法当時の議論からすれば、米は多少とも過剰になるはずだったのだから、すくなくとも生産増加の勢いをおさえる程度には、米価を抑制するのが至当であった。しかし、実際には、このころから一般物価や労賃の上昇が顕著になってきたこともあって、農業団体を中心とする農村側の米価引上げ要求はきわめて強く、また農村を地盤とする議員たちは、与野党の別なく米価引上げに圧力をかけたから、むしろ米価の引上げはこのころからかえって大幅にならざるをえなかった。

もっとも、それがすぐ基本法に反するものだともいえない事情もあった。というのは、構造改善による生産性の上昇というそのほんらいの狙いは、二〜三年で実現できるものではなかったので、当面は価格政策によって所得均衡を維持することもやむをえなかったからである。

こういうわけで、徐々にではあるが、三七年から農政の具体的施策において、従来とやや異なる傾向がぽつぽつあらわれるようになってきた。

農業生産の選択的拡大という立場から、畜産物、果実、野菜の生産振興と価格安定のための施策が実施され、農業構造改善という立場から農地法や農業協同組合法が改正され、圃場の区画整理が重点的にすすめられ、また農業構造改善事業が発足したのもその一例である。それぞれの法律なり制度については、別に論じられているので割愛することとし、ここでは基本法農政の展開に伴うその後の問題を記述することとしたい。

基本法農政の展開において、思想的に中核をなすものはすでに繰り返し述べてきたように、農業構造改善であったといってよい。基本法の構造改善のなかに、構造改善事業がふくまれていることは先にもふれたとおりである。しかしそれは、構造政策の主流ではけっしてないのみか、むしろ付随的なものだといってもよい。というのは、大型機械の導入等は、構造改善によって農業経営の側にその受入れ体制が整ってくることが前提されなければならないものであって、それなしに基盤整備——大型機械化という、技術導入の面だけを先行させせようとすれば、それはかえって農業経営の採算を悪化させるに終わるからである。第一それでは、機械そのものも能率的に稼動することができず、生産性の上昇という目的さえじゅうぶんには果しえないであろう。もちろん具体的な政策となれば、かならず構造改善が改善事業に先立たなければならないということはないかもしれない。両者が平行してすすめられなければならないということもおこりえよう。しかし、構造改善をおきざりにしてはならないのである。ところが実際にスタートした改善事業は、必ずしもそのようなものであるとはいえないきらいがあったが、実は、そこにはもう少し本質的な問題があったのである。

もともと基本法が農業の構造改善をその基本的な柱として立てたとき、そこには各条解説でもふれているように、つぎのような見込みが前提とされていたといってもいい。すなわち、高度成長経済のなかで、農業人口のはげしい流出が起こってきたことは、一面では、農業の生産性の上昇——農業の構造改善を必要とする事情であったが、同時に他面それは、構造改善の可能性をつくりだす事情でもあるということである。その点をもうすこし具体的にいえば、まず農業人口の流出は、当面は主として若年齢層が流出する形をとっているから、農家数の減少にはすぐには結びつかないかもしれない。しかし、このような流出は、農家のあととり人口にもおよんでいるのだから、やがて世代交替のときには、そうとう多数の農家は、あととりを失って消滅していき、農家数のはげしい減少が生ずるであろう。そうなれば、のこる農家が経営規模を拡大し、自立経営化していく可能性がつくりだされるのであって、構造改善にも道が開けるにちがいない、ということである。

こういう可能性への見込みが、どのていどまで正しく、どのていどまで誤っていたかは、最終的にはまだ結着のついていない問題である。ただこんにちまでの事実では、農業人口の減少に比して、農家の減り方はいちじるしく小さい。三〇年には一、六〇〇万人に近かった農業人口は四〇年には一、一〇〇万人になり、一〇年間に三分の一近くが減じた。しかし農家は同じ期間に六〇八万戸から五六七万戸へと七％ほど減ったにすぎない。そしてむしろ目立つ現象は、兼業農家がこの間に六五％から七九％へと、激増している点である、したがって、こんにちまでのところでいえば、農業人口の流出は、兼業農家化を促進しただけで、農家数を減らす点では大した役割を果さなかったことはたしかである。

そこでまた、農家の一部が経営規模を拡大しつつ自立経営化していくという動きもみられるとしても、いちじるしくその動きは鈍いといっていい。けれども、それはこんにちまでの事実であって、今後何年かたつうちには、世代交替によって農家が大幅に減るような事態が起こらないとはだれもいえないのである。

しかし、将来この点がどのように推移するかをいまから論ずることは、じつはあまり意味がない。それは、経済成長が今後どの程度の速度で、どのくらいつづくのか、そのなかで雇用がどのていどのびるのかといった量的な問題に規制されるだけでなく、農外の労働者に、どれだけの賃金と安定した雇用とが保障されるか、社会保障がどこまで充実され、失業・病気・老後等にたいしてどういう安心感が国民に与えられるかといった質的な問題にも大いにかかわることである。これまでの、とくに農村の子弟が主として就業している中小企業の場合にみられるような、低い賃金水準、不安定な雇用、貧弱な社会保障といった条件のもとでは、挙家離農は容易にすすまないであろう。そこでは一度離村したあとりでも、親が隠居するときには村にもどって、通勤圏に職を求めるようになろうし、それより、あととりは、おおよそは終始通勤の形での職を求めるようになるにちがいない。これまで農村にみられた事実はこういうものだったのである。

だが、こういった量・質両面からの、将来の農外雇用の状況を予想することは、だれにとっても不可能事である。

それよりも、ここで問題として認識しておかなければならない事実はつぎの点である。すなわち、基本法の段階では、ややばくぜんと構造改善の可能性として考えられていた右のような条件は、現実に基本法農政が動きだそうとする時点では、まだすこしも現実性をもっていなかった。むしろ兼業農家の増大だけが一面的にすすんでおり、構造政策をおしすすめていくことにたいしては、困難な条件が拡大しつつあったといっていい。こうした事態に直面して、構造改善を農林行政の立場からおしすすめていくのには、どういう手段があったであろうか。もちろん農外の雇用条件の改善とか社会保障の整備とかは、ひとつの大きな課題であった。しかし、それは農林行政のラチ外の問題であったばかりでなく、日本の企業、とくに中小企業の体質改善とか、資本蓄積を促進することを第一目的としてきた財政金融政策の全面的な転換とかといった根本問題につながっているだけに、そうおいそれと解決しうる課題ではなかった。他方、農政の立場に立てば、当時においては、個々の農家を選別して、ある農家には離農を強制し、他の農家には自立経営になることを勧奨するといった政策は、なかなかなじみにくいものであった。こういうことが、農民のあいだの自主的な政治運動を通じておこなわれるのならともかく、行政のベースでは、それはきわめて抵抗が多い。考えられることは、離農奨励金をだすとか、農地を売ろうとする農家の土地を高く買ってやるとかといったことであろうが、これも実効があるほどの施策にしようとすれば、ぼう大な財政負担をともなうものであった。

こういうわけで、構造改善に直接手をつける方法がないとなれば、農政としてやりうることは当面は構造改善事業ということになろう。構造改善事業のスタートは、じつはこういう本質的な問題を背負ってなされた点に注目しておく必要がある。

第七節　むすび――基本法農政の今後

既述のような過程を経て基本法農政が発足し、この間、基本法の線にそった農政の展開が図られつつある。その間、冒頭で述べたように、現実の農業の動きには、明るい面もみられるが、反面、かなり憂慮すべき暗い面が生じてきていることも見逃せない。だが、このことは、ただ農政当局が怠慢であったとか、その施策が適切でなかったとかということに責を負わせてすまされる問題ではない。

すでに明らかにしたように、基本法はむしろ日本経済全体の大幅な構造改善を伴わなければ実現しえないような内容をふくんでいるのであり、この過程が現実に進行しない以上、ほんらい基本法農政の実現も完全ではないのである。

ところで、いま、この日本経済の構造変革のひとつの局面――しかし基本法にとっては決定的重要性をもつ局面――として、農外の雇用条件の改善と、それを前提とする離農の拡大という点に、ここでもう一度立ちもどることにしよう。こういう問題も、もちろん政策によってこれをある程度促進することは可能である。

　だが、それより基本的に重要なことは、いうまでもなく労働力の供給自体がどこまでつまり、その結果として労働者がどこまで有利な地位を占めうるかということである。もし需要にたいして労働力の供給がいちじるしく減少し、労働賃金の上昇がさらに激しくなれば、大企業よりも生産コストが高く、かつ、利潤率も低いながら再生産を維持している中小企業の大部分は存立しえなくなるにちがいない。それによって日本の産業構造は大きな変革を要求されようし、雇用条件も「欧米なみ」になるであろう。

　もちろんそうなったからといって、零細兼業農家の問題がすべて解決しうるかどうかには大きな疑問が残るにしても、これまでのようなおびただしい零細兼業農家が、そこではかなり整理されるだろうことは予想できそうである。

　ところで、こういうことになりそうなきざしがまったくないわけではない。すくなくとも若年労働力に関しては、今後供給総量はかなり減少する傾向にあり、労働力全体としてみると、あと二～三年すれば、補充人口が減耗人口を下まわり、その絶対的減少が生ぜざるをえないとみられるからである。しかし他方、これまでのような経済の高度成長はあまり期待できないであろうし、すくなくとも大企業では今後は集中による人員整理も考えられる。もちろん、第三次部門においてはなお雇用が伸びるであろうから、それがすぐ失業を重大化するとは思えないが、しかし、高度成長経済のなかでさえ、けっして解決されなかった中高年齢層労働力の過剰の問題が、そうかんたんに解消されるとはとうてい考えられないであろう。とすれば、かりに雇用条件の改善とか、それにともなう挙家離農の拡大とかが今後あるていどすすんでいくとしても、それはおそらくかなりゆるやかな過程であり、農業の構造改善にそれが結びつくのには、なお長い時間を要するといわなければならない。

　これにたいして、基本法がどのような条件で構造改善を考えているのかは、必ずしも明確ではないが、いずれにせよそれが、当時の高度成長経済から生ずる現象にひきずられて、ややせっかちに構造改善を考えていたきらいがないともいえない。あまりにこのせっかちの度が過ぎれば、そこには現実を無視した過度の楽観が支配していると批判されてもやむをえないであろう。

　だが、このせっかちな考え方も、一面からいうと十分理由のあることでもあった。というのは、さきに指摘したような四つの問題は、それぞれそうとう早い速度ですすみつつあった問題であり、早急に農業がそれに対処しうる体制をととのえなければ、むしろ農業生産それ自体の全面的崩かいが予想されるようなものばかりだったからである。たとえば、農業人口の流出にしても、それにともなって農業生産性の上昇がみられないならば、生産の縮小がおこることは明らかである。外国農業の競争にしても同様であろう。

もちろん農業生産の減退ないしほうかいは、他方における輸入の拡大によってそれを埋め合せうるものならば、生産の縮小にともなう農業所得の縮小、それによって生ずる――とくに他部門への転用の可能性の小さい中高年齢層の「過剰」の激化という問題さえ解決できるものならば、それ自体はどうでもいいことかもしれない。けれども、この輸入の拡大には狭い限度があるのだから、ことはそれほどかんたんではないのである。そうとすれば、構造改善を可能になるような条件が日本経済のなかでととのうまで、ただ手をこまねいて待っているようなわけにはとうていいかないのであり、早急に事態に対処する手だてを考えておかなければ、日本経済自体の、成長どころか順調な再生産過程の維持さえ危殆にひんすることになろう。せっかちにならざるをえない理由もそこにあったといえよう。

こうしたいわばタイミングの問題、すなわち構造改善を可能にする条件の成熟と、生産それ自体のほうかいと、どちらが先にすすむかという問題は、基本法の段階では十分に考えられていたとはいえない。というより、前者について、より速い速度を予想し、後者についてよりおそい速度を予想していたというところがいつわらざるところかと思われる。だが、後者の問題の進展を予想したかぎりでは、どうしても構造改善を急ぐ必要があったのである。

事実、基本法農政がスタートした三七年を転機として、農業生産の減退がすすみはじめた。すでにそのまえから減退をつづけていた麦類のあとを追って、米の生産減退がはじまり、牛肉がそれにつづいた。牛乳や野菜も生産の頭うちの傾向が強くなり、果樹さえ新植は顕著におとろえはじめた。

最近では、わずかに生産ののびを維持しているのは鶏と豚だけといってもいい状態になっているが、それも飼料まで遡れば、じつは輸入の急増によってささえられているものにすぎないのである。

こうした生産の減退によって、一方では農産物輸入の急激な増加が生じた。それは三七年から四〇年までのあいだにほとんど三倍にもふえ、国際収支にとってもかなりの負担となるほどになった。もちろん、この間貿易全体の伸びはそうとう大きいので、その比率はなお輸入の二五％程度にとどまっているが、輸出のいちじるしい伸びにもかかわらず資本収支の悪化によって、かならずしも好調にあるとはいえない日本の国際収支にとっては、それはけっして無視しえない問題となってきているのである。

そればかりではない。米にせよ肉にせよ飼料にせよ、すでに日本の輸入は、国際的な供給余力のぎりぎりの線にまで近づきつつある。もしこれ以上日本が買付けをふやしていくということになれば、その困難はいっそう大きくなろうし、すくなくとも価格の騰貴はさけられないであろう。それゆえ安易に輸入依存を拡大していくということは、とうてい許されないのである。

　そのうえ他方、輸入が簡単にはできない野菜や牛乳については、価格騰貴がきわめて著しくなっている。とくに前者はきわめて上昇率が著しく、まさに物価問題の元凶をなしたことも事実である。今後は牛肉や牛乳についてもそういう問題が起こりえないとはいえず、果物も一部のものについては値上がりが問題になってくるであろう。これらは明らかに、生産の選択的拡大が需要の変化に追いつけなくなったばかりでなく、生産そのものが頭うちをし、慢性的な不足状態がおこっていることを物語るものといえよう。

　こういう状況が強くなってくるにつれて、基本法農政の強化充実が一層強く意識されるのも当然であろう。現に農林省が、昭和四一年一二月以来、とくに基本法農政の中核をなす構造政策の展開に全精力をあげて検討を開始しているのもそのあらわれである。

出典：農林法規解説全集（昭和四十三年　大成出版社 刊）

㈡　令和六年基本法改正関連

○食料・農業・農村基本法の一部を改正する法律（令和六年法律第四十四号）新旧対照条文

○　食料・農業・農村基本法（平成十一年法律第百六号）

（傍線部分は改正部分）

改正案	現行
目次	目次
第一章　総則（第一条―第十六条）	第一章　総則（第一条―第十四条）
第二章　基本的施策	第二章　基本的施策
第一節　食料・農業・農村基本計画（第十七条）	第一節　食料・農業・農村基本計画（第十五条）
第二節　食料安全保障の確保に関する施策（第十八条―第二十五条）	第二節　食料の安定供給の確保に関する施策（第十六条―第二十条）
第三節　農業の持続的な発展に関する施策（第二十六条―第四十二条）	第三節　農業の持続的な発展に関する施策（第二十一条―第三十三条）
第四節　農村の振興に関する施策（第四十三条―第四十九条）	第四節　農村の振興に関する施策（第三十四条―第三十六条）
第三章　行政機関及び団体（第五十条・第五十一条）	第三章　行政機関及び団体（第三十七条・第三十八条）
第四章　食料・農業・農村政策審議会（第五十二条―第五十六条）	第四章　食料・農業・農村政策審議会（第三十九条―第四十三条）
附則	附則

第一章　総則

（目的）

第一条　この法律は、食料、農業及び農村に関する施策について、食料安全保障の確保等の基本理念及びその実現を図るのに基本となる事項を定め、並びに国及び地方公共団体の責務等を明らかにすることにより、食料、農業及び農村に関する施策を総合的かつ計画的に推進し、もって国民生活の安定向上及び国民経済の健全な発展を図ることを目的とする。

（食料安全保障の確保）

第二条　食料については、人間の生命の維持に欠くことができないものであり、かつ、健康で充実した生活の基礎として重要なものであることに鑑み、将来にわたって、食料安全保障（良質な食料が合理的な価格で安定的に供給され、かつ、国民一人一人がこれを入手できる状態をいう。以下同じ。）の確保が図られなければならない。

2　国民に対する食料の安定的な供給については、世界の食料の需給及び貿易が不安定な要素を有していることに鑑み、国内の農業生産の増大を図ることを基本とし、これと併せて安定的な輸入及び備蓄の確保を図ることにより行われなければならない。

3　（略）

4　国民に対する食料の安定的な供給に当たっては、農業生産の基盤、食品産業の事業基盤等の食料の供給能力が確保されていることが重要であることに鑑み、国内の人口の減少に伴う国内の食料の需要の減少が見込まれる中においては、国内への食料の供給に加え、海

第一章　総則

（目的）

第一条　この法律は、食料、農業及び農村に関する施策について、基本理念及びその実現を図るのに基本となる事項を定め、並びに国及び地方公共団体の責務等を明らかにすることにより、食料、農業及び農村に関する施策を総合的かつ計画的に推進し、もって国民生活の安定向上及び国民経済の健全な発展を図ることを目的とする。

（食料の安定供給の確保）

第二条　食料は、人間の生命の維持に欠くことができないものであり、かつ、健康で充実した生活の基礎として重要なものであることにかんがみ、将来にわたって、良質な食料が合理的な価格で安定的に供給されなければならない。

2　国民に対する食料の安定的な供給については、世界の食料の需給及び貿易が不安定な要素を有していることにかんがみ、国内の農業生産の増大を図ることを基本とし、これと輸入及び備蓄とを適切に組み合わせて行われなければならない。

3　（略）

（新設）

第五条　農業については、その有する食料その他の農産物の供給の機能及び多面的機能の重要性に鑑み、人口の減少に伴う農業者の減少、気候の変動その他の農業をめぐる情勢の変化が生ずる状況においても、これらの機能が発揮されるよう、必要な農地、農業用水その他の農業資源及び農業の担い手が確保され、地域の特性に応じてこれらが効率的に組み合わされた望ましい農業構造が確立されるとともに、農業の生産性の向上及び農産物の付加価値の向上並びに農業生産活動における環境への負荷の低減が図られることにより、その持続的な発展が図られなければならない。

2　農業生産活動における環境への負荷の低減は、農業の自然循環機能（農業生産活動が自然界における生物を介在する物質の循環に依存し、かつ、これを促進する機能をいう。以下同じ。）の維持増進に配慮して図られなければならない。

（農村の振興）

第六条　農村については、農業者を含めた地域住民の生活の場で農業が営まれていることにより、農業の持続的な発展の基盤たる役割を果たしていることに鑑み、農村の人口の減少その他の農村をめぐる情勢の変化が生ずる状況においても、地域社会が維持され、農業の有する食料その他の農産物の供給の機能及び多面的機能が適切かつ十分に発揮されるよう、農業の生産条件の整備及び生活環境の整備その他の福祉の向上により、その振興が図られなければならない。

（水産業及び林業への配慮）

第七条　食料、農業及び農村に関する施策を講ずるに当たっては、水

第四条　農業については、その有する食料その他の農産物の供給の機能及び多面的機能の重要性にかんがみ、必要な農地、農業用水その他の農業資源及び農業の担い手が確保され、地域の特性に応じてこれらが効率的に組み合わされた望ましい農業構造が確立されるとともに、農業の自然循環機能（農業生産活動が自然界における生物を介在する物質の循環に依存し、かつ、これを促進する機能をいう。以下同じ。）が維持増進されることにより、その持続的な発展が図られなければならない。

（新設）

（農村の振興）

第五条　農村については、農業者を含めた地域住民の生活の場で農業が営まれていることにより、農業の持続的な発展の基盤たる役割を果たしていることにかんがみ、農業の有する食料その他の農産物の供給の機能及び多面的機能が適切かつ十分に発揮されるよう、農業の生産条件の整備及び生活環境の整備その他の福祉の向上により、その振興が図られなければならない。

（水産業及び林業への配慮）

第六条　食料、農業及び農村に関する施策を講ずるに当たっては、水

産業及び林業との密接な関連性を有することに鑑み、その振興に必要な配慮がなされるものとする。	産業及び林業との密接な関連性を有することにかんがみ、その振興に必要な配慮がなされるものとする。
（国の責務） 第八条　国は、第二条から第六条までに定める食料、農業及び農村に関する施策についての基本理念（以下「基本理念」という。）にのっとり、食料、農業及び農村に関する施策を総合的に策定し、及び実施する責務を有する。 2　（略）	（国の責務） 第七条　国は、第二条から第五条までに定める食料、農業及び農村に関する施策についての基本理念（以下「基本理念」という。）にのっとり、食料、農業及び農村に関する施策を総合的に策定し、及び実施する責務を有する。 2　（略）
（地方公共団体の責務） 第九条　（略）	（地方公共団体の責務） 第八条　（略）
（農業者の努力） 第十条　農業者は、農業及びこれに関連する活動を行うに当たっては、基本理念の実現に主体的に取り組むよう努めるものとする。	（農業者等の努力） 第九条　農業者及び農業に関する団体は、農業及びこれに関連する活動を行うに当たっては、基本理念の実現に主体的に取り組むよう努めるものとする。
（事業者の努力） 第十一条　食品産業の事業者は、その事業活動を行うに当たっては、基本理念の実現に主体的に取り組むよう努めるものとする。	（事業者の努力） 第十条　食品産業の事業者は、その事業活動を行うに当たっては、基本理念にのっとり、国民に対する食料の供給が図られるよう努めるものとする。
（団体の努力） 第十二条　食料、農業及び農村に関する団体は、その行う農業者、食品産業の事業者、地域住民又は消費者のための活動が、基本理念の	（新設）

実現に重要な役割を果たすものであることに鑑み、これらの活動に積極的に取り組むよう努めるものとする。

（農業者等の努力の支援）

第十三条　国及び地方公共団体は、食料、農業及び農村に関する施策を講ずるに当たっては、農業者及び食品産業の事業者並びに食料、農業及び農村に関する団体がする自主的な努力を支援することを旨とするものとする。

（消費者の役割）

第十四条　消費者は、食料、農業及び農村に関する理解を深めるとともに、食料の消費に際し、環境への負荷の低減に資する物その他の食料の持続的な供給に資する物の選択に努めることによって、食料の持続的な供給に寄与しつつ、食料の消費生活の向上に積極的な役割を果たすものとする。

（法制上の措置等）

第十五条　（略）

（年次報告）

第十六条　（略）

（削る）

（削る）

（農業者等の努力の支援）

第十一条　国及び地方公共団体は、食料、農業及び農村に関する施策を講ずるに当たっては、農業者及び農業に関する団体並びに食品産業の事業者がする自主的な努力を支援することを旨とするものとする。

（消費者の役割）

第十二条　消費者は、食料、農業及び農村に関する理解を深め、食料の消費生活の向上に積極的な役割を果たすものとする。

（法制上の措置等）

第十三条　（略）

（年次報告等）

第十四条　（略）

2　政府は、毎年、前項の報告に係る食料、農業及び農村の動向を考慮して講じようとする施策を明らかにした文書を作成し、これを国会に提出しなければならない。

3　政府は、前項の講じようとする施策を明らかにした文書を作成す

第二章　基本的施策

第一節　食料・農業・農村基本計画

第十七条　（略）

2　基本計画は、次に掲げる事項について定めるものとする。

一　（略）

二　食料安全保障の動向に関する事項

三　食料自給率その他の食料安全保障の確保に関する事項の目標

四　（略）

五　前各号に掲げるもののほか、食料、農業及び農村に関する施策を総合的かつ計画的に推進するために必要な事項

3　前項第三号の目標は、食料自給率の向上その他の食料安全保障の確保に関する事項の改善が図られるよう農業者その他の関係者が取り組むべき課題を明らかにして定めるものとする。

4～6　（略）

7　政府は、少なくとも毎年一回、第二項第三号の目標の達成状況を調査し、その結果をインターネットの利用その他適切な方法により公表しなければならない。

8　政府は、世界の食料需給の状況その他の食料、農業及び農村をめぐる情勢の変化を勘案し、並びに食料、農業及び農村に関する施策の効果に関する評価を踏まえ、おおむね五年ごとに、基本計画を変

るには、食料・農業・農村政策審議会の意見を聴かなければならない。

第二章　基本的施策

第一節　食料・農業・農村基本計画

第十五条　（略）

2　基本計画は、次に掲げる事項について定めるものとする。

一　（略）

（新設）

二　食料自給率の目標

三　（略）

四　前三号に掲げるもののほか、食料、農業及び農村に関する施策を総合的かつ計画的に推進するために必要な事項

3　前項第二号に掲げる食料自給率の目標は、その向上を図ることを旨とし、国内の農業生産及び食料消費に関する指針として、農業者その他の関係者が取り組むべき課題を明らかにして定めるものとする。

4～6　（略）

（新設）

7　政府は、食料、農業及び農村をめぐる情勢の変化を勘案し、並びに食料、農業及び農村に関する施策の効果に関する評価を踏まえ、おおむね五年ごとに、基本計画を変更するものとする。

更するものとする。

9　（略）

第二節　食料安全保障の確保に関する施策

（食料消費に関する施策の充実）

第十八条　国は、食料の安全性の確保及び品質の改善を図るとともに、消費者の合理的な選択に資するため、食品の製造過程の管理の高度化その他の食品の衛生管理及び品質管理の高度化、食品の表示の適正化その他必要な施策を講ずるものとする。

2　（略）

（食料の円滑な入手の確保）

第十九条　国は、地方公共団体、食品産業の事業者その他の関係者と連携し、地理的な制約、経済的な状況その他の要因にかかわらず食料の円滑な入手が可能となるよう、食料の輸送手段の確保の促進、食料の寄附が円滑に行われるための環境整備その他必要な施策を講ずるものとする。

（食品産業の健全な発展）

第二十条　国は、食品産業が食料の供給において果たす役割の重要性に鑑み、その健全な発展を図るため、環境への負荷の低減及び資源の有効利用の確保その他の食料の持続的な供給に資する事業活動の促進、事業基盤の強化、円滑な事業承継の促進、農業との連携の推進、流通の合理化、先端的な技術を活用した食品産業及びその関連

8　（略）

第二節　食料の安定供給の確保に関する施策

（食料消費に関する施策の充実）

第十六条　国は、食料の安全性の確保及び品質の改善を図るとともに、消費者の合理的な選択に資するため、食品の衛生管理及び品質管理の高度化、食品の表示の適正化その他必要な施策を講ずるものとする。

2　（略）

（新設）

（食品産業の健全な発展）

第十七条　国は、食品産業が食料の供給において果たす役割の重要性にかんがみ、その健全な発展を図るため、事業活動に伴う環境への負荷の低減及び資源の有効利用の確保に配慮しつつ、事業基盤の強化、農業との連携の推進、流通の合理化その他必要な施策を講ずるものとする。

産業に関する新たな事業の創出の促進、海外における事業の展開の促進その他必要な施策を講ずるものとする。	
（削る）	（農産物の輸出入に関する措置） 第十八条　国は、農産物につき、国内生産では需要を満たすことができないものの安定的な輸入を確保するため必要な施策を講ずるとともに、農産物の輸入によってこれと競争関係にある農産物の生産に重大な支障を与え、又は与えるおそれがある場合において、緊急に必要があるときは、関税率の調整、輸入の制限その他必要な施策を講ずるものとする。 2　国は、農産物の輸出を促進するため、農産物の競争力を強化するとともに、市場調査の充実、情報の提供、普及宣伝の強化その他必要な施策を講ずるものとする。
（農産物等の輸入に関する措置） 第二十一条　国は、国内生産では需要を満たすことができない農産物の安定的な輸入を確保するため、国と民間との連携による輸入の相手国の多様化、輸入の相手国への投資の促進その他必要な施策を講ずるものとする。 2　国は、農産物の輸入によってこれと競争関係にある農産物の生産に重大な支障を与え、又は与えるおそれがある場合において、緊急に必要があるときは、関税率の調整、輸入の制限その他必要な施策を講ずるものとする。 3　国は、肥料その他の農業資材の安定的な輸入を確保するため、国と民間との連携による輸入の相手国の多様化、輸入の相手国への投	（新設）

資の促進その他必要な施策を講ずるものとする。	
（農産物の輸出の促進） 第二十二条　国は、農業者及び食品産業の事業者の収益性の向上に資するよう海外の需要に応じた農産物の輸出を促進するため、輸出を行う産地の育成、農産物の生産から販売に至る各段階の関係者が組織する団体による輸出のための取組の促進等により農産物の競争力を強化するとともに、市場調査の充実、情報の提供、普及宣伝の強化等の輸出の相手国における需要の開拓を包括的に支援する体制の整備、輸出する農産物に係る知的財産権の保護、輸出の相手国とのその相手国が定める輸入についての動植物の検疫その他の事項についての条件に関する協議その他必要な施策を講ずるものとする。	（新設）
（食料の持続的な供給に要する費用の考慮） 第二十三条　国は、食料の価格の形成に当たり食料システムの関係者により食料の持続的な供給に要する合理的な費用が考慮されるよう、食料システムの関係者による食料の持続的な供給の必要性に対する理解の増進及びこれらの合理的な費用の明確化の促進その他必要な施策を講ずるものとする。	（新設）
（不測時における措置） 第二十四条　国は、凶作、輸入の減少等の不測の要因により国内の食料の供給が不足し国民生活の安定及び国民経済の円滑な運営に支障が生ずる事態の発生をできる限り回避し、又はこれらの事態が国民生活及び国民経済に及ぼす支障が最小となるようにするため、これ	（不測時における食料安全保障） 第十九条　（新設）

らの事態が発生するおそれがあると認めたときから、関係行政機関相互間の連携の強化を図るとともに、備蓄する食料の供給、食料の輸入の拡大その他必要な施策を講ずるものとする。	
2　国は、第二条第六項に規定する場合において、国民が最低限度必要とする食料の供給を確保するため必要があると認めるときは、食料の増産、流通の制限その他必要な施策を講ずるものとする。	国は、第二条第四項に規定する場合において、国民が最低限度必要とする食料の供給を確保するため必要があると認めるときは、食料の増産、流通の制限その他必要な施策を講ずるものとする。
（国際協力の推進） 第二十五条　国は、世界の食料需給の将来にわたる安定並びにこれによる我が国への農産物及び農業資材の安定的な輸入の確保に資するため、開発途上地域における農業及び農村の振興に関する技術協力及び資金協力、これらの地域に対する食料援助その他の国際協力の推進に努めるものとする。	（国際協力の推進） 第二十条　国は、世界の食料需給の将来にわたる安定に資するため、開発途上地域における農業及び農村の振興に関する技術協力及び資金協力、これらの地域に対する食料援助その他の国際協力の推進に努めるものとする。
第三節　農業の持続的な発展に関する施策	第三節　農業の持続的な発展に関する施策
（望ましい農業構造の確立） 第二十六条　（略）	（望ましい農業構造の確立） 第二十一条　（略）
2　国は、望ましい農業構造の確立に当たっては、地域における協議に基づき、効率的かつ安定的な農業経営を営む者及びそれ以外の多様な農業者により農業生産活動が行われることで農業生産の基盤である農地の確保が図られるように配慮するものとする。	（新設）
（専ら農業を営む者等による農業経営の展開） 第二十七条　国は、専ら農業を営む者その他経営意欲のある農業者が	（専ら農業を営む者等による農業経営の展開） 第二十二条　国は、専ら農業を営む者その他経営意欲のある農業者が

創意工夫を生かした農業経営を展開できるようにすることが重要であることに鑑み、経営管理の合理化その他の経営の発展及びその円滑な継承に資する条件を整備し、家族農業経営の活性化を図るとともに、農業経営の法人化を推進するために必要な施策を講ずるものとする。

2　国は、農業を営む法人の経営基盤の強化を図るため、その経営に従事する者の経営管理能力の向上、雇用の確保に資する労働環境の整備、自己資本の充実の促進その他必要な施策を講ずるものとする。

（農地の確保及び有効利用）

第二十八条　国は、国内の農業生産に必要な農地の確保及びその有効利用を図るため、農地として利用すべき土地の農業上の利用の確保、効率的かつ安定的な農業経営を営む者に対する農地の利用の集積及びこれらの農地の集団化、農地の適正かつ効率的な利用の促進その他必要な施策を講ずるものとする。

（農業生産の基盤の整備及び保全）

第二十九条　国は、良好な営農条件を備えた農地及び農業用水を確保し、これらの有効利用を図ることにより農業の生産性の向上を促進するとともに、気候の変動その他の要因による災害の防止又は軽減を図ることにより農業生産活動が継続的に行われるようにするため、地域の特性に応じて、環境との調和及び先端的な技術を活用した生産方式との適合に配慮しつつ、農業生産の基盤の整備及び保全に係る最新の技術的な知見を踏まえた事業の効率的な実施を旨として

創意工夫を生かした農業経営を展開できるようにすることが重要であることにかんがみ、経営管理の合理化その他の経営の発展及びその円滑な継承に資する条件を整備し、家族農業経営の活性化を図るとともに、農業経営の法人化を推進するために必要な施策を講ずるものとする。

（新設）

（農地の確保及び有効利用）

第二十三条　国は、国内の農業生産に必要な農地の確保及びその有効利用を図るため、農地として利用すべき土地の農業上の利用の確保、効率的かつ安定的な農業経営を営む者に対する農地の利用の集積、農地の効率的な利用の促進その他必要な施策を講ずるものとする。

（農業生産の基盤の整備）

第二十四条　国は、良好な営農条件を備えた農地及び農業用水を確保し、これらの有効利用を図ることにより、農業の生産性の向上を促進するため、地域の特性に応じて、環境との調和に配慮しつつ、事業の効率的な実施を旨として、農地の区画の拡大、水田の汎用化、農業用用排水施設の機能の維持増進その他の農業生産の基盤の整備に必要な施策を講ずるものとする。

、農地の区画の拡大、水田の汎用化及び畑地化、農業用用排水施設の機能の維持増進その他の農業生産の基盤の整備及び保全に必要な施策を講ずるものとする。	
（先端的な技術等を活用した生産性の向上） 第三十条　国は、農業の生産性の向上に資するため、情報通信技術その他の先端的な技術を活用した生産、加工又は流通の方式の導入の促進、省力化又は多収化等に資する新品種の育成及び導入の促進その他必要な施策を講ずるものとする。	（新設）
（農産物の付加価値の向上等） 第三十一条　国は、農産物の付加価値の向上及び創出を図るため、高い品質を有する品種の導入の促進及び農産物を活用した新たな事業の創出の促進、植物の新品種、家畜の遺伝資源、地理的表示（特定農林水産物等の名称の保護に関する法律（平成二十六年法律第八十四号）第二条第三項に規定する地理的表示をいう。）、農業生産に関する有用な技術及び営業上の情報その他の知的財産の保護及び活用の推進その他必要な施策を講ずるものとする。	（新設）
（環境への負荷の低減の促進） 第三十二条　国は、農業生産活動における環境への負荷の低減を図るため、農業の自然循環機能の維持増進に配慮しつつ、農薬及び肥料の適正な使用の確保、家畜排せつ物等の有効利用による地力の増進、環境への負荷の低減に資する技術を活用した生産方式の導入の促進その他必要な施策を講ずるものとする。	（新設）

2　国は、環境への負荷の低減に資する農産物の流通及び消費が広く行われるよう、これらの農産物の円滑な流通の確保、消費者への適切な情報の提供の推進、環境への負荷の低減の状況の把握及び評価の手法の開発その他必要な施策を講ずるものとする。

（人材の育成及び確保）

第三十三条　（略）

（女性の参画の促進）

第三十四条　国は、男女が社会の対等な構成員としてあらゆる活動に参画する機会を確保することが重要であることに鑑み、女性の農業経営における役割を適正に評価するとともに、女性が自らの意思によって農業経営及びこれに関連する活動に参画する機会を確保するための環境整備を推進するものとする。

（高齢農業者の活動の促進）

第三十五条　（略）

（農業生産組織の活動の促進）

第三十六条　（略）

（農業経営の支援を行う事業者の事業活動の促進）

第三十七条　国は、農業者の経営の発展及び農業の生産性の向上に資するため、農作業の受託、農業機械の貸渡し、農作業を行う人材の派遣、農業経営に係る情報の分析及び助言その他の農業経営の支援

（人材の育成及び確保）

第二十五条　（略）

（女性の参画の促進）

第二十六条　国は、男女が社会の対等な構成員としてあらゆる活動に参画する機会を確保することが重要であることにかんがみ、女性の農業経営における役割を適正に評価するとともに、女性が自らの意思によって農業経営及びこれに関連する活動に参画する機会を確保するための環境整備を推進するものとする。

（高齢農業者の活動の促進）

第二十七条　（略）

（農業生産組織の活動の促進）

第二十八条　（略）

（新設）

を行う事業者の事業活動の促進に必要な施策を講ずるものとする。	
（技術の開発及び普及） 第三十八条　国は、農業並びに食品の加工及び流通に関する技術の研究開発及び普及の効果的な推進を図るため、これらの技術の研究開発の目標の明確化、国、独立行政法人、都道府県及び地方独立行政法人の試験研究機関、大学、民間等の連携の強化、地域の特性に応じた農業に関する技術の普及事業の推進、民間が行う情報通信技術その他の先端的な技術の研究開発及び普及の迅速化その他必要な施策を講ずるものとする。	（技術の開発及び普及） 第二十九条　国は、農業並びに食品の加工及び流通に関する技術の研究開発及び普及の効果的な推進を図るため、これらの技術の研究開発の目標の明確化、国及び都道府県の試験研究機関、大学、民間等の連携の強化、地域の特性に応じた農業に関する技術の普及事業の推進その他必要な施策を講ずるものとする。
2　国は、食料システムにおいて情報通信技術を用いて情報が効果的に活用されるよう、食料システムの関係者による情報の円滑な共有のための環境整備を推進するために必要な施策を講ずるものとする。	（新設）
（農産物の価格の形成と経営の安定） 第三十九条　国は、農産物の価格の形成について、第二十三条に規定する施策を講ずるほか、消費者の需要に即した農業生産を推進するため、需給事情及び品質評価が適切に反映されるよう、必要な施策を講ずるものとする。	（農産物の価格の形成と経営の安定） 第三十条　国は、消費者の需要に即した農業生産を推進するため、農産物の価格が需給事情及び品質評価を適切に反映して形成されるよう、必要な施策を講ずるものとする。
2　（略）	2　（略）
（農業災害による損失の補塡） 第四十条　国は、災害によって農業の再生産が阻害されることを防止するとともに、農業経営の安定を図るため、災害による損失の合理	（農業災害による損失の補てん） 第三十一条　国は、災害によって農業の再生産が阻害されることを防止するとともに、農業経営の安定を図るため、災害による損失の合

的な補塡その他必要な施策を講ずるものとする。

（伝染性疾病等の発生予防等）

第四十一条　国は、家畜の伝染性疾病及び植物に有害な動植物が国内で発生及びまん延をした場合には、農業に著しい損害を生ずるおそれがあることに鑑み、その発生の予防及びまん延の防止のために必要な施策を講ずるものとする。

（削る）

（農業資材の生産及び流通の確保と経営の安定）

第四十二条　国は、農業資材の安定的な供給を確保するため、輸入に依存する農業資材及びその原料について、国内で生産できる良質な代替物への転換の推進、備蓄への支援その他必要な施策を講ずるものとする。

２　（略）

３　国は、農業資材の価格の著しい変動が育成すべき農業経営に及ぼす影響を緩和するために必要な施策を講ずるものとする。

第四節　農村の振興に関する施策

理的な補てんその他必要な施策を講ずるものとする。

（新設）

（自然循環機能の維持増進）

第三十二条　国は、農業の自然循環機能の維持増進を図るため、農薬及び肥料の適正な使用の確保、家畜排せつ物等の有効利用による地力の増進その他必要な施策を講ずるものとする。

（農業資材の生産及び流通の合理化）

第三十三条　（新設）

国は、農業経営における農業資材費の低減に資するため、農業資材の生産及び流通の合理化の促進その他必要な施策を講ずるものとする。

（新設）

第四節　農村の振興に関する施策

（農村の総合的な振興） 第四十三条　（略） 2　国は、地域の農業の健全な発展を図るとともに、景観が優れ、豊かで住みよい農村とするため、地域の特性に応じた農業生産の基盤の整備及び保全並びに農村との関わりを持つ者の増加に資する産業の振興と防災、交通、情報通信、衛生、教育、文化等の生活環境の整備その他の福祉の向上とを総合的に推進するよう、必要な施策を講ずるものとする。	（農村の総合的な振興） 第三十四条　（略） 2　国は、地域の農業の健全な発展を図るとともに、景観が優れ、豊かで住みよい農村とするため、地域の特性に応じた農業生産の基盤の整備と交通、情報通信、衛生、教育、文化等の生活環境の整備その他の福祉の向上とを総合的に推進するよう、必要な施策を講ずるものとする。
（農地の保全に資する共同活動の促進） 第四十四条　国は、農業者その他の農村との関わりを持つ者による農地の保全に資する共同活動が、地域の農業生産活動の継続及びこれによる多面的機能の発揮に重要な役割を果たしていることに鑑み、これらの共同活動の促進に必要な施策を講ずるものとする。	（新設）
（地域の資源を活用した事業活動の促進） 第四十五条　国は、農業と農業以外の産業の連携による地域の資源を活用した事業活動を通じて農村との関わりを持つ者の増加を図るため、これらの事業活動の促進その他必要な施策を講ずるものとする。	（新設）
（障害者等の農業に関する活動の環境整備） 第四十六条　国は、障害者その他の社会生活上支援を必要とする者の就業機会の増大を通じ、地域の農業の振興を図るため、これらの者	（新設）

がその有する能力に応じて農業に関する活動を行うことができる環境整備に必要な施策を講ずるものとする。	
（中山間地域等の振興） 第四十七条　国は、山間地及びその周辺の地域その他の地勢等の地理的条件が悪く、農業の生産条件が不利な地域（以下「中山間地域等」という。）において、その地域の特性に応じて、新規の作物の導入、地域特産物の生産及び販売等を通じた農業その他の産業の振興による就業機会の増大、生活環境の整備による定住の促進、地域社会の維持に資する生活の利便性の確保その他必要な施策を講ずるものとする。 2　（略）	（中山間地域等の振興） 第三十五条　国は、山間地及びその周辺の地域その他の地勢等の地理的条件が悪く、農業の生産条件が不利な地域（以下「中山間地域等」という。）において、その地域の特性に応じて、新規の作物の導入、地域特産物の生産及び販売等を通じた農業その他の産業の振興による就業機会の増大、生活環境の整備による定住の促進その他必要な施策を講ずるものとする。 2　（略）
（鳥獣害の対策） 第四十八条　国は、鳥獣による農業及び農村の生活環境に係る被害の防止のため、鳥獣の農地への侵入の防止、捕獲した鳥獣の食品等としての利用の促進その他必要な施策を講ずるものとする。	（新設）
（都市と農村の交流等） 第四十九条　国は、国民の農業及び農村に対する理解と関心を深めるとともに、健康的でゆとりのある生活に資するため、余暇を利用した農村への滞在の機会を提供する事業活動の促進その他の都市と農村との間の交流の促進、都市と農村との双方に居所を有する生活をすることのできる環境整備、市民農園の整備の推進その他必要な施策を講ずるものとする。	（都市と農村の交流等） 第三十六条　国は、国民の農業及び農村に対する理解と関心を深めるとともに、健康的でゆとりのある生活に資するため、都市と農村との間の交流の促進、市民農園の整備の推進その他必要な施策を講ずるものとする。

2　（略）

第三章　行政機関及び団体

（行政組織の整備等）

第五十条　（略）

（団体の相互連携及び再編整備）

第五十一条　国は、基本理念の実現に資することができるよう、食料、農業及び農村に関する団体について、相互の連携を促進するとともに、効率的な再編整備につき必要な施策を講ずるものとする。

第四章　食料・農業・農村政策審議会

（設置）

第五十二条　（略）

（権限）

第五十三条　（略）

（組織）

第五十四条　（略）

（資料の提出等の要求）

第五十五条　（略）

2　（略）

第三章　行政機関及び団体

（行政組織の整備等）

第三十七条　（略）

（団体の再編整備）

第三十八条　国は、基本理念の実現に資することができるよう、食料、農業及び農村に関する団体の効率的な再編整備につき必要な施策を講ずるものとする。

第四章　食料・農業・農村政策審議会

（設置）

第三十九条　（略）

（権限）

第四十条　（略）

（組織）

第四十一条　（略）

（資料の提出等の要求）

第四十二条　（略）

（委任規定）
第五十六条　（略）

（委任規定）
第四十三条　（略）

○　水産基本法（平成十三年法律第八十九号）（附則第三条関係）〔略〕

○　農業の有する多面的機能の発揮の促進に関する法律（平成二十六年法律第七十八号）（附則第四条関係）〔略〕

○　農林水産省設置法（平成十一年法律第九十八号）（附則第四条関係）〔略〕

○食料・農業・農村政策の新たな展開方向

〔令和五年六月二日
食料安定供給・農林水産業基盤強化本部〕

Ⅰ　基本的な考え方

食料・農業・農村政策については、食料・農業・農村基本法（平成十一年法律第百六号。以下「基本法」という。）を基本的な指針とし、これに基づいて体系的に施策を講ずることとしているが、基本法制定から二〇年以上が経過し、基本法制定当時とは、前提となる社会情勢や今後の見通し等が変化している。

基本法については、こうした状況を踏まえながら、将来に向かって持続可能で強固な食料供給基盤の確立が図られるよう、以下の基本的な考え方に基づいて見直しを行うものとする。

① 気候変動による食料生産の不安定化や世界的な人口増加等に伴う食料争奪の激化、食料の「武器化」、災害の頻発化・激甚化等、食料がいつでも安価に輸入できる状況が続く訳ではないことが明白となる中で、食料安全保障を抜本的に強化するための政策を確立する。

その際、新興国の経済成長に伴い、強固な食料供給基盤の確立の観点からも、マーケットインによる「稼げる輸出」を拡大し、農業・食品産業を成長する海外市場も視野に入れたものへ転換する。

② 温室効果ガスによる気候変動の影響や、生物多様性の喪失等が進み、カーボンニュートラル等の環境負荷低減等に向けた対応が持続的な食料生産を確保するために不可避となる中で、農業・食品産業を環境と調和のとれたものへと転換するための政策を確立する。

③ 農業・農村、特に中山間地域について、急激な人口減少によって担い手を確保することが極めて困難となる中で、生産水準を維持・発展させ、地域コミュニティを維持するための政策を確立する。

④ この際、政策の効率化・統合・拡充を進め、将来にわたって安定的に運営できる政策を確立する。

本取りまとめは、基本法の見直しに当たり、特に基本的施策の追加又は見直しが必要となっている事項について、政策の方向性を整理したものである。今後は、本取りまとめを踏まえ、法律・予算・税制・金融等における各施策の具体化を進め、必要に応じて、食料安全保障強化政策大綱等の各種政策決定事項の見直し等も行うものとする。

また、本年度中（令和五年度中）の国会提出も視野に検討を進めている基本法の見直しに当たっても、本取りまとめに基づく政策の展開方向も踏まえ、更に検討を深化させるものとする。

Ⅱ　政策の新たな展開方向

1　食料安全保障の在り方

(1)　平時からの国民一人一人の食料安全保障の確立

食料安全保障について、ＦＡＯなどでは、国全体で必要な食料を確保するというだけでなく、国民一人一人にまで行き渡るようなものとされている中で、こうした国際的な定義も参考に、食料安全保障について、平時にも、国民一人一人が食料にアクセスでき、健康な食生活を享受できるようにすることを含むものへと再整理する。

その際、農地・水等の農業資源、担い手、技術等の生産基盤が強固なものであることは食料安全保障の前提である旨を位置付けるとともに、食料システムを持続可能なものとするため、国・地方公共団体・農業者・事業者・消費者が一体となって取組の強化を進める。

(2)　食料安全保障の状況を平時から評価する仕組み

英国では、平時においても食料安全保障の状況をチェックする仕組みがある。こうした先進的な事例も参考とし、

①　世界の食料需給の状況
②　我が国の食料や生産資材の輸入
③　農地・水等の農業資源、担い手、技術等の生産基盤の状況を含む国内の食料供給力の状況
④　国内外の物流の状況等を含むサプライチェーンの状況

などを示す様々な指標を活用・分析することにより、我が国の食料安全保障の状況を定期的に評価する仕組みを検討する。

(3)　不測時の食料安全保障

現行の基本法では、不測時の食料安全保障について、食料増産、流通制限などを講ずる旨が規定され、農林水産省の緊急事態食料安全保障指針において、その具体的な手順等を定めているものの、政府全体で対処するための具体的な体制は定まっていない。

このため、不測時における基本的な対処方針を明確にしていくとともに、平時と不測時の切替えや、不測時における個別のケースに応じた対策を、農林水産省以外の省庁による対策も含め、関係省庁が連携して対応できるよう、政府全体の意思決定を行う体制を構築する。

また、現在不測時の対応の根拠となる国民生活安定緊急措置法や食糧法などで十分な対応を講じられるのか検証の上、食料安全保障上のリスクに応じて、不測時の対応根拠となる法制度を検討する。

2　食料の安定供給の確保

(1)　食料の安定供給の確保に向けた構造転換

食料や生産資材について過度な輸入依存を低減していくため、安定的な輸入と備蓄とを適切に組み合わせつつ、小麦や大豆、飼料作物など、海外依存の高い品目の生産拡大を推進するなどの構造転換を進めていく。

現行の基本法では、国内の農業生産の増大を図ることを基本とする旨が規定されているが、食料安全保障の強化に向けた構造転換を図るため、国内生産の増大については、食料供給力の維持・強化を前提に、海外依存度の高い品目の生産拡大を行うことにより実現する。

その際、需要に応じた生産に向けて、平地・中山間地など各地の産地化の意向を踏まえ、水田機能を維持しながら麦・大豆等の畑作物を生産する水田についてはは水稲とのブロックローテーションを促すとともに、畑作物の生産が定着している水田等は畑地化を促していく。

特に、畑作物の生産を増大させるためには、本作化による品質や収量の向上を図ることが重要であり、各産地における農地利用を含めた産地形成の取組を推進する。

また、国内で自給可能な米を原料とした米粉について、専用品種の開発・普及等により産地化を図るとともに、食品製造事業者や製粉企業による新商品の開発等を促進し、米粉の利用拡大を加速する。

そのほか、加工・業務用野菜について、輸入原料から国産活用への切替えを促進するために、実需者と連携して安定的な供給体制の構築を推進するとともに、国内外の需要に応えきれていない果樹について、生産の増大に転じるため、担い手・労働力の育成・確保とともに省力化した生産体系への転換を推進する。

その上で、国内生産で国内需要を満たすことができない食料については、

① 海外調達のための輸入相手国への投資の促進、輸入国の多元化

② 官民による輸入相手国との連携強化・需給状況に関する情報共有

等の安定的な輸入の確保を図る施策を講ずる。

また、食料の備蓄強化に向けては、国内外の食料安全保障の状況を適切に把握・分析の上、これを踏まえて、備蓄の基本的な方針を明確にしていくことを検討する。

(2)　生産資材の確保・安定供給

食料や生産資材について過度な輸入依存を低減していくため、農業生産に不可欠な資材である肥料について、堆肥・下水汚泥資源、稲わら等の国内資源の利用拡大や、肥料の使用の低減に資す

る環境負荷低減の取組を推進するなどの構造転換を進めていく。

現行の基本法では、生産資材については、生産・流通の合理化を促進する旨が規定されるにとどまるが、生産性・品質・環境等も考慮して安定的な確保・供給も促進することとし、輸入への依存度が高い生産資材について、未利用資源の活用等、国内で生産できる代替物へ転換することを位置付ける。

その際、肥料については、価格・供給の安定を図るため、

① 平時においては、化学肥料から堆肥や下水汚泥資源等の代替資源への転換、堆肥の広域流通を促進するとともに、調達先国との資源外交の展開、肥料原料の備蓄体制の強化を進める。

② 価格急騰時においては、価格転嫁が間に合わない高騰分の補填対策を明確化して対応していく。

また、飼料については、耕畜連携や飼料生産組織の強化等の取組による稲わらを含む国産飼料の生産・利用拡大を促進するための仕組みを検討する。

(3) 農産物・食品の輸出の促進

人口減少に伴い国内市場が縮小する中で、輸出の促進については、国内の農業生産基盤の維持を図るために不可欠なものと政策上位置付ける。

その際、国産の農産物・食品の輸出の促進について、農業者等へ真に裨益するよう、

① 地域ぐるみの生産・流通の転換による輸出産地の形成

② 生産から加工、物流、販売までのサプライチェーン関係者が一体となった戦略的な輸出の体制の整備・強化

③ 海外への流出防止や競争力強化等に資する知的財産等の保護・活用の強化

等の施策を確実に講ずる。

なお、輸入の急増、国内生産の減少の際に必要となる輸出入に関する措置についても適切に講ずる。

(4) 適正な価格形成

食料システム全体を持続可能なものとしていくため、食料システムの各段階の関係者が協議できる場を創設し、

① 適正取引を推進するための仕組みについて、統計調査の結果等を活用し、食料システムの関係者の合意の下でコスト指標を作成し、これをベースに各段階で価格に転嫁されるようにするなど、取引の実態・課題等を踏まえて構築する。

② 適正な価格転嫁について、生産から消費までの関係者の理解醸成を図る。

なお、資材価格急騰時など価格転嫁が困難な場合には、農業者の経営の安定に向けて、配合飼料価格安定制度などで対応していく。特に、肥料については、価格急騰時においては、価格転嫁が

間に合わない高騰分の補填対策を明確化して対応していく。

(5) 円滑な食品アクセスの確保

円滑な食品アクセスの確保を図るため、

① 産地から消費地までの幹線物流について、関係省庁と連携し、

ア) 「二〇二四年問題」を始め、トラックドライバーの人手不足の深刻化を見据え、農林水産物・食品の取扱いが敬遠されることのないよう、パレット化、検品作業の省力化、トラック予約システムの導入等を促進するとともに、

イ) 鉄道や船舶等へのモーダルシフトを促進する。

さらに、この取組など物流生産性向上も後押しするものとして、関係省庁と連携し、法制化も視野に、

ア) 物流の生産性向上に向けた商慣行の見直し

イ) 物流標準化・効率化の推進

ウ) 荷主企業等の行動変容を促す仕組みの導入

等を進める。

② 消費地内での地域内物流、特に中山間地域等でのラストワンマイル物流について、関係省庁と連携し、地方自治体、スーパー、宅配事業者等と協力して、食品アクセスを確保するための仕組みを検討する。

③ 福祉政策、孤独・孤立対策等を所管する関係省庁と連携し、物流体制の構築、寄附を促進する仕組みなど、生産者・食品事業者からフードバンク、子ども食堂等への多様な食料の提供を進めやすくするための仕組みを検討する。

(6) 国民理解の醸成

国民理解の醸成に向けて、

① 食・農林水産業への理解の増進を図るための学校教育等における農林漁業体験や学校給食での食育の充実・強化

② 棚田地域や農業遺産地域の魅力発信、我が国・地域の農林水産物の利用を促進する国産国消・地産地消の推進、子ども農山漁村体験や都市農地を活用した農業体験の促進

③ 環境負荷低減の取組の「見える化」の推進

④ 多様化する国民のニーズに応える生産者・事業者の様々な取組を表示・可視化することによる消費者や食品産業等への情報発信の強化

等の施策を講ずる。

(7) 事業者・消費者の役割

事業者の役割について、食料システムの持続可能性を確保することが重要であることを踏まえ、食料の供給が持続的に図られるよう努力する旨を位置付ける。

消費者の役割について、食料システムの持続可能性を確保することが重要であることを踏まえ、食料システムの各段階における

環境負荷低減の取組について理解を深め、持続的な食料供給の実現に向けて協力する旨を位置付ける。

(8) 食品産業（食品製造業、外食産業、食品関連流通業）の持続的な発展

現行の基本法では、食品産業の食品供給に果たす役割に着目し、環境負荷低減等への配慮や、事業基盤の強化、農業との連携の推進等、産業の健全な発展のために必要な施策を講ずる旨が規定されているが、食品産業が食料システムの重要な構成員であることを明らかにした上で、その持続的な発展を図るため、

① 産地・食品産業が連携して加工特性・機能性の合う国産原材料を安定的に供給・調達できるよう、産地育成・安定調達等を図りやすくする仕組み

② GHGの排出抑制等の環境負荷低減、人権に配慮した原材料調達、フードテックなど新技術の活用等、食品産業による持続可能性に配慮した取組を促進する仕組み

を構築し、国内資源の活用に積極的に取り組む企業に対して後押しを行う。

特に、食品ロスの削減に向けては、製造段階での製造の効率化、賞味期限延長のための技術開発、納品期限（三分の一ルール）等の商慣習の見直しとともに、食品廃棄量の情報に加えて新たにフードバンクへの寄附量の開示を促進するなど、食品事業者の取組を促進する。

3 農業の持続的な発展

(1) 多様な農業人材の育成・確保

今後、人口減少が避けられない中で、食料の生産基盤を維持していくためには、中長期的に農地の維持を図ろうとする者を地域の大切な農業人材として位置付けていくことが必要である。その上で、生産水準を維持するためには、「受け皿となる経営体と付加価値向上を目指す経営体（効率的かつ安定的な経営体）」が円滑に生産基盤を継承できる環境の整備が不可欠である。

このため、受け皿となる経営体と付加価値向上を目指す経営体を育成・確保しながら、多様な農業人材とともに生産基盤の維持・強化が図られるよう、以下の施策を講ずる。

① 地域計画の策定を徹底し、地域内の将来の農地利用の姿を明確にした上で、

② 受け皿となる経営体が生産基盤を引き受けやすい形で継承できるよう、農地バンクを通じた農地の集約化等や、スマート技術等の省力化技術の導入に資する基盤整備の推進

③ 地域で離農農家が出てきた場合に、受け皿となる経営体が、農地を引き受けやすくするための仕組みの検討

④ 多様な経営体に対し、経営・技術等をサポートするサービス事業体の育成・確保を図るための仕組みの検討

⑤ 他産地・異業種や、外国から、労働力不足を補完する仕組みの検討

⑥ 青年等の雇用を通じた経営強化や労働環境の改善等に取り組む経営体の育成・確保

⑦ 新規就農の推進、スマート技術や有機農業等の農業高校・農業大学校等における教育内容の充実等、将来の農業人材の育成・確保

⑧ 経営力向上、人材育成、経営基盤の強化等に向けて農業経営を後押しする仕組みの検討

⑨ 地域農業の主体となる効率的かつ安定的な経営体に対し、引き続き、経営所得安定対策の措置

⑩ 地域計画に基づき持続的に農地を利用する多様な農業人材の意欲的な取組の推進　等

(2) 農地の確保と適正・有効利用

地域計画（目標地図）に基づき、目標地図上の受け手に対する農地の集約化等を着実に進めるほか、世界の食料事情が不安定化する中で、我が国の食料安全保障を強化するため、国が責任を持って食料生産基盤である農地を確保するとともに、その適正かつ効率的な利用を図る必要がある。

具体的には、

① 地方公共団体による農用地区域（ゾーニング）の変更に係る国の関与の強化

② 地域計画内の農地に係る転用規制強化

③ 農地の権利取得時の耕作者の属性の確認

④ 営農型太陽光発電事業に係る不適切事案への厳格な対応

⑤ 地域計画内における遊休農地の解消の迅速化

等の仕組みを検討する。

(3) 経営安定対策の充実

農業者の経営の安定に向けて、畑作物の直接支払交付金（ゲタ対策）、肉用牛肥育・肉豚経営安定交付金、収入減少影響緩和交付金（ナラシ対策）、収入保険等で万全に対応していく。

特に、肥料については、供給・価格の安定を図るため、以下の措置を講ずる。

① 平時においては、化学肥料から堆肥や下水汚泥資源等の代替資源への転換、堆肥の広域流通を促進するとともに、調達先国との資源外交の展開、肥料原料の備蓄体制の強化を進める。

② 価格急騰時においては、価格転嫁が間に合わない高騰分の補填対策を明確化して対応していく。

そのほか、農業・農村の人口減少等を見据えた中で、持続可能で強固な食料供給基盤の確立が図られるよう、多面的機能・環境負荷低減の直接支払や農地の確保・集約化などの施策とともに、

需要に応じた生産を推進し、将来にわたって安定運営できる水田政策を確立する。

(4) 農業生産基盤の整備・保全

農業者が減少する中で、スマート技術等を活用した営農が進めやすくなるよう、ほ場の一層の大区画化やデジタル基盤の整備を推進すること等により、農地の受け皿となる者への農地の集積・集約化を促進する。

また、需要に応じた生産を促進するため、水田の汎用化に加えて、水田の畑地化も推進する。

現行の基本法では、農業生産の基盤の整備については、生産性の向上を促進するために行う旨が規定されているが、

① 気候変動の影響に伴う災害の頻発化・激甚化が顕著となる中、災害の防止や軽減を図るためにも行う旨や、

② 施設の老朽化等が進む中、人口減少により施設の点検・操作や集落の共同活動が困難となる地域でも生産活動が維持されるようにするため、農業水利施設等の農業生産の基盤については、その保全管理も適切に図っていく必要がある旨

も位置付け、必要な事業や仕組みの見直し等を行う。

その際、防災・減災、国土強靱化対策については、中長期的かつ明確な見通しの下、継続的・安定的に取組を進めていくことが重要であり、国土強靱化の着実な推進に向けて強力に取組を進めていく。

また、災害復旧に当たっては、再度災害の防止等に向けた改良復旧の取組を推進する。

さらに、農業の生産基盤の保全管理については、

① ダム、頭首工等の基幹施設は、省エネ化、集約・再編、ＩＣＴ等の新技術活用等を推進する。

ライフサイクルコストを縮減するとともに、突発事故の発生を防止するため、施設の管理水準の向上を図るとともに、行政の判断で迅速に対策を行うことができる仕組みを検討する。

② 用水路等の末端施設は、特に中山間地域では、草刈り、泥上げ等の共同活動が困難となっていくため、最適な土地利用の姿を明確にした上で、

ア) 開水路の管路化、畦畔拡幅、法面被覆等を推進する。

イ) 共同活動への非農業者・非農業団体の参画促進等を図る仕組みを検討する。

(5) 生産性の向上に資するスマート農業の実用化等

現行の基本法では、農業や食品加工・流通に関する技術について、研究開発や普及の推進を図る旨が規定されているが、

① 人口減少下においても生産力を維持できる生産性の高い農業を実現するため、スマート技術や新品種の開発

② 開発した技術や営業上の情報などの知的財産等の保護
③ 食品の生産から加工・流通までの無駄を省く食料システムの構築

等の施策を講じていく旨を位置付ける。

特に人口減少下においても生産水準が維持できる生産性の高い食料供給体制を確立するため、

① スマート技術等の新技術について、国が開発目標を定め、農研機構を中心に、産学官連携を強化し開発を進めると同時に、
② 生産者・農協、サービス事業体、機械メーカー、食品事業者、地方自治体等、産地・流通・販売が一体でスマート技術等に対応するための生産・流通・販売方式の変革（栽培体系の見直し、サービス事業体の活用等）などの取組を促進する

仕組みについて検討する。

また、知的財産等の保護・活用の強化に向けて、

① 育成者権管理機関等を通じた新品種の保護・活用と開発の推進
② 知的財産等を戦略的に活用できる専門人材の育成・確保等を通じた知的財産マネジメント能力の強化

などの必要な施策を講ずる。

(6) 家畜伝染病、病害虫等への対応強化

現行の基本法では、家畜伝染病、病害虫等への対応について具体的な規定がないが、家畜伝染病や病害虫の侵入・まん延リスクが高まる中で、効果的に動植物検疫を実施する体制や、予防を重視した生産現場での防疫体制を構築する。

具体的には、

① 家畜防疫官・植物防疫官の体制の充実や、ＩＣＴ技術等の活用による効果的な検疫体制の構築と厳格な水際措置の実施
② 家畜診療所等における産業動物獣医師の確保や、遠隔診療等による適時適切な獣医療の提供、データに基づく農場指導等による飼養衛生管理水準の向上
③ 病害虫発生予測の迅速化・精緻化や防除対策の高度化等による総合防除体系の構築

等の施策を講ずる。

4 農村の振興（農村の活性化）

農村の活性化を図る上で重要な課題である「しごと」「くらし」「活力」「土地利用」の観点から、以下の施策を推進する。

① 多様な人材の呼び込みに必要な農村の「しごとづくり」を強化するため、地産地消・六次産業化や農泊など地域の資源を活用した農山漁村発イノベーションを推進するとともに、関係人口も交えて地域に根ざした経済活動が安定的に営まれ

るよう、官民共創の仕組みも活用しながら伴走支援を行う。

② 複数集落エリアで農地保全や生活環境支援等に集約的に取り組むなど、農村の「くらしづくり」を担う農村ＲＭＯについて、特に中山間地域の小規模集落向けに形成を図る。

③ 中山間地域等において、棚田の振興など地域に「活力」を創出するための社会貢献やビジネスの展開を図る企業の活動を後押しし、企業と地域との相互補完的なパートナーシップの構築を推進する。

④ 中山間地域における農地保全のための地域ぐるみの話合い、農地の粗放的な利用、基盤・施設整備等にきめ細やかに取り組めるよう支援し、農村の持続的な「土地利用」を推進する。

また、こうした課題に対して、地域資源やＡＩ、ＩＣＴ等のデジタル技術を活用し、解決に向けて活動する「デジ活」中山間地域での取組を、農林水産省が中心となり、関係府省と連携して支援する。

これらの施策のうち、六次産業化や農村ＲＭＯについては、現行の基本法では、具体的な規定はないが、地域コミュニティの維持に必要不可欠な取組である旨を位置付ける。

そのほか、現行の基本法では、具体的な規定はないが、

① 鳥獣被害が農村における生産と生活の課題となる中で、鳥獣被害対策に取り組んでいく旨を位置付け、効率的な捕獲や侵入防止対策とジビエ利用の推進を図る施策を講ずる。

② 障害者を始めとする多様な人々の社会参画と同時に、これを通じた地域農業の振興が期待される中で、農福連携に取り組んでいく旨を位置付け、必要な施策を講ずる。

5 みどりの食料システム戦略による環境負荷低減に向けた取組強化

農業者、食品事業者、消費者等の関係者の連携の下、生産から加工、流通・販売まで食料システムの各段階で環境への負荷の低減を図ることが重要であることを踏まえ、環境と調和のとれた食料システムの確立を図っていく旨を、基本法に位置付ける。

その際、農業及び食品産業における環境への負荷の低減に向けて、みどりの食料システム法に基づいた取組の促進を基本としつつ、

① 最低限行うべき環境負荷低減の取組を明らかにし、各種支援の実施に当たっても、そのことが環境に負荷を与えることにならないように配慮していく。

② 更に先進的な環境負荷低減への移行期の取組を重点的に後押しするとともに、これらの取組を下支えする農地周りの雑草抑制等の共同活動を通じて面的な取組を促進する仕組みを検討する。

③ 食料システム全体で環境負荷低減の取組を進めやすくなるよう、以下の施策を講ずる。

ア）環境負荷低減の取組の「見える化」の推進

イ）脱炭素化の促進に向けたJ－クレジット等の活用

ウ）食品事業者等の実需者との連携や消費者の理解の醸成

6　多面的機能の発揮

日本型直接支払については、農業・農村の人口減少等を見据えた上で、持続可能で強固な食料供給基盤の確立が図られるよう、まずは、

①　中山間地域等直接支払については、引き続き地域政策の柱として推進するとともに、農業生産活動の基盤である集落機能の再生・維持を図るため、農地保全やくらしを支える農村RMO等の活動を促進する仕組みを検討する。

②　多面的機能支払・環境保全型農業直接支払については、

ア）草刈りや泥上げ等の集落の共同活動が困難となることに対応するため、市町村も関与して最適な土地利用の姿を明確にし、活動組織における非農業者・非農業団体の参画促進や、土地改良区による作業者確保等を図る仕組みを検討する。

イ）先進的な環境負荷低減への移行期の取組を重点的に後押しするとともに、これらの取組を下支えする農地周りの雑草抑制等の共同活動を通じて面的な取組を促進する仕組みを検討する。

これらとともに、地域計画を始めとする人・農地関連施策やみどりの食料システム戦略との調和などを図る。

7　関係団体等の役割

現行の基本法では、特に規定がないが、人口減少や環境問題・気候変動等に対応しながら、地域農業・農村を維持し、食料安全保障を確保するためには、食料・農業・農村に関わる関係団体が、農業者・食品事業者等の経営発展、地域農業・農村の維持・発展を図るため、その役割を適切かつ十分に果たしていく必要があり、その取組を後押しすることを位置付ける。

なお、土地改良区については、農業水利施設の保全管理など求められる機能を発揮するため、合併、土地改良区連合の設立等を進めることを通じて、土地改良区の運営基盤の強化を図る。

また、食料安全保障の確保と食料・農業・農村の振興に向けて、農業関係団体のほか、川中・川下の食品事業者・団体、消費者団体、地方自治体等、食料システムの幅広い関係者の連携強化を促す。

以　上

○食料・農業・農村政策審議会　答申

〔令和五年九月
食料・農業・農村政策審議会〕

目　次

第2部　分野別の主要施策

問題）

② 適正な価格形成のための施策

③ 食品産業の持続的な発展

④ バリューチェーンの創出、新たな需要の開拓

⑤ 食料消費施策、食品の安全

⑥ 輸出施策

⑦ 輸入施策

⑧ 備蓄施策

⑨ 世界の食料安全保障強化の観点からの国際協力の推進

2 農業分野

⑴ 食料・農業・農村基本法の農業施策の考え方

① 価格政策の見直し、望ましい農業構造の確立

② 家族農業経営を想定した効率的かつ安定的な経営

③ 生産基盤整備を通じた生産性の向上

⑵ 食料・農業・農村基本法制定後の情勢の変化と今後二〇年を見据えた課題

① 農業者や農業経営の動向

(ア) 基幹的農業従事者の急減、経営規模の拡大、法人シェアの拡大

(イ) 農業雇用の拡大、人材獲得競争の激化

② 生産性の停滞、生産性を飛躍的に向上し得るスマート農業等の実用化

③ 生産基盤の老朽化、管理の高度化

④ 食料の需給構造の動向

⑤ 知的財産の保護・活用の必要性やその認識の高まり

⑥ 気候変動、家畜疾病・植物病害虫リスクの増加、災害の頻発化・激甚化

⑦ 生産資材価格の高騰

⑶ 農業施策の見直しの方向

① 今日的な情勢での効率的かつ安定的な農業経営の位置付け

② 個人経営の経営発展の支援

③ 農業法人の経営基盤の強化等

④ 多様な農業人材の位置付け

⑤ 農地の確保及び適正・有効利用

⑥ 需要に応じた生産

⑦ 農業生産基盤の維持管理の効率化・高度化

⑧ 人材の育成・確保

⑨ 生産性向上のためのスマート農業等の技術や品種の開発・普及、農業・食関連産業のＤＸ

⑩ 農福連携の推進、女性の参画促進、高齢農業者の活動促進

⑪　知的財産の保護・活用の推進
⑫　経営安定対策の充実
⑬　災害や気候変動への対応強化
⑭　生産資材の価格安定化に向けた国産化の推進等
⑮　動植物防疫対策の強化

3　農村分野

(1)　食料・農業・農村基本法の農村施策の考え方
①　農村の総合的な振興
②　中山間地域への着目
③　都市住民の理解の増進の場としての農村、都市農業の振興

(2)　食料・農業・農村基本法制定後の情勢の変化と今後二〇年を見据えた課題
①　農村の人口減少の加速化
②　農地の保全・管理のレベル低下の懸念
③　集落の共同活動、末端の農業インフラの保全管理の困難化
④　中山間地域等における集落存続の困難化
⑤　鳥獣被害

(3)　農村施策の見直しの方向
①　人口減少下における末端の農業インフラの保全管理
②　人口減少を踏まえた移住促進・農村におけるビジネスの創出
③　都市と農村の交流、農的関係人口の増加
④　多様な人材の活用による農村の機能の確保
⑤　中山間地域における農業の継続
⑥　鳥獣被害の防止

4　環境分野

(1)　食料・農業・農村基本法の多面的機能及び環境に関する施策の考え方

(2)　食料・農業・農村基本法制定後の情勢の変化と今後二〇年を見据えた課題
①　農業が有する環境・持続可能性へのマイナスの影響への関心の高まり
②　社会・経済面における農業の持続可能性の追求
③　食品産業における持続可能性の追求
④　持続可能性に係る消費者の意識と行動

(3)　環境に関する施策の見直しの方向
①　持続可能な農業の主流化
②　食料供給以外での持続可能性
③　持続可能な食品産業
④　消費者の環境や持続可能性への理解醸成

第3部　食料・農業・農村基本計画、不測時における食料安全保障

1　食料・農業・農村基本計画、食料自給率

(1)　食料・農業・農村基本法における考え方

①　食料・農業・農村基本計画

②　食料自給率

(2)　食料・農業・農村基本法制定後の情勢の変化と今後二〇年を見据えた課題

①　基本理念と食料・農業・農村基本計画のかい離

②　食料自給率目標

(3)　食料・農業・農村基本計画等の見直しの方向

①　食料・農業・農村基本計画

②　食料自給率目標

2　不測時における食料安全保障

(1)　食料・農業・農村基本法における考え方

(2)　食料・農業・農村基本法制定後の情勢の変化と今後二〇年を見据えた課題

①　「指針」等の限界

②　「不測事態」であることのトリガーが不明確

③　不測時にかかる個別の対策及びその手続きの検証が不十分

④　制約を伴う義務的措置に関する財政的な措置等の検討

(3)　見直しの方向

①　食料安全保障確保体制の在り方

②　不測時に求められる措置の再検証

第4部　関係者の責務、行政機関及び団体その他

1　農業者の経営管理の向上への努力

2　消費者の理解の必要性

3　関係事業者の役割の明確化

4　団体の役割等

5　食料システムを機能させるための団体の役割

第5部　行政手法の在り方

1　施策の効率化・安定的な運営

2　地域等の自主性・裁量性の高い施策、挑戦的な取組を促す施策

3　食料・農業・農村分野における農業者・農業団体等と民間企業やNPO等の連携の促進等

4　SDGsに貢献する持続可能性に配慮した施策の展開

5　食料・農業・農村に関する国民的合意形成のための施策

おわりに

はじめに

食料・農業・農村基本法（以下「現行基本法」という。）は、農業

基本法（以下「旧基本法」という。）制定後の急速な経済成長と国際化の著しい進展等に伴う農業生産の停滞や農村活力の低下、農業・農村に対する国民の期待の高まりなどを背景として、農業の発展と農業者の地位向上を目的とした旧基本法に代わり、国民から求められる農業・農村の役割を明確化し、その役割を果たすための農政の方向性を示すものとして一九九九年に制定された。

　現行基本法の制定から約二〇年が経過し、我が国の食料・農業・農村は、制定時には想定していなかった、又は想定を超えた情勢の変化や課題に直面している。途上国を中心として世界人口は急増し、食料需要も増加する一方、気候変動による異常気象の頻発化や地政学リスクの高まりにより、世界の食料生産・供給は不安定化している。また、我が国では長期にわたるデフレ経済下で経済成長が鈍化したのに対して、中国やインド等の新興国の経済は急成長した結果、世界における我が国の相対的な経済的地位は低下し、必要な食料や生産資材を容易に輸入できる状況ではなくなりつつある。国内農業に目を向けると、農業者の減少・高齢化や農村におけるコミュニティの衰退が懸念される状況が続く中、二〇〇九年には総人口も減少傾向に転じ、国内市場の縮小は避けがたい課題となっている。加えて、ＳＤＧｓ（持続可能な開発目標）の取組・意識が世界的に広く浸透し、自然資本や環境に立脚した農業・食品産業に対しても、環境や生物多様性等への配慮・対応が社会的に求められ、今や持続可能性は農業・食品産業の発展や新たな成長のための重要課題として認識されるに至っている。

　これらの我が国の食料安全保障にも関わる大きな情勢の変化や課題が顕在化した今、現行基本法に基づく政策全般にわたる検証・見直しを行い、国民生活の安定と安心の基盤を支える役割を将来にわたって担い得る食料・農業・農村政策の方向性を示すことが求められている。

　本審議会は、二〇二二年九月二十九日、農林水産大臣から「食料、農業及び農村に係る基本的な政策の検証及び評価並びにこれらの政策の必要な見直しに関する基本的事項に関することについて、貴審議会の意見を求める。」との諮問を受け、同日、基本法検証部会を設置し、同部会の下で検証・見直しを行ってきた。

　同部会は、二〇二二年十月から二〇二三年五月の八か月間で合計一六回開催し、現行基本法制定後の約二〇年間における農業構造の変遷や国際的な議論の進展等の情勢の変化、それを踏まえた政策の検証及び評価や今後二〇年程度を見据えた課題の整理、さらに、これらを踏まえて見直すべき基本理念や基本的な施策の方向性について、集中的に議論を行い、二〇二三年五月二十九日に中間取りまとめを公表した。その後、全国一一ブロックで地方意見交換会を実施するとともに、ウェブサイト等を通じた国民からの意見募集を行い、広く国民の皆様の声を聴きながら、最終的な取りまとめに向けて検討を進めた。

以下は、本審議会の考え方を答申として取りまとめたものであるが、食料・農業・農村に関する各般の施策を講じ、その実効性を高める上で、国民の理解と行動が必要不可欠である。本答申の公表により、農業・食品産業に関わる者・団体、関係行政機関のみならず、消費者を含めた国民的な議論が励起されることを期待したい。

第1部　食料・農業・農村施策全般

1　食料・農業・農村基本法制定の背景

現行基本法は、それまで農政分野の基本法であった旧基本法が制定された一九六一年から三〇年以上経過する中で、大きな変化を遂げた我が国経済社会や農業・農村をめぐる情勢を踏まえ、一九九九年に制定された。

(1)　農業基本法の掲げる政策目標と実勢のかい離

旧基本法は、農業の近代化・合理化により、農業と他産業の間の生産性や従事者の所得の格差を縮小させることが目的であった。その後、我が国の経済が想像を超える成長を見せる中で、農業と他産業の生産性には依然として大きな格差が残った。農村では、農業から他産業への労働力の流出が急増したが、機械化の進展や農地の資産的価値の高まりなどを背景に、農村に残る農業者の多くが兼業化し、農業構造の改善や自立経営の育成は進まなかった。

一方、旧基本法の狙いとは異なるが、兼業収入の増加により農業者と他産業従事者との所得格差が解消方向にあった。しかしながら、農村から都市に労働力、特に若年層の労働力が流出したことにより、社会減による農村人口の減少や高齢化等の問題が顕在化し、農業生産活動の停滞や農村活力の低下等の懸念が高まってきた。

(2)　国際的な農産物貿易の自由化の進展

旧基本法は、価格政策により農業者の所得確保を図ることとしていたが、輸入農産物との関係においては、価格政策だけでは競争力をカバーできない場合には、関税や輸入割当等の措置を講じることとし、バランスを保つこととしてきた。

我が国が工業製品の輸出等を通じて経済大国になった結果、諸外国から、内需主導型の経済への転換や、農産物市場の開放を強く要請された。一九八六年に開始されたウルグアイラウンド交渉では、それまでの輸入自由化の議論に加え、農業保護のための国内支持や輸出補助金の在り方が議論となり、その結果、輸出補助金の削減、国境措置について関税水準の引き下げや輸入割当等の関税化による段階的削減、国内の価格支持制度の保護水準の引き下げ等が決定された。また、一九八〇年代後半の日米農産物交渉においても、プロセスチーズや果汁等の農産物七品目や牛肉及びかんきつの輸入数量制限の撤廃等が合意された。

　このような一連の農産物貿易の自由化の流れの中で、価格支持等の貿易歪曲的な国内助成の見直しを行いつつ、輸入農産物との直接的な競争にも耐え得る農業経営や農業構造の確立が求められることとなった。

(3) 農業・農村に対する国民の期待の高まり

　上述のように、我が国の農業をめぐる状況は極めて厳しいものとなったが、当時の経済情勢においては、非効率な農業から国際的にも競争力のある製造業やサービス業に転換していくことはむしろ望ましい、中には、国内農業生産は不要であるという極端な意見も存在していた。

　一方で、国民がゆとり、やすらぎ、心の豊かさを今まで以上に意識するように変わってきている中で、農業・農村は健康な生活の基礎となる良質な食料を安定的に供給するだけでなく、国土や環境の保全、良好な景観の形成、文化の伝承等の多面的機能を発揮するという大きな役割を担うものとして、農業・農村に対する国民の期待が高まっていた。

　これら経済社会全体の情勢の変化の中で、国内外における新たな政策課題への対応の必要性の観点から、農業の発展と農業者の地位向上を目的とした旧基本法に代わり、国民視点に立って農業・農村の重要性・必要性を示す現行基本法を制定するに至った。

2 食料・農業・農村基本法の基本理念の考え方

　現行基本法では、以下の考え方や背景の下で、国民全体の視点から農業・農村に期待される役割として「食料の安定供給」と「多面的機能の発揮」があることを明確化しつつ、その役割を果たすために「農業の持続的な発展」と「農村の振興」が必要であることを基本理念として位置付けた。

(1) 食料の安定供給

① 国内生産の増大

　一九九八年には世界の人口は六〇億人に達し、将来的には、急増する世界人口に応じた食料を確保していくことについて不安視されていた。世界の食料需給と貿易に不安があることから、国の政策の第一の理念として、将来にわたって良質な食料を合理的な価格で供給することを掲げた。また、食料の供給については、国内の農業生産の増大を図ることを基本としつつも、すべての食料供給を国内の農業生産で賄うことは現実に困難であることから、輸入及び備蓄を適切に組み合わせて行わなければならないと明記した。

　国内農業生産の増大を図ることを基本とすることを明記することにより、農業の発展が国民の生命に不可欠な食料供給に重要な役割を果たしていることを確認した。

② 価格形成における市場原理の活用

現行基本法は、「消費のないところに生産はない」という考えのもと、食料の価格を市場メカニズムに委ねることとした。これにより、需給や品質評価を適切に反映して価格が形成され、価格がシグナルとなってそれらが生産現場に伝達されることを通じて需要に即した農業生産が行われ、国内農業生産の増大とこれを基本とした食料安定供給が可能となることが期待されていた。

③ 食料の安定供給と食料安全保障の関係

当時の経済状況では、総量として必要な食料を確保できれば、それを国民に供給していくことについては、民間の事業者が自立的に行うことができ、国民も経済的に豊かで、必要な食料を入手できる購買力があるという前提に立っていたと考えられる。つまり、平時においては、食料の安定供給さえ確保されれば食料の安全保障は確保できるという考えであった。

一方、国際貿易が極度に制限されるような不測の事態が発生した場合には、食料供給にも支障が生じ、国内でどう配分するのか、不足分をどう調達するのかという、生産、流通、販売全体にわたる取組が必要になることから、現行基本法においては、不測時における食料安全保障、と限定的な意味合いで食料安全保障という用語を用いている。

(2) **多面的機能の発揮**

農村において継続的に農業が営まれることにより、その外部経済効果として、国土保全、水源のかん養、自然環境の保全等の機能があることを明確にし、それを多面的機能と位置付けた。これにより、国内農業生産やそれを支える農村の重要性を位置付け、国内で農業生産を維持することの必要性を説明することが狙いであった。

多面的機能は、適切に農業が営まれていれば、当然に発揮されるものである一方、農業生産活動に伴う環境負荷等の外部不経済効果については言及していない。

(3) **農業の持続的な発展**

旧基本法においては、農業・農業者に関して、他産業の間の生産性や所得水準の格差を縮小させるという、農業・農業者の視点に立った政策目標を掲げていたが、現行基本法では、食料の安定供給と多面的機能の発揮という基本理念を実現するためには、農業の持続的な発展が必要、という国民の視点に立った農業の意義付けに変更した。

当時、旧基本法に基づく価格政策が市場を歪曲したことの反省やWTO農業協定に基づき価格支持政策の縮小が求められたことから、農産物の価格支持によって輸入産品との競争力を確保するという政策からの転換が必要であった。

こうした情勢も踏まえ、農業の持続的な発展を図るためには、効率的な生産により高い生産性と収益性を確保し、所得を長期にわたって継続的に確保できる経営体が、農業生産の相当部分を担う「望ましい農業構造」を実現することが重要であるとの考えの下、このような経営体を「効率的かつ安定的な経営」と定義し、育成すべき対象と位置付けた。また、そうした望ましい農業構造の実現に向けて、生産基盤整備の推進や、農業経営の規模拡大等を進めていくこととした。

このため、旧基本法において目的にも掲げられた農業の生産性向上、選択的拡大（需要に応じた生産への誘導）等の生産政策は、それ自体は否定されていないが、現行基本法においては、それ自体は目的として記述されず、条文上では、農業の生産性向上の手段は、農地の区画の拡大等の生産基盤整備のみが規定されている。

(4)　農村の振興

農村の振興は、旧基本法にその位置付けはなく、現行基本法で新たに位置付けられたものである。現行基本法では、農村は、農業が持続的に発展し、食料を安定供給する機能や多面的機能が適切に発揮されるための基盤たる役割を果たしていることを踏まえ、その振興が図られなければならないとした。

当時、我が国の経済発展に伴い、農村から都市への人口流出が進むとともに、高齢化が進行し、将来的に農村が、農業生産や農業者の生活の場としての機能を果たすことができなくなることが懸念されていたことから、農業の生産条件の整備や生活環境の整備によって、その振興を図ることが謳われた。

3　食料・農業・農村基本法制定後の食料・農業・農村をめぐる情勢の変化

(1)　国際的な食料需要の増加と食料生産・供給の不安定化

①　世界人口の増加

現行基本法が制定された一九九九年当時に約六〇億人であった世界人口は、二〇二二年には八〇億人を突破した。新興国や途上国を中心に依然として人口の急増が続いている。

人口増加に対応し、世界の食料需要も増加しているが、自然条件に左右される農業の特性上、豊凶による穀物生産量の変動によって、豊作時には膨大な在庫を抱え、不作時には価格が急騰する状況が繰り返されている。

また、二〇二二年のロシアのウクライナ侵略は、小麦等の主要生産国である両国の国際貿易の制限等を招くこととなり、世界的な不作同様の状況を人為的に作り出した。これらの不安定さは、経済的に豊かな先進国・新興国、貧しい途上国の配分の問題を背景に、途上国の飢餓等、世界的な食料安全保障に大きな影響を及ぼしている。

② 気候変動による異常気象の頻発に起因する生産の不安定化

世界的な食料生産の不安定化を助長しているのが、気候変動によって頻発する異常気象である。

地球温暖化の進展により、高温、干ばつ、大規模な洪水等の異常気象が頻発し、二〇〇〇年以降、毎年のように、世界各地で局所的な不作が発生している。

このような要因も相まって、数年毎に穀物価格の高騰と暴落を繰り返すようになり、小麦、大豆、飼料作物等を輸入に依存している我が国では、長期的かつ安定的な調達が困難になりつつあるなどの影響が顕在化している。

(2) 食料供給及び農業をめぐる国際的な議論の進展

貧困問題の解消や地球環境の保全等、持続的な社会・経済形成に向けた国際的な議論が進み、二〇一五年には、国連サミットにおいて、貧困、飢餓、気候変動等一七の目標からなるSDGsが採択された。このような国際的な議論の動向は農業や食品産業の在り方にも大きな影響を及ぼすようになっている。

① 食料安全保障に関する議論の進展

FAOは、途上国を含め世界規模で食料問題について議論された一九九六年の食料サミット等において、食料安全保障について、「全ての人が、いかなる時にも、活動的で健康的な生活に必要な食生活上のニーズと嗜好を満たすために、十分で安全かつ栄養ある食料を、物理的にも社会的にも経済的にも入手可能である」ことと定義した。また、例えば、フランスでは、地域圏に着目し、地域住民の誰もが良質で十分な量の食料が得られるようにする施策を推進するという考えの下で、FAOが定義する食料安全保障の達成を農業・食料政策の目的として採用している。

② 環境等の持続可能性に配慮した農業・食品産業に関する議論の進展

地球温暖化問題への対応や生物多様性の保全に向けた議論の中で、農業もメタンや燃料使用による二酸化炭素等の温室効果ガスの排出源であり、途上国を中心とした食料の増産は生物多様性の喪失等につながるという認識が高まったほか、一部のプランテーション的農業における強制労働や児童労働への批判も大きくなり、農業における人権侵害の問題も顕在化してきた。

このような認識の変化の中で、農業・食品産業についても、化学農薬・化学肥料等の使用低減、カーボンニュートラル、労働者の人権配慮といった、持続性の確保を基本とすべきという議論が進み、EUでは二〇二〇年にFarm to Fork戦略を策定するなど、世界各国で持続可能な農業・食品産業に向けた具体的な取組が進展してきている。

(3) 国際的な経済力の変化と我が国の経済的地位の低下

① 輸入国としての影響力の低下

現行基本法制定当時、我が国はＧＤＰ世界第二位の経済大国であり、一人当たりＧＤＰも世界九位と、世界で最も豊かな国の一つであった。しかしながら、その後、我が国では二〇年以上にわたるデフレ経済下で、経済成長が著しく鈍化したのに対し、世界的には中国やインド等の新興国の経済が急成長した。

その結果、二〇二〇年時点で、我が国のＧＤＰは世界第三位を維持しているが、一人当たりＧＤＰでは世界一三位まで低下しており、今後我が国の経済的地位は更に低下することが予想されている。

新興国等において、食料や肥料等の生産資材の需要が増加しており、食料・生産資材の輸入量も急増している。その結果、世界最大の農林水産物純輸入国は一九九八年時点では日本（シェア四〇パーセント）であったが、二〇二一年には中国（シェア二九パーセント）となっており、中国が食料貿易のプライスメーカーとなっている。

この中で、我が国が輸入に大きく依存している穀物、油糧種子、畜産物、肥料や飼料等の生産資材の買付けをめぐる競争が激化しており、世界中から必要な食料や生産資材を容易に輸入できる状況ではなくなってきている。

② 経済的理由による食品アクセスの問題

我が国の経済成長が停滞する中で、世帯所得も減少しており、我が国の世帯当たり平均所得は一九九七年から二〇一八年の間に約一八パーセント減少した。また、平均所得が減少する中で、所得二〇〇万円以下の世帯割合が増加している。このような状況の下、経済的理由により十分な食料を入手できない者が増加している。

③ 価格形成機能の問題

二〇年にわたるデフレにより、国内の農産物・食品価格はほとんど上昇しないまま推移している。消費者も低価格な食料を求めるようになる中で、安売り競争が常態化し、サプライチェーン全体を通じて食品価格を上げることを敬遠する意識が醸成・固定化された。生産コストが増加しても価格を上げることができない問題が深刻化し、二〇〇八年や二〇二一年に農産物や生産資材の価格が急騰した際にも製品価格に反映できず、事業継続にも関わる事態が生じている。

(4) 我が国の人口減少・高齢化に伴う国内市場の縮小

我が国の人口は二〇〇八年をピークに減少に転じ、二〇五〇年には約一億人程度まで減少すると見込まれるなど、世界が経験したことのない人口減少社会に突入していく。さらに、人口構成を見ても二〇二〇年には六五歳以上が三、六〇〇万人、総人口の二九パーセントに達し、二〇五〇年には総人口の三八パーセントを占めると予測されており、高齢化も急速に進んでいく。

① 国内市場の縮小

人口減少と高齢化により、一人当たり需要及び総需要の両方が減少することが見込まれ、国内の食市場が急速に縮小していくことが避けられない状況となっている。また、少子化や高齢化の進展により単身世帯が増えることも見込まれており、家庭で直接、又は調理を経て消費される生鮮食品から調理済み等の加工食品に需要がシフトすることが予想される。総世帯の一人当たり食料消費支出における生鮮食品の割合は、二〇一五年の二七・四パーセントから二〇四〇年に二一・〇パーセントと、四分の三程度に縮小すると見込まれる。

我が国の農業は、これまでもっぱら国内市場への供給を想定し、また、生鮮品を生産・販売する志向が強かった。このため、これまでの国内需要を想定した農業・食品生産を続けていくならば、農業の経済規模も急速に縮小していくおそれがある。

この国内市場の急速な縮小は、将来の事業拡大や投資の意欲を削ぐことにもつながると考えられる。

② 食料を届ける力の減退

食品流通は約九七パーセントをトラック輸送に依存しているが、トラックドライバー不足は深刻化している。二〇三〇年には輸送能力の約二割が不足し、トラックを含む自動車運転者の時間外労働の上限規制が適用される、いわゆる「二〇二四年問題」の影響とあわせて、輸送能力の約三割が不足する可能性もあるとの推計もあり、食品流通に支障が生じる懸念が高まっている。

また、国内市場の縮小の影響は、特に過疎地で顕在化・深刻化している。都市部と比べて生活環境の整備等が立ち遅れている山間地等で人口減少・高齢化が先行して進むことから、このような地域への配送や当該地域での小売等の採算が合わなくなり、スーパー等の閉店が進むこととなった。この結果、高齢者等を中心に食料品の購入や飲食に不便や苦労を感じる方、いわゆる「買い物困難者」等が増加している。このような食品アクセスの問題は、当初は中山間地等の問題として認識されていたが、現在では都市部でも発生し、まさに全国的な問題となっている。

③ 国際的な食市場の拡大

世界人口の増加に伴い、国際的な食市場は拡大傾向にあり、主要国の飲食料マーケット規模は二〇一五年から二〇三〇年にかけて一・五倍になると予測されている。特にアジア地域は、世界の経済発展の中心地であり、高所得者層の増加等により、日本食が受け入れられ、我が国の農産物や加工食品の需要も高まりつつある。二〇二一年には我が国の農林水産物・食品輸出が初めて一兆円を超えたが、更なる拡大の余地が見込まれる。現行基本法は、国民への食料の安定供給という観点から、国内市場を対象とした政策を想定していたが、我が国の農業生産の縮小を回避し、農業の持続的な発展を通じ、国内の食料の安定供給を確保するためには、国内市場だけでなく、海外市場も視野に入れた産業にしていく必要がある。

(5)　農業者の減少と生産性を高める技術革新

①　農業者の急減と経営規模の拡大

我が国の人口減少は、農村で先行し、農業者の減少・高齢化が著しく進展している。基幹的農業従事者（一五歳以上の世帯員のうち、ふだん仕事として主に自営農業に従事している者）は、二〇〇〇年の二四〇万人から二〇二二年には一二三万人と半減し、その年齢構成のピークは七〇歳以上層となっている。二〇年後の基幹的農業従事者の中心となることが想定される現在の六〇歳未満層は、全体の約二割の二五万人程度にとどまっている。

このような急激な農業者の減少の中で、農地等の受け手となってきたのは比較的規模の大きい農業経営であり、その中心は農業法人である。農地を引き受けてきた結果、二〇〇五年から二〇二〇年にかけて、経営耕地面積二〇ヘクタール以上の農業経営体は約三七パーセント、売上五千万円以上の農業経営体は約四二パーセント増加しており、このような一経営体当たりの経営耕地面積・売上高の拡大傾向は今後とも続くと考えられる。

②　スマート農業・農業DXによる生産性向上

現行基本法制定以降の約二〇年の間に、情報通信技術の進展やこれを支える通信インフラの整備等が進んだことを背景に、ロボット、AI、IoT等の先端技術やデータを活用したスマート農業の実用化、農業・食関連産業まで含めたデジタルトランスフォーメーション（DX）に関する技術等、農業の生産性向上や農産物の品質の安定等に資する技術革新が起きている。

(6)　農村人口の減少、集落の縮小による農業を支える力の減退

我が国の総人口は二〇〇八年をピークに既に減少に転じているが、農村では都市に先駆けて減少・過疎化が進んできた。その結果、集落機能の維持に支障をきたす事態も生じており、集落内の戸数が九戸以下になると用排水路の管理や農地の保全、伝統行事の開催等の集落が担ってきた共同活動が著しく減退するとの報告もある。

二〇五〇年には、人口九人以下の集落には約三〇万ヘクタール、高齢化率五〇パーセント以上の集落には約七〇万ヘクタールの農地が存在すると見込まれており、農村人口の減少や集落機能の低下は食料安全保障上のリスクとして認識されるべき課題となっている。

4 食料・農業・農村基本法制定後の情勢の変化と今後二〇年を見据えた課題

以上のような情勢の変化により、現行基本法の基本理念が前提としていた状況が大きく変わりつつあり、これに伴って現行基本法の基本理念で対応し得ない新たな課題も生じている。

(1) 平時における食料安全保障リスク

一九九〇年代の我が国は、世帯当たり所得が最大化した時代であり、国民は豊かで、所得の格差や貧困の問題が認識されることは比較的少なかった。しかしながら、その後非正規雇用の増加等により、低所得者層が増加しつつあり、経済的理由により十分かつ健康的な食事がとれない者等に食品を提供するフードバンクの取組が我が国においても広がりを見せ始めている。一方、我が国のフードバンクは、米国等と比べても歴史が浅く、今後の提供機能の拡大に向けた組織基盤の強化が課題とされている。

また、トラックドライバー不足が深刻化し、将来的な輸送能力不足が指摘される中、産地から消費地まで農産物・食品を輸送する幹線物流の持続性確保が課題となっているほか、買い物困難者等の食品アクセスに困難を抱える者が全国的に増えつつある。

このように、平時において、食品アクセスに困難を抱える国民が増加傾向にあり、平時から食料を確保し、すべての国民が入手できるようにするというＦＡＯの定義する食料安全保障の問題に、関係省庁・自治体が連携して対応する必要がある。

(2) 食料安定供給に係る輸入リスク

現行基本法制定当時の食料や生産資材の供給は、何時でも、必要な量を、安価に輸入できるという前提に立っていた。

しかしながら、世界的な食料需要が高まる一方で、異常気象等による不作が頻発し、また、中国のような経済力のある食料の輸入大国が新たに現れる状況において、輸入価格は上昇し、安定的な輸入にも懸念が生じている。

このため、輸入に依存する農産物や生産資材の国内生産の効率的な拡大に一層取り組むとともに、輸入の安定化や備蓄の有効活用等に取り組む必要がある。

(3) 適正な価格形成と需要に応じた生産

現行基本法においては、従前の価格政策を見直し、農産物の価格形成を市場に委ねることによって、農産物の価格に需給事情や品質の評価を適切に反映させ、もって需要に応じた農業生産が行われることを期待した。

しかしながら、他品目に比べ、農外収入が大きく、兼業主体の生産構造からの転換が進まなかった稲作をはじめ、生産側は、必ずしもその需要に合わせた対応ができておらず、実際には、農産物市場の動向だけで農業者の経営が変更されることはなかった。

また、長期にわたるデフレ経済の中で、価格の安さによって競争する食品販売が普遍化し、その結果、価格形成において生産コストが十分考慮されず、また、生産コストが上昇しても販売価格に反映することが難しい状況を生み出している。

このような反省から、適正な価格形成が行われるような仕組みの構築を検討するとともに、需要に応じた生産を政策として推進する必要がある。

(4)　農業・食品産業における国際的な持続可能性の議論

現行基本法制定以降の二〇年間で、温室効果ガスによる気候変動等の影響がより顕著に現れるようになり、様々な分野で環境への配慮等の持続性の確保を基本とすべきという議論が進展した。今やあらゆる産業において「持続可能性」は重要な行動規範として浸透しつつある。

世界の農業・林業・その他土地利用由来の温室効果ガス排出は排出全体の二三パーセント（二〇〇七—二〇一六年平均）を占めることから、温室効果ガスの排出削減や土壌・水資源の保全等の観点から、農業を一層環境と調和の取れたものに転換していく方向が国際的にも主流となっている。

食品産業も、環境や人権に配慮して生産された原材料を使用する、食品ロスを削減するなど、持続性の確保に向けた取組が求められるようになった。二〇一七年にＴＣＦＤ（気候関連財務情報開示タスクフォース：二〇一五年十二月にＧ20の要請を受けた金融安定理事会によって設置）が公表した提言では、企業に対して気候関連の情報開示を推奨し、開示の基礎となる枠組みを提示しているが、既にこれを企業評価の方法として取り入れる動きがある等、ビジネスにおいても持続可能性の確保の取組が企業評価やＥＳＧ投資等を行う上での重要な判断基準となりつつある。

今後、国内外の市場において環境や人権等、持続性に配慮していない農産物・食品は消費者・事業者に選ばれなくなることや、持続性に配慮していない食品産業等は資金調達がしにくくなること、諸外国の規制・政策が持続可能性により重点を置くものに移行することが想定されることを踏まえ、我が国としても、慣行的な農業・食品産業で十分とせず、環境等に配慮した持続可能な農業・食品産業を主流化していく必要がある。

また、温室効果ガスの吸収や生物多様性の保全といった農業分野が有する効果についても評価をしながら、民間投資の呼び込みにつなげる必要がある。

これらの持続可能な農業・食品産業に向けた取組を進めていく上で、消費者・事業者の理解と行動変容が不可欠である。

(5) 海外も視野に入れた市場開拓・生産

現行基本法制定当時の我が国の食市場は世界有数の大マーケットであり、国内の農業・食品産業だけで供給を賄うことは困難であり、現行基本法は、いかに国内への食料の安定供給を確保するかという観点から、政策の基本的な方向性も国内市場に向いていた。

しかしながら、人口減少とともに国内市場の縮小が避けられない状況において、国内市場のみを指向し続けることは、農業・食品産業の成長の阻害要因となる。

一方で、輸出は堅調に増加していることから、今後、国内需要に応じた生産に加え、輸出向けの生産を増加させていくことは、農業・食品産業の持続的な成長を確保し、農業の生産基盤を維持していく上で極めて重要である。

持続的な成長とリスク分散、農業の生産基盤の維持の観点から、国内市場だけでなく海外市場も視野に入れた農業・食品産業への転換を推進する必要がある。

(6) 人口減少下においても食料の安定供給を担う農業経営の育成・確保

農業者が大幅に減少することが予想される中で、現在よりも相当程度少ない農業経営で国内の食料供給を担う必要が生じてくる。このため、農地の集積・集約化に加え、農業経営の基盤強化が求められる。

また、これらにあわせ、省力化を含めた生産性の向上も不可欠となることから、この二〇年間で普及しつつあるロボット、ＡＩ、ＩｏＴ等の先端技術やデータを活用したスマート農業等の新技術や新品種を活用し、生産性を重視する農業経営が必要となっている。

今後、離農する経営の農地の受け皿となる経営体や、付加価値向上を目指す経営体が食料供給の大宗を担うことが想定されることから、これら経営体への農地の集積・集約化に加え、安定的な経営を行うための経営基盤の強化や、限られた資本と労働力で最大限の生産を行うための生産性の向上が求められる。

生産性向上が期待されるスマート農業等の新技術や新品種の導入を推進し、食料の安定供給の役割を担う、経営的にも安定した農業経営を育成する必要がある。

⑺　**農村における地域コミュニティの維持や農業インフラの機能確保**

現行基本法は、農業者の所得向上とともに、都市より立ち遅れている農村の生活環境面の整備もあわせて推進していくことにより、農業者以外も含めた住民が農村に居住し、農業生産活動が継続的に行われていくという考えであった。しかしながら、農村の人口は今後急速に減少し、集落機能が維持できない地域も出てくることが見込まれており、これまで集落による共同活動により支えられてきた農業生産活動の継続性が懸念される状況となっている。

このため、地方自治体間の連携の促進、農業以外の産業との連携の強化、農村における生活利便性の向上等により、都市から農村への移住、都市と農村の二地域居住、地域内でのビジネスにおけるイノベーションの創造等によって農村と関係を持つ、いわゆる関係人口の増加により、農村コミュニティの集約的な維持を図っていくことが重要である。

一方、都市からの移住等は、農村の人口減少を完全に充足できるわけではなく、農村の人口減少は避けられない。各地域は、それぞれが置かれている状況等を踏まえ、地域の農業をどういう形でどう維持するのかを考える必要がある。その際、特に農村に一定の住民がいることを前提にこれまで地域で支えてきた末端の用排水路、農道等の農業インフラの保全管理等にどう対応するかを考える必要がある。

5　**基本理念の見直しの方向**

現行基本法の基本理念について以下のような論点から見直しを行うべきである。

⑴　**国民一人一人の食料安全保障の確立**

国民の視点に立って、食料安全保障を、不測時に限らず「国民一人一人が活動的かつ健康的な活動を行うために十分な食料を、将来にわたり入手可能な状態」と定義し、平時から食料安全保障の達成を図る。そのために以下を行う。

①　食料の安定供給のための総合的な取組

食料の安定供給については、国内農業生産の増大を基本としつつ、輸入の安定確保や備蓄の有効活用等も一層重視する。

②　全ての国民が健康的な食生活を送るための食品アクセスの改善

都市部を含めた買い物困難者等の解消に向けて、地域の食品製造、流通、小売事業者による供給体制を整えるほか、経済的理由により十分な食料を入手できない者を支えるフードバンク等の活動への支援等を通じて、食品への良好なアクセスを確保する。

③　海外市場も視野に入れた産業への転換

人口が減少し、国内市場が縮小する中で、農業・食品産業の食料供給機能の維持強化を図るために海外市場も視野に入れた産業に転換する。

④ 適正な価格形成に向けた仕組みの構築

消費者や実需者のニーズに応じて生産された農産物について、市場における適正な価格形成を実現し、生産者、加工・流通事業者、小売事業者、消費者等からなる持続可能な食料システム※を構築する。

※本稿において、食料システムとは、「農業、林業又は漁業、及び食品産業に由来する食品の生産、集約、加工、流通、消費及び廃棄に関するすべての範囲の関係者及びそれらの相互に関連する付加価値活動、並びにそれらが埋め込まれているより広い経済、社会及び自然環境を含むもの」をいう。（The Scientific Group for the UN Food Systems Summit（2021）「Food Systems - Definition, Concept and Application for the UN Food Systems Summit」より（仮訳）。）

(2) **環境等に配慮した持続可能な農業・食品産業への転換**

食料供給以外の、正の多面的機能の適切かつ十分な発揮を図るとともに、農業生産活動に伴う環境負荷等のマイナスの影響を最小限化する観点から、気候変動や海外の環境等の規制に対応しつつ、将来にわたって食料を安定的に供給できるよう、環境負荷や人権等に配慮した持続可能な農業・食品産業への転換を目指す。

(3) **食料の安定供給を担う生産性の高い農業経営の育成・確保**

今後、離農する経営の農地の受け皿となる経営体や、付加価値向上を目指す経営体が食料供給の大宗を担うことが想定されることを踏まえ、農地バンクの活用や基盤整備の推進による農地の集積・集約化に加え、これらの農業経営の経営基盤の強化を図るとともに、スマート農業をはじめとした新技術や新品種の導入を通じた生産性の向上を実現し、農業の持続的な発展を図り、安定的な食料供給を確保する。

(4) **農村への移住・関係人口の増加、地域コミュニティの維持、農業インフラの機能確保**

地方自治体間の連携の促進、農業以外の産業との連携の強化、農村における生活利便性の向上等を通じて、都市から農村への移住、都市と農村の二地域居住、地域内でのビジネスにおけるイノベーションの創造等によって農村と関係を持つ、いわゆる関係人口の増加を実現することにより、地域のコミュニティ機能を集約的に維持する。また、農村人口の減少により集落機能の低下が懸念される地域においても農業生産活動が維持されるよう、用排水路等の生産基盤の適切な維持管理を図る。

1 食料分野

(1) 食料・農業・農村基本法の食料施策の考え方

旧基本法が、農業の発展と農業者の地位向上を図ることを目的とするものであったのに対し、現行基本法は、国民全体の視点から政策を遂行することを重視し、食料の安定供給を確保するために、農業・農村政策が必要であると位置付けた。食料の安定供給に関する施策についても、当時の経済社会情勢を踏まえたものであるが、今日との情勢の変化の視点から、以下の点に留意する必要がある。

① 国民・消費者視点での政策への転換

国民視点に立った政策への転換の観点から、国民の生命の維持に不可欠な食料の安定供給を政策の第一の理念に位置付けた。

また、食料消費に関して、健康で豊かな食生活を実現するという視点の下、量だけでなく、安全かつ高品質な食料供給の確保を図り、消費者の合理的な選択に資する施策や、食料消費の改善のための施策を講じることを規定した。

さらに、食品は食品産業による加工・流通を経て消費者に届けられることから、農業だけでなく食品産業の発展のための施策を追加した。

② 食料の安定供給と食料安全保障の関係

現行基本法は、食料安定供給の主要な方法として、国内生産、輸入、備蓄を規定したが、当時の我が国の経済力等を考えれば、輸入により必要な食料を調達することは難しくないとみられていた。しかしながら、長期的には世界人口の増加等により、世界の食料需給がひっ迫することが予見されており、過度な輸入依存にはリスクがあることから、国内生産を基本とした食料供給を目指すことを明らかにし、輸入や備蓄と国内生産のバランスの取れた安定的な食料供給体制の構築を目指した。

むしろ、当時の状況では競争力のある輸入品の増加が国内生産を圧迫するおそれがあり、輸入の安定を図る一方、輸入の急増を抑えることを重視した。

なお、現行基本法においては、食料安全保障という用語は第十九条の「不測時における食料安全保障」にしか使用されていない。これは、当時の経済状況下において、消費者の購買意欲は旺盛であり、総量としての食料の安定供給を確保することにより、流通、小売を通じて、国民に広く食料を行き渡らせることを可能とし、食料安全保障も実現するという考え方であったため、平時の食料安全保障という概念は用いられていなかった。

一方、食料の輸入途絶や国内の大不作といった有事には、食料の安定供給が確保できないため、増産等の供給増の取組が必要になるほか、限られた食料を平等に配分するための流通規制を含めた総合的な対策が必要になる。したがって、不測時においては、危機対応のための総合的な食料政策を行うという意味で「食料安全保障」という用語が用いられた。

③　国内市場を主眼とした施策

現行基本法制定当時の我が国の国内市場は、諸外国からも参入を渇望される巨大かつ成長市場であった。一方、一部の品目を除いて国内生産のみでは国内需要を充足できないのが実態であり、いかにその需要を満たすかという観点の下、農業・食料生産に係る施策も国内を想定したものであった。なお、第十八条第二項に輸出に関する施策が規定されているが、これは輸出を通じて企業化マインドを醸成し、国内農業の活性化に資することなどを狙いとしており、輸出促進のための取組は実際には二〇〇五年頃から活発化した。

また、現行基本法は、政府が一定水準の価格を保障する価格政策からの転換を図り、価格は市場に委ねるという思想であった。その背景には、価格政策は、需給事情や消費者のニーズが農業者に的確に伝わりにくく、農業者の経営感覚の醸成の妨げとなっており、また、内外価格差の是正につながらないなどの反省があり、価格が需要の動向や品質に対する市場の評価を適切に反映し、生産現場に迅速かつ的確に伝達するシグナルとしての機能を果たすという考えがあった。

(2)　食料・農業・農村基本法制定後の情勢の変化と今後二〇年を見据えた課題

現行基本法制定以降、食料供給をめぐる内外の情勢は大きく変化した。その中には、政策の前提となる情勢が大きく変化したものと、政策の目的は変わらないが、目的の遂行についての考え方や実現手法が変化したものなど、多岐にわたる。

①　平時における食料安全保障

現行基本法制定時の経済社会情勢では、国民所得も高く、総量として国民全体への食料を確保することができれば、消費者の購買行動を通じて、十分かつ栄養のある食料を行き渡らせることができるという前提に立っていたと考えられ、FAOの定義する社会的・経済的な食料安全保障は大きな問題とは捉えられていなかった。

他方で、現行基本法制定後、諸外国においては、FAOの定義も踏まえつつ、食料安全保障に関する議論が進み、食料安全保障の定義や必要な施策についても検討されてきた。FAOによる定義に準じて、国民一人一人が十分かつ栄養のある食料を入手できることを農業・食料政策の目的として採用する国も出てきている。

以下のような現行基本法制定後の情勢の変化により、我が国においても、ＦＡＯの定義する食料安全保障の確保に支障が生じていると考えられる。

(ア)　食料安定供給に係る輸入リスク

まずは、輸入リスクの増大である。世界的な食料需要の増大が進む一方、気候変動問題が深刻化し、穀物等の主要輸出産地で干ばつや水害による不作が頻発し、その不作のたびに価格高騰が繰り返されるようになった。また、我が国は経済の低迷やデフレに苦しむ一方、世界的には経済成長が進み、海外の労働費や資材費が上昇し、食料や肥料等の輸入価格が上昇するようになった。我が国の経済が停滞する間に、世界最大の農林水産物純輸入国は中国となり、国際的な食品等の貿易は中国の影響を大きく受けるようになった。この中で買付けをめぐる競争が激化し、いわゆる「買い負け」現象も発生するなど、輸入を通じ、必要な量を安価に調達できる状況ではなくなりつつある。

このため、輸入に依存する農産物の国内生産の効率的な増大を図るとともに、平時から安定的な輸入確保及び備蓄の活用も一層重視し、食料安定供給を図っていく必要がある。

現行基本法では、輸入の急増による国内生産への影響を緩和する措置が規定されているが、このような輸入急増のリスクは今後とも存在することから、引き続き必要な措置が求められる。

一方、動物の疾病や植物病害虫の侵入により国内農業に悪影響を及ぼすリスクは、気候変動や国際的な人や物の移動の活発化等により、今後とも拡大していくことが危惧される。

また、現行基本法において肥料等の生産資材は、農業施策として国内における生産及び流通の合理化に限定した規定となっているが、一部の生産資材は多くを輸入に依存している現状に鑑み、その安定的な供給を図っていくことが不可欠である。

さらに、現行基本法では、食品産業と農業の連携の推進が規定されているが、世界的な食料需要の増加に伴う国際的な調達競争の激化等に鑑み、持続可能な食料システムを構築するため、生産サイドでは、実需者や消費者ニーズに応じた生産を推進するとともに、食品産業における国産原材料への切替えを促進するなど、引き続き必要な措置が求められる。

(イ)　食品アクセスの問題

次に、消費者が健康な生活を送るために必要な食品を入手できない、いわゆる食品アクセスの問題である。現行基本法制定時は、消費者の購買力と成熟した食品流通網によって国内に広く供給されており、消費者が食品にアクセスできない問題は大きく取り上げられていなかった。しかしながら、今日では、人口減少・高齢化等により、小売業や物流の採算がとれない地域が発生している。また、我が国の経済成長が停滞する中で、個人の所得も伸び悩み、低所得者層が増加している。

人口減少・高齢化が進行する地域を中心に、食品を簡単に購入できない、いわゆる「買い物困難者」等が発生しつつある。物流業界全体で人手不足が顕在化する中、最終的に商品を届ける区間に当たるラストワンマイル領域で、こうした問題が発生している。さらに、産地から集出荷場、貨物駅などへの輸送という、いわゆるファーストマイルについても課題がある。加えて、トラックを含む自動車運送業に係る「二〇二四年問題」によって物流コストの上昇は不可避であり、モノを届けられない問題はより深刻化することも考えられる。また、家計の経済的事情や家族を取り巻く状況変化が十分かつ健康的な食生活の実現に負の影響をもたらすといった問題も発生しており、福祉施策や孤独・孤立対策等を所管する関係省庁や自治体と連携しつつ、個人の食料安全保障の観点からの対応が求められる状況にある。

② 国内市場の縮小と海外市場の拡大

現行基本法制定時から二〇年間で人口減少と高齢化が大きく進展した結果、食品の総需要が減少している。今後も更に少子高齢化が進み、単身世帯や共働き世帯が増加することによって、家庭で調理する機会が減り、特に生鮮品の市場が急速に縮小していくことが予測されている。

これまで国内市場を対象としてきた事業者の中には、国内市場が縮小傾向にあることも背景に、自分の世代での廃業を考え、将来に向けた生産拡大や設備の更新等の追加投資を控えるなど、撤退モードに入っている者もいると考えられる。

一方、世界に目を向けるとアジアを中心に世界の食市場は急速に拡大しており、経済成長著しい新興国の国民所得が増大する中で、我が国の農産物や食品へのニーズが高まっている。

我が国がこれまで政府一体で進めてきた輸出を後押しする取組により、農林水産物・食品の輸出額は二〇〇三年の三、四〇二億円から二〇二二年には一兆四、一四〇億円となり、この二〇年間で大きく増加したが、未だ生産額に占める輸出額の割合は欧米の諸外国と比べて低位にある。

また、食品製造業の大半は中小企業であり、経営者の高齢化により事業継承の課題を抱える企業が多い。国内市場の縮小を見越し、経営状況に関わらず廃業する黒字廃業が続くおそれも考えられるが、食料には食品製造業による加工を経て消費者に届くものが多く、また地域の農林水産業と密接に関係し、地域の食文化を反映する加工食品も多いことから、食品製造業を次世代につなげていく必要がある。

今後、縮小が避けられない国内市場のみを想定した農業・食品産業では、その成長・発展を見込むことは困難である。農業・食品産業の持続性を確保し、農業の生産基盤の維持、食品産業の発展を図るためには、国内需要に応じた生産を行うことに加え、成長する海外市場も視野に入れた農業・食品産業への転換が必要であり、このため、農業者等に裨益する効果を検証しつつ、更なる輸出拡大のための対応をより一層進めていくべきである。

また、廃業する企業の製品や地域の食文化を継承する観点からも食品製造業の事業継承の円滑化や食品産業の体質強化を図るべきである。

③　リスク分析（リスクアナリシス）の考え方を導入した食品安全行政への移行

一九九〇年代に英国等でＢＳＥの発生が拡大したことなどを契機として、世界的に食品の安全の在り方が問われるようになった。この中で、世界の食品安全政策において、科学的な知見に基づいた食品の危害要因（ハザード）のリスク評価、リスク評価に基づくリスク管理、消費者等の関係者とのリスクコミュニケーションからなるリスク分析の考え方の重要性が改めて認識されるようになった。我が国では二〇〇三年に「食品安全基本法」が制定され、食品安全委員会の創設を含め、リスク分析の考え方に基づく食品安全行政の体制が整備・強化された。

また、Ｃｏｄｅｘ委員会が食品の安全性をより高めるシステムとして国際的にＨＡＣＣＰを推奨し、諸外国ではそれぞれの事情を踏まえてその制度化に取り組み、米国や欧州等ではＨＡＣＣＰベースでの食品安全管理が導入されている。我が国でも二〇一八年に「食品衛生法」を改正し、ＨＡＣＣＰに沿った衛生管理を原則、全ての食品等事業者を対象に義務化し、二〇二一年に完全施行された。

現行基本法制定時には、「食品安全基本法」の制定による食品安全行政の体制や政策立案・実施プロセス等の刷新は想定されていなかった。先進国を中心に、科学的知見に基づき各種の規制が導入され、食品を市場流通させるためには、その遵守が前提となるほか、民間の取引でもＦＳＳＣ二二〇〇〇

（食品安全マネジメントシステムに関する国際規格の一つ）等の高度な衛生管理を求められるようになっており、食品安全は産業の競争力と密接不可分となっている。

これらを踏まえれば、消費者への安全な食品の安定的な供給は引き続き重要であり、「食品安全基本法」に定められたリスク分析に基づく各種施策を今後も徹底する必要がある。

他方で、我が国と諸外国における食品安全や食品表示に係る規格・基準等の違いが、輸出の拡大の支障になっている場合があり、国際的なルールとの整合性の確保や我が国の事情を踏まえた国際規格・基準の設定等も視野に入れて対応していく必要がある。

④　デフレ経済下における価格形成機能

現行基本法制定時に想定していなかったことの一つは、我が国の経済の長期にわたる低迷であろう。この間、国民の所得は増大しないどころか実質賃金は低下し、モノの値段は上がらないデフレ経済が定着することになった。長期にわたるデフレ経済下で、低価格であることが、食品の販売競争の最大のアピールポイントとなり、生産・加工・流通・小売のフードチェーン全体において、食品価格を上げることを敬遠する意識が醸成・固定化された。

現在の農業・食品産業は、生産コストが上昇しても、それを販売価格に反映することが難しくなっており、結果として、総じて利益率の低い業態となっている。

これらを踏まえれば、小売業だけでなく流通、加工、生産まで、安売りのためコスト増の負担を反映しきれていないという実態を廃し、フードチェーンの各段階を通して適正な価格形成を行っていく必要がある。

その際、適正な価格形成のためには、農業者・農業者団体等は、コスト構造の把握等、適切なコスト管理の下で価格交渉を行い得るような経営管理が必要である一方、消費者や流通、小売等の事業者に生産にかかるコストが認識されることも不可欠である。

⑤　食品産業における国際的な持続可能性の議論

現行基本法制定以降の二〇年間で、温室効果ガスの排出増加による気候変動や、生物多様性の損失等、経済活動が及ぼす地球環境等への影響が深刻化し、あらゆる分野で持続性の確保を基本とした取組を行うべきという国際的な議論が進展した。

このような流れの中で、農業・食品産業について、温室効果ガスの排出削減や水質汚濁防止等、一層環境と調和の取れたものに転換していく方向が国際的にも主流化した。また、プランテーションにおける強制労働や児童労働等、環境に限らず労働者の人権への配慮等を求める声も高まりつつある。

持続可能な食料システムの構築のため、フードチェーンをつなぐ食品産業においても、持続可能な方法で生産された原材料を使用し、食品ロスを削減するなど、環境や人権に配慮した持続可能な産業に移行することが求められている。

また、人口増加に対応した食料供給や環境保護等の社会的課題の解決につながる新たなビジネスとして、世界的にフードテック市場が生まれつつあり、我が国としても、新技術の導入に際してのリスクコミュニケーションの確保に十分留意しつつ、食品企業等におけるフードテックといった新技術の導入等を推進していくべきである。

さらに、これらの持続可能な食品産業の取組を支え、推進する上で、その取組の価値を理解し、評価する消費者の存在も不可欠である。

⑥　国際協力の推進

現行基本法制定から二〇年以上が経過した今、人口増加や途上国の経済発展等の要因により、食料需給の構造が変化し、途上国を中心に食料不安が高まっている。直近では、新型コロナウイルス感染症の感染拡大やウクライナ情勢による世界の食料生産やサプライチェーンへの悪影響から、世界の食料需給がひっ迫し、肥料価格や食料価格高騰の懸念が生じている。

食料需給の安定化を通じた価格の安定化等を図り、世界的な食料安全保障に貢献するため、穀物輸入に依存しているアフリカ等の途上国における農業生産性の向上等の取組を一層推進する必要がある。また、食料や肥料等の農業資材の多くを海外に依存する我が国の食料安全保障の強化につなげるため、食料や農業資材の生産国との間で良好な外交・経済関係を構築する必要がある。

(3)　食料施策の見直しの方向

以上のような情勢の変化や課題を踏まえ、国民の視点に立って、食料安全保障を、不測時に限らず「国民一人一人が活動的かつ健康的な活動を行うために十分な食料を、将来にわたり入手可能な状態」と定義し、平時から食料安全保障の達成を図る。また、食料安全保障の観点から以下のような基本的施策を追加、又は現行基本法に規定されている食料の安定供給に関する施策の見直しを行うべきである。

①　食品アクセス（国民一人一人の食料安全保障、食品流通問題）

関係省庁・自治体等と連携し、国民全ての物理的・経済的・社会的側面での円滑な食品アクセスを確保するための施策を推進する。具体的には、産地から消費地までの幹線物流の効率化や、地域ごとに、様々な食品アクセスに関する課題や実態を把握し、その課題解決に向けて関係者や行政が連携する体制の構築を行う。また、消費地における地域内物流、特に中山間地域等におけるラストワンマイル物流の強化等、食品流通上の課題への対応を強化していくほか、移動販売等の地域に応じた買い物支援の取組を支援する。

さらに、国民の健康な食生活を確保する立場から食品関連事業者やフードバンク等の役割を明確にするとともに、フードバンクやこども食堂等の活動を支援する。

② 適正な価格形成のための施策

持続可能な食料供給を実現するためには、生産だけでなく、流通、加工、小売等のフードチェーンの各段階の持続性が確保される必要があり、また、これが実現することは消費者の利益にもかなうものである。こうした持続可能な食料供給を実現する上では、需要に応じて生産された農産物等の適正な価格形成が必要であり、その実現に向けて、課題の分析を行いつつ、フードチェーンの各段階でのコストを把握し、それを共有し、生産から消費に至る食料システム全体で適正取引が推進される仕組みの構築を検討する。

また、適正価格について、消費者や事業者も含めた関係者の理解醸成に向けた施策も必要である。

③ 食品産業の持続的な発展

食品産業の原材料調達先の多角化や国産原材料の利用促進、生産性の向上、輸出拡大、海外進出、事業継承の円滑化を推進し、その体質強化・事業継続を図ることによって、消費者に食品や豊かな食文化を提供するとともに、原材料調達や製造工程等において持続性に配慮した食品産業への移行を一層推進していく。

④ バリューチェーンの創出、新たな需要の開拓

国内市場の縮小や生産資材の高騰等、農業所得の確保への懸念が生ずる一方、健康維持・増進に寄与する食品等の機能性や、環境配慮等の持続可能性が新たな価値として認識され、そういった価値観の多様化は今後も進むと見込まれることを踏まえ、食品産業や観光業等の食に関わる多様な業態との連携やＤＸの推進など、新たな価値や市場の創造に向けた取組を推進する。

また、持続可能な食料供給の実現に資するバイオテクノロジーやデジタル技術等が発展していることを踏まえ、このような新しい技術の活用や新しいビジネスモデルの育成を促進し、新たな需要を開拓していく。

⑤ 食料消費施策、食品の安全

海外市場を見据えた農業・食品産業への転換や、安定的な

輸入確保を図る観点で、食品安全等のリスク管理措置や食品表示については、国際的に共通なリスク分析等の考え方も踏まえ、引き続き必要に応じて見直し・対応の強化を図っていく。

また、安全性の確保や環境に配慮した食品の生産等にはコストを要することについて、消費者理解の醸成を図る。さらに、消費者への適切な情報提供、食育等の推進も通じて、消費者自らが消費生活の必要な知識を習得し、必要な情報を収集することにより、理解を深め、持続可能な食料の供給に一層積極的に関与できるように促していく。

⑥　輸出施策

輸出を国内農業・食品産業の生産の維持・強化に不可欠な要素として位置付けた上で、農業者等に裨益する効果を検証し、国民にも示しつつ、輸出産地の形成や食品安全・環境に係る規制対応のための施設整備や技術指導、人材育成により供給力を向上させる。また、輸出品目ごとに生産から販売に至る関係者が連携し輸出の促進を図る品目団体や、輸出支援プラットフォーム等の海外拠点を活用し、海外の消費者・実需者のニーズを捉え、これに対応した食料システムを構築する。海外展開には一定のリスクも伴うことも踏まえ、商流開拓やリスク低減等についての支援を講じ、農業者・製造者が輸出に容易に取り組むことが可能な環境を整備する。

さらに、海外の食品安全・環境の規格・基準に輸出事業者が対応していく必要があるが、輸出の取組の裾野をより広げるため、また我が国の食料生産の持続可能性を高める観点からも、我が国の規格・基準の国際的なルールとの整合性の確保や我が国の事情を踏まえた国際規格・基準の設定等も視野に入れた対応を推進する。

⑦　輸入施策

輸入に伴う動物の疾病や植物病害虫の侵入リスクに対応した水際検疫の充実強化とともに、農産物や生産資材等の安定輸入のための海外の情報収集や事業者と政府の間での情報共有、海外生産・物流業、我が国への輸入に係る事業への投資拡大を促進する。また、輸入先との間で、政府間・民間事業者間で安定的な輸入に係る枠組み作り等を進める。

⑧　備蓄施策

食料安全保障の観点から備蓄制度を有効活用していくため、輸入に依存している品目・物資についても、国内需要、国内の生産余力や民間在庫、海外での生産や保管状況、海運等の輸送、特定国からの輸入途絶リスク、財政負担等も総合的に考慮しつつ、適切な水準を含め、効果的かつ効率的な備蓄運営の在り方を検討する。

⑨ 世界の食料安全保障強化の観点からの国際協力の推進

世界的な食料安全保障に貢献するため、途上国での食料生産を強化し国際的な需給安定化を図ると同時に、我が国への食料等の供給を行う途上国の生産拡大、二国間関係の強化、食料等の流通ルートの確保等に資する国際協力を推進する。

2 農業分野

(1) 食料・農業・農村基本法の農業施策の考え方

旧基本法は、農業従事者と他産業従事者の所得格差を縮小するなどの、農業・農業者視点に立った目的を掲げていたのに対し、現行基本法は、国民全体の視点から政策を遂行することを重視した。農業政策についても、国際情勢の変化を踏まえつつ、食料の安定供給と多面的機能の発揮という基本理念の実現のための施策として位置付けられたものであるが、以下の点に留意する必要がある。

① 価格政策の見直し、望ましい農業構造の確立

旧基本法では、他産業との所得格差の是正等の目的実現に向けて、農業生産の選択的拡大や生産性の向上、農業経営の規模拡大等のための施策を総合的に講じていくこととされた。しかしながら、米を含む多くの品目で導入された価格政策は、農業所得の確保に強く配慮した運用がなされた結果、需給事情や消費者のニーズが農業者に的確に伝わりにくく、需給のミスマッチを招いた面があった。また、農業構造の改善を制約するといった課題もあり、選択的拡大や構造改善といった施策の効果も十分に発揮されなかった。

また、一九九五年のWTO農業協定の発効も、我が国の価格政策を見直す要因の一つとなった。WTO協定下では、加盟国は農産物の価格支持の削減や国境措置水準の引下げが求められ、国際的に農業支援策も生産を刺激しない補助（デカップリング）を導入する動きがみられるようになった。

そのため、現行基本法においては、これらの反省や国際情勢の変化を踏まえ、農産物価格が需給事情や品質の評価を適切に反映して形成されるようにし、もって需要に即した農産物の供給を図るという考えのもと、価格政策の見直しを行うとともに、効率的かつ安定的な農業経営が生産の大宗を担う農業構造を確立するという方向性を打ち出した。

② 家族農業経営を想定した効率的かつ安定的な経営

一九九六年九月に取りまとめられた「農業基本法に関する研究会報告」では、旧基本法制定当時、農業の対象が生物であり完全な機械化が困難であること、また季節性があり常時大量の雇用労働力を使用することは困難であることから、農業においては土地と資本と労働を完全に分離するような資本主義的な経営の存立は困難であり、家族を主体とする農業経

営に変わらないだろうと想定がされていた。また、現行基本法の制定時においても、我が国農業は従前から家族農業経営を中心に展開されており、今後もその傾向は変わらないと考えられていた。

このため、現行基本法では、効率的かつ安定的な農業経営とは、「主たる従事者の年間労働時間が他産業並の水準であり、主たる従事者の一人当たりの生涯所得が他産業従事者と遜色ない水準の経営」を指しているが、これは農業所得で生計を立てる経営を意味しており、こうした効率的かつ安定的な農業経営は、専業農家を中心とする個人事業主が主として担うことが想定されており、また、これらの農業経営に関し、資本装備の充実や経営管理能力の向上等を通じ、家族農業経営の活性化を図るとともに、その法人化を推進していくこととされた。

③　生産基盤整備を通じた生産性の向上

旧基本法において目的の一つとされた生産性の向上は、トラクターやコンバインといった農業機械の導入、生産基盤整備等による作業の効率化等の農業経営の近代化を通じて成し遂げるものと考えられていた。

現行基本法は、旧基本法で進められた農業機械やその技術体系が一定程度、全国的に普及した段階で制定されたものであり、その条文上、生産性の向上の手段として明記されているのは、農地の区画拡大等の生産基盤整備のみである。

(2)　食料・農業・農村基本法制定後の情勢の変化と今後二〇年を見据えた課題

現行基本法制定以降、農業をめぐる内外の情勢は大きく変化した。その中には、政策の前提となる情勢が大きく変化したものと、政策の目的は変わらないが、目的の遂行についての考え方や実現手法が変化したものなど、多岐にわたる。

①　農業者や農業経営の動向

(ア)　基幹的農業従事者の急減、経営規模の拡大、法人シェアの拡大

我が国の人口減少や高齢化は、都市に先駆けて農村部において進行している。その結果、効率的かつ安定的な農業経営の主力と考えられる基幹的農業従事者については、二〇〇〇年の二四〇万人から二〇二二年には一二三万人へと、約二〇年間で半減した。二〇二二年の年齢構成を見ると、七〇歳代以上層が最も多く、過半を占めている一方、六〇歳未満は全体の二割にあたる約二五万人であることを踏まえれば、今後二〇年で基幹的農業従事者が大幅に減少することが確実であり、現状より相当少ない経営体で農業生産を支えていかなければならない状況にある。

一方、現状の品目別の生産構造をみると、二〇二〇年時点では、主業経営体（世帯所得の五〇パーセント以上が農業所得で、一年間に自営農業に六〇日以上従事している六五歳未満の世帯員がいる個人経営体）及び法人その他団体経営体の作付面積・飼養頭数ベースのシェアは、水稲作と果樹作では五割程度に留まっているものの、麦、豆、野菜や畜産等の多くの品目では七割から九割のシェアを占めており、既に多くの品目で主業経営体及び法人その他団体体経営体が農業生産の相当部分を担う構造が実現している。

また、農業現場では、離農する経営の農地等の引き受けが大きな問題となっており、現実に都府県では二〇〇〇年以降、経営耕地面積が五ヘクタール未満の経営体数は一貫して減少する一方、一〇ヘクタール以上層は一貫して増加している。特に二〇一五年から二〇二〇年にかけて、都府県では二〇ヘクタール以上、北海道では一〇〇ヘクタール以上の経営体が大きく増加しており、これら農地の受け皿となる経営体に農地が集積していく傾向が確認されている。なお、このような農地の受け皿となる経営体は事業規模も大きくなり、それに応じた資本と労働力が必要となることから、家計と経営が分離された法人形態による経営が多くなっている。二〇二〇年において、このような農業法人その他団体経営体が、経営耕地面積では二三・四パーセント、売上高で三七・九パーセントを担うに至っている。

農業従事者が大幅に減少することが予想される中で、現在よりも相当少ない農業経営で国内の食料供給を担う必要が生じてくることから、今後、離農する経営の農地の受け皿となる経営体や、規模の大小に関わらず付加価値向上を目指す経営体が、食料供給の大宗を担うことが想定される。

これらの経営体を育成・確保していくことが求められるが、家族経営に多くみられる個人経営は、家計と経営が分離されていないケースが多く、特に経営継承の観点から持続性に課題を抱えている。

個人の農業経営体が減少する中、比較的規模拡大を進めやすい法人経営体について、離農する経営の農地の受け皿としての役割はより大きくなっていくと考えられる。その際、これら法人経営体に求められることは、強い経営基盤を持ち、食料供給を継続的かつ安定的に行うことである。しかしながら、農業法人の財務基盤について、資本金一千万円以上一億円未満の中規模の製造業や建設業等の他産業と比較すると、総じて

・自己資本比率が低く、借上金の依存度が高いことから、債務超過となるリスクが高い

・損益分岐点比率が高いことから、利益が薄い経営を行っており、収益性が低い

といった経営実態にあることが窺われる一方で、事業継続計画（ＢＣＰ）の策定率は他産業における中小企業と比べて低く、リスクへの対応は十分ではない。

(イ) 農業雇用の拡大、人材獲得競争の激化

離農する経営の農地等の受け皿となる経営体の多くは、雇用労働力なしに農業経営を拡大していくことは難しい。農業就業者全体は、一九九九年から約二〇年間で一一一万人減少し、二〇二一年には一八九万人となったが、このうち雇用者については、同じ約二〇年間で二四万人増加し、二〇二一年に五二万人となった。

他方で、我が国の総人口は二〇〇八年をピークに減少に転じており、二〇二〇年に約七、五〇〇万人であった生産年齢人口は二〇五〇年には三割減少し、約五、三〇〇万人になると予想されている。

農業分野の外国人労働者はここ一〇年間で二倍以上に増加し、二〇二一年時点で約四万人もの外国人が国内で農業に従事している状況もあるが、途上国の経済成長も見込まれる中で、継続的な外国人労働者の確保にも不安がある。

国内の生産年齢人口が今後、大幅に減少していくことが避けられない状況において、各産業で人材獲得競争が激化することが見込まれる。

現行基本法は、個人の農業者を想定し、効率的かつ安定的な経営を育成するための取組及び一般国民に農業の重要性を知ってもらうための取組を人材の育成及び確保に係る施策として規定している。

このような施策は引き続き重要であるが、今後、農業法人が増加する中で、雇用労働力の確保が事業継続の観点からも重要になっている。現行基本法は雇用労働力に関する施策については規定していないが、今後、農業分野で必要な雇用労働力の継続的な確保が課題となる中、食料安全保障の観点からも、農業の雇用労働力に関する施策を講じていくことが重要である。

② 生産性の停滞、生産性を飛躍的に向上し得るスマート農業等の実用化

農業者の減少・高齢化が進み、限られた農地で食料を安定的に供給していくためには、土地生産性や労働生産性を飛躍的に向上させていくことが求められるが、我が国においては過去二〇年間、土地利用型作物である米や小麦、大豆、労働集約型作物である施設トマトの単収は、諸外国と比べて低位で推移し、労働時間の削減も停滞している。

しかしながら、近年、ＩＴやロボット、デジタル技術等を用いた、農業機械の自動運転や遠隔操作等による省力化、高度な環境制御による品質の安定・向上、経営管理の高度化等を可能とするスマート農業技術が実用段階に入り、農業現場のみならず行政手続事務等も含めて、生産性を飛躍的に向上し得る環境が整備されつつある。

これらの技術の導入により、現行基本法制定時には想定できなかった省力化や更なる単収の増加、品質の向上・安定化、肥料や農薬、燃油等の経費の削減等が可能になっている。

しかしながら、スマート農業は、現時点では総じて設備の導入や維持管理に係るコストが高く、操作にも一定の技能を要する場合があるなどの課題もあり、スマート農業を導入しても、十分な稼働率が確保されなければ、むしろ経営を悪化させるおそれがある。

他方で、スマート農業技術を活用した次世代型の農業支援サービスを提供する事業体も出てきており、農業者がこれら事業体に農作業をアウトソーシングすることによって、農業者のスマート農業導入・運用に係る投資を抑えることも期待されているが、農業支援サービス事業体自体も、初期投資の負担や人材育成、安定した事業運営に必要な顧客確保のための農業者からの認知度向上等の課題を抱えている。

今後、生産性向上を実現するため、スマート農業技術の開発や地域での導入を推進するとともに、品種の開発・普及、基盤整備や規格策定・標準化等の環境整備、農業支援サービス事業体の育成、農業・食関連産業のＤＸ等の総合的な取組を通じて、生産から流通、販売におけるイノベーションを推進する必要がある。

③　生産基盤の老朽化、管理の高度化

農地や農業用用排水施設等の農業生産基盤は、食料の安定供給の確保や農業の生産性向上を図っていく上で極めて重要であるとともに、国土の保全や健全な水循環の維持・形成にも寄与しており、今後も効率的な整備と適切な維持管理が不可欠である。

しかしながら、これまでに整備されてきた施設の老朽化が進行し、パイプラインの破裂等の突発事故が二〇一〇年頃から近年顕著に増加しており、大規模施設の重大事故も発生している。

また、これまでの都市化の進展や集中豪雨の頻発化・激甚化等により、施設管理者は複雑かつ高度な維持管理を行うことが求められているが、農村人口や農地面積の減少により、施設操作等に係る人員や、土地改良区の賦課金収入の確保が困難となりつつあり、この傾向は今後より深刻化するおそれ

がある。

農業用用排水施設の維持管理の効率化・高度化や突発事故の発生防止に向け、農地面積や営農の変化を踏まえたストックの適正化、操作の省力化・自動化、適期の更新整備といったハード面での対応のほか、管理水準の向上、維持管理要員の確保・育成、土地改良区の運営体制の強化等、ソフト面での対応もあわせた総合的な対策が必要である。

④　食料の需給構造の動向

食生活の変化に伴い、一九六〇年代以降、消費者の食料需要は大きく変化した。二〇〇〇年以降は米の消費は引き続き大きく減少し、肉類は増加したものの、その他の品目の消費は中長期的に横ばい又は微増・微減傾向で推移しており、この二〇年間の傾向そのものは大きく変化していない。食料の消費形態をみると、生鮮食品の消費は減少する一方、加工食品の消費は増大しており、今後二〇年でそのトレンドは加速化することが見込まれている。

食料需要の傾向が大きく変わらない中で、生産側ではその需要にあわせて必ずしも十分に対応できていない。その背景として、特に稲作経営は、他品目と比べて農外収入が大きく、兼業主体の生産構造や他作物への転換が進まなかったことが要因の一つに挙げられる。

食料安全保障の観点からは、農地の有効利用が必要であるが、ニーズが減少する水稲中心の生産体制が維持され、増産が求められる小麦や大豆、加工・業務用野菜、飼料作物等の需要ある作物への転換が十分に進まず、主食用米の作付けという観点からの水田は余っているという現象が生じている。

食料安全保障に限らず、持続可能な農業や海外市場も見据えた農業に転換していく観点からも、需要に応じた生産は不可欠であることから、今後も品目ごとに需要に応じた生産を政策として推進していく必要がある。

⑤　知的財産の保護・活用の必要性やその認識の高まり

農産物の貿易自由化の流れの中で、我が国では農業の競争力強化のために、輸入品との差別化に向けた高品質化・ブランド化を重視し、これまで優れた品種や技術の開発・普及を推進してきた。その結果、世界的に高く評価されるジャパンブランドを確立するに至っている。

しかしながら、これまで我が国の農業界では、農業分野における知的財産としての価値に対する認識や、保護・活用に関する知識が十分ではなく、このことが海外や国内他産地への無断流出につながり、得られるべき利益を逸している事例も複数確認されている。

現行基本法には、知的財産に関する規定はないものの、今後、海外市場も視野に入れた農業への転換を目指していく中で、我が国農業の強みの源泉となっている知的財産を適切に保護・活用すること、そのために知的財産に係る法令に基づく審査・実行体制の充実等の実効性を高める取組を進めることは、我が国の農業競争力の維持・強化だけでなく、適切な対価を得ることを通じて、継続的な研究開発を行っていく上でも極めて重要な課題である。

⑥　気候変動、家畜疾病・植物病害虫リスクの増加、災害の頻発化・激甚化

温暖化等の国際的な気候変動は、我が国の気候や農業にも影響を及ぼすようになっている。我が国の年平均気温は一〇〇年あたり一・三度の割合で増加しており、二〇二〇年の年平均気温は統計を開始した一八九八年以降で最も高い値を記録した。高温によって農業分野では既に品質低下や栽培適地の変化等の影響が出ている。また、集中豪雨の増加等により、災害が頻発化・激甚化する傾向にあり、農作物や農地・農業用施設等に甚大な被害をもたらしている。

また、このような気候変動等に伴って、家畜の伝染性疾病を媒介する野生生物の分布域の拡大や、農作物の病害虫の発生地域の拡大等、疾病・病害虫の侵入・まん延リスクが拡大している。

気候変動や災害等に強い農業を構築していくことが求められている。このため、気候変動に適応する技術や品種の開発・普及、気候変動等の影響を考慮した作物の導入、生産基盤の防災・減災機能の維持・強化、疾病・病害虫の侵入・まん延リスクにも対応した水際及び早期発見・早期防除に係る対策の推進、農場の衛生管理や総合防除の徹底等の国内防疫対策体制の強化を図っていく必要がある。

⑦　生産資材価格の高騰

世界的な穀物需要の増加や豊凶変動等を背景に、化学肥料原料や飼料穀物等の生産資材価格が不安定化している。また、肥料原料価格や穀物価格は、それぞれ急騰した二〇〇八年や二〇二二年を除外しても、二〇〇八年以前より以降の方が平均的に高くなっており、中長期的にみても価格が上がっている状況にある。

一部の生産資材については原産地が特定の国や地域に偏っている場合もあり、国際的な我が国の経済的地位が低下する中で、今後、生産資材等の買付けに係る競争は更に激化することが見込まれている。

食料供給に欠かすことができない生産資材の確保は喫緊の課題となっている。このため、輸入に依存する生産資材の国産化や輸入の安定化に関する施策は重要であるものの、過度

な輸入依存は食料安全保障上のリスクを高める可能性もあることから、それぞれの資材の状況にあわせて、使用低減の努力に加え、国内資源の有効活用や備蓄の活用を効率的に進めていく必要がある。

(3) 農業施策の見直しの方向

以上のような情勢の変化や課題、①の「今日的な情勢での効率的かつ安定的な経営の位置付け」を踏まえ、食料安全保障の観点から②以下のような基本的施策を追加、又は現行基本法に規定されている農業に関する施策の見直しを行うべきである。

① 今日的な情勢での効率的かつ安定的な農業経営の位置付け

現行基本法は、効率的かつ安定的な農業経営が農業生産の相当部分を担う農業構造を確立することを掲げている。効率的かつ安定的な農業経営とは、個人経営か法人経営かといった経営形態やその経営規模によって規定されるものではなく、農業所得で生計を立てる経営を指し、こうした経営を育成する観点から、専ら農業を営む者や経営意欲のある者の経営発展を支援し、当時の我が国農業の主流であった家族農業経営を活性化するとともに、農業経営の法人化を推進していくという方針であった。

今後、農業従事者が大幅に減少することが予想される中で、現在よりも相当少ない農業経営体が食料の安定供給を担っていかねばならない状況にある。このため、引き続き、専ら農業を営む者や経営意欲のある者の経営発展を支援する観点から、離農する経営の農地の受け皿となる経営体や、規模の大小に関わらず付加価値向上を目指す経営体を育成・確保していくことが必要である。

② 個人経営の経営発展の支援

引き続き効率的かつ安定的な農業経営の相当数を占めると想定され、地域農業に欠かせない経営発展意欲のある個人経営について、今後もその経営発展を支援するとともに、農地をはじめとした経営基盤が第三者を含め円滑に継承されるための対策を講ずる。

③ 農業法人の経営基盤の強化等

将来にわたって持続的に食料供給を行うためには、離農する経営の農地の受け皿となる農業法人が、将来にわたり安定的に農業経営を継続していく必要があることから、その経営基盤強化のため、経営を行う上で標準的な営農類型ごとの財務指標の水準を整理し、効率的かつ安定的な農業法人像を明確化するとともに、その実現のための施策を実施する。

また、適正な価格形成を通じた経営発展・経営基盤の強化の観点から、原価管理を含めた農業者の経営管理能力の向上等を促進する施策を実施する。

さらに、集落における更なる農業者の減少を見越し、集落営農組織の法人化を進める。

④　多様な農業人材の位置付け

農地を保全し、集落の機能を維持するためには、地域の話合いを基に、

(ア)　離農する経営の農地の受け皿となる経営体や付加価値向上を目指す経営体の役割が重要であることを踏まえ、これらの者への農地の集積・集約化を進めるとともに、

(イ)　農業を副業的に営む経営体など多様な農業人材が一定の役割を果たすことも踏まえ、これらの者が農地の保全・管理を適正に行う

取組を進めることを通じて、地域において持続的に農業生産が行われるようにする。

⑤　農地の確保及び適正・有効利用

世界の食料事情が不安定化する中、我が国の食料安全保障を強化するため、食料生産基盤である優良な農地を確保するとともに、その適正かつ効率的な利用を図る必要がある。

また、農業者等による話合いを踏まえて、将来の農業の在り方や農地利用の姿を明確化・共有化し、その実現に向けて、農地バンクの活用や基盤整備の推進により農地の集積・集約化を進めていく。

その際、食料安全保障・地域の所得向上の観点に立って、地域の将来の農業の在り方を話し合い、どのような作物を効率的に生産していくかを決めていく必要がある。

⑥　需要に応じた生産

国産農産物に対する消費者ニーズが堅調であるなど、輸入品から国産への転換が求められる小麦、大豆、加工・業務用野菜、飼料作物等について、水田の畑地化・汎用化を行うなど、総合的な推進を通じて、国内生産の増大を積極的かつ効率的に図っていく。また、米粉用米、業務用米等の加工や外食等において需要の高まりが今後も見込まれる作物についても、積極的かつ効率的に生産拡大及びその定着を図っていく。

⑦　農業生産基盤の維持管理の効率化・高度化

ダム、頭首工等の農業用用排水施設等について、集約・再編、省エネ化・再エネ利用、ＩＣＴ等の新技術活用等を推進し、維持管理の効率化を図る。また、ライフサイクルコストを縮減するとともに、突発事故の発生を防止するため、ドローン、ロボット等も活用して施設の管理水準の向上を図るとともに、適期の更新整備を推進する。さらに、土地改良区の合併、区域拡大や事務連合の設立、多様な主体との連携等を促進することを通じて、その運営基盤の強化を図る。

⑧　人材の育成・確保

外国人労働者も含めた多様な雇用労働力の確保が重要であり、この観点から、労働環境の整備や地域内外での労働力調整に関する施策を行う。

また、雇用確保や事業拡大、環境負荷低減や生産性向上のための新技術の導入等の様々な経営課題に対応できる人材の育成・確保を図るため、農業教育機関等における教育内容の充実・高度化や、農業者のリスキリングを推進する。

加えて、農業の発展や地域の活性化のため、女性農業経営者等の地域のリーダーの育成や、地域の方針決定における女性の参画を推進する。

さらに、農業の生産から加工、流通を通じ消費者の手元に届くまでの過程やその課題への理解を深め、国産農産物や環境に配慮した食品等を積極的に選択する意識を事業者も含め国民に醸成するため、こどもから大人までの世代を通じた農業体験等の食育や地産地消といった施策を官民が協働して幅広く進めていく。

⑨ 生産性向上のためのスマート農業等の技術や品種の開発・普及、農業・食関連産業のＤＸ

スマート農業をはじめとして、生産性向上のために必要な技術や品種の開発・普及、これらに資するほ場の大区画化、情報通信環境等の基盤整備や人材育成、規格策定・標準化等の環境整備を進める。また、スマート農業等の先端技術の普及促進を図るため、これら技術を活用した作業代行等を提供する農業支援サービス事業体の育成・活用を推進する。

また、デジタル技術やデータを活用した生産性の高い農業経営を通じて、消費者ニーズに的確に対応した価値を創造・提供する農業を実現するため、農業・食関連産業のＤＸに向けた取組を進める。

上記の取組を通じ、生産から流通、販売におけるイノベーションを推進し、生産性向上を図っていく。

さらに、スマート農業や品種開発等、国際的な研究開発競争が激しい分野においては、産学官連携による研究開発の推進、研究開発型スタートアップの育成、民間の研究開発投資の充実を図っていく。

⑩ 農福連携の推進、女性の参画促進、高齢農業者の活動促進

障害者等の就労や生きがいづくり、新たな働き手の確保の観点から、農福連携の推進のための施策を行う。

農業分野における女性農業者及び高齢農業者の参画・活躍がますます重要となる中で今後も引き続きその推進を図っていく。

⑪ 知的財産の保護・活用の推進

我が国農畜産物のブランドや品質価値を守るため、「種苗

法」や「特定農林水産物等の名称の保護に関する法律」（地理的表示法）、「家畜遺伝資源に係る不正競争の防止に関する法律」等を通じて知的財産の保護を図る。これら知的財産に係る法令に基づく審査や実行体制の充実を図るほか、栽培技術等の営業秘密の管理、商標やＧＩ（地理的表示）を活用したブランド化等を含め、農業分野において知的財産を戦略的に活用できる専門人材の育成・確保を通じた知的財産マネジメント能力の強化を図る。

また、知的財産の創出や保護に係るコストを価格に反映し、適切なライセンス収入を得られるような知財ビジネスの普及を図るとともに、公的機関や中小種苗会社等の育成者権者の知的財産の保護・活用を促すための民間主体の育成者権管理機関の設立及びその取組を推進する。

⑫ 経営安定対策の充実

農業者の経営安定に向けた各種品目別の経営安定対策や、収入保険等のセーフティネット対策を引き続き講じていくとともに、普及・利用促進を行う。

⑬ 災害や気候変動への対応強化

気候変動や災害等に強い農業を構築していくため、気候変動に適応する技術や品種の開発・普及、気候変動等の影響を考慮した作物の導入、生産基盤の防災・減災機能の維持・強化を図る。

⑭ 生産資材の価格安定化に向けた国産化の推進等

輸入に依存する生産資材の場合、輸入価格の変動を受けやすいことから、できる限り価格変動による経営への影響を回避するため、生産資材ごとの状況に応じて輸入の安定化や備蓄に関する施策に取り組みつつ、使用低減の努力に加え、国内資源の有効活用を効率的に進めていく。輸入に大きく依存している肥料については、国内での使用削減や、堆肥、下水汚泥資源の利用拡大を積極的に図っていく。また、特に、肥料については、価格が急騰し、価格転嫁が間に合わない場合の影響緩和のための対策を明確化して対応していく。

飼料について、耕畜連携や飼料生産組織の強化等の取組による稲わらを含む国産飼料の生産・利用拡大を促進していく。

⑮ 動植物防疫対策の強化

気候変動による家畜の伝染性疾病や植物病害虫の国際的な広がりや国境を越えた物流・交通の活発化を踏まえ、疾病や病害虫の侵入・まん延リスクにも対応した水際及び早期発見・早期防除に係る対策の推進、飼養衛生管理や総合防除の徹底等の国内防疫対策の強化、これらに必要な技術開発を進める。

3 農村分野

(1) 食料・農業・農村基本法の農村施策の考え方

農村の振興は、現行基本法において、基本理念に位置付けられ、主要な施策として明記された。

① 農村の総合的な振興

旧基本法においては、都市に不足する労働人口を農村から移動させる一方、都市労働者との農工間の所得格差を是正し、あわせて農業者の生活改善を図っていくことが国土の均衡ある発展と考えられた。旧基本法制定後、技術進展から、田植機・コンバイン等の農業の機械化が進展し、農村人口の減少も相まってその普及が大きく進んだ。人手をかけずに兼業でも農業が営むことができる環境になったことに伴い、他産業への就職等による農村人口の減少が更に進行し、農業の構造改善への契機となった。

現行基本法では、農村に着目し、農村は農業生産の場であるとともに、農業者の生活の場であり、農業者が農村に居住し、農業生産が持続的に行われることによって、農業を通じた食料安定供給と多面的機能の発揮という国民の求める役割が果たされると整理した。当時、過疎問題等地方の人口減少が社会問題になっていたことから、持続的な農業生産活動が行われるよう、更なる人口流出を防ぐため、農村において、生産基盤の整備にあわせ、交通、衛生、文化等の生活環境の整備等によって、農村の振興を図ろうとした。

② 中山間地域への着目

旧基本法では、都市との所得格差を価格支持で埋めることとされていたが、現行基本法では、価格政策を見直し、効率的かつ安定的な農業経営が生産の大宗を担う農業構造の確立を目指した。

しかしながら、中山間地域等の条件が不利な地域においては、効率化に限界があり、平地地域の農業と同様な構造改善は困難であった。そのため、中山間地域等の農業の生産条件に関する不利を補正するための支援措置が必要とされた。

当時、EUにおいて条件不利地域への支援策として直接支払いが採用されており、これに着目し、現行基本法では、中山間地域等の農業の生産条件に関する不利を補正するための支援が第三十五条第二項に規定された。

しかし、実際に制度化された中山間地域等直接支払制度はEUのような個々の農業者への直接支払いだけではなく、集落活動をベースとした支払いとした。これは、①中山間地域等においては、起伏の多い地形から、平地のように個々の農業者が水路・農道等を含めた農地の管理をすべて行うことは困難、②集落は、その構成員のうちに兼業先での勤務により機械や土木等の多様な専門知識・技術を有する集団である、

③集落という集合体は、構成員が他の構成員の脱落をカバーできるという柔軟性・継続性を有しているなどの理由であった。

このように、我が国において、条件不利地域での営農継続の鍵を握るのは、集落機能と判断したことに留意することが重要である。

③　都市住民の理解の増進の場としての農村、都市農業の振興

現行基本法は、国民視点で農業・農村の重要性を位置付けるとともに、国民の農業・農村に対する理解と関心を深めることが重要であることを示した。また、国民が生活のゆとりを求めるようになったことなどを背景に、都市住民が農村を訪問して都市と農村の交流を深めることや都市に居ながらにして農業に触れる市民農園の整備等を施策として位置付けた。

また、都市農業は、新鮮な農産物の供給基地として重要であるだけでなく、良好な景観の形成、レクリエーションの場の提供、防災空間の確保等、都市住民の良好な生活環境の保全にも寄与することを踏まえ、その振興を図ることが謳われている。

(2)　食料・農業・農村基本法制定後の情勢の変化と今後二〇年を見据えた課題

①　農村の人口減少の加速化

現行基本法制定後の約二〇年の間で、我が国は世界の主要国に先駆けて人口減少社会に突入した。出生数の低下と高齢人口の増加は、特に農村で進行しており、将来的には、自然減による人口減少が加速化していくことが予想される。

農村の人口減少は、長期にわたる課題であったが、これまでは、農村から都市への人口流出による社会減を主として想定していた。このような社会減が原因の人口減少に対しては、生活環境の都市との格差の是正により、農村からの人口流出を押しとどめるインセンティブを与える対策が有効であった。

しかし、過疎地域では二〇〇九年以降、社会減より自然減が大きくなっており、今後、農村への移住等により社会減が一定程度緩和されたとしても、それを上回る規模で自然減が進行することが予想される。農村でも人口減少が特に著しい地域の多くでは、集落の存続が危惧されている。

今後、農業生産活動の持続性の視点からも、農業者、非農業者にかかわらず、一定の農村人口の維持を図ることが必要と考えられる地域については、新たな就業機会を確保するための農山漁村発イノベーションの推進、スタートアップの支援等を図るとともに、農村に人が住み続けるための条件整備や、地域資源やデジタル技術を活用し活性化を図る地域への後押し、それらを支える情報通信基盤の整備を効率的に図る

必要がある。また、自然環境やゆとりある生活空間を求める人々のニーズを踏まえて、都市から農村への移住、都市と農村の二地域居住を推進する。

② 農地の保全・管理のレベル低下の懸念

農業者が今後急速に減少していく中、相続未登記による所有者不明農地等も含め、営農が継続されない農地が増加することが懸念される。このような農地は、地域の農地の効率的な利用や適切な保全の妨げになるほか、耕作放棄された場合には周辺の農業者の営農の支障になるおそれがある。

農地を保全し、集落の機能を集約的に維持するためには、離農する経営の農地の受け皿となる経営体や付加価値向上を目指す経営体の役割が重要だが、農業を副業的に営む経営体や自給的農家が一定の役割を果たすことも踏まえ、これらの者も含めた地域の話合いによって、事前に、農地の集積・集約、農地・農業用水等の効率的な利用の調整、地域の作付品目の検討等を進め、適切な農地の保全・管理を行い、農村地域のレジリエンスを高めつつ、円滑な継承につなげていくことが重要である。

③ 集落の共同活動、末端の農業インフラの保全管理の困難化

末端の用排水路や農道等は、農業生産の基盤であるとともに、雨水排水や交通等生活の基盤ともなっており、その泥上げや草刈り等の保全管理作業については、農業者だけでなく農業者の地縁・血縁者を中心とした非農業者を含む地域住民が共同活動により担ってきた。

農村の人口減少に伴い、集落内の戸数・人口が減少し、集落の小規模化も進展している。集落が小規模化すると、農業用用排水路や農地の保全、伝統的な祭・文化・芸能の保存等の集落活動の実施率が低下するという研究結果もあるが、二〇五〇年には「人口九人以下」の小規模集落が全集落の一割を超え、特に、山間農業地域では三割を超えることが見込まれている。このように集落規模の縮小が進む中、二〇五〇年には、人口九人以下になると想定される集落に存在する農地面積は約三〇万ヘクタール、その予備軍となり得る高齢化率五〇パーセント以上の集落に存在する農地面積は約七〇万ヘクタールに達すると推測されている。これらの農地を有する集落では、共同活動の実施率は更に低下し、農業生産や農村生活に大きな影響を与えることが懸念される。

このため、農村人口の減少によって、これまで集落による共同活動により保全管理していた末端の用排水路や農道等の農業インフラ機能の維持が困難となる問題は、食料安全保障に関わる深刻な課題となる。

今後も人口減少・高齢化が農村を中心に進行する状況にお

いて、地域の農業の持続性を確保していくためには、効率的かつ安定的な農業経営体とともに、農業を副業的に営む経営体や、自給的農家、農業者の地縁・血縁者等も含めた伝統的な地域コミュニティによる共同活動を、可能な範囲で継続していくことが重要である。

　また、人口減少により、従来の地域コミュニティによる共同活動が困難となる地域では、他地域から移住し、農業生産活動に取り組みつつ、農業以外の事業にも取り組む者、地域資源の保全・活用や地域コミュニティの維持に資する取組を行う者等、多様な形で農に関わる者を確保することも必要である。

　特に、末端の農業インフラの保全管理を持続的に行い得るか否かは、食料の安定供給に関わる問題であり、食料安全保障上のリスクである。また、その地域で営農を継続する農業者の経営にも直結する問題でもあることから、農業者の減少、農地所有者（土地持ち非農家）の不在村化や代替わりが進行し、これまでの共同活動が困難となるなどのリスクを踏まえ、各地域において管理の在り方を明確にしつつ、農業インフラの保全管理コストの低減を図るなどして、その機能を維持していく必要がある。

④　中山間地域等における集落存続の困難化

中山間地域は、平地地域と比べて農業の生産条件が不利であるものの、耕地面積、農家数、農業総産出額について全国の約四割を占めており、現行基本法制定以降もその割合はほぼ変化しておらず、我が国農業・農村の中で重要な役割を果たしてきている。

　一方、中山間地域では、人口減少・高齢化が平地地域に先駆けて顕著に進行している。二〇一五年時点で、山間農業地域では人口が一九九五年比で二六パーセント減少し、高齢化率は三八パーセントとなっている。また、中間農業地域では人口が一九九五年比で一五パーセント減少し、高齢化率は三三パーセントとなっている。二〇四〇年には、人口減少・高齢化が更に進展することが予測されている。加えて、集落の小規模化も進行しており、二〇五〇年には人口九人以下の小規模集落が中間農業地域では約一割、山間農業地域では約三割となることが予測されている。

　中山間地域等直接支払制度は、中山間地域等における集落による共同活動を支援することにより、農業生産活動の継続を通じた多面的機能の確保を図ることを目的として創設された。同制度は、耕作放棄地の発生防止や水路・農道等の適切な維持・管理等、地域の農業生産活動の継続等に効果があり、耕作放棄の防止による多面的機能の維持・発揮という役割を果たしてきたが、一部の地域では、直接支払いの対象となる活動が継続できなくなってきている。

人口減少・高齢化の状況は地域によって異なるが、集落機能を集約的に維持し、営農を継続することが必要と考えられる地域においては、中山間地域への条件不利補正等の直接支払いを、効率化等を図りつつ、引き続き推進する必要がある。

また、一部の地域では集落そのものの存続が困難になることが予想されるが、このような地域では集落活動ができなくなり、中山間地域等直接支払も継続できなくなるという問題が生じる。このため、集落機能の失われた中山間地域等における農業生産の継続のための方策を検討する必要がある。

⑤　鳥獣被害

現行基本法において、鳥獣による農業等への被害防止に関する施策は規定されていないが、鳥獣被害は直接的な農作物被害のほか、営農意欲の減退や生活環境の悪化等、農村における深刻な課題となっている。

二〇〇〇年以降、シカやイノシシの推定個体数は急速に増加していたが、被害防止等を目的とした捕獲を推進した結果、二〇一四年以降は減少に転じており、鳥獣による農作物被害額は二〇〇〇年から二〇一〇年頃にかけて二〇〇億円前後で推移していたが、二〇一三年以降は減少傾向で推移している。

しかしながら、鳥獣被害は耕作放棄や離農につながることもあり、実際に被害額として数字に表れる以上に農業・農村に深刻な影響を及ぼしている。さらに、鳥獣被害対策において捕獲を担う狩猟免許所持者の高齢化が進み、散弾銃やライフル銃による狩猟や許可捕獲が可能な第一種銃猟免許所持者は一貫して減少するなど、将来にわたる継続的な鳥獣被害対策には不安がある。

鳥獣被害対策は、捕獲による個体群管理と侵入防止対策及び生息環境管理を地域ぐるみでいかに徹底して実施できるかが対策の効果を左右するが、今後、農村人口が中山間地域を中心に大きく減少する中で、その対策を誰がどのように実施していくかが大きな課題となっている。農業生産活動の継続のみならず、地域住民の安全確保にも資するよう、捕獲等を強化するとともに、捕獲した鳥獣のジビエ等としての有効利用を推進するなど、関係省庁・関係自治体と連携しつつ、鳥獣被害を防止するための持続性のある体制整備が必要である。

(3)　農村施策の見直しの方向

以上のような情勢の変化や課題を踏まえ、食料安全保障の観点から以下のような基本的施策を追加、又は現行基本法に規定されている農村に関する施策の見直しを行うべきである。

①　人口減少下における末端の農業インフラの保全管理

末端の用排水路、農道等については、草刈りや泥上げ等の共同活動を通じた保全管理を継続するため、集落内の非農業者・非農業団体の参画促進等を引き続き実施することが重要である。

一方、農業生産を継続する意向があるものの、集落の小規模化に伴い、集落内で末端施設の保全管理を担う人員を確保することが困難となり、農業生産自体の継続が困難となる地域が増加していくことが懸念される。このため、このような地域では、市町村の関与の下、農地の農業上の利用や粗放的管理、林地化といった最適な土地利用の姿を明確にした上で、開水路の管路化、畦畔の拡幅、法面の被覆等による作業の省力化やＩＣＴ導入やＤＸの取組等による作業の効率化、施設の集約・再編を推進する。あわせて、集落間の連携、共同活動への非農業者・非農業団体の参画促進、土地改良区による作業者確保等、継続的な保全管理に向けた施策を講ずる。

② 人口減少を踏まえた移住促進・農村におけるビジネスの創出

農村における仕事と生活の両面での利便性の向上等を図ることを通じて農村の人口減少を緩和させるため、農村における産業の振興や農村での起業を進めるための施策を講ずる。具体的には、関係省庁・関係自治体と連携しつつ、六次産業化や異業種との連携の強化、農村資源を活用した観光による付加価値の創出等、農山漁村発イノベーションの推進を図り、新たな就業機会を確保する。また、地域資源やデジタル技術を活用し、多様な内外の人材を巻き込みながら地域の活性化を図る取組を推進し、生活基盤の強化・充実を図っていく。

加えて、農村における人口減少を補うために、積極的に都市から農村への移住を進める。現実的な方策として、転職を必要としない移住等が提案されているが、政府全体で、ＤＸを進めるための情報基盤の整備、デジタル技術を活用したサテライトオフィス等の整備等、自治体間の連携を促進しつつ、これら移住を促進するための農村における環境整備を進める。

③ 都市と農村の交流、農的関係人口の増加

都市農村交流を更に発展させ、都市に居住しながらも特定の農村に継続的に訪問する、ボランティアに参加するなど、特定の農村と継続的に関わる者を増加させていくことにより、当該地域における農産物・食品等の消費拡大や共同活動への参加を通じた集落機能の補完等を進める必要がある。

これらの農業・農村に関わる関係人口を増加させるため、従来の都市と農村の交流に加え、食をはじめとする農業や農村が有する様々な資源を活用して、二地域居住や農泊等を推進するとともに、非農業者が農村の共同活動に参加するための受け皿となる農村ＲＭＯ等を育成していく。

④　多様な人材の活用による農村の機能の確保

食料の安定供給や適切な多面的機能の発揮の観点から、地域農業の持続的な発展が必要である。農地を保全し、集落の機能を維持するためには、地域の話合いを基に、

(ア)　離農する経営の農地の受け皿となる経営体や付加価値向上を目指す経営体の役割が重要であることを踏まえ、これらの者への農地の集積・集約化を進めるとともに、

(イ)　農業を副業的に営む経営体など多様な農業人材が一定の役割を果たすことも踏まえ、これらの者が農地の保全・管理を適正に行う

取組を進めることを通じて、地域において持続的に農業生産が行われるようにする。

一方、集落内の農業者や住民のみでは集落機能の維持が困難である集落については、農業生産の維持のため、集落内外に存在する非農業者やNPO法人等の集落活動への参画等を推進する。このような取組を進めるため、多様な人材の受け皿となるだけでなく、地域の将来ビジョンを描き、農用地保全活動や、農業を核とした経済活動（地域資源を活用した収益事業等）とあわせて、生活支援等地域コミュニティの維持に資する取組等を行う農村RMOの育成を推進する。

さらに、農業生産の基盤として必要な地域であるものの、それでもなお農地利用や集落機能の発揮のための取組が困難な地域においては、集落外から新規参入による農地利用や集落活動への参画を促すといった取組を行う。

⑤　中山間地域における農業の継続

人口減少・高齢化がさらに進行することが予想される中、中山間地域等では、集落そのものの存続が困難になり、共同活動による農地保全や地域コミュニティの維持ができなくなる集落が増えることが予想される。

そのため、その地域特性や地域資源を活かした特色ある農業の展開を支援するとともに、農業生産活動の継続と集落機能の維持が必要と考えられる地域については、中山間地域への条件不利補正等の直接支払いを、効率化等を図りつつ、引き続き推進する。

一方、営農条件が悪く担い手もいない中山間地域の農地においては、今後の農業や農地利用のほか、管理主体や費用負担等について地域の関係者も含めて話合いを行い、これまでどおり営農を継続できない農地では、粗放的管理や林地化等により、農地保全と環境保全を図る。

加えて、農業生産を維持する場合には、通作による農業生産の維持や、末端の農業インフラの継続的な保全管理等に向けた施策を講ずる。

⑥ 鳥獣被害の防止

鳥獣による農業や農村の生活環境への被害の防止のために、鳥獣の捕獲や侵入防止、生息環境管理に関する施策を講ずる。

特に、狩猟免許所持者が高齢化し、農村人口も減少する中で、捕獲等の強化に向けた人材育成・確保や新技術の活用、広域的な捕獲対策等を推進する。また、捕獲した鳥獣のジビエ等としての有効利用に必要な施設の整備や需要拡大等の取組も推進することにより、関係省庁・関係自治体と連携しつつ、持続性のある被害対策の実施体制を構築する。

4　環境分野

(1) 食料・農業・農村基本法の多面的機能及び環境に関する施策の考え方

旧基本法では、農業の有する機能を農産物の供給という面でのみ捉えていた。農産物の貿易自由化の流れの中、WTO交渉の場において、農産物の輸入国を中心に、農業生産が行われることの価値として、食料供給以外の外部経済効果である多面的機能が主張されてきた。一九九二年のOECD農業大臣会合や地球サミットにおいて、農業の多面的機能という言葉が使用され、一九九八年のOECD農業大臣コミュニケにおいて、農業の多面的機能が「農業活動が食料や繊維の供給という基本的機能を超えて、景観を形成し、国土保全や再生可能な天然資源の持続的管理、生物多様性の保全といった環境便益を提供し、多くの農村地域の社会経済的な存続に貢献し得ることが認識」として初めて公式に表明された。

これらWTOやOECDにおける議論を反映し、現行基本法では、農業・農村の役割を国民の視点から位置付け直し、食料供給以外の国土の保全、水源のかん養、自然環境の保全等の外部経済効果を「多面的機能」と定義し、農業の持続的な発展及び農村の振興を通じて多面的機能が発揮されることの重要性を基本理念の一つとして位置付けた。

現行基本法においては、多面的機能の発揮に関する施策という章立て、節立てはされていないが、食料・農業・農村の各施策の中で、多面的機能の発揮や環境への配慮に関連する施策が位置付けられている。

(2) 食料・農業・農村基本法制定後の情勢の変化と今後二〇年を見据えた課題

現行基本法制定後二〇年間に、環境保全や持続可能性をめぐる国際的な議論は大きく進展し、農業や食品産業と持続可能性との考え方も大きく変化している。

① 農業が有する環境・持続可能性へのマイナスの影響への関心の高まり

多面的機能は、一九九〇年代にOECDやWTO等で議論された概念だが、その後、二〇〇〇年代に行われた国連のミレニアム生態系評価等において「生態系サービス」の概念が議論され、今日では国際的に主流となっている。多面的機能と生態系サービスの違いを農業との関係に着目すると以下のとおりである。

(ア)　食料供給の機能や、多面的機能に位置付けられる水源かん養、生態系保全等の機能について、自然資本の持つ能力から利益を享受しているもの（このような各種便益を「生態系サービス」という。）と整理された。

(イ)　生態系サービスには、食料等を含む「供給サービス」、地力の維持等の「調整サービス」、自然景観の保全等の「文化的サービス」等多岐にわたるが、それぞれのサービスは相互に影響を及ぼし得る（例えば、農業によって水資源が枯渇する、又は土壌が劣化するなど、農業が環境にマイナスの影響を与える。）。

このような生態系サービスの考え方の下では、食料供給がその他の生態系サービスに与える悪影響を最小化していくことが重要になる。

このような考え方が国際的に浸透する中、農業生産活動においても、環境等への負荷を最小限にする取組が求められるようになり、各国において持続可能な農業を主流化する政策の導入が進んだ。我が国においても二〇二二年に「環境と調和のとれた食料システムの確立のための環境負荷低減事業活動の促進等に関する法律」（以下「みどりの食料システム法」という。）が制定され、農業の環境負荷低減の方向が打ち出されている。

我が国においても、食料供給を生態系サービスの一つと位置付けるという国際的な議論を踏まえ、農業が農地に限らず河川や海洋まで含めて環境にマイナスの影響を与え、持続可能性を損なう側面もあるという前提に立ち、農業による温室効果ガスの排出削減、生物多様性の喪失の防止等、環境への負荷を低減するための取組についても基本的施策に位置付け、環境に配慮した持続可能な農業を主流化する必要がある。なお、食料供給の観点から重要な水産資源についても持続性や環境負荷軽減に着目した取組が重要である。

また、このような農業における環境負荷低減の取組の多くは、食料生産に関わるものであるが、バイオマスエネルギー作物の生産、農村における再生可能エネルギー発電等、食料生産以外の取組もあることに留意する必要がある。

②　社会・経済面における農業の持続可能性の追求

二〇一五年の国連サミットで採択されたＳＤＧｓにおいては、陸上・海洋資源や水資源、気候変動等の自然環境に係る課題だけでなく、貧困、ジェンダー等の社会的課題や、成長・雇用、生産・消費等の経済的課題においても持続可能性を追求することが要求されている。

例えば、ＳＤＧｓの考え方によれば、環境への負荷を最小限にする農業生産活動だけでなく、農業生産活動における奴隷的な労働雇用の禁止等、社会的・経済的な側面においても持続的な活動を行うことが求められている。

このため、我が国農業においては、化学農薬・肥料の使用低減、カーボンニュートラル、三〇by三〇（二〇三〇年までに陸と海の三〇パーセント以上を健全な生態系として効果的に保全しようとする二〇二二年生物多様性条約第一五回締約国会議で採択された目標）等の自然環境に関わる課題に加え、人権やアニマルウェルフェアへの配慮等の社会的・経済的課題にも対応した持続可能な農業を主流化していく必要がある。

③ 食品産業における持続可能性の追求

食品産業においても、食品ロス削減や人権に配慮した原材料調達等、持続可能性に関する議論が国際的に進展している。

ＳＤＧｓでは、ターゲットの一つとして、「小売・消費レベルにおける食料の廃棄を半減」が設定されており、食品ロス削減の重要性が謳われている。また、二〇一一年に国連人権理事会において「ビジネスと人権に関する指導原則」が我が国を含む全会一致で支持され、各国で企業活動における人権尊重の指針として用いられている等、人権配慮の取組が進んでいる。さらに、原材料調達にあたっては、持続可能な国際認証等が欧米の食品企業を中心に拡大しており、フードチェーン全体で生産現場の環境・人権に配慮した取組が進んでいる。

このように、環境及び人権に配慮して生産された原材料を調達する等、農業生産現場のみならず、より広い範囲で持続的な活動を行うことが求められている。

食品産業の持続可能性の観点から、食品ロスを削減するための製造段階での製造の効率化及び商慣習の見直し、環境や人権等に配慮した持続的に生産された原材料の使用、持続的に生産された食品に対する小売等の事業者や消費者の理解醸成等、フードチェーン全体で持続可能な産業に転換する必要がある。

④ 持続可能性に係る消費者の意識と行動

国際的にＳＤＧｓ等の持続可能性について関心が高まっている中で、諸外国と比較して我が国においては、消費者の持続可能性に対する意識や行動が低調であるという民間の調査結果がある。この調査結果によれば、特に、日常生活の中で環境や社会に配慮して作られた商品（フェアトレード、再エネ使用、環境に優しい原材料等）を購入すると回答した消費者の割合は我が国では七パーセントであり、米国、英国、中国の二〇～三〇パーセントと比較して低いポイントとなっている。

一方で、ＳＤＧｓ、サステナビリティ、エシカル消費、ＥＳＧといった言葉の認知度・理解度は二〇一九年から二〇二二年の三年間で四～五倍と高まってきていることから、消費者意識の更なる理解醸成とそれに伴う行動変容が求められる。

食料システムの持続可能性を確保することが重要であることを踏まえ、食料システムの各段階における環境負荷低減等の取組の重要性及びこのような取組にはコストがかかることについて消費者の理解を深め、環境や持続可能性に配慮した消費行動への変化が求められる。

(3)　環境に関する施策の見直しの方向

以上のような情勢の変化や課題を踏まえ、

・食料供給によって農業生産現場で発揮されている、正の外部経済効果である多面的機能に加えて、農業が環境に与える外部不経済効果によって、持続可能性が損なわれる側面もあるという前提に立ち、環境や生態系の保全、自然景観の保全等のサービス（機能）が損なわれないよう、生産性の向上を図りつつ、環境負荷低減を行う農業を主流化することによって、食料供給とその他の生態系サービスとの調和を図り、これらのサービスを効率的に最大限に発揮すること、

・みどりの食料システム法に基づいた取組を基本としつつ、農業者、食品事業者、消費者等の関係者の連携の下、生産、加工、流通、販売のフードチェーン全体で環境と調和のとれた食料システムの確立を進めること

を見直しの方向として打ち出すとともに、以下のような基本的施策を追加又は現行基本法に規定されている環境に関する施策の見直しを行うべきである。

①　持続可能な農業の主流化

農業の持続的な発展に関する施策において、

(ア)　全ての施策を通じ、環境負荷低減等に取り組むべきことから、各種支援の実施に当たっては、そのことが環境負荷低減の阻害要因にならないことを前提とする

(イ)　有機農業の大幅な拡大、水田農業や畜産業におけるメタンや一酸化二窒素、二酸化炭素等の温室効果ガスの排出削減、生物多様性の保全に配慮した農業の推進

(ウ)　有機農産物の輸出の促進も視野に、地域全体で有機農業等に取り組む産地の形成や、国等の庁舎の食堂における有機農産物の利用促進など公共調達も含めた、有機農産物の需要拡大

等、今日的観点からの持続可能な農業のための施策の推進を

行うとともに、それを実現可能とするための品種や機械等の技術開発、バイオマスや堆肥等の国内未利用資源の有効活用等の施策を講ずる。

加えて、我が国と気象条件や農業構造が類似するアジアモンスーン地域における強靭で持続可能な農業・食料システムの構築に向けて貢献する。さらに、社会的・経済的な観点から、人権やアニマルウェルフェアへの配慮等に適切に対応していく。

さらに、持続可能な農業や食品産業への転換を推進し、その継続性を高める観点から、環境保全等の取組に対する民間投資の促進を図るとともに、これらの取組が収益化されるような仕組み・環境整備を検討する。

② 食料供給以外での持続可能性

温室効果ガスの排出削減や生物多様性の保全等、地球的な環境課題に対応するため、食料供給との調和に配慮しつつ、

(ア) 集落機能が失われ、地域での話合いの結果、農業利用が困難と判断された農地の林地化

(イ) 農作物残渣や資源作物等の国産バイオマス原料に関する需要サイドとの連携や研究開発といった取組

等を推進する。また、これらの資源を活用した活動を支えるため、農村での再生可能エネルギーによる発電・熱利用を推進する。

③ 持続可能な食品産業

食品産業についても、持続可能な食料供給の重要なプレイヤーであり、食料システム全体で政策のグリーン化を進めるという観点から必要な施策を位置付ける。

具体的には、有機農産物の分別管理や履歴管理等の加工流通段階での取組、環境や人権に配慮した原材料の調達、食品産業における温室効果ガスの排出削減とともに、二〇三〇年度までに食品ロス量を半減させるという政府目標（「食品ロスの削減の推進に関する基本的な方針」二〇二〇年三月閣議決定）の着実な達成に向けて、製造段階での製造の効率化、食品廃棄物の発生量の抑制に資するための、企業の統合報告書、ホームページや「食品循環資源の再利用等の促進に関する法律」（食品リサイクル法）に基づく定期報告等、企業の様々な情報開示において、食品廃棄量の情報に加えてフードバンクへの寄付量の開示の促進、賞味期限延長のための技術開発、物流における納品期限（三分の一ルール、短いリードタイム）等の商慣習の見直し等の施策を講ずる。

④ 消費者の環境や持続可能性への理解醸成

将来にわたり持続可能なフードチェーンを維持していくためには、そのために消費者が取り組むことができる行動や、

持続可能性に配慮した食料生産はコストがかかることを、事業者が正しく消費者に伝達することを通じ、消費者の理解を醸成し、行動変容を促していくことが必要である。

　このような消費者の理解や行動変容を促進するため、食育の推進において、環境に配慮した農林水産物・食品への理解向上に向けた取組を充実させるとともに、持続可能性の確保に向けた生産者の努力と工夫について、ラベルを含めた「見える化」等の取組を推進する等、消費者への適切な情報提供のための施策を講ずる。

第3部　食料・農業・農村基本計画、不測時における食料安全保障

1　食料・農業・農村基本計画、食料自給率

(1)　食料・農業・農村基本法における考え方

①　食料・農業・農村基本計画

　旧基本法の制定後、現行基本法が制定されるまで三八年間の期間があった。この間、我が国の経済社会情勢は大きく変わったが、それにあわせた旧基本法の実質的な法律改正は行われなかった。これは、旧基本法においては、その掲げる施策の基本的方向と個別の法律や施策を関連付ける仕組みを有していなかったことから、現実の変化を踏まえた個別施策と基本法との間にかい離が生じてきても特に実際の施策遂行上問題とはならなかったことがひとつの要因である。

　このような反省に基づき、現行基本法の策定に当たっては、法に掲げる基本理念や方向性を実効性ある施策をもって担保できるようにすることが必要となっていたことから、食料・農業・農村基本計画（以下「基本計画」という。）を法律に規定し、五年毎にその時々の情勢に対応した施策を位置付けていくことで、政策の改革方向が実効性の高い施策によって担保されるようにすることとした。

②　食料自給率

　我が国の国民が必要とする食料を確保していくためには、国内農業生産と輸入・備蓄を適切に組み合わせることが不可欠であるが、食料の輸入依存度を高めていく方向ではなく、自国の農業資源を有効活用していくという観点で、国内の農業生産の増大を図ることを基本としていくべきとされた。

　こうした中で、現行基本法において、基本計画の記載事項として食料自給率目標を位置付けた。これは、食料自給率の低下に対して生産者・消費者が不安を抱いていることから、その向上を図る目標としたものである。供給熱量ベースの食料自給率は、国内で生産される食料が国内消費をどの程度充足しているかを示す指標であり、国内で生産される食料を国民が消費するという過程を通じて決まるので、その維持向上

を図るには、国内生産・国内消費の双方にわたる対応、すなわち、農業者、食品産業、消費者、行政といった関係者のそれぞれが問題意識を持って具体的な課題に主体的・積極的に取り組むことが必要となる。こうした生産・消費についての指針として食料自給率の目標が掲げられるならば、それは食料政策の方向や内容を明示するものとして、意義があるものとされた。

(2) 食料・農業・農村基本法制定後の情勢の変化と今後二〇年を見据えた課題

① 基本理念と食料・農業・農村基本計画のかい離

基本計画は、現行基本法に掲げる基本理念や方向性を、実効性ある施策をもって担保できるよう定めているものである。このような仕組みにより、現行基本法制定以降に生じた情勢の変化や新たな課題に対する必要な施策についても、改定する基本計画において捕捉し、位置付けてきたところである。

しかしながら、現行基本法制定後二〇年が経過する中で、制定時には想定していなかった、あるいは想定を超えた情勢変化があり、加えて、今後二〇年を見据えた課題を鑑みれば、現行基本法の下では、基本計画の役割として、その基本理念や基本的施策を具体化する役割と、今日的な課題に対応した新たな施策をフォローアップする役割との双方を担っていくことは困難となっているのではないか。例えば、食料安定供給・農林水産業基盤強化本部で示された主要施策として、

- 農林水産物の輸出促進（海外市場の開拓による食料生産基盤の強化）
- みどりの食料システム戦略に基づく取組の推進（環境負荷低減を図る食料生産の主流化）
- スマート農業の推進（デジタル技術を使った生産性向上）

が掲げられているが、これらの施策が現行基本法の基本理念とどのような関連を有するかは必ずしも判然としなかった。

このように、現在の基本計画は、時々の情勢の変化に対応していった結果、現行基本法の定める基本理念や基本的施策との間にかい離が生じつつあると言えるのではないか。

一九九〇年代は食料をめぐる国内外の情勢は安定していたため、これを踏まえ、国内で競争力の高い農業構造を実現すれば食料安定供給が実現できるという考えで十分であったが、今日では、世界の食料生産の不安定化や、国内における急速な人口減少等国内の農業者・食品事業者の努力だけでは克服できないような課題も発生しており、現行の基本計画については、特に食料安全保障に関し、

- 国内外の情勢変化の把握が不十分
- 情勢変化を踏まえた課題の把握が不十分

・課題設定が不十分なので、適切な評価ができない
・課題解決のために政策を見直し、それを踏まえた情勢下で基本理念を実現するということができない

といった課題があるのではないか。

以上のことから、情勢の大幅な変化が生じた場合には基本法自体を見直すことで、食料・農業・農村政策の基本的な方向性を定めるという基本法の役割を維持するとともに、基本法に掲げる基本理念や方向性を実効性ある施策をもってできるようにするという基本計画の本来の性格を再確認すべきである。

② 食料自給率目標

現行基本法に位置付けられた基本計画における目標は食料自給率のみであった。食料自給率は、食料自給率目標の下に、生産努力目標と望ましい消費の姿を示すこととなっているが、現行基本法の理念に照らせば、農業の持続的発展の延長線上にある国内での生産の拡大により、食料の安定供給と多面的機能の発揮が図られるほか、望ましい消費の実現により、国民が健康で充実した生活を送ることが図られる。

これらを統括する目標として、国内生産が分子、望ましい食生活が分母に反映されるものとして、食料自給率が現行基本法の基本理念の実現をトータルとして体現する目標として、関係者の努力喚起及び政策の指針として適切であると考えられていた。

しかしながら、現行基本法が制定されてからの情勢変化及び今後二〇年を見据えた課題を踏まえると、輸入リスクが高まる中で、国内生産を効率的に増大する必要性は以前にも増している。一方で、

・国民一人一人の食料安全保障の確立
・輸入リスクが増大する中での食料の安定的な輸入
・肥料・エネルギー資源等食料自給率に反映されない生産資材等の安定供給
・国内だけでなく海外も視野に入れた農業・食品産業への転換
・持続可能な農業・食品産業への転換

等、基本理念や基本的施策について見直し、検討が必要なものが生じており、これらを踏まえると、必ずしも食料自給率だけでは直接に捉えきれないものがあると考えられる。

(3) 食料・農業・農村基本計画等の見直しの方向

① 食料・農業・農村基本計画

基本法において、食料安全保障を、平時から国民一人一人に食料を届けることと位置付けた上で、平時からの食料安全保障を実現する観点から、基本計画については、現状の把握、

その分析による課題の明確化、課題解決のための具体的施策、その施策の有効性を示すＫＰＩの設定を行うよう見直すべきである。また、適切なタイミング・手法により、ＰＤＣＡサイクルにより施策の見直し、ＫＰＩの検証を行うべきである。なお、環境保全等の持続可能性や、安定的な輸入、食品アクセス、農業用水等の水資源の確保等、国内外の情勢も踏まえつつ、適切な指標や目標を検討すべきである。

食料安全保障の確立の観点から、現状の把握、分析を行うには、英国の食料安全保障報告書が参考になる。同レポートは、テーマとして、

・世界の食料供給能力
・英国の食料供給源
・フードサプライチェーンの強靭性
・家庭レベルの食料安全保障
・食品の安全性と消費者の信頼

の五つが設定され、テーマそれぞれの指標、ケーススタディで構成されている。また、指標ごとの現状を分析するレポートの作成が義務付けられている。一方、本報告書は現状分析を主眼とするものであり、課題解決のための施策の方向性を示すものとはなっていない。

このことから、基本計画において、例えば、

・世界の食料供給能力
・我が国の食料供給
・我が国の食品市場の動向、食品の安全性及び消費者の信頼
・環境負荷を低減する持続可能な農業・食品産業
・個人レベルでの食料安全保障

といったテーマを設定し、それぞれのテーマについて指標を提示しつつ、現状の把握、その分析による課題の明確化、課題解決のための具体的施策の検討、施策の評価を行うこととすべきである。

イメージ【肥料の安定供給】（例）

情勢（指標）の分析	✓資源が特定国に偏在 ✓世界的な需要の増大 ✓経済安保上のリスク
課題の明確化	✓価格の上昇が農業経営のコスト増
課題克服のための施策	✓資源外交 ✓備蓄 ✓適正施肥 ✓国内資源の活用
施策の評価	✓輸入依存度の低下

なお、設定するＫＰＩの意義やその達成状況も含め、基本

計画の見直しに当たっては、国民各層に分かりやすい形で広く情報を公表・発信し、その理解や支持を得た上で進めていくよう留意すべきである。

② 食料自給率目標

基本計画の見直しにあわせ、

・自給率目標は、国内生産と望ましい消費の姿に関する目標の一つとし、

・上述した食料安全保障上の様々な課題を含め、課題の性質に応じ、新しい基本計画で整理される主要な課題に適した数値目標又は課題の内容に応じた目標も活用しながら、定期的に現状を検証する仕組みを設けることとするべきである。

2 不測時における食料安全保障

(1) 食料・農業・農村基本法における考え方

現行基本法において、安定的な食料供給を図るにあたり、世界人口が増大し、長期的に世界の食料需給がひっ迫する懸念が意識された。このため、平時では国内農業生産の増大を図ることとしたが、全ての食料を国内で供給することは不可能である。このため、不測の事態において、我が国への安定した輸入等が困難となる事態が生じても、国民が必要とする栄養を国内で供給することが可能となるような体制を整備しておく必要があるという考えの下、基本理念の第二条第四項及び第十九条において、不測時における食料安全保障の規定を置いた。

具体的には、凶作、戦乱や港湾ストライキによる輸入の途絶等の不測の要因により、国内における食料需給が相当期間ひっ迫するような緊急時においても、国民に不安を与えないよう、国民が最低限度必要とする食料については確保することが求められており、このような危機管理体制について平時から検討し、準備しておく必要があるという観点で、最低限度必要とする食料の量的な確保を図るとともに、平等に国民に配分することを重点とした考え方を規定したところである。

(2) 食料・農業・農村基本法制定後の情勢の変化と今後二〇年を見据えた課題

現行基本法制定後に初めて策定された基本計画（二〇〇〇年三月閣議決定）において、不測時に食料供給の確保を図るための対策やその機動的な発動の在り方等を内容とするマニュアルの策定等を行うこととされた。これを受け、食料・農業・農村政策審議会総合食料分科会に食料安全保障マニュアル小委員会を設置し、「不測時の食料安全保障マニュアル」を策定（二〇〇二年三月）。その後、二〇一二年に「緊急事態食料安全保障指針」と名称を変更するなど、順次改定してきたところである。

現行基本法制定当時は、一九八〇年代以降世界的に農産物の

余剰状況や高い在庫率が継続するとともに、

・冷戦終結直後であり、世界の安全保障上のリスクが小さく、

・ＷＴＯ設立による自由貿易体制により、食料等の調達の懸念はない、

・地球温暖化等食料生産にかかる環境面でのリスクが顕在化していない

といった状況だったが、近年においては、我が国の国際的な経済的地位の相対的低下に加え、

・異常気象や気候変動による食料生産の不安定化（世界同時不作の可能性）

・食料生産の不安定化に伴う価格の変動幅の増大（価格高騰時の買い負けのリスク）

・上記のような状況が人為的に生み出されるような地政学的リスク（今回のウクライナの問題のような、紛争によって発生する食料供給の不安定化）

・新型コロナウイルス感染症の世界的拡大によるロックダウンに伴う物流の途絶

・ＢＳＥ、豚熱、鳥インフルエンザ等家畜疾病の発生等に伴う供給途絶

等、これまで以上に「不測時」が発生する原因が多様化するとともに、不測の事態が発生する蓋然性も高まってきていることから、より一層不測時の食料安全保障への対応を考えておく必要がある。その観点から、現行基本法の下での仕組みは以下のような課題があり、不測の事態への対応についての法的な根拠の整理や必要な対応の検討等を行うべきである。

① 「指針」等の限界

「緊急事態食料安全保障指針」によって、不測の事態の基準や必要な取組について一定の整理は行われたものの、

・指針は法令に基づくものではなく、それ自身が不測時の制約を伴う措置を行う根拠にはなりえないこと

・不測の事態が発生した時には、「国民生活安定緊急措置法」等の個別法の措置を活用する必要があるが、これらの個別法は、必ずしも不測時の食料安全保障のために制定されたものではないこと

・不測時には、流通規制や資材の割当てなど、多くの省庁が一体となって取り組む必要があるが、指針は農林水産省が策定したものであり、政府全体での意思決定を行う根拠とはならない

等の限界がある。

以上を鑑みると、不測の事態の対応については、必要な対応を講ずるための意思決定や命令を行うための法的根拠に加え、具体的な措置を講ずる法律的な根拠も十分とは言えず、

実際に不測の事態に備える体制が十分に講じられているとはいえない状態にある。

② 「不測事態」であることのトリガーが不明確

「不測時」の定義は、現行基本法第二条第四項で、「凶作、輸入の途絶等の不測の要因により国内における需給が相当の期間著しくひっ迫し、又はひっ迫するおそれがある場合」とされ、緊急事態食料安全保障指針において、各リスクレベルの状態の説明は行われているものの、不測時において求められる制約を伴う措置を講じるためのトリガーが明確ではない。

英国やドイツでは、行政による宣言等のトリガーが法律上、明確化されており、基本法見直しに当たりこのような「不測時であることの宣言」等を明確化することが必要である。

また、不測時の対応は、広く関係省庁に及ぶことから、不測事態の宣言の後、対応の指揮を政府全体で行う体制整備を行うべきである。

③ 不測時にかかる個別の対策及びその手続きの検証が不十分

不測時における措置の実効性を担保するためには、制約を伴う措置を講じるための法律の執行や、それにかかる他省庁との連携が必要不可欠であり、これが円滑に行われるよう、制度的にも担保する必要がある。

「緊急事態食料安全保障指針」においては、不測時における措置として、

・「国民生活安定緊急措置法」による生産資材確保や価格規制
・「生活関連物資等の買占め及び売惜しみに対する緊急措置に関する法律」（買い占め等防止法）による流通確保

等の措置が記載されているが、「国民生活安定緊急措置法」は、石油ショック時の物価急騰を背景に一九七三年に制定されたものであり、食料安全保障のリスクに広範に対応できるのかは検証が必要である。

さらに、深刻な食料安全保障リスクが発生した場合には、食料生産に必要な農地、農業者、農業機械・施設の活用、生産資材の優先的な配分等を、行政命令により行うというような制約を伴う手法も想定する必要があるが、このような措置を円滑に行うための法的措置が十分かどうかについて、検証を行うべきである。

④ 制約を伴う義務的措置に関する財政的な措置等の検討

不測時における食料安全保障に対する対応としては、状況によっては、関係事業者の事業計画の変更を行わせるといった経済行為に様々な制約を伴う義務的措置や、生産資源の集中のために休業を余儀なくされ事業継続に問題が生じる事態等を想定しなければならず、それに伴う負担が課題となる。

こうした手法を円滑に進めるためには、制約を伴う義務的措置を講ずるための財政的な措置の必要性等についても検討を行うべきである。

(3) 見直しの方向

現行基本法制定当時と比較して、世界の食料安全保障にかかる情勢自体が不透明化していることや、食料安全保障の観点からも予想もできない人畜の伝染性疾病や植物病害虫により、農産物・食品の国際貿易や国内流通が途絶するリスクも発生しており、基本法の見直しにあわせ、不測の事態に備える以下のような措置を講じることが必要である。

① 食料安全保障確保体制の在り方

不測の事態の対応は、「国民生活安定緊急措置法」等、農林水産省以外の省庁による対応も含まれ得ることから、関係省庁が連携して対応できるよう、政府全体の意思決定を行う体制の在り方を検討する必要がある。

その際、その体制を整備する法的根拠の有無や、体制を整備する基準についての検討も必要である。

② 不測時に求められる措置の再検証

不測時に国民が最低限度必要とする食料について議論した上で、食料安全保障のリスクに応じ、備蓄の放出、買い占めの防止等の初期的な対応に加え、増産指示や流通規制、調達の指示、究極的には食料の配給等、様々な措置が考え得るところであるが、現在、不測時の対応の根拠となる「国民生活安定緊急措置法」や「主要食糧の需給及び価格の安定に関する法律」（食糧法）等で十分な対応を講じられるのか、必要な義務的措置やそれに関連する財政的な措置等の必要性等について、再度検証を行うべきである。

第4部　関係者の責務、行政機関及び団体その他

現行基本法制定以降、食料・農業・農村をめぐる内外の情勢は大きく変化した。それを踏まえた行政機関や団体、事業者、消費者の役割等についても、基本理念や基本的施策の見直しに対応して見直しを行う必要がある。

1　農業者の経営管理の向上への努力

農業者の減少・高齢化が進行する中、一経営体あたりの経営耕地面積は拡大する傾向にあり、またそれに伴い、雇用による労働力の確保や、生産性向上のためのスマート農業導入の一形態としての農作業のアウトソーシング等が必要になることが想定される。

また、適正な価格形成、環境負荷低減等の持続可能な農業の取組に向けては、生産のコストを消費者まで伝達することが必要である。生産・加工・流通・小売等の各事業者を通じて、消費者までコスト構造を伝達するためには、フードバリューチェーンの起

点である農業者自らが、コスト構造を把握し、説明できるようにする必要がある。これらのためにも、農業者の経営管理向上の努力が必要となる。

2　消費者の理解の必要性

消費者は、食料消費を通じ、食料の生産、加工、流通等の在り方に影響力を持つという観点から、引き続き、積極的な役割を果たすことが必要であるが、今日においては、食料安全保障に関するリスクの高まりや、持続可能な方法で生産された農産物や食品に対する理解等、食料に対する益々の理解が必要となっている。このため、消費者が食料の生産、加工、流通等の全体像について理解できるよう、幅広い世代の食のリテラシーを高める取組を促進する。これらの取組により、消費者は食料、農業及び農村について正しい理解を深め、具体的な消費行動を取るなど、食料消費においてより積極的な役割を果たすことが期待される。

3　関係事業者の役割の明確化

現行基本法においては、農業者（第九条）や食品産業の事業者（第十条）について、法に定める基本理念の実現や国民に対する食料の供給が図られるよう努めなければならない旨が規定されている。

一方で、

・ 食料安全保障のために必要な、需要に応じて生産された農産物等の適正な価格形成や、個人レベルでの食料安全保障の実現のために、生産・加工・流通・小売等の各事業者や、ＮＰＯ等の果たす役割、

・ 近年、世界の食料供給に係る情勢が不安定となっていることを踏まえれば、食料だけでなく我が国の農業生産に必要不可欠な生産資材（その原料を含む。）の供給に携わる関係事業者の食料の安定供給に向けて果たす役割

を踏まえ、これらの事業者等が果たす役割についても、基本法において明確化するべきである。

4　団体の役割等

現行基本法制定後約二〇年間の情勢の変化に伴い、農業協同組合系統組織、農業委員会系統組織、農業共済団体、土地改良区等については効率的な再編整備が進んできた。また、ＮＰＯやＲＭＯ等による食品アクセスの向上や関係人口の創出等の食料・農業・農村に関する活動の役割も高まってきたところである。

食料・農業・農村に関わる関係団体は、農業者・食品事業者等の経営発展、地域農業・農村の維持・発展、輸出促進を図る取組を後押しするといった役割を、適切かつ十分に果たしていくことが重要である。また、その役割の発揮のため、地域の実情に応じて、団体間や自治体との連携の強化等を図ることが重要である。その際、団体等の広域化が進む中で、地域の課題に即した新たな

取組等が進むよう、留意することが必要である。

なお、土地改良区については、今後一層の人口減少・高齢化が進む中で、農業水利施設の保全管理等、求められる機能を発揮するため、引き続き、再編整備等の促進を通じて、運営体制の強化を図る。

5　食料システムを機能させるための団体の役割

これまで我が国の農業・食品産業団体は、農業者、土地改良、食品製造、卸売業、小売業、外食業等、同業者による水平的な組織が主流であった。

しかしながら、基本法検証部会で議論してきた課題解決のためには、以下のように垂直的な取組が不可欠である。

・適正な価格形成（コストの分布や動向といった状況を、生産、加工、流通、小売等といった需要者も含むフードチェーン全体で共有する）
・需要に応じた生産（需要者は現場で求められているものを生産者に伝え、それを適切に加工・流通・販売していく）
・輸出促進（海外で求められる品質・規格や輸入規制に対応したものを生産し、販売者は生産情報を正しく伝達するなど、生産から販売まで一体となって海外でプロモーションをする）
・持続可能な農業・食品産業（持続可能な生産に取り組むにあたり、持続可能な生産にはコストがかかることを販売側で正しく伝達する）

海外では品目ごとにこのような垂直的な取組を行う組織が設けられており、例えばEUでは、共通市場組織規則（ＣＭＯ規則）において、生産者組織やその連合組織に加え、業種間組織(interbranch organizations）が規定されている。

また、フランスでも、法令で農業生産者、食品加工業者、流通業者など各段階の専門職業者の組織で構成される専門職業間組織(inter-professional organization）が主要品目ごとに設けられている。

我が国はこのような垂直的な取組を行う仕組みはないが、我が国においても、団体間の連携を推進するとともに、垂直的な取組を行う仕組みの有効性や可能性についても検討する必要がある。

第5部　行政手法の在り方

今後の各般の施策の立案・実施に当たっては、以下のような考え方に沿って実施されるべきである。

1　施策の効率化・安定的な運営

施策の効率化・統合・拡充を進め、将来にわたって安定的に運営できる政策を確立する。また、厳しい財政事情の下で限られた国家予算を最大限有効に活用するため、財政措置については、効率的かつ効果的に運用する。

2　地域等の自主性・裁量性の高い施策、挑戦的な取組を促す施策

今後、現場の主体性や創意工夫を促すとともに、より優れた事業成果を生み出していく観点から、地域の自主性を尊重した裁量性の高い事業設計や、新規性のある挑戦的な取組を促す仕組み、高い成果を上げた取組を重点的に支援する仕組み等を取り入れた未来志向の施策を講じていく。

3　食料・農業・農村分野における農業者・農業団体等と民間企業やＮＰＯ等の連携の促進等

農業者や農村人口等の減少が見込まれる中においても、農業や農村が抱える課題やニーズの変化等に迅速かつ効率的・効果的に対応するため、農業者や農業団体、自治体といった農業現場の関係者と、食品産業をはじめとした民間企業やＮＰＯ等との連携を促進し、他産業・他分野の有する技術や人材等を積極的に活用していく。

また、これらの取組も通じて、食料・農業・農村分野において、各主体が連携して新たな価値を創出する基盤となるイノベーション・エコシステムの形成を図る。

4　ＳＤＧｓに貢献する持続可能性に配慮した施策の展開

今後二〇年を見据えた課題に取り組む観点から、近年の気候変動への対応や、ネイチャーポジティブ（自然を回復軌道に乗せるため、生物多様性の損失を止め、反転させること）への貢献に寄与するとともに、次世代に配慮した政策を展開する。

5　食料・農業・農村に関する国民的合意形成のための施策

我が国の食料・農業・農村の持続性を高め、食料安全保障の確立を図るため、食と環境を支える農業・農村への、消費者や農業者、事業者等の国民全体の理解の醸成を図り、それぞれが主体的に互いを支え合う行動を促す施策を講じていく。

また、国民的な合意形成を図るためには、未来を担うこどもや若者も含めた国民各層から広く意見を募り、その意見を各種施策の立案や決定、実施過程に適切に反映させていくことが必要である。

おわりに

政府は、本答申を踏まえ、今後、我が国をめぐる経済安全保障等の更なる情勢変化、国内で進行する人口減少や農業者の減少等の環境変化に対応し、国民一人一人が健康で安全な食生活を享受できるという視点から食料・農業・農村基本法の見直し及び見直しを実現するための関連法令や予算・金融・税制等の見直しを早急に行うべきである。

令和五年九月十一日

食料・農業・農村政策審議会

食料・農業・農村政策審議会　答申（概要）①

現行基本法制定後の約20年間における情勢の変化

● **国際的な食料需要の増加と食料生産・供給の不安定化**
- 世界人口：約60億人（1999年）→80億人を突破（2022年）
- 異常気象の頻発に起因する生産の不安定化、穀物価格の高騰

● **食料・農業をめぐる国際的な議論の進展**
- 食料安全保障に関する国際的な議論：
  「全ての人が、いかなる時にも、活動的で健康的な生活に必要な食生活上のニーズと嗜好を満たすために、十分で安全かつ栄養ある食料を、物理的にも社会的にも経済的にも入手可能」（FAO食料サミットにおける定義）
- SDGs（持続可能な開発目標）（2015年）等、環境や人権等の持続可能性に配慮した農業・食品産業に関する議論の進展

● **国際的な経済力の変化と我が国の経済的地位の低下**
- 我が国GDP：　世界2位（1999年）→世界　3位（2020年）
  1人当たりGDP：世界9位（1999年）→世界13位（2020年）
- 輸入国としての影響力の低下：
  純輸入額1位　1998年日本（40%）→2021年中国（29%）
- 経済的理由による食品アクセスの問題（低所得者層の増加）
- 価格形成機能の問題（20年以上にわたるデフレ下で安売りの常態化、サプライチェーン全体を通じて食品価格を上げることを敬遠する意識）

● **我が国の人口減少・高齢化に伴う国内市場の縮小**
- 我が国人口：2008年をピークに減少、高齢化率29%（2020年）
- 食料を届ける力の減退（2024年問題、トラックドライバー不足、スーパー等の閉店による買い物困難者等の増加）
- 国内の食市場の縮小
- 国際的な食市場の拡大、我が国農林水産物・食品の輸出の拡大（3,402億円（2003年）→1兆4,148億円（2022年））

● **農業者の減少と生産性を高める技術革新**
- 基幹的農業従事者：
  - 240万人（2000年）→123万人（2022年）
  - 60歳未満層が約２割（約25万人）（2022年）
- 農業法人を中心とした大規模な農業経営の増加
- スマート農業・農業DXによる生産性向上

● **農村人口の減少、集落の縮小による農業を支える力の減退**
- 都市に先駆けた人口減少・過疎化の進展
- 集落機能を維持できない９戸以下の集落の増加

今後20年を見据えた予期される課題

● **平時における食料安全保障**
- 気候変動等による食料生産の不安定化（輸入リスク）
- 質・量的に十分な食料を確保できない国民の増加

● **国内市場の一層の縮小**
- 縮小する国内市場向け投資の減少

● **持続性に関する国際ルールの強化**
- 環境・人権に配慮しない食品の市場からの排除

● **農業従事者の急速な減少**
- 少数の経営体で食料生産を行う必要
- 雇用労働力は全産業で取り合い

● **農村人口の減少による集落機能の一層の低下**
- 自然減による農村人口の急減
- 集落の共同活動による末端インフラ管理の困難化

今後20年の変化を見据え、現行基本法の基本理念や主要施策等を見直し

1 基本理念

(1) **国民一人一人の食料安全保障の確立**
国民の視点に立って、食料安全保障を、不測時に限らず「国民一人一人が活動的かつ健康的な活動を行うために十分な食料を、将来にわたり入手可能な状態」と定義し、平時から食料安全保障の達成を図る。

①**食料の安定供給のための総合的な取組**
国内農業生産の増大を基本としつつ、輸入の安定確保や備蓄の有効活用等も一層重視

②**全ての国民が健康的な食生活を送るための食品アクセスの改善**
買い物困難者等の解消に向けて地域の食品製造、流通、小売事業者による供給体制の整備、経済的理由により十分な食料を入手できない者を支えるフードバンク等の活動への支援等

③**海外市場も視野に入れた産業への転換**
農業・食品産業の食料供給機能の維持強化を図るために海外市場も視野に入れた産業に転換

④**適正な価格形成に向けた仕組みの構築**
消費者や実需者のニーズに応じて生産された農産物について、市場における適正な価格形成を実現し、生産者、加工・流通事業者、小売事業者、消費者等からなる持続可能な食料システムを構築

(2) **環境等に配慮した持続可能な農業・食品産業への転換**
食料供給以外の、正の多面的機能の適切かつ十分な発揮を図るとともに、農業生産活動に伴う環境負荷等のマイナスの影響を最小限化する観点から、気候変動や海外の環境等の規制に対応しつつ、食料を安定的に供給できるよう、環境負荷や人権等に配慮した持続可能な農業・食品産業への転換を目指す。

(3) **食料の安定供給を担う生産性の高い農業経営の育成・確保**
離農する経営の農地の受け皿となる経営体や、付加価値向上を目指す経営体が食料供給の大宗を担うことが想定されることを踏まえ、農地バンクの活用や基盤整備の推進による農地の集積・集約化に加え、これらの農業経営の経営基盤の強化を図るとともに、スマート農業をはじめとした新技術や新品種の導入を通じた生産性の向上を実現する。

(4) **農村への移住・関係人口の増加、地域コミュニティの維持、農業インフラの機能確保**
都市から農村への移住、関係人口の増加により、地域のコミュニティ機能を集約的に維持する。また、人口の減少により集落機能の低下が懸念される地域においても農業生産活動が維持されるよう、用排水路等の生産基盤の適切な維持管理を図る。

食料・農業・農村政策審議会　答申（概要）②

2 食料に関する基本的施策

● **食料安全保障の定義を見直し、国民一人一人に食料を届けるための食料システムを構築**

➢ **食品アクセス**
幹線物流の効率化やラストワンマイル物流による届ける力の強化、フードバンクやこども食堂等の活動支援　等

➢ **適正な価格形成**
適正な価格形成に向けた食料システム全体での仕組みの構築、消費者や事業者等の理解醸成　等

➢ **食品産業の持続的な発展**
・原料調達の多角化、国産原料の利用促進等による持続性配慮、
・輸出拡大、事業継承の円滑化による食品産業の持続的な発展　等

➢ **バリューチェーンの創出、新たな需要の開拓**
ﾊﾞｲｵﾃｸﾉﾛｼﾞｰやデジタル技術等の活用による新需要の開拓　等

➢ **食料消費施策・食品安全**
リスク分析等を踏まえた食品安全施策、食品表示の見直し、食育の推進　等

➢ **輸出施策**
輸出産地の形成等による供給力向上、品目団体や海外拠点の活用による市場開拓、規格・基準の国際的なルールとの整合性　等

➢ **輸入施策**
安定輸入のための輸入先国への投資拡大、輸入先国との政府間・民間事業者間の枠組み作り、海外の情報収集　等

➢ **備蓄施策**　民間在庫や海外での保管等を総合的に考慮した備蓄

➢ **世界の食料安全保障強化の観点からの国際協力の推進**

3 農業に関する基本的施策

● **今日的な情勢での効率的かつ安定的な農業経営の位置付け**：
・**離農する経営の農地の受け皿となる経営体や付加価値向上を目指す経営体**を育成・確保し、
　農業従事者が減少する中で食料を安定的に供給

➢ **個人経営の経営発展の支援**　第三者も含めた円滑な継承による個人経営の経営発展　等

➢ **農業法人の経営基盤の強化等**
法人の経営管理能力の向上により離農の受け皿となる法人の持続的な経営を実現　等

➢ **多様な農業人材の位置付け**
地域の話合いを基に、離農する経営の農地の受け皿となる経営体や付加価値向上を目指す経営体への農地の集積・集約化を進め、副業的経営体など多様な農業人材が農地の保全・管理を適正に行う

➢ **農地の確保及び適正・有効利用**　農地の集積・集約化　等

➢ **需要に応じた生産**　小麦、大豆、加工・業務用野菜、飼料作物、米粉用米等の生産の拡大、水田の畑地化・汎用化　等

➢ **農業生産基盤の維持管理の効率化・高度化**
施設の集約・再編、省エネ化、ICT活用等の推進、土地改良区の運営基盤の強化　等

➢ **人材の育成・確保**
雇用労働力の確保のための労働環境の整備、スマート農業や環境負荷低減に対応するための教育の充実　等

➢ **スマート農業等の技術や品種の開発・普及、農業・食関連産業のDXによる生産性の向上**
スマート農業技術の開発・普及、農業支援サービス事業体の育成・活用　等

➢ **農福連携の推進、女性の参画促進、高齢農業者の活動促進**

➢ **知的財産の保護・活用の推進**
GI等を活用したブランド化、専門人材の育成・確保を通じた知的財産マネジメント能力の強化、育成者権管理機関の設立及び取組推進　等

➢ **経営安定対策の充実**　収入保険等のセーフティネットの普及・利用促進　等

➢ **災害や気候変動への対応強化**　技術や品種の開発・普及による適応策の充実、防災・減災対策　等

➢ **生産資材の国産化の推進等**　堆肥や下水汚泥資源の利用拡大、肥料価格急騰時の影響緩和対策　等

➢ **動植物防疫対策の強化**　水際対策の推進、飼養衛生管理や総合防除の徹底　等

4 農村に関する基本的施策

● **農村人口が減少する中で集落による農業を下支えする機能を集約的に維持**

➢ **末端の農業インフラの保全管理**
共同活動への非農業者の参画促進、開水路の管路化やICT導入等による作業の省力化・効率化　等

➢ **農村におけるビジネスの創出**
農山漁村発イノベーションの推進、移住・定住の促進、情報基盤の整備　等

➢ **都市と農村の交流、農的関係人口の増加**
二地域居住や農泊の推進による関係人口の増加、農村RMOの育成　等

➢ **多様な人材の活用による農村の機能の確保**
・農地の集積・集約化を進め、副業的経営体など多様な農業人材が農地の保全・管理を適正に行う、
・集落内外の非農業者やNPO法人等の集落活動への参画、
・集落外からの新規参入による農地利用や集落活動への参画　等

➢ **中山間地域における農業の継続**
・中山間地域等直接支払の引き続きの推進、
・営農を継続できない農地は、粗放的管理や林地化　等

➢ **鳥獣被害の防止**　人材育成、新技術の活用、ジビエ活用　等

5 環境に関する基本的施策

● **環境負荷低減を行う農業を主流化**することによって、**生態系サービスを最大限に発揮する**

● **みどりの食料システム法に基づいた取組を基本としつつ、フードチェーン全体で環境と調和のとれた食料システムの確立**を進める

➢ **持続可能な農業の主流化**
・各種支援の実施に当たっては、そのことが環境負荷低減の阻害要因にならないことを前提とする
・有機農業の拡大、温室効果ガス排出削減、生物多様性の保全に配慮した農業の推進　等

➢ **食料供給以外での持続可能性**
農地の林地化、国産バイオマス原料に関する取組、再エネによる発電・熱利用の推進　等

➢ **持続可能な食品産業**
環境や人権に配慮した原材料調達、食品ロス削減、納品期限等の商慣習の見直し　等

➢ **消費者の環境や持続可能性への理解醸成**
生産者の努力や工夫の見える化、行動変容の促進　等

6 基本計画・食料自給率

➢ **平時からの食料安全保障を実現する計画に見直し**。

➢ **現状の把握、課題の明確化、具体的施策、その施策の有効性を示すKPIの設定**。

➢ 食料自給率は、国内生産と消費に関する目標の一つとし、それに加え**新しい基本計画で整理される課題に適した数値目標等を設定**。

7 不測時の食料安全保障

➢ 不測時に関係省庁が連携して対応できるよう、**政府全体の意思決定を行う体制の在り方**を検討する。

➢ 不測時の食料の確保・配分に必要な**制約を伴う義務的措置**やそれに関連する**財政的な措置**等の必要性について検討する。

2

○食料・農業・農村基本法の改正の方向性について

〔令和五年十二月二十七日
食料安定供給・農林水産業基盤強化本部〕

食料・農業・農村基本法の改正に当たっては、食料・農業・農村政策の新たな展開方向で取りまとめられた基本法見直しの基本的な考え方に従って、「食料安全保障の抜本的な強化」、「環境と調和のとれた産業への転換」、「人口減少下における生産水準の維持・発展と地域コミュニティの維持」の観点から見直しを行うものとする（具体的な内容は、以下のとおり）。

1　食料安全保障の抜本的な強化

(1)　基本理念において、食料安全保障を柱として位置付け、全体としての食料の確保（食料の安定供給）に加えて、国民一人一人がこれを入手できるようにすることを含むものへと再整理する（併せて、幹線物流やラストワンマイル等に課題がある中で、円滑な食品のアクセスの確保に関する施策も新たに位置付け）。

【想定される具体的な施策】

①　食料安全保障の状況を平時から評価できるよう、基本計画について、その記載事項や運用方法の見直し（ＰＤＣＡを回す仕組みの導入）

②　不測の事態が発生するおそれがある段階から、政府一体で食料安全保障の確保の対策を講ずる仕組みの導入

③　円滑な食料の入手のための環境整備（食料の輸送手段確保、食料の寄附促進のための体制整備等）

(2)　国内人口が減少する中にあっても、食料安全保障の観点から、国内の農業生産の増大を基本に、輸入・備蓄を行うという食料安定供給の基本的考え方は堅持する。

その上で、食料安定供給を図る上での生産基盤等の重要性、国内供給に加えて輸出を通じた食料供給能力の維持、安定的な輸入・備蓄の確保といった新たな視点も追加する。

【想定される具体的な施策】

①　生産基盤の維持につながる各種施策（農地の確保・有効利用、農業生産基盤の整備・保全、人材育成・確保、技術開発・普及等）

②　輸出促進のための各種施策（輸出産地の育成、輸出品目団体の取組の促進、輸出相手国における販路拡大支援、知的財産の保護等）

③　安定的な輸入の確保（輸入相手国の多様化、輸入相手国への投資促進等）

④　生産資材の安定的な確保（肥料・飼料作物の国内資源の有効活用、輸入の確保等）　等

(3)　農業について、人口減少等の諸情勢が変化する中においても農産物の供給機能や多面的機能が発揮されるよう、その持続的な発展に向けた改正方向について、後述の３に記載のとおりとする。

(4)　輸入相手国の多角化や輸入相手国への投資の促進など、輸入の安定確保について新たに位置付ける。

【想定される具体的な施策】

○　安定的な輸入の確保（輸入相手国の多様化、輸入相手国への投資促進等）　等

(5)　生産資材について、その安定確保の視点を加えるとともに、生産資材の価格高騰に対する農業経営への影響緩和の対応も明確化する。

【想定される具体的な施策】

①　生産資材の安定的な確保（肥料・飼料作物の国内資源の有効活用、輸入の確保等）

②　（農産物の価格変動への対応だけでなく）生産資材の価格高騰に対する農業経営への影響緩和　等

(6)　農産物の輸出について、国内生産基盤の維持を図る上でも、増大する海外需要に対応し、農業者や食品事業者の収益性の向上に資する輸出の促進が重要である旨を位置付ける。

【想定される具体的な施策】

①　（生産性の向上、ブランド化、環境負荷低減の取組にもつながる）輸出産地の育成、輸出品目団体の取組の促進、輸出相手国における販路拡大支援、知的財産の保護

②　食品産業における海外の事業展開の促進　等

(7)　食料供給の持続性を高めるため、生産・加工・流通・小売から消費者を含む概念として食料システムを新たに位置付ける（同時に、食料安全保障の確保等に向けて関係団体が果たす重要な役割や、農業・食品産業の双方の発展の視点、食品事業者のより主体的な役割も明確化）。

【想定される具体的な施策】

①　持続的な食料供給に資する事業活動（原材料調達を始め、環境負荷低減、人権等に配慮した生産活動等）の促進

②　持続的な食料供給に要する費用を考慮した価格形成の推進　等

(8)　食料安全保障の確保に向け、食料の価格形成に当たっては、農業者、食品事業者、消費者といった関係者の相互理解と連携の下に、農業生産等に係る合理的な費用や環境負荷低減のコストなど、「食料の持続的な供給に要する合理的な費用」が考慮されるようにしなければならないことを明確化する。

その上で、食料の持続的な供給の必要性に対する国民理解の増進や、関係者による食料の持続的な供給に要する合理的な費用の明確化の促進、消費者の役割として持続的な食料供給に寄与することなどを明確化する。

【想定される具体的な施策】
○ 持続的な供給に要する費用を考慮した価格形成の推進（食料全般での適正な価格形成の推進に向けた取組の促進（一部品目で先行的な取組の具体化や調査の実施）、関係者による理解の増進等）　等

(9) 食品産業（食品製造業、外食産業、食品関連流通業）についても、食料供給等に向けて重要な役割があり、より主体的な取組が期待される中で、その持続的な発展に向けた施策について明確化する。

【想定される具体的な施策】
① 持続的な食料供給に資する事業活動（原材料調達を始め、環境負荷低減、人権等に配慮した生産活動等）の促進
② 農業との連携の推進
③ 先端的技術の活用、新事業の創出促進
④ 海外の事業展開の促進
⑤ 事業基盤の強化、円滑な事業承継　等

2 環境と調和のとれた産業への転換

食料供給が環境に負荷を与えている側面にも着目し、多面的機能に加え、環境と調和のとれた食料システムの確立を柱として位置付ける。その上で、これを実現するための生産から消費までの取組を位置付ける。

【想定される具体的な施策】
① 食料供給の各段階における環境負荷低減に資する取組の促進
（生産段階においては、農薬・肥料の適正利用や家畜排せつ物の有効利用による地力増進に加えて、環境負荷低減に資する生産方式の導入等）
② 当該農産物の流通や消費が広く行われるよう、消費者への適切な情報提供の促進（環境負荷低減の取組の見える化等）、円滑な流通（販路）の確保　等

3 人口減少下における生産水準の維持・発展と地域コミュニティの維持

(1) 効率的かつ安定的な農業経営の育成・確保を引き続き図りつつ、農地の確保に向けて、担い手とともに地域の農業生産活動を行う、担い手以外の多様な農業人材を位置付ける。

【想定される具体的な施策】
① 地域の協議（地域計画）に基づく人・農地の確保
② 農地の集積に加えて、農地の集約化、農地の適正かつ効

率的な利用　等）

(2) 自然人たる人材の育成・確保に加えて、農業法人の経営基盤の強化やサービス事業体の育成・確保も位置付ける。

【想定される具体的な施策】
① 経営者の経営管理能力向上、労働環境の整備、自己資本の充実
② （農作業受託、機械リース、人材派遣、スマート技術等を活用した支援等）農業経営の支援を行う事業者（サービス事業体）の活動の促進　等

(3) （2に記載の「環境負荷低減」のほか、）スマート技術や新品種の開発などを通じた「生産性向上」、知的財産の保護・活用などを通じた「付加価値向上」といった農業を持続的に発展させるための政策の方向性を位置付ける。

【想定される具体的な施策】
① 先端的技術（スマート技術等）を活用した生産・加工・流通方式の導入の促進
② 先端的技術（スマート技術等）の開発・普及の迅速化
③ 農業経営の支援を行う事業者（サービス事業体）の活動の促進
④ 6次産業化、高品質な品種の導入の推進
⑤ 知的財産（気候変動等に対応した新品種、家畜遺伝資源、

GI、営業秘密等）の保護・活用　等）

(4) 防災・減災への対応や老朽化対策などを念頭に、新技術等も活用した農業水利施設等の基盤の整備に加え、保全等も位置付ける。

【想定される具体的な施策】
○ （防災・減災が重要であることを踏まえ、）先端的な技術（スマート技術等）に適合した基盤の整備や保全、水田の汎用化・畑地化　等

(5) 家畜伝染病・病害虫のリスクが増大する中で、これらの発生予防・まん延防止等について、新たに位置付ける。

(6) 農村振興の政策の方向性について、「基盤整備」「生活環境整備」の二本柱に加え、農泊の推進などを念頭に農村との関わりを持つ者（農村関係人口）の増加に資する「産業の振興」や多面的機能支払を位置付ける。また、農村ＲＭＯの促進等中山間地域の振興などを念頭に「地域社会の維持」を図っていくほか、鳥獣害対策や農福連携などについて明確化する。

【想定される具体的な施策】
① 農地等の保全に資する共同活動の促進（中山間直払だけでなく多面的機能支払も位置付け）
② 地域の資源を活用した事業活動（農山漁村発イノベーション事業、農泊等）、地域社会の維持活動（農村ＲＭＯ）の促

進

③ 障害者等による農業活動の環境整備（農福連携）、鳥獣害対策、二地域居住　等

食料・農業・農村基本法の改正の方向性について

○ 食料・農業・農村基本法について、
「食料安全保障の抜本的な強化」、「環境と調和のとれた産業への転換」、「人口減少下における生産水準の維持・発展と地域コミュニティの維持」

の観点から改正を行い、**令和６年の通常国会への提出**を目指す。

食料安全保障の抜本的な強化

① 食料安全保障を柱として位置付け

・国全体としての食料の確保(食料の安定供給)に加えて、
国民一人一人が食料を入手できるようにすることを含むものへと再整理

② 食料安定供給の基本的考え方を堅持し、輸入の安定確保に関する新たな位置付け

・**食料安全保障の確保については、過度な輸入依存の低減**の観点から、
輸入・備蓄とともに行う国内の農業生産の増大が基本

・食料安定供給に当たっての**生産基盤の重要性の視点を追加**するとともに、
輸入相手国の多角化や輸入相手国への投資の促進など、
輸入の安定確保について新たに位置付け

③ 農産物の輸出に関する政策的意義について位置付け

・**農産物の輸出**について、**国内生産基盤の維持の観点を追加**するとともに、
増大する海外需要に対応し、**農業者や食品事業者の収益性の向上に資する**
輸出の促進が重要である旨を位置付け

④ 生産から消費までの関係者の連携促進（「食料システム」という新たな概念の位置付け）

・**食料供給の持続性**を高めるため、
生産・加工・流通・小売から消費者を含む概念として**食料システムを新たに位置付け**
(同時に、**関係団体の役割**や**食品事業者のより主体的な役割**の明確化等)

⑤ 適正な価格形成の促進と消費者の役割の明確化

・**食料の価格形成**において、
農業者、食品事業者等の**関係者の相互理解と連携**の下に、
農業生産等の合理的な費用や環境負荷低減のコストなど、
食料の持続的な供給に要する合理的な費用が考慮された適正な価格形成を促す視点を、
消費者の役割も含め明確化

⑥ 円滑な食品アクセスに関する新たな位置付け

・幹線物流やラストワンマイル等の課題がある中で、**円滑な食品アクセスの確保に**
関する施策を新たに位置付け

※上記のほか、農業生産に不可欠な生産資材の安定確保、食品事業者に関する施策の追加など必要な見直しを行う。　等

環境と調和のとれた産業への転換

○ 環境と調和のとれた食料システムの確立を柱として位置付け

・食料供給が環境に負荷を与えている側面にも着目し、**多面的機能に加え、**
環境と調和のとれた食料システムの確立を位置付け
・その上で、**環境等の持続性に配慮した取組の促進などについて明確化**　等

人口減少下における生産水準の維持・発展と地域コミュニティの維持

① 生産基盤の確保に向けた担い手の育成・確保とそれ以外の多様な農業人材の役割の明確化

・**担い手の育成・確保を引き続き図りつつ**、農地の確保に向けて、担い手とともに
地域の農業生産活動を行う、担い手以外の**多様な農業人材も位置付け**

② 農業法人の経営基盤の強化を新たに位置付け

・農業者が急速に減少する中で、**食料供給に重要な役割**を果たす
農業法人の経営基盤の強化も位置付け

③ 将来の農業生産の目指す方向性の明確化

・食料の安定供給を図るためにも、
スマート農業の促進や新品種の開発などによる**「生産性の向上」**、
知的財産の確保・活用などによる**「付加価値の向上」**、
「環境負荷低減」といった将来の農業生産が目指す方向性を位置付け
・特に、より少ない農業者で食料供給を確保しなければならなくなる中で、
サービス事業体の育成・確保を位置付け

④ 近年増大する食料・農業のリスクへの対応の明確化

・**防災・減災**や既存施設の**老朽化への対応**も視野に、**農業水利施設**等の基盤の
整備に加え、**保全等も位置付け**
・**家畜伝染病・病害虫の発生予防・まん延防止の対応**についても**位置付け**

⑤ 農村振興の政策の方向性の明確化

・農村との関わりを持つ者(**農村関係人口**)**の増加**や**農村RMOの活動促進**、
多面的機能支払による**「地域社会の維持」を位置付け**
・**農泊**の推進や**６次産業化など地域資源を活用した産業の振興を位置付け**
・**鳥獣害対策**や**農福連携**などについて**明確化**　等

改訂版〔逐条解説〕
食料・農業・農村基本法解説

2000年1月20日　第1版第1刷発行
2025年4月15日　第2版第1刷発行

編　著　食料・農業・農村基本政策研究会
発行者　箕　浦　文　夫
発行所　株式会社大成出版社
東京都世田谷区羽根木1—7—11
〒156-0042 電話 (03) 3321—4131(代)

印刷　亜細亜印刷

ISBN978-4-8028-3578-7